安全防范技术与工程

张 军 主编

东南大学出版社
SOUTHEAST UNIVERSITY PRESS
·南京·

图书在版编目(CIP)数据

安全防范技术与工程 / 张军主编. —南京：东南
大学出版社,2022.11
ISBN 978-7-5766-0317-0

Ⅰ. ①安… Ⅱ. ①张… Ⅲ. ①安全工程 Ⅳ. ①X93

中国版本图书馆 CIP 数据核字(2022)第 209461 号

安全防范技术与工程

Anquan Fangfan Jishu Yu Gongcheng

主　　编：张　军
出版发行：东南大学出版社
社　　址：南京四牌楼 2 号　邮编：210096　电话：025－83793330
网　　址：http://www.seupress.com
电子邮件：press@seupress.com
经　　销：全国各地新华书店
印　　刷：兴化印刷有限责任公司
开　　本：787 mm×1 092 mm　1/16
印　　张：21.25
字　　数：544 千字
版　　次：2022 年 11 月第 1 版
印　　次：2022 年 11 月第 1 次印刷
书　　号：ISBN 978－7－5766－0317－0
定　　价：78.00 元

本社图书若有印装质量问题,请直接与营销部联系。电话(传真):025－83791830。
责任编辑:刘庆楚　责任校对:张万莹　封面设计:王　玥　责任印制:周荣虎

出 版 前 言

近二十年来,现代安全防范技术与安防行业高速发展,极大地推动了安全防范基础理论、技术应用和工程建设等方面的研究与创新,安全防范工程学科专业应运而生。2010 年国务院学位委员会新修订的《学位授予和人才培养学科目录》中增设了一级学科"公安技术",列入工学门类。同年,教育部的《普通高等学校本科专业目录》,将"安全防范工程"列为"公安技术"学科下的二级学科,并特设为国家控制布点专业。自此,我国的安全防范工程专业建设和本科层次人才培养开始进入规模发展阶段。但是截至目前,全国仅有中国人民公安大学、江苏警官学院、江西警察学院、贵州警察学院等少数几个公安院校开设了该专业。因此,安全防范学科专业建设仍处于早期发展阶段,国内关于该学科专业的内涵建设、课程设置与发展目标等方面尚未形成统一共识,专业教材体系建设也还很不完善,现有相关教材多数存在年代久远、内容陈旧等问题,不能满足安全防范行业发展和公安一线实战的需求。

本书编写组立足我国安全防范工程学科专业建设现状和实际需求,在借鉴我院优秀教师张亮教授编著的原用教材①优点的基础上,结合近年来的教学实际,同时吸收大量最新安全防范技术原理和国家标准 GB 50348－2018《安全防范工程技术标准》工程技术要求等内容编撰本书。全书主要内容共计八章。第一章安全防范基础,编者张军,主要介绍安全防范基础理论;第二章入侵报警系统,编者梁大伟,主要介绍入侵报警技术和最新应用;第三章出入口控制系统,编者马如坡,主要介绍出入口控制技术和最新应用;第四章视频图像技术,编者朱涛,主要介绍视频图像与编码技术;第五章视频监控系统,编者刘琛,主要介绍视频监控技术与应用;第六章安全防范工程技术,编者张军,主要介绍安全防范工程设计与要求;第七章安全防范工程管理,编者张军,主要介绍安全防范工程管理规范与要求;第八章现代安全防范新技术,编者梁广俊、张军,主要介绍当下安防领域最新技术应用情况;陈宇琪负责文稿校对和内容配图。

本书的出版在一定程度上能够满足安全防范工程学科专业建设需求,为公安院校安全防范工程专业本科人才培养和日常教学工作提供有力支撑。但是,由于编写组能力有限,且缺乏经验,本书应存在很多不足之处,敬请广大读者批评指正。

编者

2022 年 9 月

---

① 张亮编著.现代安全防范技术与应用(第 2 版).电子工业出版社.2012.(已停止印刷)

目　　录

第一章

安全防范基础

近代以来,随着科学技术的飞速发展,社会生产力不断革新和大幅提升,人类对社会生活和自然的干预范围和深度不断扩大,其决策和行动对自然和人类社会本身的影响力也大大增强。同时一股全球化的力量正迅猛发展并不断形塑着人们生活的世界,越来越多的事件和事实似乎表明:人类发展正在进入"风险社会"时代。公共安全、安全防范、安全防范体系等概念也随之不断发生、演化,它们之间既存在紧密的相互依存关系,又相互区别。本章重点阐述与安全有关的诸多概念,厘清它们的内涵、外延及相互间的区别和联系。

第一节 安全防范基本概念

一、安全防范内涵

(一) 公共安全

安全是在人类生产生活过程中,将系统的运行状态对人类的生命、财产、环境可能产生的损害控制在人类能够接受水平以下的状态。《现代汉语词典》对"安全"的解释是没有危险,不受威胁,不出事故;"防范"就是防备、戒备。中文所说的安全,在英文中有 Safety 和 Security 两种解释。牛津大学的《现代高级英汉双解词典》对 Safety 的解释是安全、平安、稳妥,保险锁、保险箱等;对 Security 的解释是安全、无危险、无忧虑,提供安全之物,使免除危险或忧虑之物,抵押品、担保品,安全警察,安全部队等。中文所讲的安全是广义的安全,包括两层含义:一是指自然属性或准自然属性的安全,对应 Safety,这种安全被破坏主要不是由人有目的的参与造成的;二是指社会人文性的安全,对应 Security,这种社会人文性破坏主要是由人有目的的参与造成的。因此,广义的安全应包括 Safety 和 Security 两层含义。

所谓公共安全,是指社会组织和个人进行正常的工作、生活、学习、娱乐和交往所需要的稳定的外部环境和秩序。主要包含生产安全、交通安全、环境安全、食品安全、信息安全、公共卫生安全等。所谓公共安全管理,则是指国家行政机关为了维护社会的公共安全和秩序,保障公民的合法权益,以及社会各项活动的正常进行而做出的各种行政活动的总和。公共安全事件主要包括自然灾害、事故灾难、公共卫生事件、社会安全事件等。

当前,我国的公共安全问题是我国社会转型期的深层社会矛盾及反映这些矛盾的社会问题的表征。究其原因,主要在于以下几点:一是体制转型期产生的社会震荡。由计划经济体制向新型社会主义市场经济体制转型过程中产生的多元价值观,客观上增加了社会控制的困难。二是收入差距拉大产生的社会心理失衡,各种利益集团之间产生的冲突与矛盾不断加剧,必然使违法犯罪行为增多。三是大规模社会人口流动产生的附带性社会治安问题。四是政府职能转换,某些方面造成社会调控能力弱化,从而影响社会治安的调控和整治。五是国际犯罪活动对国内产生的冲击。

(二) 安全防范

根据《安全防范工程技术标准》(GB 50348—2018)中的定义,安全防范是指综合运用人力防范、实体防范、电子防范等多种手段,预防、延迟、阻止诸如入侵、盗窃、抢劫、破坏、爆炸、暴力袭击等事件的发生。通常所说的安全防范指狭义的安全防范,是以维护公共安全为目的进行的一系列防入侵、防盗窃、防抢劫、防破坏、防爆炸、防火和安全检查等措施。

显而易见,"安全"是防范的目的,"防范"是为了保障"安全"。通过防范的手段达到或实现安全的目的,就是安全防范的基本内涵。西方社会用损失预防和犯罪预防(Loss Prevention & Crime Prevention)来诠释"安全防范",前者主要是由一定的社会组织专门从事的保安行业的工作重点,主要体现为保障国家、组织及公民个人的财产不受侵犯;而后者则是警察部门的主要职责,即为保障国家安全、社会稳定、公民合法权益,积极打击各类犯罪行为。由此可知,损失预防和犯罪预防就是安全防范的本质内涵。

在我国,安全防范既是公安机关的一项长期的公安业务工作,又是一项事关社会稳定、经济发展、人民安居乐业的公共事业和经济事业,它的发展依赖于科技的进步,同时又为科技进步提供良好的社会环境。

二、安全防范体系

根据《安全防范工程技术标准》(GB 50348—2018)中的定义可知,安全防范体系主要由三种基本防范形态构成,即人力防范、实体防范、电子防范。

1. 人力防范:是指由具有相应素质的人员,有组织地防范、处置异常事件的安全管理行为,简称人防,即通过保安巡逻、自身防范等方式,减少或避免安全风险的发生。

2. 实体防范:是指利用建筑物、屏障、器具、设备或其组合,延迟或阻止风险事件发生的实体防护手段,又称物防,如通过围墙、建筑、防盗门、防盗窗等实物进行防范。

3. 电子防范:是指利用传感、通信、计算机、信息处理及其控制、生物特征识别等技术,提高探测、延迟、反应能力的防护手段,又称技防。

人防是安全防范的开端,是最常用、最简便的防范办法;物防是安全防范的基础,是人防的发展和拓展;技防则是现代科学技术与安全防范的有机结合,引领安全防范不断发展最主要的原动力。人防、物防、技防相互关系如图1-1所示。

安全防范体系特别强调三者有机结合,如果过分强调某一手段的重要性,贬低或忽视其他手段,则会给系统的持续、稳定运行埋下隐患,使安全防范系统难以达到预期防范效果。

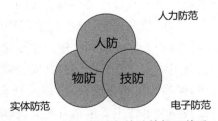

图1-1 人防、物防和技防的相互关系

三、安全防范要素

根据《安全防范工程技术标准》(GB 50348—2018)中的定义可知,安全防范体系有三个基本要素,即探测、延迟与反应。安全防范系统在综合应用各种新兴科技手段的同时,必须要注意探测、延迟、反应三个基本要素的协调;技防、物防、人防三种基本手段配合,才能真正有效地实现安全防范的目的(图 1-2)。

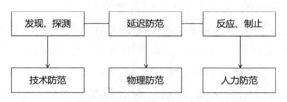

图 1-2　探测、延迟、反应三要素实施防范过程

探测是指对显性风险事件、隐性风险事件的感知,延迟是指延长或(和)推迟风险事件发生的进程,反应则是指为应对风险事件的发生所采取的行动。安全防范的最终目的是保证有效地发现和阻止非法的出入,保障合法人员和物品通畅出入防范区域,要围绕探测、延迟、反应这三个基本防范要素开展工作、采取措施,以预防和阻止风险事件的发生。

1. 入侵探测。即系统前端探测设备要能够及时地发现防范区域内外的各种异常现象或入侵行为。实现探测的设备为报警(探测)器,红外探测和微波探测是最常用的探测技术。早期探测器设计得很简单,比如被动红外探测器与门控用和节水用的红外传感器没有什么差别,因此误报警率很高。其他一些报警器也是如此,误报率高成了困扰安全防范系统应用与推广的一大难题。

2. 迟滞延迟。安全防范系统要能识别探测结果(判断其真伪),并通过必要的设备与设施,如围墙、门禁、较长通道等,迟滞延迟风险事件的发生。在早期的安防系统中,常用声音来进行监控,成本也比较低廉。如今,随着视频监控技术的成熟和普及,图像监控成了主要的手段。由于图像信息量大、实时性好,并具有主动探测的能力,逐渐成了安防系统的核心技术,在安防系统中占有很大的比重。如今只要建设安全防范体系,就必有视频监控系统,这已发展成为常规定式。

3. 反应控制。周界是安全防范系统需要明确的防范区域,即通过各种物理的、技术的手段,组成一个封闭的周界,并通过与周界结合的出入口,对人、物的出入进行管理和控制。同时,安全防范系统应建设监控中心,通过安全防范管理平台将各个子系统有效集成、有机联动,并能将系统信息集中处理与共享应用,对风险事件及其发展变化等信息进行综合研判、预警处置等,指挥调度有效警力或安防人员介入、处置。

四、安全防范技术

安全防范技术作为社会公共安全技术的一个分支,具有其相对独立的技术内容和专业体系。安全防范技术就是用于安全防范工作中的专门技术,国际上通常将安全防范技术分为三个大类,分别为物理防范技术、电子防范技术、生物防范技术等。

1. 物理防范技术。也称实体防护技术,主要指利用各类建筑物、实体屏障以及与其配套的各种实物设施、设备和产品,如各种门、窗、柜、锁具等构成系统,以防范安全风险。

2. 电子防范技术。主要指利用各种电子信息产品、网络产品组成系统或网络,以防范安全风险,主要包括电子通信、网络、视频处理、传感-探测、自动控制,以及数据建模、模式识别、人工智能等技术。

3. 生物防范技术。主要指利用人体生物特征,如指纹、掌纹、声纹、人脸、虹膜等进行身份识别,从而防范安全风险的一种综合性应用科学技术。

由此可见,安全防范技术是多学科、多专业交叉融合的综合性技术,不仅涉及自然科学和工程科学,还涉及人文科学。无论是物理防护技术、电子防护技术,还是生物防范技术,都会随着科技的发展不断更新。目前,很多高新技术或多或少、或迟或早地移植或应用于安全防范体系,各种防范技术的交叉、渗透和融合将是安全防范技术发展的必然趋势。安全防范技术人员应不断了解新理论、新技术、新装备,设计新颖实用、安全可靠的安全防范系统。

五、安全技术防范

安全技术防范是我国公安机关的一项常规业务工作,公安机关简称其为"技防",社会行业中则习惯简称其为"安防",是指利用安全防范的技术手段进行安全防范。安全技术防范工作的目的是以安全防范技术为先导,以人力防范为基础,以技术防范和物理防范为手段,努力构建一个探测、延迟、反应三个基本要素有序结合的安全防范服务保障体系,是以预防损失、预防犯罪为目的的一种公安业务和社会公共事业。

1. 对公安部门而言,安全技术防范是利用安全防范技术开展安全防范工作的公安业务,是预防、控制和处理各种社会违法犯罪活动和治安灾害事故,维护社会治安,保障社会正常工作和生活秩序,保护国家和人民生命财产安全的综合性应用科学技术。

2. 对社会行业而言,安全技术防范是利用安全防范技术为社会公众提供安全服务的产业。既然是产业,必然涉及产品开发、系统设计、工程施工,以及使用、管理等。

安全技术防范是公安机关运用现代科学技术手段预防和制止违法犯罪、减少自然灾害事故、维护公共安全、保护国家和人民生命财产安全的一项重要工作内容,它以提高探测、延迟、反应能力和防护功能为手段,以不断加强社会治安综合治理和提高全社会治安防范能力、减少犯罪机遇和增加犯罪难度为工作目标。

六、安全防范系统

安全防范系统(security system)就是指以安全为目的,综合运用实体防护、电子防护等技术构成的防范系统,通常称为安全防范体系。如前所述,安全防范系统主要由人力防范系统、实体防范系统、电子防范系统与安全防范管理平台等四个部分组成。

人力防范系统主要是由在某个区域范围内专门从事安全防范工作的组织机构、制度规范、运行机制,以及具备专业素质的人员等构成,如小区物业的保安队伍及其管理机构。

实体防护系统(physical protection system)是指以安全防范为目的,综合利用天然屏障、人工屏障及防盗锁柜等器具、设备构成的实体系统。

电子防护系统(electronic protection system)是指以安全防范为目的,利用各种电子设备构成的系统。通常包括入侵和紧急报警、视频监控、出入口控制、停车库(场)安全管理防爆安全检查、电子巡查、楼寓对讲等子系统。

安全防范管理平台是指对安全防范系统的各子系统及相关信息系统进行集成,实现实体防护系统、电子防护系统和人力防范资源有机联动、信息集中处理与共享应用、风险事件综合研判、事件处置指挥调度、系统和设备的统一管理与运行维护等功能的硬件和软件组合。

由上述可知,实体防护系统、电子防护系统、安全防范管理平台以及人力防范资源等,以及相关措施和手段的有机联动、综合作用,就构成了一个技术先进、功能完备、全面设防的安全防范体系。

七、安全防范工程

为建立安全防范系统而实施的建设项目常被称为安全防范工程。安全防范工程建设与系统运行维护应进行全生命周期管理,统筹规划。应遵循工程建设程序与要求,确定各阶段目标,有计划、有步骤地开展工程建设、系统运行与维护。

安全防范工程建设程序应划分项目立项、工程设计、工程施工与质量监督、工程初步验收与试运行、工程检验验收、工程移交、系统运行维护等主要阶段。

安全防范工程建设应按照《安全防范工程技术标准》(GB 50348—2018)要求组织和实施。安全防范工程建设管理应按现行国家标准《建设工程项目管理规范》(GB/T 50326—2017)的有关规定执行。

(一)安全防范工程建设基本原则

安全防范工程建设应遵循下列基本原则:

1. 人防、物防、技防相结合,探测、延迟、反应相协调;
2. 保护对象的防护级别与风险等级相适应;
3. 系统和设备的安全等级与防范对象及其攻击手段相适应;
4. 满足防护的纵深性、均衡性、抗易损性要求;
5. 满足系统的安全性、可靠性要求;
6. 满足系统的电磁兼容性、环境适应性要求;
7. 满足系统的实时性和原始完整性要求;
8. 满足系统的兼容性、可扩展性、可维护性要求;
9. 满足系统的经济性、适用性要求。

(二)安全防范工程建设基本规定

安全防范工程建设应遵循下列基本规定:

1. 安全防范工程建设应进行风险防范规划、系统架构规划和人力防范规划。应通过风险评估明确需要防范的风险,统筹考虑人力防范能力,合理选择物防和技防措施,构建安全可控、开放共享的安全防范系统。

2. 安全防范工程中使用的设备、材料必须符合国家法规和现行相关标准的要求,并经检测或认证合格。

3. 安全防范工程施工、初验与试运行等阶段宜聘请监理机构进行工程监理。

4. 高风险保护对象的安全防范工程应进行工程检验。工程检验应由具有安全防范工程检验资质且检验能力在资质能力授权范围内的检验机构实施。

5. 安全防范工程竣工后,应进行独立验收或专项验收。

6. 安全防范系统建设(使用)单位应建立系统运行与维护的保障体系和长效机制,保障安全防范系统正常运行,并持续发挥安全防范效能。

7. 安全防范系统运行过程中,建设(使用)单位宜结合安全防范需求和系统使用情况进行风险评估和系统效能评估。

8. 安全防范工程建设与系统运行维护全生命周期内宜引入专业咨询服务机制。

第二节　安全技术防范工作

安全技术防范工作是公安机关一项长期的重要业务工作,涉及国家安全、社会稳定和人民群众生命财产安全。经过多年的发展,我国逐渐形成了较为完备的安全技术防范工作体系和完善的安全防范技术产业体系。安全技术防范工作在保障国家安全、维护社会治安秩序、提高公安机关社会治安防范能力、保障公民合法权益等方面发挥着越来越重要的作用。公安机关依法对安全防范事业进行有效、规范的管理。安全技术防范工作是实现我国基层社会治理现代化的重要手段和措施。

一、概念与内涵

安全技术防范工作是对公安机关运用现代科学技术手段,预防和制止违法犯罪、减少治安灾害事故、维护公共安全、保护国家和人民生命财产安全等相关活动的总称。[①] 具体说来,是指公安机关积极指导和推进各行业领域积极开展安全防范技术应用与创新,规划、设计及建设各类安全防范系统,最大程度地实现预防和制止违法犯罪、维护公共安全、保护国家和生命财产安全等活动。安全技术防范工作是公安机关维护社会稳定的重要手段和措施,是公安机关的重要职能之一。

安全技术防范工作既具有一般国家行政管理活动的特征,又具有自己独有的特征。具体表现为:(1)法制性,安全技术防范工作是国家赋予公安机关的法定职能之一,公安机关必须依法开展技防工作;(2)规范性,在长期的实践中,安全技术防范工作逐步形成了规范管理和标准引领的工作模式;(3)服务性,安全技术防范工作以服务实战应用、提升社会治理为宗旨,综合运用先进技术手段,积极构建技防服务体系;(4)强制性,安全技术防范工作事关国家安全、社会稳定、公民的生命与财产安全,在特定领域须依法强制管理。

---

① 徐伟红.我国安全技术防范立法体系研究[J].中国安防,2008(7):100-104.

二、主体与属性

(一) 责任主体

目前,根据工作的内容和性质,我国安全技术防范工作主要涉及三类工作责任主体。

一是公安机关。纵观安全技术防范工作发展历程和工作实践,公安机关一直是安全技术防范工作的主管部门。首先,这是由公安机关的职能决定的。2008 年《国务院办公厅关于印发公安部职能配置内设机构和人员编制规定的通知》明确规定公安部负责指导全国的安全技术防范工作。其次,是由国务院法令决定的。2004 年 6 月中华人民共和国国务院第412 号令规定,安全技术防范产品的生产、销售审批,由省级公安机关负责。第三,是由公安工作性质决定的。安全技术防范工作涉及公共安全,事关国家安全,相关工作具有治安防范性,并涉及审批、报警、处置、处罚等工作,应当由公安机关行使职权进行管理。目前,全国各省(市、自治区)公安机关都设立了专门的安全技术防范工作管理机构,负责制定各区域内的安全技术防范工作政策,指导产业、行业发展,以及安全技术防范系统与相关设施的规划、设计、建设、应用与推广等相关工作。

二是政府相关职能部门。根据我国相关法律法规,地方政府技防工作的主要职责为制定、修改或撤销技防行政法规、规章,发布相关的决定和命令;明确安全技术防范工作行政管理机关及其职责划分;将安全技术防范工作纳入当地国民经济和社会发展计划,列入社会治安综合管理和突发公共事件应急管理体系;保护公民私人所有的合法财产,维护社会秩序,保障公民的人身权利、民主权利和其他权利等。另一方面,安全技术防范工作还涉及部分政府部门,如产品质量主要由质监部门负责,工程设施管理主要由住建部门负责,市场监督和行政执法主要由工商部门负责等。

三是社会责任主体。如供水、供电、供气、银行、医院、学校、机场、车站以及娱乐场所等重要单位或重点场所,依照国家相关法律法规要求,在公安机关指导下自主开展单位内部安全防范系统建设和应用。社会企业、沿街商铺、居民小区等区域,围绕防盗、防入侵等安全需求,自发组织开展安全防范系统设施建设。

(二) 基本属性

安全技术防范工作有其独有的属性和特征。技术方面,不断推动安全防范技术应用创新,提高安全防范系统的探测、延迟、反应能力和防护功能;成效方面,不断丰富和完善社会治安防控体系,提高全社会治安防控能力,并由此形成了具有鲜明特色的工作体系。

1. 自然属性。安全技术防范的自然属性主要表现为人类如何利用科学技术去防范和战胜自然灾害。实践活动中,主要是依据国家的法律、技术规范和标准来限制建筑物、机械设备、物质材料等自然物的状态并调整它们之间的关系。

2. 社会属性。安全技术防范工作是一种社会管理活动,目的是维护国家和公共利益,并依据法律调整人们的行为,保障社会公共安全。实践中,主要表现为利用国家的法律、法规、规章来调整个人、组织、社会之间的关系。

3. 技术属性。安全技术防范活动十分关注技术应用与管理,指导行业引进和使用新兴安全防范技术,不断推动安全防范行业技术与产品创新,组织开发和完善安全防范技术规范和标准,并利用国家和行业标准指导和管理安全防范工程建设与应用。

4. 业务属性。安全技术防范工作涉及行业管理、技术管理、工程管理等业务的每一个环节,安全技术防范部门除事务性工作之外,还负责公安、政府机关自建的安全防范工程建设,涉及安全防范工程的规划、设计、招标,以及工程的施工、管理、验收、运维等各个环节。

三、职责与作用

(一) 主要职责

根据我国相关法律法规及中华人民共和国国务院令第 412 号,地方政府和公安机关安全技术防范管理工作的主要职责有:

政府的管理职责:规定相关行政管理措施,制定行政法规、规章,发布相关的决定和命令;领导相关行政管理机关开展工作,划定部门具体职责;将安全技术防范工作纳入当地国民经济和社会发展计划,列入社会治安综合管理和突发公共事件应急管理体系等。

公安机关的主要职责:负责制定当地范围内的安全防范系统的规划、设计、建设与应用等工作。主要包括:一是贯彻执行相关的法律、法规、规章、政策与标准等,起草或制定本地区的行业标准、工作规范与实施办法。二是规划、管理、指导和监督本辖区内安全技术防范工作。三是负责本辖区安防产品的管理工作。四是负责本辖区安全防范工程管理工作。五是负责日常的监督检查工作。六是对违反安全技术防范相关规定的行为进行教育和处罚。七是收集相关行业信息,研究行业发展方向。八是负责本辖区的宣传、统计、培训等工作。

(二) 主要作用

当前,我国社会已经进入了一个新的历史发展时期。刑事犯罪高发并不断演化出新的犯罪形式,人民内部矛盾日益凸显,国内严重暴力恐怖活动及安全生产事故多发,已经成为当下社会治安形势的一个显著特点。安全防范系统是现代化社会治安防控体系的重要组成部分,直接关系到国家安全、社会稳定,关系到人民群众的生命与财产安全,关系到预防和惩治违法犯罪等工作的效果。积极开展安全技术防范工作与建设安全防范系统的作用主要体现在以下几个方面:

一是压缩犯罪空间和增加犯罪成本。安全防范系统和设施作为社会治安防控体系的重要载体和手段,是全面落实打防结合、预防为主方针,牢牢把握社会治安主动权的基础之一。与其他防范手段相比,安全防范系统在掌握社会动态、防控震慑犯罪、发现揭露犯罪等方面具有独特优势。因此,根据犯罪情景预防理论和犯罪经济学可知[①],犯罪分子总是期望拥有较大的活动空间,同时以最小的犯罪成本获得最大的犯罪收益。各种防范技术和设施的建设和应用不但具有实时发现和即时抓获的能力,而且具有强大的威慑力。

二是延伸感知与预防犯罪的手段。安全防范系统建设和应用是安全技术防范工作的重要内容,就是综合利用现代科学技术,将探测、延迟、反应三个环节有序结合起来,建立一种安全防范服务保障体系,有效实现犯罪感知、发现并制止犯罪等功能,从而达到预防损失

---

① 山东省潍坊市公安局高新分局.用情景犯罪预防理论指导安防工作[J].中国公共安全,2009(12):118-123.

和预防犯罪的目的。在时空布局上,安全防范系统能够做到全天候、全覆盖,有效解决人力防范的不足。在防范控制上,能够做到直观动态、实时有效,大幅度提升控制的质态。在管理方式上,能够做到全网运行、资源共享,使信息资源得到充分运用。实践中,随着视频监控技术的发展,视频监控系统为打击沿街路面犯罪提供了有力的技术支持,应用视频监控系统进行网上巡控,将传统的平面防控提升为现代化、立体化的全时空防控,并与网格化警务巡防机制衔接,实现有效的人机结合,及时发现各类突发事件和违法人员,做到快速处置,为预防犯罪和打击犯罪提供重要手段,极大提高了公安机关发现和打击违法犯罪的能力。

三是拓展侦查破案的条件和线索。安全防范技术是电子技术、通信技术、计算机技术和生物技术等在安全防范领域的综合运用,是利用安全防范系统的信息感知、存储和智能研判等工具和手段,在现场还原、轨迹刻画、车辆或人员追踪以及大数据分析等方面,为公安机关的侦查破案提供新的途径。实践中,广泛应用的视频监控系统,以及高清技术、人脸识别和车牌识别等新兴技术,围绕人员、车辆的活动轨迹控制,共同形成了城乡一体、全面覆盖、资源共享、高效实用的社会治安防控网络。这为公安机关利用人脸车牌智能识别信息、违法车辆抓拍信息、车辆轨迹追踪信息等,分析研判犯罪嫌疑人或机动车辆,拓展侦查破案条件,获取违法犯罪线索提供了极大的便利。

四是大幅提高社会公众安全感。安全防范系统建设是构建立体化、现代化社会治安防控体系的重要内容。公安机关在全国各地开展的"技防城""技防入户""城乡一体化"等安全防范系统项目建设不断深入,使人民群众深深感到"技防就在身边""防范形成网络""安全得到保障",极大提高了社会公众的安全感,让群众充分享受到平安建设的成果。

四、历史沿革与发展

(一)历史沿革

我国的安全技术防范工作起源于20世纪50年代故宫被盗案,当时公安机关围绕盗窃、抢劫、非法侵入、破坏、爆炸等违法犯罪活动,组织研发并指导在故宫等重点场所安装报警器等安全防范设施。安全技术防范工作从70年代末开始全面推进,在适应不同时期、不同阶段社会治安问题规律特点的基础上逐步发展提高。大致可以分为三个阶段:

第一阶段,改革开放初期至20世纪90年代初。1979年,公安部召开全国刑事技术预防专业工作会议,通过了《关于使用现代科学技术预防刑事犯罪的试行规定》,明确指出"运用现代科学技术预防刑事犯罪,是治安防范工作的一个组成部分,是同刑事犯罪作斗争的一项重要手段",这标志着技术防范正式作为公安机关打击犯罪的一种专业手段,被纳入公安业务工作范畴。从1984年起,公安部科技局和一些省级公安机关、设区的市级公安机关在科技处或信息通信处内陆续成立了安全技术防范管理部门,中国安全防范产品行业协会、全国安全防范报警系统标准化技术委员会、公安部安全与警用电子产品质量检测中心、公安部安全防范报警系统产品质量监督检验测试中心等行业组织、技术机构也相继成立。

第二阶段,20世纪90年代至本世纪初。我国市场经济体制开始建立,人、财、物大流动,流窜犯罪急剧增多,犯罪分子往往是甲地户籍、乙地作案、丙地销赃,对传统社会治安管理模式造成巨大冲击,一地一域、相对分散的防控措施难以奏效。为此,公安机关开始探索建立动态化防控体系,《安全技术防范产品管理办法》《安全防范工程技术规范》等一批部门规章和标准规范相继出台,安全技术防范工作也从早期主要组织建设独立的单点技术防范系统,逐步发展到在社会面、城市出入口等重点部位组织开展区域性报警联网系统建设。各地公安机关逐步建立起规范的安全技术防范工作管理体系,通过实施行政管理、质量检测、产品认证等一系列措施,实现了对相关技术产品、工程质量的有效监管。

第三阶段,21世纪初至今。工业化、城镇化、信息化快速发展特别是互联网的普及,给社会治安带来许多新情况、新问题。面对复杂的社会治安形势,公安机关积极探索建立全面设防的社会治安防控体系,注重立体防控效果。视频监控技术从众多安全防范技术中脱颖而出,得到快速发展和应用。21世纪以来,公安部先后组织开展了城市报警与监控系统建设、农村安全防范系统建设等工作,各地公安机关也根据当地实际开展了区域性安全防范系统建设和应用工作。2004年《行政许可法》实施后,公安机关安全技术防范工作重点逐步从注重行政许可向更多地推动防范设施的建设与应用转变。各地公安机关大力推动视频监控系统建设和联网整合、共享应用,积极推进城乡安全防范系统一体化建设。安全技术防范工作日益社会化,并逐步延伸到应急突发事件处置、群体性事件防控、城市管理等领域,通过建设视频监控、入侵报警、出入口控制、周界防范等系统或网络,为社会各界提供安全保障和服务。

2015年以来,"四个全面"战略布局对社会治安工作提出了新要求,各地公安机关正在探索如何创新完善立体化社会治安防控体系,增强防控工作的系统性、整体性、协同性,安全技术防范工作的重点转向了在更大范围上推进公共安全视频监控的安全联网和共享使用,安全防范系统的建设和应用也进入了新的时期。在这一阶段,公安机关积极转变工作思路和职能,工作理念更加突出弱管理强应用,工作重点由过去的管产品、管工程、管发证转向统筹协调、综合指导、技术创新与推广等方面,工作模式由传统的以管理推动工作发展转变为以建设应用和监管服务的双重动力推动工作前进。

(二)发展新理念

2015年,中共中央办公厅、国务院办公厅印发的《关于加强社会治安防控体系建设的意见》和国务院九部委联合印发的《关于加强公共安全视频监控建设联网应用工作的若干意见》,在今后相当长的一段历史时期,都将是指导安全技术防范工作未来发展的两份纲领性文件。今后,安全技术防范工作应积极开展创新,不断革新理念,推动工作方式转型。

第一,以"公共安全观"引领安全技术防范发展新理念。"公共安全观"是指一个国家对公共安全的总体认识和行动方略,是指导一个国家依法维护公共安全的行动指南。各级公安机关应积极争取将安全技术防范工作列入当地党委和政府的平安建设、民生工程等重点工作或重大专项,完善与政府职能部门间的协同工作机制,确保安全防范系统建设和应用取得实效。推动法规建设和措施落实,确保安全防范系统与设施特别是事关国家安全的系统设施安全。在维护国家安全和社会治安管理工作中,公安机关应深入贯彻预防为主的战略思想,将加强安全防范系统建设作为社会治安防范的重要措施,深入探讨和解决安全技术防范工作的本质内涵、属性特征等基础性问题,以便于更好地指导和促进安全技术防范工作健康发展。

第二,以"责权对等观"明确职能部门新定位。有什么责任就要有什么样的权力,有什么样的权力也要承担什么样的责任。各级政府及相关部门开展安全防范系统建设时,应明晰责任和权力,确定明确的机构设置、职能配置、工作流程,努力实现安全技术防范工作的精细化管理。[①] 由于地区差别、职能区别,各级政府和相关部门涉及具体工作时,往往认识水平、相关规定和任务要求各不相同,容易导致要求不一、多头管理的现象,从而影响管理职能的有效发挥和行业产业的健康发展。根据简政放权、放管结合、优化服务的总体要求,职能部门责权对等是实施有效管理的重要保证。

第三,以"协同合作观"促成齐抓共管新格局。安全技术防范工作是公安机关的重要职能之一,系统设施建设大多需要依附建筑物,不可避免需涉及产品、工程等管理内容,需要政府相关职能部门配合管理工作。另外,系统设施建设也会涉及规划、投入、推进和落实等环节,也要求多部门协同参与。由此,如何加强部门间的协同合作,不但体现政府的管理水平,更体现政府的管理理念。

第四,以"资源整合观"探索共享应用新机制。所谓安全防范系统"资源整合"就是根据工作目标的需求,组织协调、有效地配置建设与管理资源,寻求最佳结合点的过程。由于缺少政府的统筹规划和顶层设计,各地系统设计、规划和建设方案常常受到地区利益和行业需求的影响,造成重复建设、资源浪费等现象。各地公安机关应树立科学的"资源整合观",在统筹规划、资源共享的基础上,有效整合和充分利用各种系统资源,探索系统资源共享应用新机制,充分发挥系统设施的最大功效。

第五,以"深度融合观"创新技术防范杀手锏。先进科技成果服务实战是推动安全技术防范工作发展的重要途径,也是体现安全技术防范工作技术属性的必然选择。随着现代新兴科技的迅速发展,视频监控技术从众多防范技术中脱颖而出,成为公安机关推进安全技术防范工作、引领安全技术防范工作发展的"杀手锏",并应进一步做大做强。与此同时,入侵探测、防盗报警等传统安全防范技术手段在企事业单位、智能家居、农村地区等的安全防范工作中仍然发挥着重要作用,这是安全技术防范工作的"主阵地",同样需要不断创新发展。

第三节　安全防范行业概况

一、行业组织机构

在我国,行业组织机构主要由行业主管部门、行业协会、中介机构(技术服务机构)组成。目前,公安部科技信息化部门是我国安全防范行业的主管部门,负责管理和指导安全防范行业发展。

---

① 赵源.浅析安全技术防范的精细化管理[J].中国公共安全(综合版),2010(6):155-157.

行业协会是指介于政府、企业之间，商品生产者与经营者之间，并为其提供服务、咨询、协调，实现沟通、监督、公正、自律的社会中介组织。行业协会是一种民间性组织，它不属于政府的管理机构系列，而是政府与企业的桥梁和纽带。在我国，行业协会属于中国《民法典》规定的社团法人，是中国民间组织社会团体的一种，即国际上统称的非政府机构（又称NGO），属非营利性机构。

中介机构是指依法通过专业知识和技术服务，向委托人提供公证性、代理性、信息技术服务性等中介服务的机构。中介机构主要分为三种类型：一是公证性中介机构，具体指提供土地、房产、物品、无形资产等价格评估和企业资信评估服务，以及提供仲裁、检验、鉴定、认证、公证服务等的机构。二是代理性中介机构，具体指提供律师、会计、收养服务，以及提供专利、商标、企业注册、税务、报关、签证代理服务等的机构。三是信息技术服务性中介机构，具体指提供咨询、招标、拍卖、职业介绍、婚姻介绍、广告设计服务等机构。通过行业协会和中介机构进行行业管理和服务产业发展，是欧美国家对行业、产业实施管理时普遍采用的方式，这种管理方式有助于推动实现行业自律，促进行业自我发展、自我完善，使政府机关从具体琐碎的行业事务性管理中解脱出来。

我国的行业协会和中介组织的法律性质在民法上是独立的社团法人，在行政法上的主体地位是受委托组织，而不是法律法规授权组织。我国政府对安防行业的管理也采取了国际通行的做法，即通过安全防范行业协会和中介机构，实现安防行业的自我管理、自我监督、自我完善，并推动安防产业的不断创新与发展。我国的安全防范行业协会主要分为两大类，即全国行业协会和地方行业协会；中介机构主要分为检测机构和认证机构，以及标准化技术委员会等。

（一）中国安全防范产品行业协会

中国安全防范产品行业协会（以下简称中安协）于 1992 年 12 月 8 日在北京成立，由从事与安全防范产品相关的企事业单位、社会团体及个人等自愿组成的全国性、行业性、非营利性的社会组织。虽然中安协从名称上看侧重于产品，但实质上是对整个安防活动和安防行业进行统筹管理。中安协吸纳在中国境内众多类型的安防企业，产业类型涉及防爆安全检查设备、防盗报警、社区安全防范、车辆防盗防劫、出入口控制、视频监控、金融安保、人体安全防范等安全防范产品，以及从事安防系统和产品的研发、经营、设计、施工等，还包括从事报警运营服务、安防教育培训、咨询服务、检测与评价、中介技术服务等活动的相关单位、团体或个体经营者。

根据《中国安全防范产品行业协会章程》，中安协的业务主管单位是公安部，社团登记管理部门是民政部，中安协接受公安部和民政部的业务指导和监督管理。由此可见，中安协是民法上的独立的社团法人，根据政府授权的主管部门的委托，参与安防工程和产品的质量管理和监督工作，因此它在行政法上的主体地位是受委托组织，而不是法律法规授权组织，对其实施的质量管理和监督工作不能以自己的名义，也不能独立地承担法律后果。政府授权的主管部门才是独立的行政主体，对委托中安协组织实施的质量管理和监督工作承担法律责任。

各省、直辖市、自治区公安机关大多成立了安防行业协会或中介机构，一些地级市甚至县级行政区域也都成立了各类安防协会,对推动当地安防行业产业发展和行业管理、质量监督等起到了极大的积极作用(表1-1)。

表 1-1 全国安防行业协会成立情况简表(截至 2020 年底)

编号	协会名称	成立时间	编号	协会名称	成立时间
1	中国安全防范产品行业协会	1992	25	济南市社会公共安全防范行业协会	2008
2	北京安全防范行业协会	2019	26	青岛市社会公共安全防范协会	2006
3	石家庄市安全技术防范协会	2001	27	郑州市公共安全防范行业防范协会	1995
4	内蒙古自治区公共安全技术防范行业协会	2006	28	平顶山市公共安全技术防范行业协会	2018
5	辽宁省社会公共安全产品行业协会	1999	29	湖北省安全技术防范行业协会	2003
6	吉林省社会公共安全产品行业协会	2003	30	武汉市安全技术防范行业协会	2015
7	黑龙江省安全防范产品行业协会	1999	31	湖南省安全技术防范协会	1996
8	上海安全防范报警协会	1992	32	广东省公共安全技术防范协会	2006
9	南京安全技术防范行业协会	2012	33	广州市安全防范行业协会	2012
10	常州市安全技术防范行业协会	2003	34	深圳市安全防范行业协会	1995
11	苏州市安全技术防范行业协会	2010	35	深圳市智慧安防行业协会	2012
12	南通安全防范协会	2016	36	佛山市公共安全技术防范协会	2020
13	镇江市安全技术防范行业协会	2006	37	东莞市公共安全技术防范协会	2014
14	昆山市安全防范行业协会	2008	38	珠海市公共安全技术防范协会	2010
15	张家港市安全技术防范协会	2014	39	广西安全技术防范行业协会	2013
16	浙江省安全技术防范行业协会	2003	40	海南省智慧城市安防技术行业协会	2018
17	宁波大榭开发区保险箱(柜)行业协会	2006	41	重庆市公共安全技术防范协会	2009
18	杭州市安全技术防范行业协会	1995	42	成都安全防范协会	2006
19	安徽省安全技术防范行业协会	2002	43	贵州省安全技术防范行业协会	2007
20	福建省公共安全技术防范协会	2008	44	陕西省安全防范产品行业协会	2003
21	三明市安全技术防范行业协会	2014	45	甘肃省安全技术防范协会	2011
22	厦门市安全技术防范协会	2019	46	青海省公共安全技术防范协会	2009
23	江西省安全技术防范行业协会	1994	47	新疆维吾尔自治区安全技术防范行业协会	2011
24	南昌市安全技术防范协会	2007			

(二)检测机构

安防产品和工程技术检测机构多为公安部授权的国家或地方检测检验中心、站、院、所等。其中,国家安全防范报警系统产品质量监督检验中心(北京)(以下简称北京检测中心)是通过中国国家认证认可监督管理委员会授权、计量认证合格,并由中国合格评定国家认可委员会认可的多学科、多专业具有第三方公证地位的技术服务机构,是集计量检定校准、监督检验、检查于一身的综合型国家级实验室。与行业协会类似,检测机构开展监督检验、技术认证等活动,也来自政府主管部门的授权,在行政法上的性质属于受委托组织,由主管部门对其活动行为后果承担法律责任。

(三)认证机构

认证是指由认证机构证明产品、服务、管理体系符合相关技术规范、相关技术规范的强制性要求或者标准的合格评定活动。2016 年 2 月新修改公布的《中华人民共和国认证认可条例》第九条规定,取得认证机构资质,应当经国务院认证认可监督管理部门批准,并在批准范围内从事认证活动。未经批准,任何单位和个人不得从事认证活动。由此可见,与行业协会、检测机构相比,认证机构在行政法上的地位最为明确,属于法律法规授权组织,是授权性行政主体,而不是受政府委托的组织。认证机构以自己的名义对产品、服务、管理体系等实施认证行为,对认证行为的后果独立承担法律责任。

在安防管理体系中,最典型的认证机构是中国安全技术防范认证中心,它是依据《中华人民共和国认证认可条例》等相关法律法规,由中国国家认证认可监督管理委员会和中华人民共和国公安部于 2001 年 7 月批准成立,实施合格评定的认证运作实体。

二、行业组织职能

(一)行业协会

从法律上来看,无论全国性行业协会,还是地方性协会,其法律地位一律平等,没有级别和高低贵贱之分,都是行业自治的社会组织。根据中安协和各地安防协会的章程,安防协会的主要作用是积极开展行业发展调查研究活动,制定行业发展规划;推进行业标准化工作和安防行业市场建设;推动中国名牌产品战略;培训安防企业和专业技术人员;开展国内外技术、贸易交流合作;加强行业信息化建设,做好行业资讯服务;组织订立行规行约,建立诚信体系,创造公平竞争的良好氛围;承担政府主管部门委托的其他任务等。安防协会的主要工作可以概括如下。

1. 开展能力评价

自 2006 年 6 月开始,中安协在安防行业内开展企业自愿参加的安防工程企业资质评定工作,一度得到了广大安防工程用户和安防工程企业的大力支持与积极参与,评定结果也得到了政府采购部门、工程建设单位和项目招标代理机构的广泛认可和采信。获证企业屡屡在北京奥运会、上海世博会、广州亚运会、辽宁全运会等大型活动安防工程建设中夺标,所建安防工程项目在所有重大安防活动中发挥了重要作用,受到广泛好评。

根据新的形势和政策要求,社会积极呼应政府的简政放权、转变职能,安防协会对安防产品与工程的监督与管理色彩也适度减弱,其引导与服务功能逐步增强,以避免"第二政府"之嫌。中安协 2015 年 5 月 15 日已停止受理企业资质评定的申请,而代之以安防企业能力评价,陆续修订调整了相关规范性文件,比如《安防工程企业设计施工维护能力评价管理办法》《安防工程企业设计施工维护能力评价标准》《安防工程企业设计施工维护能力证书管理办法》《安防工程企业申报能力评价要求》《安防企业诚信公约》等等。相较于原来的资质评定,对安防企业的能力评价减弱了行政管理色彩,取消了收费。企业能力评价信息公开发布,接受社会监督。能力证书由获证企业自己使用,可用于宣传(如广告)、展示(如展台、展室)、投标,这种改革以市场为导向,有利于促进安防工程市场良性有序发展,营造公平竞争的市场氛围,维护消费者合法权益,支持国家重大项目建设,推动安防行业的长远发展。

2. 加强技术交流

把握行业科技发展脉搏,引领安防技术创新发展是安防协会的重要工作任务。中安协和各地安防协会经常举办各专业组专家技术交流活动,围绕不同专业领域的技术热点问题,通过开展形式多样的专业技术交流活动,如组织技术发展论坛、举办专题技术讲座、召开技术研讨会等,为行业搭建技术交流与合作的平台,推动行业科技创新。中安协还通过《中国安防》等杂志、编辑出版论文集等形式,积极配合公安机关开展安防建设,推动行业学术和技术研究,推进技术交流,引领行业科技创新发展。

3. 推进行业自律

安防协会的主要职责是推进行业自律。中安协和各地安防协会根据政府主管部门要求和行业发展实际,坚持政府引导、社团组织、企业自愿、第三方评价的原则,积极吸纳安防企业加入协会,构建安防企业诚信评价体系,组织安防企业参加诚信评价活动,持续开展安防优质工程评比活动,同时,积极参与安防行业标准的制定。实践证明,通过安防协会的活动,可以较好地解决政府监管不了、监管不好的企业活动,使行业自律成为管理的重要补充。

(二)检测机构

目前,公安部授权的安防产品和工程检测机构有30多家,比如国家安全防范报警系统产品质量监督检验中心、北京市电子产品质量检测中心等。

安防检测机构以提高服务质量、技术水平和检测效率为宗旨,以公正、科学、准确为基本原则,立足服务实战,狠抓检测业务,各项工作逐渐进入科学化、规范化、制度化的发展轨道。大体来说,安防检测机构作用主要体现在以下几点:

1. 积极开展各项检测业务

以北京检测中心为例,该中心对山东、山西、江苏、河南、甘肃、吉林等省公安厅或地市级公安机关建设的PGIS系统进行测试。作为公安部"金盾办"指定的公安部"金盾工程"二期项目第三方测试单位,积极为"金盾工程"二期把好质量关。以"物联网一体化安全检测专业化服务"项目为支撑,开展物联网的产品检测、系统安全检测、系统安全检查业务;进一步开展视频接入平台、视频网关等产品的标准符合性测试及工程类联网标准符合性测试工作,并制定了相应的检验办法。

2. 开展检测方法和技术研究

北京检测中心不断完善防爆、防弹产品的评价手段,建立防爆安检产品评估体系、SVAC及高清视频产品的评价方法和评测平台,建立激光测速、光学产品评价方法,开展北斗卫星导航系统公安建设与应用标准体系研究、物联网安全检测等前沿项目研究,继续鼓励专业技术人员结合业务工作开展申报国家科技计划支撑项目、发改委信息化领域创新能力建设专项、发改委信息安全专项等科研项目,鼓励专业技术人员积极参与标准制修订工作,将科研成果转化为标准方法和试验手段,为拓展相关领域的产品检测奠定扎实的技术基础。

3. 参与标准制修订

北京检测中心作为牵头起草单位,申请批准立项的国家及行业标准22项,其中国家标准5项,分别为《社会治安重要场所视频图像采集技术要求》《公安物联网示范工程软件平台与应用系统检测规范》《公安物联网感知层传输安全性评测要求》《防盗报警控制器通用技术要求》《信息安全技术指纹识别系统技术要求》;行业标准17项,主要有《电子防盗锁》《防尾随联动互锁安全门通用技术条件》《安防监控摄像机防护罩通用技术要求》《安全防范监控数字视音频编解码标准符合性测试》《安全防范视频监控图像信息安全接入公安信息网测试规范》《视频安防监控系统矩阵切换设备通用技术要求》《安防视频监控系统变速球型摄像机》等。

4. 立足实战为公安机关服务

立足实战,为公安部各业务局和地方公安机关的有关工作提供技术支持是各检测中心的立身之本。比如上海检测中心始终把为公安部网络安全保卫局、公安部科技与信息化局等部业务局提供技术服务作为重要工作来抓。配合公安部网络安全保卫局开展 WZPT 测试,配合公安部网络安全保卫局开展销售许可证日常监督工作,配合上海市公安局执行重要网站漏洞扫描任务,配合国家密码管理局、上海市公安局开展等保商用密码管理工作,配合认证中心制定认证规则,协助认证中心完成安防产品的分类与检测调研工作,配合公安部网络安全保卫局开展等保应用研究,配合公安部网络安全保卫局成功举办大型全国等保会议,配合各地公安局开展网安等保工作等。

(三) 认证机构

国家根据国际通用的质量管理标准,推行企业质量体系认证制度。经认证合格的,由认证机构颁发企业质量体系认证证书。

目前安防产品认证机构主要有三家,即中国安全技术防范认证中心、中国人民解放军军用安全技术防范产品安全认证中心、中国民用航空局航空安全技术中心(中国民航科学技术研究院)。三家企业可颁发企业质量体系认证证书,引导安防企业加强自律良性发展。

中国安全技术防范认证中心(简称安防认证中心)依据 CNCA 批准的认证业务范围,开展安全技术防范产品、道路交通安全产品、刑事技术产品、警用通信等社会公共安全产品的认证工作。安防认证中心的宗旨是遵守国家法律、法规,遵循国际惯例,坚持客观、独立、公正的原则,维护相关方合法权益;不以营利为目的,独立核算,自负盈亏;竭诚为国内外客户提供认证服务。

安防认证中心依据 CNAS-CC21(ISO/IEC 导则 65)建立了完整的质量体系,制定了质量手册并严格执行,持续改进。承担的强制性产品认证及部分自愿性产品认证业务均已通过国家认可委(CNAS)认可。

自 2001 年成立以来,安防认证中心已在安防、道路交通安全和刑事技术等领域探索形成了一套科学规范的公共安全产品合格评价体系,认证产品包括多种入侵探测器、防盗报警控制器、防盗保险柜(箱)、汽车防盗报警系统、防盗安全门、汽车行驶记录仪、车身反光标识、道路交通信号灯、机动车测速仪、呼出气体酒精含量检测仪、警用多波段光源产品、"502"指印熏显柜、警用活体指纹/掌纹采集设备、DNA 检测试剂、公安 350 兆模拟通信设备等 20 余种。

三、行业发展现状

(一)行业立法现状

安全技术防范工作开展各项活动的主要依据是相关法律、法规和标准以及工作指导意见等。随着安防行业管理的需要,一批法律法规陆续出台,初步形成了多层次、多方位的法律监管体系。目前,安全技术防范行业法律监管体系大致由以下几部分构成:

1. 宪法中的相关规定

《中华人民共和国宪法》是国家的根本大法。宪法中与安全防范相关的内容主要是原则性的,是安全防范行业立法的基本依据和行为基本准则。如《中华人民共和国宪法》第 38 条、51 条规定:"中华人民共和国公民的人格尊严不受侵犯。禁止用任何方法对公民进行侮辱、诽谤和诬告陷害。""中华人民共和国公民在行使自由和权利的时候,不得损害国家的、社会的、集体的利益和其他公民的合法的自由和权利。"另外,《中华人民共和国宪法》第 5 条、第 33 条对规范技防设施的使用,促进技防行业健康有序发展具有重要的指导意义。

2. 一般法律中的规定

1)关于安防工程与产品质量方面的相关规定。主要有《中华人民共和国产品质量法》《中华人民共和国标准化法》《中华人民共和国消防法》《中华人民共和国建筑法》《中华人民共和国突发事件应对法》《中华人民共和国反恐怖主义法》等。这些法律分别规定了对安全防范工程与产品质量等方面的要求,在一定程度上填补了安防行业立法的空白。

2)关于保护公民权利方面的法律。安全防范系统是一把"双刃剑",它在给人们带来安全、带来便利的同时也影响着人们的生活,可能侵犯他人的人身权利、财产权利。保护公民、法人或其他组织合法权利的法律依据主要有:

(1)《中华人民共和国民法典》

被称为"社会生活的百科全书",是新中国第一部以法典命名的法律,在法律体系中居于基础性地位,也是市场经济的基本法。《中华人民共和国民法典》共 7 编、1 260 条,各编依次为总则、物权、合同、人格权、婚姻家庭、继承、侵权责任,以及附则。《民法典》通篇贯穿以人民为中心的发展思想,着眼满足人民对美好生活的需要,对公民的人身权、财产权、人格权等民事活动中一些共同性问题作了明确规定,规定侵权责任,明确权利受到削弱、减损、侵害时的请求权和救济权等,体现了对人民权利的充分保障,被誉为"新时代人民权利的宣言书"。

(2)《中华人民共和国行政复议法》

该法是为了防止和纠正违法的或者不当的具体行政行为,保护公民、法人和其他组织的合法权益,保障和监督行政机关依法行使职权而制定的。如第二条规定"公民、法人或者其他组织认为具体行政行为侵犯其合法权益,向行政机关提出行政复议申请,行政机关受理行政复议申请、作出行政复议决定,适用本法",第五条规定"公民、法人或者其他组织对行政复议决定不服的,可以依照行政诉讼法的规定向人民法院提起行政诉讼,但是法律规定行政复议决定为最终裁决的除外"。

(3)《中华人民共和国行政讼诉法》

该法是为保证人民法院公正、及时审理行政案件,解决行政争议,保护公民、法人和其他组织的合法权益,监督行政机关依法行使职权而制定的法律。如第二条规定"公民、法人或者其他组织认为行政机关和行政机关工作人员的行政行为侵犯其合法权益,有权依照本法向人民法院提起诉讼",第三条规定"人民法院应当保障公民、法人和其他组织的起诉权利,对应当受理的行政案件依法受理。行政机关及其工作人员不得干预、阻碍人民法院受理行政案件"。

(4)《中华人民共和国国家赔偿法》

该法是为保障公民、法人和其他组织享有依法取得国家赔偿的权利,促进国家机关依法行使职权,根据宪法而制定的。如第二条规定"国家机关和国家机关工作人员行使职权,有本法规定的侵犯公民、法人和其他组织合法权益的情形,造成损害的,受害人有依照本法取得国家赔偿的权利"。

(5)《中华人民共和国国家保密法》

该法是为了保守国家秘密,维护国家安全和利益,保障改革开放和社会主义建设事业的顺利进行而制定的。如第三条规定"国家秘密受法律保护。一切国家机关、武装力量、政党、社会团体、企业事业单位和公民都有保守国家秘密的义务。任何危害国家秘密安全的行为,都必须受到法律追究"。

(二) 行政执法支撑

1.《中华人民共和国行政许可法》

该法是为了规范行政许可的设定和实施,保护公民、法人和其他组织的合法权益,维护公共利益和社会秩序,保障和监督行政机关有效实施行政管理而制定的。如第十二条规定直接涉及国家安全、公共安全、公共利益、人身健康、生命财产安全的职业、行业、重要设备、设施、产品、物品以及需要确定具备特殊信誉、特殊条件或者特殊技能等资格、资质的事项可以设定行政许可。

2.《中华人民共和国行政处罚法》

该法是为了规范行政处罚的设定和实施,保障和监督行政机关有效实施行政管理,维护公共利益和社会秩序,保护公民、法人或者其他组织的合法权益而制定的。对行政处罚的设定和实施进行了规范。

3.《中华人民共和国治安管理处罚法》

该法是为了维护社会治安秩序,保障公共安全,保护公民、法人和其他组织的合法权益,规范和保障公安机关及其人民警察依法履行治安管理职责而制定的。对扰乱公共秩序,妨害公共安全,侵犯人身权利、财产权利,妨害社会管理,具有社会危害性,依照《中华人民共和国刑法》的规定构成犯罪的,依法追究刑事责任;尚不够刑事处罚的,由公安机关依照本法给予治安管理处罚。

4.《中华人民共和国国家赔偿法》

该法是为了保障公民、法人和其他组织享有依法取得国家赔偿的权利,促进国家机关依法行使职权而制定的法律,在国家机关和国家机关工作人员行使职权,有本法规定的侵犯公民、法人和其他组织合法权益的情形,造成损害的,受害人有依照本法取得国家赔偿的权利。

5.《中华人民共和国认证认可条例》

该法是规范认证认可检验检测活动的唯一单行法规,确立了涉及认证认可检验检测工作的基本原则、制度体系、监管要求和相关法律权利义务关系,对于规范和促进认证认可检验检测工作、加强和创新市场监管、营造市场化法治化国际化营商环境具有重要意义。

(三) 法庭证据支撑

安全防范系统在维护社会安全,打击违法犯罪中发挥着越来越重要的作用,尤其是其提供的客观而直观的视听资料证据为打击违法犯罪提供了有力的支撑。为安全防范系统采集证据信息提供依据的法律主要有:

1.《中华人民共和国国家安全法》

该法第四十二条规定国家安全机关、公安机关依法搜集涉及国家安全的情报信息,在国家安全工作中依法行使侦查、拘留、预审和执行逮捕以及法律规定的其他职权。第七十七条规定公民和组织应当履行及时报告危害国家安全活动的线索、如实提供所知悉的涉及危害国家安全活动的证据等义务。

2.《中华人民共和国刑事诉讼法》

该法是为了保证刑法的正确实施,惩罚犯罪,保护人民,保障国家安全和社会公共安全,维护社会主义社会秩序而制定的法律。第四十八条规定,可以用于证明案件事实的材料,经过查证属实的,都是证据。第五十二条规定行政机关在行政执法和查办案件过程中收集的物证、书证、视听资料、电子数据等证据材料,在刑事诉讼中可以作为证据使用。

四、产业发展趋势

(一) 产业发展概况

我国安防行业市场持续增长,从 2012 年的 3 280 亿元增长到 2017 年的 6 016 亿元,年复合增长率达到 12.9%(图 1-3)。据不完全统计,截至 2017 年年底,中国安防企业约为 3 万家,从业人员达到 160 万人,安防企业年总收入达到 6 016 亿元左右,年均增长 15.7%;2017 年全行业实现增加值 1 960 亿元,2010 年至 2017 年间,年均增长 12.7%。

以产业结构划分,2017 年,安防产品总收入约为 3 369 亿元,占比 56%;安防工程总收入为 2 587 亿元,占比 43%;报警运营服务及其他约为 60 亿元,占比 1%(图 1-4)。

随着国内外市场需求的不断增加,视频监控、安检排爆、入侵报警、出入口控制和实体防护等各个安防领域实现了全面发展,其中视频监控发展最快。2017 年市场总规模达到

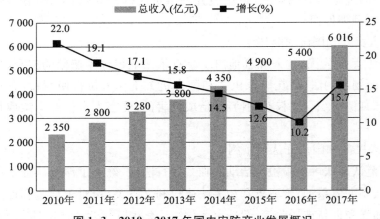

图 1-3 2010—2017 年国内安防产业发展概况

3 369 亿元,占安防行业的 56%。中安协发布的《中国安防行业"十三五"(2016—2020 年)发展规划》指出,"十三五"期间,安防行业将向规模化、自动化、智能化转型升级,到 2020 年,安防企业总收入达到 8 000 亿元左右,年增长率达到 10% 以上。前瞻产业研究院发布的《2018—2023 年中国安防行业市场前瞻与投资战略规划分析报告》预计,随着人工智能产业化的加快落地,民用安防产品将得到快速发展,至 2023 年,安防行业市场规模将超过万亿(图 1-5)。

平安城市和智能交通是热门应用领域,金融、文教应用增长趋于饱和。安防产品在许多行业中都有应用,主要分为两类:平安城市、智能交通、司法监狱等主要由政府使用的行业;智能楼宇、金融行业、文教卫等关注民生

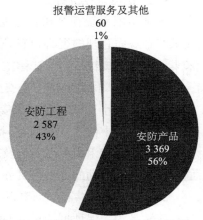

2017年安防行业总收入(单位:亿元)

图 1-4 2017 年国内安防产业结构

项目的行业。前瞻产业研究院发布的《2018—2023 年中国安防行业市场前瞻与投资战略规划分析报告》显示,在安防产品的应用领域中,平安城市占比 24%,排名最高;智能交通、智能楼宇、文教卫、金融行业分别占比 18%、16%、13% 和 12%,整体上细分行业分布均衡,市场受某一行业的冲击较小(图 1-6)。从发展势头来看,传统的金融、文教卫市场趋于饱和,政府、交通市场还在持续快速增长。在"平安""智能"热度空前的背景下,未来智慧城市将会成为安防行业的一大亮点。

(二) 产业发展趋势(图 1-7)

1. 前端化。随着芯片的集成度越来越高,处理能力越来越强,许多厂商推出了智能 IPC、智能 DVR 和智能 NVR,将一些简单通用的智能算法移植到前端设备中。未来将有更多的复杂专用的智能算法在前端设备中实现。在前端设备上实现的优势在于组网灵活,延时低,成本低,也减轻了一部分后端分析的压力,为大规模部署提供了可能。

2. 云端化。已有的智能化产品大多是将多种智能功能固化在某一类硬件中,每台硬件

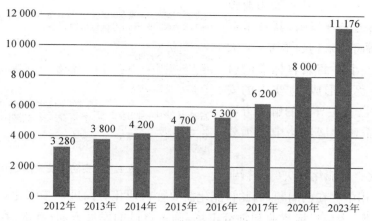

图 1-5　2012—2023 年国内安防市场规模及预测(单位：亿元)

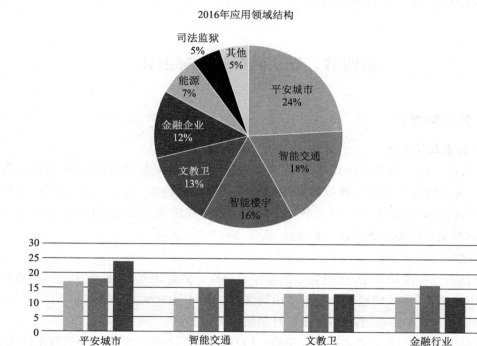

图 1-6　2016 年安防应用领域结构与 2014—2016 年各领域占比(单位：%)

设备提供一种或有限的几种智能化服务。未来,硬件资源的概念将逐步淡化,智能化以服务模块的方式提供给客户。云端会根据客户的需要(功能、路数等)提供服务,实现资源按需分配,最大化地满足客户需求和提高资源利用率。

3. 平台化。每个安防厂商在推进自己的智能化解决方案时,都越来越多地需要对软件平台及其配套的硬件设备进行整合,这个整合方案的兼容性、稳定性、安全性等,其标准也越来越趋于统一。未来几年安防监控的应用类型也越来越清晰,其技术标准、开发接口等将越来越趋于统一:大厂商制定标准,小厂商兼容标准的合理产业模式将逐渐形成,有实力的安防厂商推出自己有主导力的解决方案平台,是安防企业发展道路中必须要考虑的课题。

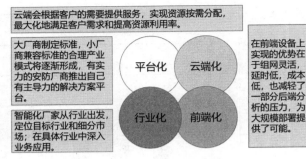

图 1-7　安防行业发展趋势

4. 行业化。智能化解决的是行业客户在业务应用中存在的问题,因此智能化需要往行业化方向进一步深化。首先智能化厂家要从行业出发,定位目标行业和细分市场,确定自己的发展方向;其次,在具体行业中深入业务应用、业务流程等,剖析行业问题,寻找解决之道;最后,结合自身的技术积累,为行业客户提供优质的行业智能解决方案。

第四节　安全防范行业标准化

一、公安标准化

(一) 标准和标准化

诸如标准、规范、规程和法规等,均是为各种活动或其结果提供规则、指南或特性的文件,都属于规范性文件范畴。规范性文件的种类一般包括标准、规范、规程、法规、试行标准、技术法规、标准化文件等 7 种类型。以下相关概念或定义来自《标准化工作指南　第 1 部分:标准化和相关活动的通用术语》(GB/T 20000.1—2014)。

1. 标准

标准是通过标准化活动,按照规定的程序经协商一致制定,为各种活动或其结果提供规则、指南或特性,供共同使用和重复使用的文件。标准是一种规范性文件,宜以科学、技术和经验的综合成果为基础,以促进最佳社会效益为目的。

关于标准的定义,有六点需要补充说明。(1)标准是人类生产实践活动规范化的成果;(2)标准必须同时具备共同使用和重复使用的特点;(3)制定标准的目的是获得最佳秩序,促进最佳共同效益;(4)标准的规范作用都有明确的限定范围,可以是全球、区域、国家、行业、地方等;(5)制定标准的原则是协商一致;(6)制定标准需要有一定的规范化程序,并由公认机构批准。

2. 标准的类别

标准的分类方法有很多。一般来说,按照标准的性质可以将其分强制性标准、推荐性标准、指导性技术文件等三类;按标准的适用范围可以分为国际标准、区域标准、国家标准、行业标准、地方标准、团体标准、企业标准等;按标准化对象可以分技术标准、管理标准、工作标准等。

根据国务院印发的《深化标准化工作改革方案》(国发〔2015〕13 号),政府主导制定的标准由 6 类整合精简为 4 类,分别是强制性国家标准和推荐性国家标准、推荐性行业标准、推荐性地方标准;市场自主制定的标准分为团体标准和企业标准。政府主导制定的标准侧重于保基本,市场自主制定的标准侧重于提高竞争力。强制性标准必须执行,而 85%的国家标准和行业标准是推荐性标准,市场自主制定的标准一般是推荐性标准。

根据 WTO 的有关规定和国际惯例,国际上认为技术法规与合同是必须强制执行的,而标准一般是自愿性的,标准的内容只有通过法规或合同的引用才能强制执行。我国的强制性标准属于国际上技术法规的范畴,其范围与 WTO 规定的允许制定强制性技术法规的五个方面,即国家安全、防止欺诈、保护人身健康和安全、保护动植物生命和健康、保护环境等基本一致。

3. 标准化

标准化是指为了在既定范围内获得最佳秩序,促进共同效益,对现实问题或潜在问题确立共同使用和重复使用的条款以及编制、发布和应用文件的活动。标准化活动确立的条款可形成标准化文件,包括标准和其他规范化文件。标准化的主要效益在于为了产品、过程或服务的预期目的改进它们的适用性,促进贸易、交流以及技术合作。

标准化是组织现代化生产的重要手段和必要条件,是合理发展产品品种、组织专业化生产的前提,是公司实现科学管理和现代化管理的基础,是提高产品质量保证安全、卫生的技术保证,是国家资源合理利用、节约能源和节约原材料的有效途径,是推广新材料、新技术、新科研成果的桥梁,是消除贸易障碍、促进国际贸易发展的通行证。通过标准化以及相关技术政策的实施,可以整合和引导社会资源,激活科技要素,推动自主创新与开放创新,加速技术积累、科技进步、成果推广、创新扩散、产业升级以及经济、社会、环境的全面、协调、可持续发展。

4. 标准化法规

我国标准化工作主要包括标准的制订,标准的实施、监督与宣贯,以及质量监督、认证认可与计量等方面。与标准管理有关的法律法规或规范性文件主要有《标准化法》《国家标准管理办法》《行业标准管理办法》《地方标准管理办法》《团体标准管理规定(试行)》《标准出版发行管理办法》《全国专业标准化技术委员会章程》《中国标准贡献奖管理办法》《国家实验室管理办法》《采用国际标准管理办法》《采用国际标准产品标志管理办法》等。

与质量监督及认证、认可、计量有关的法律法规或规范性文件主要包括《产品质量法》《计量法》《认证认可条例》《产品质量监督抽查管理办法》《法定计量检定机构监督管理办法》《专业计量站管理办法》《强制检定的工作计量器具检定管理办法》《计量授权管理办法》《产品质量检验机构计量认证管理办法》《计量器具新产品管理办法》《计量监督员管理办法》《计量标准考核办法》《计量基准管理办法》《计量检定印、证管理办法》《进口计量器具监督管理办法》《强制性产品认证标志管理办法》《检查机构和实验室管理办法》《认证证书和认证标志管理办法》《强制性产品认证管理规定》等。

（二）公安标准化

公安标准化是一项重要的公安基础性工作。公安标准化是国家标准化的一个重要组成部分，公安标准体系是国家技术标准体系的重要内容。随着科技强警战略的实施和公安信息化工作的不断深入，公安标准化水平不断提高，已在消防、安防、刑事技术、道路交通安全、警用装备、信息通信、信息安全等技术领域，发布实施了一大批公共安全行业的国家标准和行业标准，基本覆盖了所有公安业务，对提高公安工作水平具有重要的规范指导意义，对夯实基层执法、办案、管理、服务等各项公安基础工作，具有无法替代的支撑和保障作用。

1. 基本概念

参照《标准化工作指南　第1部分：标准化和相关活动的通用术语》(GB/T 20000.1—2014)中标准化的定义，公安标准化工作可理解为以公安科学、技术和公安管理实践经验的综合成果为基础，对其中具有共同规律和特性的公安工作在一定层面上通过制定、发布和实施规则，达到统一和规范，以获得各项工作的最佳秩序和最大社会安全效益的工作。

公安标准化覆盖所有公安业务范围内，贯穿于公安工作现代化、正规化、专业化建设的全过程。公安标准化的目的是推进公安工作现代化、业务规范化和队伍正规化建设。通过发布实施具体的管理标准、工作标准、技术标准和服务标准等，有效实现公安工作的管理标准化、业务流程标准化、技术装备标准化、信息应用标准化、资配置源标准化、工作环境标准化等诸多领域的规范化建设。

在今后一个时期内，公安标准化发展的基本思路可以概括为一个基准、两条主线、三个原则、三位一体、四项内容。即以服务公安中心工作为基准；以需求为导向，以应用为核心；坚持统一规划、突出重点、分步实施的工作原则；坚持标准研制、贯彻执行与监督检查三位一体；以完善体系、创新机制、优化配置、协调服务等四项工作为主要内容。

2. 管理体制

公安标准化管理工作实行统一领导、分工负责的原则。管理模式为在公安部科技信息化局(公安部技术监督委员会)领导下，由部、省、市三级科技管理部门开展工作。部属有关业务局、标委会、质检中心、认证中心和地方省级公安机关科技管理部门在各自职责范围内，负责本警种、本专业、本地区的公安标准化相关工作。

公安部科技信息化局(公安部技术监督委员会)是公安标准化工作的主管部门，向上对口国家标准化主管部门，统一归口管理公共安全行业的标准化工作。技术监督委员会组建了九个标准化技术委员会、一个标准化情报室，并依托各有关研究单位，形成了公安标准化管理体系。

公安部部属九个标准化技术委员会，其中国家级标委会3个，分别为全国安全防范报警系统标准化技术委员会(简称安标委，代号为 SAC/TC100，下设 2 个分技术委员会)、全国消防标准化技术委员会(简称消标委，代号 SAC/TC113，下设 14 个分技术委员会)、全国刑事技术标准化技术委员会(简称刑标委，SAC/TC179，下设 10 个分技术委员会)。

其他六个技术委员会分别是公安部计算机与信息处理标准化技术委员会(信标委)、公安部通信标准化技术委员会(通标委)、公安部特种警用装备标准化技术委员会(警标委)、公安部信息系统安全标准化技术委员会(信安标委)、公安部道路交通管理标准化技术委员会(交标委)、公安部社会公共安全应用基础标准化技术委员会(基标委)。

公安部技术监督情报室受公安部科技信息化局的委托,主要负责公安标准化技术审查,标准化文本资料库的日常管理和维护,对标准的格式审查,为公安机关及社会提供咨询、培训、服务,承担标准的专题研究与情报信息的收集整理等职能。

二、公安标准体系

公安标准体系是指在由公安部主导编制发布实施的所有标准按其内在联系形成的有机整体,是所有公安业务、行政管理、公共安全行业等范围内所有标准的集合,是所有公安行业范围内所有相关标准组成的系统。公安标准体系内的各项标准之间具有内在的有机联系。

公安标准体系是国家技术标准体系的重要组成部分,它以国家标准体系为基础,根据公安工作的特点和公安业务的需求,建立与国家技术标准体系相配套、相兼容,既融于国家技术标准体系之中,又具有公安工作特征的相对独立的子系统。以"公安信息化标准"为龙头的公安技术标准体系建设,是科技强警的重要内容之一,是实现公安工作现代化、正规化、信息化的重要技术基础。

随着我国公安信息化建设的不断发展与完善,公安信息化标准体系建设带动了一大批与其相关的标准化项目建设,并在指导金盾工程项目的建设中发挥着指导作用。以公安信息化标准体系为主导的公安标准体系已基本形成,安全防范报警系统、消防、刑事技术、公安计算机与信息处理、公安通信、特种警用装备、信息系统安全、道路交通管理、社会公共安全应用基础等公安部属 9 个专业标准化领域,均已建立了各自的标准体系,并规范和指导着各自的业务建设。

但整个公安标准体系建设尚不完善,公安业务现有标准的数量和质量均不能满足业务的需求,特别是警务管理标准、警务执法规范以及公共安全领域有自主知识产权的高新技术标准尚属空白。公安管理标准体系建立仍需不断完善,需对现有各警种、各专业的标准体系进行整合、规范,在此基础上建立科学、完备、配套、兼容的公安技术标准体系。

三、公安标准化成果

公安标准化工作极大地促进了公安工作规范化建设和科技强警战略的实施。深入推进公安标准化工作,可以有效提升公安机关社会管理能力,规范执法管控行为,支持法律法规建设,构建资源共享基础,引导公安科技创新应用,带动我国科技产业的发展。

1. 成果概况

经过多年的积累,公安标准化工作在标准制定方面有了一个很好的基础。截至 2019 年底,经公安部批准发布现行有效的公安标准总数共计约 3 000 项,其中国家标准 350 项,行业标准 2 500 余项,主要涉及刑事技术、安全技术防范、交通管理、警用装备、信息安全、社会治安、公安信息化等众多公共安全应用领域。

2. 国际影响

近年来,公安部参与国际标准化活动能力不断增强,国际影响力不断提升。公安部与国际标准化组织及其成员国相关组织建立了密切的合作关系,实现了有效的沟通与合作。参与国际标准的制修订工作,主导起草了 7 项国际标准,参与制修订国际标准 20 余项。其中公安部牵头制定的《报警系统—安防应用中的视频监控系统—第 3 部分:模拟数字视频接口》于 2013 年 7 月由 IEC 发布为国际标准,多位公安部标准化专家担任国际标准化组织有关负责人,主导了多项国际标准的制修订工作。

3. 发展趋势

2015 年 3 月国务院印发了《关于深化标准化工作改革方案的通知》,要求着力解决标准体系不完善、管理体制不顺畅、与社会主义市场经济发展不适应问题;要求通过改革,把政府单一供给的现行标准体系转变为由政府主导制定的标准和市场自主制定的标准共同构成的新型标准体系。由此可预见,今后公安标准化工作仍将继续从"科技强警"战略入手,按照国家标准化工作改革的精神与要求,坚持以公安工作现代化、信息化、智能化建设为依托,坚持鼓励社会团体参与公安标准的制修订,在标准管理体制、标准体系建设、标准制修订程序、标准的宣贯以及标准监督检查等方面不断深入,积极推进公安标准化革新进程,积极实现跨越式创新发展。

四、安防行业标准与标准化

(一)标准化组织

全国安全防范报警系统标准化技术委员会(简称全国安防标委会,代号为 SAC/TC100),是经国家标准化管理委员会批准成立的全国性专业标准化技术工作组织,成立于 1987 年。SAC/TC100 受国家标准委和公安部的委托,负责我国安全防范报警系统技术领域的国家标准和行业标准制修订工作,归口工作范围涉及入侵和紧急报警、视频监控、出入口控制、防爆安检、安防工程、实体防护和人体生物特征识别应用等多个专业技术领域。秘书处设在公安部第一研究所。

TC100 的主要工作任务是向国家标准化管理委员会和公安部技术监督委员会提出安全防范专业标准化工作的方针、政策和技术措施的建议;按照国家制修订标准的原则、方针,制订安全防范专业标准体系表和标准制修订规划、计划草案;按照本专业标准制修订年度计划,组织制订国家标准草案和行业标准草案;对经批准、发布的国家标准、行业标准,组织宣贯、培训和定期复审、修订;为企业标准化工作提供咨询和服务。

根据工作需要,经国家标准化管理委员会批准,2000 年 TC100 成立了实体防护设备分技术委员会(代号为 SAC/TC100/SC1),秘书处设在公安部第三研究所。

2013 年 11 月,经国家标准化管理委员会批准,SAC/TC100 第六届委员会正式成立。目前,SAC/TC100 共有委员 101 名、顾问 2 名。SAC/TC100 第六届委员会还聘任了 18 名特聘专家及近百名通讯委员。

(二)安全防范标准体系

安全防范标准体系主要包括基础标准、专用通用标准、门类通用标准、产品标准 4 个层次,共约 300 个标准元素。第一层次为基础标准,包括名词术语、图形符号、产品分类、环境试验要求、电磁兼容试验要求、安全性要求、可靠性要求、工程设计业务规程等。第二层次为专用通用标准,大致分 12 个专业。第三层次为门类通用标准。第四层次为产品标准。

截止到 2017 年 12 月,SAC/TC100 完成的现行有效的标准共 176 项,其中国家标准 48 项,行业标准 128 项。按专业技术领域划分,基础通用标准 4 项,入侵和紧急报警 34 项,视频监控 33 项,出入口控制 12 项,防爆安全检查 17 项,安全防范系统工程 39 项,实体防护设备 14 项,人体生物特征识别应用 23 项。

表 1-2　SAC/TC100 现行基础通用类标准目录(2017)

基础通用标准(共 4 项,其中国标 1 项,行标 3 项)		
序号	标准编号	名称
1	GB/T 15408—2011	安全防范系统供电技术要求
2	GA/T 405—2002	安全技术防范产品分类与代码
3	GA/T 550—2005	安全技术防范管理信息代码
4	GA/T 551—2005	安全技术防范管理信息基本数据结构

表 1-3　SAC/TC100 入侵/紧急报警系统类标准目录(2017)

序号	标准编号	名称
1	GB 15407—2010	遮挡式微波入侵探测器技术要求
2	GB/T 15211—2013	安全防范报警设备环境适应性要求和试验方法
3	GB 10408.1—2000	入侵探测器　第 1 部分:通用要求
4	GB 10408.2—2000	入侵探测器　第 2 部分:室内用超声波多普勒探测器
5	GB 10408.3—2000	入侵探测器　第 3 部分:室内用微波多普勒探测器
6	GB 10408.4—2000	入侵探测器　第 4 部分:主动红外入侵探测器
7	GB 10408.5—2000	入侵探测器　第 5 部分:室内用被动红外探测器
8	GB 10408.9—2001	入侵探测器　第 9 部分:室内用被动式玻璃破碎探测器
9	GB 12663—2001	防盗报警控制器通用技术条件
10	GB 15209—2006	磁开关入侵探测器
11	GB 20816—2006	车辆防盗报警系统　乘用车
12	GB/T 10408.8—2008	振动入侵探测器
13	GB 10408.6—2009	微波和被动红外复合入侵探测器
14	GB/T 21564.1—2008	报警传输系统串行数据接口的信息格式和协议　第 1 部分:总则

（续表）

序号	标准编号	名称
15	GB/T 21564.2—2008	报警传输系统串行数据接口的信息格式和协议　第2部分：公用应用层协议
16	GB/T 21564.3—2008	报警传输系统串行数据接口的信息格式和协议　第3部分：公用数据链路层协议
17	GB/T 21564.4—2008	报警传输系统串行数据接口的信息格式和协议　第4部分：公用传输层协议

第五节　质量监督与认证认可

为了加强对产品质量的监督管理，提高产品质量水平，明确产品质量责任，保护消费者的合法权益，维护社会经济秩序，《中华人民共和国产品质量法》（以下简称《产品质量法》）规定：在中华人民共和国境内从事产品生产、销售活动的生产者、销售者，必须依法承担产品质量责任。

一、质量监督

质量监督是一种质量分析和评价活动。监督的对象是产品、服务、质量体系、生产条件、有关的质量文件和记录等。质量监督的范围包括从生产、运输、贮存到销售流通的整个过程。质量监督目的是提高产品质量，保护消费者、社会和国家的利益不受侵害，维护正常的社会经济秩序，促进市场经济的发展。

我国先后颁布《产品质量法》《标准化法》《计量法》《食品安全法》《药品管理法》等一系列相关法律法规，另外在《民法典》《消费者权益保护法》《反不正当竞争法》《刑法》等重要法律中也有许多产品质量监管条文。上述法律从不同角度规定了必须保证产品质量与性能，以及出现问题后应当承担的法律责任，为保障人民身体与财产安全和政府监管提供了有力的法律武器。

（一）管理机构

根据我国《产品质量法》规定，我国产品质量监督管理实行统一领导、分工负责原则。国务院产品质量监督部门主管全国产品质量监督工作。国务院有关部门在各自的职责范围内负责产品质量监督工作。县级以上地方人民政府有关部门在各自的职责范围内负责产品质量监督工作。

1. 国家市场监督管理总局

原国家质量监督检验检疫总局（简称质检总局）是国务院主管全国质量、计量、出入境商品检验、出入境卫生检疫、出入境动植物检疫、进出口食品安全和认证认可、标准化等工作，并行使行政执法职能的直属机构。质检总局对中国国家认证认可监督管理委员会（简称国家认监委）和中国国家标准化管理委员会（简称国家标准委）实施管理。国家认监委是国务院授权的履行行政管理职能,统一管理、监督和综合协调全国认证认可工作的主管机构。国家标准委是国务院授权的履行行政管理职能,统一管理全国标准化工作的主管机构。

2018年3月,根据第十三届全国人民代表大会第一次会议批准的国务院机构改革方案,国务院将国家工商行政管理总局的职责、国家质量监督检验检疫总局的职责、国家食品药品监督管理总局的职责、国家发展和改革委员会的价格监督检查与反垄断执法职责、商务部的经营者集中反垄断执法以及国务院反垄断委员会办公室等职责进行整合,组建国家市场监督管理总局,作为国务院直属机构。

当下,国家市场监督管理总局是国务院正部级直属机构,对外保留国家认证认可监督管理委员会、国家标准化管理委员会牌子。国家市场监督管理总局是国务院主管全国质量、计量、出入境商品检验、出入境卫生检疫、出入境动植物检疫、进出口食品安全和认证认可、标准化等工作,并行使行政执法职能的直属机构。

各省级市场监督管理部门负责组织本行政区域内质量的监督管理工作。市县级市场监督管理部门在各自的职责范围内负责本行政区域内质量的监督管理工作。

国家市场监督管理总局与公安部建立行政执法和刑事司法工作衔接机制。市场监督管理部门发现违法行为涉嫌犯罪的,应当按照有关规定及时移送公安机关,公安机关应当迅速进行审查,并依法做出立案或者不予立案的决定。公安机关依法提请市场监督管理部门做出检验、鉴定、认定等协助的,市场监督管理部门应当予以协助。

2. 检验检测机构

第三方检测机构又称公正检验,指两个相互联系的主体之外的某个客体,我们把它叫作第三方。第三方可以是和两个主体有联系,也可以是独立于两个主体之外,是由处于买卖利益之外的第三方(如专职监督检验机构),以公正、权威的非当事人身份,根据有关法律、标准或合同所进行的商品检验活动。独立第三方检测企业的存在有着其特别的意义,既是政府监管的有效补充,帮助政府摆脱"信任危机",又能为产业转型升级提供支持,为产业的发展提供强有力的服务平台等。随着人们生活水平的提高以及国际贸易壁垒的加剧,我国第三方检测行业快速发展。

公安装备器材和公共安全产品质量的检验与检测一般由公安部部属检测机构负责。目前,公安部部属质检机构主要有3个国家级机构和9个部级检测机构,3个国家级机构分别是国家安全防范报警系统产品质量监督检验中心、国家道路交通安全产品质量监督检验中心、国家网络与信息系统安全产品质量检验中心;9个部级检测机构分别是公安部安全与警用电子产品质量检测中心、公安部特种警用装备质量监督检验中心、公安部安全防范报警系统产品质量监督检验测试中心、公安部计算机信息系统安全产品质量监督检验中心、公安部信息安全产品检测中心、公安部信息安全等级保护评估中心、公安部交通安全产品质量监督检测中心、公安部刑事技术产品质量监督检验中心、公安部防伪产品质量监督检验中心。

(二)管理制度

《中华人民共和国产品质量法》规定,可能危及人体健康和人身、财产安全和影响国计民生的主要工业产品,必须符合保障人体健康和人身、财产安全的国家标准、行业标准;未制定国家标准、行业标准的,必须符合保障人体健康和人身、财产安全的要求。国家参照国际先进的产品标准和技术要求,推行产品质量检验和认证制度。国家对产品质量实行以抽查为主要方式的监督检查制度,对可能危及人体健康和人身、财产安全的产品,影响国计民生的重要工业产品以及消费者、有关组织反映有质量问题的产品进行抽查。

1. 质量检验制度

社会公共安全产品质量检验主要由公安部负责。公安部所属质检机构在公安部科技信息化局和相关业务局的领导下,依据《中华人民共和国产品质量法》和《中华人民共和国计量法》以及相关产品技术规范、国家标准、行业标准等,在国家认证认可监督管理委员会和中国合格评定国家认可委员会批准的资质能力范围内,积极开展消防、安全技术防范、特种警用装备、交通安全、刑事技术、信息安全、计算机安全、警用通信、防伪技术等领域的产品性能参数、指标的检验、验证等工作,为公安一线执法部门提供了准确数据和技术支撑,为实施科技强警战略、提升公安机关核心战斗力作出了积极的贡献。

2. 产品质量认证制度

产品质量认证是指国家质量监督管理部门认可的认证机构根据企业的申请及产品标准的技术要求,对其产品进行审核、评定,并对符合标准和要求的产品颁发质量认证书的制度。这也是国家参照国际先进的产品标准和技术要求,积极推行的有利于提高产品质量、提高产品竞争力的一种管理制度。产品质量认证的种类有合格认证、安全认证两种。它的认证原则有自愿认证和强制认证。产品经认证合格的,由认证机构颁发产品质量认证证书,并准许企业使用产品质量认证标志在市场上流通。

3. 企业质量体系认证制度

国家根据国际通用的质量管理标准,推行企业质量体系认证制度。企业根据自愿原则可以向国务院产品质量监督部门认可的或者国务院产品质量监督部门授权的部门认可的认证机构申请企业质量体系认证。经认证合格的,由认证机构颁发企业质量体系认证证书。

二、监督抽查

监督抽查是指由产品质量监督机构、有关组织和消费者,按照质量法规、技术标准等要求,对在中华人民共和国境内生产、销售的产品进行有计划的随机抽样、检验,并对抽查结果进行公布和处理的活动。监督抽查应当遵循科学、公正原则。2010 年 11 月 23 日,原国家质量监督检验检疫总局公布了《产品质量监督抽查管理办法》,用于规范产品质量监督抽查(简称监督抽查)工作。

监督抽查的产品主要包括涉及人体健康和人身、财产安全的产品,影响国计民生的重要工业产品,消费者、有关组织反映有质量问题的产品。目前,我国产品质量监督抽查主要分为三类:一类是由国家质量技术监督部门组织的国家监督抽查,二是由县级以上地方质量技术监督部门组织的地方监督抽查,三是由行业质量技术监督部门组织的行业监督抽查。

1. 国家监督抽查

国家级质量检查监督部门负责统一规划、管理全国的产品质量监督抽查工作。抽查工作的主要内容包括制定规划、任务下达、组织实施、汇总、分析并通报全国监督抽查信息等。

2. 地方监督抽查

省级质量技术监督部门统一管理、组织实施本行政区域内的地方监督抽查工作，负责汇总、分析并通报本行政区域监督抽查信息，负责本行政区域国家和地方监督抽查产品质量不合格企业的处理及其他相关工作，按要求向国家质检部门报送监督抽查信息。县级以上地方质量技术监督部门根据监管工作需要，依据实施规范确定具体抽样检验项目和判定要求，组织实施质量监督抽查活动。

3. 行业监督抽查

主要指社会公共安全产品行业的质量监督抽查。2001年9月公安部发布《社会公共安全产品质量行业监督抽查项目管理暂行办法》规定，公安部质量监督主管部门和有关业务局根据公安业务工作和装备建设的需要，组织部属质检中心开展不同形式的产品质量监督抽查工作。

公安部科技信息化局是行业监督抽查工作的主管部门，负责组织实施等工作，包括制定年度计划、组织抽样与检验、发布结果通报及布置复查等项工作。部有关业务局、部属产品质量监督检验中心、省（自治区、直辖市）公安厅（局）等主管单位在各自的职责范围内负责行业抽查中相应的工作。

部属质检中心按照计划并依据有关标准，在有关业务局和地方公安机关的配合下，对计划内的装备器材或产品进行抽样、检验，形成行业监督抽查报告。

三、认可认证

认证评价是现代质量管理与质量控制机制的一个重要手段，具有很强的科学性和普适性。为了规范认证认可活动，提高产品、服务的质量和管理水平，促进经济和社会的发展，2003年9月，国务院令第390号公布了《中华人民共和国认证认可条例》。条例规定国家对认证认可工作实行在国务院认证认可监督管理部门统一管理、监督和综合协调下，各有关方面共同实施的工作机制。

（一）认可

所称认可，是指由认可机构对认证机构、检查机构、实验室以及从事评审、审核等认证活动人员的能力和执业资格予以承认的合格评定活动。依据《中华人民共和国认证认可条例》，一般情况下按照认可对象的分类，认可分为认证机构认可、实验室及相关机构认可和检查机构认可、从业人员认可等。

1. 机构认可

指认可机构依据法律法规，基于 GB/T 27011《合格评定　认可机构要求》的要求，并分别以国家标准 GB/T 27021《合格评定　管理体系审核认证机构的要求》为准则，对管理体系认证机构进行评审，证实其是否具备开展管理体系认证活动的能力；以国家标准 GB/T

27065《产品认证机构通用要求》为准则,对产品认证机构进行评审,证实其是否具备开展产品认证活动的能力。

2. 实验室及相关机构认可

实验室认可是指认可机构依据法律法规,基于 GB/T 27011《合格评定 认可机构要求》的要求,并分别以国家标准 GB/T 27025《检测和校准实验室能力的通用要求》为准则,对检测或校准实验室进行评审,证实其是否具备开展检测或校准活动的能力。

3. 检查机构认可

检查机构认可是指认可机构依据法律法规,基于 GB/T 27011《合格评定 认可机构要求》的要求,并以国家标准 GB/T 18346《各类检查机构能力的通用要求》对检查机构进行评审,证实其是否具备开展检查活动的能力。

4. 从业人员认可

以国家标准 GB/T 27024《合格评定 人员认证机构通用要求》为准则,对人员认证机构进行评审,证实其是否具备开展人员认证活动的能力。

在以上 4 种认可活动中,认可机构对于满足要求的机构予以正式承认,并颁发认可证书,以证明该机构具备实施特定认证、合格评定及检查活动的技术和管理能力。

(二)认证

所谓认证,就是指由认证机构证明产品、服务、管理体系符合相关技术规范、相关技术规范的强制性要求或者标准的合格评定活动。我国产品质量法规定:国家根据国际通用的质量管理标准,推行企业质量体系认证制度。企业根据自愿原则可以向国务院产品质量监督部门认可的或者国务院产品质量监督部门授权的部门认可的认证机构申请企业质量体系认证。经认证合格的,由认证机构颁发企业质量体系认证证书。

我国现行认证可以分为强制性认证(CCC)和自愿性认证两大类。强制性认证又称 3C 认证,是中国政府为保护消费者人身安全和国家安全、加强产品质量管理、依照法律法规实施的一种产品合格评定制度。

自愿认证又分为管理体系认证、产品认证、服务认证等三类。其中管理体系认证主要包括质量管理体系、环境管理体系、职业健康安全管理体系、食品安全管理体系(GB/T 22000)、HACCP 等具体认证类型,产品认证类主要包括有机产品认证、无公害产品认证、绿色食品认证、食品质量认证、环境标志产品认证、良好农业规范认证等类型,服务认证类主要包括绿色市场、售后服务、体育服务、软件能力与成熟度评估等认证类型。

1. 国家认证

中国国家认证认可监督管理委员会(中华人民共和国国家认证认可监督管理局,英文简称 CNCA),是国务院授权履行行政管理职能,统一监督管理和综合协调全国认证认可工作的主管机关。

《产品质量法》规定国家参照国际先进的产品标准和技术要求,推行产品质量认证制度。企业根据自愿原则可以向国务院产品质量监督部门认可的或者国务院产品质量监督部门授权的部门认可的认证机构申请产品质量认证。经认证合格的,由认证机构颁发产品质量认证证书,准许企业在产品或者其包装上使用产品质量认证标志。

2. 认证机构

认证机构是指依法设立的专门从事产品质量检验、认证的社会中介机构。认证机构不得与行政机关和其他国家机关存在隶属关系或者其他利益关系。产品质量检验机构、认证机构必须依法按照有关标准，客观、公正地出具检验结果或者认证证明。《中华人民共和国认证认可条例》第九条规定，设立认证机构，应当经国务院认证认可监督管理部门批准，并依法取得法人资格后，方可从事批准范围内的认证活动。未经批准，任何单位和个人不得从事认证活动。公共安全产品质量检验与认证机构应当依照国家规定对准许使用认证标志的产品进行认证后的跟踪检查；对不符合认证标准而使用认证标志的，要求其改正；情节严重的，取消其使用认证标志的资格。

十八大以来，党中央、国务院高度重视深化"放管服"改革、优化营商环境工作，近年来部署出台了一系列有针对性的政策措施，优化营商环境工作取得积极成效。但同时我国营商环境仍存在一些短板和突出问题，企业负担仍需降低，小微企业融资难融资贵仍待缓解，投资和贸易便利化水平仍有待进一步提升，审批难审批慢依然存在，一些地方监管执法存在"一刀切"现象，产权保护仍需加强，部分政策制定不科学、落实不到位等。目前亟需以市场主体期待和需求为导向，围绕破解企业投资生产经营中的"堵点""痛点"，加快打造市场化、法治化、国际化营商环境，增强企业发展信心和竞争力。

为此，国务院曾多次下文取消多项行政许可事项，例如 2017 年 09 月 29 日，《国务院关于取消一批行政许可事项的决定》明确取消 40 项国务院部门实施的行政许可事项和 12 项中央指定地方实施的行政许可事项。2018 年 11 月 8 日，国务院办公厅又下发了《国务院办公厅关于聚焦企业关切进一步推动优化营商环境政策落实的通知》，对以下事项做出要求：在 2018 年底前再推动取消部分行政许可事项；组织落实货车年审、年检和尾气排放检验"三检合一"等政策，2018 年底前公布货车"三检合一"检验检测机构名单；市场监管总局要在 2018 年底前再取消 10% 以上实行强制性认证的产品种类或改为以自我声明方式实施；增加认证机构数量，引导和督促认证机构降低收费标准。

3. 行业认证

近年来，公安部积极推进社会公共安全产品实施强制性认证和自愿性认证工作。2007 年 3 月，在全国公安科技大会制定的《公安部关于深入实施科技强警战略的决定》中，明确把认证作为实现标准化的一种有效途径和方法纳入公安"科技强警"工作中，充分肯定了认证评价对我国公安标准化所具有的重要推动作用。公安部通过通报方式，向公安机关定期通报社会公共安全产品认证结果信息，引导公安机关在采购警用产品过程中采信认证结果，识别和使用认证产品。

四、测量与计量

（一）测量

1. 量的含义

量是指现象、物体或物质可定性区别和定量确定的属性。量是物质世界运动规律的基本概念，如生活中的物体轻重、大小，气温高低，速度快慢等都是量的概念。量是不依赖于人的主观意识的客观存在。所谓定性区别是指量在性质上的差别,如几何量、力学量、电学量、热学量、时间量等,它们的性质不一样,相互之间不能比较大小;所谓定量确定是指确定具体量大小而言,如确定某物体的质量、重量、长短、体积,大气压力,环境温度等,而且同类量的大小可以相互比较。

2. 测量

测量是以确定量值为目的的一组操作。在实际过程中,确定量值通常需经过一个实验过程才能实现,所以测量本身是一个实验过程,即利用一个已知的单位量与被测的同类量进行比较的过程,其结果可以在一定准确度内重复实现。为此测量必须具有一定的手段和方法,其结果都由确定单位的量值所表达。

测量是人们在揭示自然界物质运动的规律中,从数量上描述周围物质世界,从而改造客观世界的重要手段。测量是科学技术的基础,科学从测量开始。如果被测的不是一个量,也确定不了量值,这种实验过程不能称为测量。如酒类评比,只能叫"品尝",不能叫测量。

(二) 计量

为了加强计量监督管理,保障国家计量单位制的统一和量值的准确可靠,有利于生产、贸易和科学技术的发展,适应社会主义现代化建设的需要,维护国家、人民的利益,1985 年 9 月 6 日,第六届全国人民代表大会常务委员会第十二次会议通过了《中华人民共和国计量法》,同年 7 月 1 日起施行。1987 年 2 月 1 日,经国务院批准国家计量局发布实施了《中华人民共和国计量法实施细则》,并分别于 2009 年、2013 年、2015 年进行了三次修订。

1. 基本概念

计量是指为实现测量单位统一、量值准确可靠而进行的活动。即统一准确的测量就是计量,计量的目的就是保证测量统一,保证量值的准确可靠和一致。计量涉及工农业生产、国防建设、科学实验、国内外贸易等各个方面,是国民经济的一项重要技术基础。

保证测量的统一是社会的共同要求。计量是一种内容特殊的测量,具有对全国测量业务实施监督的任务。为保障社会共同利益,根据法律要求,国家对计量活动实施监督管理。

2. 计量与测量的关系

计量究其本质就是测量,但又不等于普通的测量,而是在特定的条件下,具有特定的含义、特定的目的和特殊的形式的测量。从狭义上讲,计量属于测量的范畴。它是一种为使被测量的单位量值在允许误差范围内溯源到基本单位的测量。从广义上讲,计量是指实现单位统一、量值准确可靠的测量,即包含为达到测量单位统一、量值准确可靠测量的全部活动,如确定计量单位制,研究建立计量基准、标准,进行量值传递、计量监督管理等。

3. 计量管理

计量管理是指计量部门对所有测量手段和方法,以及获得、表示和测量结果的条件进行的管理。计量管理的职能就是保证计量装置准确、可靠、客观、正确。计量管理主要包含计量技术管理、计量经济管理、计量行政管理及计量管理法制管理之间关系的总称。

现代计量管理是以法制计量管理为核心,综合运用技术、经济、行政等管理手段,并以系统论、信息论和控制论等现代化管理科学为理论基础的管理科学。

4. 计量管理的作用

计量管理是计量工作不可缺少的组成部分,甚至是更重要的因素。如果没有较好的计量管理,即使有计量基准、计量标准、计量检测设备和测量条件,全国的计量单位和单位量值也不可能得到统一,全国的测量领域将会一片混乱。换句话说,计量管理是在充分研究当前计量学技术发展特点和规律的前提下,应用科学技术和法制的手段,正确地决策和组织计量工作,使之得到发展,以实现国家的计量工作方针、政策和目标。

例如,电子警察是人们最熟悉的保障道路交通安全和交警执法的重要电子设备,从工作性质看,它是一种计量产品。国家相关法律规定,计量产品在使用前和使用中,只有通过质量技术监督局的计量检定,才能被视为合格产品,执法结果才能被认定为有效。

5. 计量认证

计量认证是指省级以上人民政府计量行政部门根据《中华人民共和国计量法》的规定,对产品质量检验机构的计量检定、测试能力和可靠性、公正性进行的考核。这种考核是统一依据《计量认证/审查任课(验收)评审准则》,遵循规范的程序,并通过注册评审员和技术专家进行的第三方评审。

经计量认证合格的产品质量检验机构所出具的计量数据,可作为贸易出证、产品质量评价、成果鉴定的公正数据,具有法律效力。产品质量检验机构申请计量认证的目的:一方面是要建立实验室出具公正数据的技术权威和合法地位,做到把公正、准确、可靠的计量检测数据作为产品质量评价、科学成果鉴定等工作的基础和依据;另一方面,通过计量认证可以帮助实验室进一步完善质量管理体系,为持续质量改进创造条件,以提高其工作质量和信誉。

思考与练习

1-1. 简述安全防范内涵及其基本要素。

1-2. 现代安全防范体系内涵、特点及其组成是什么?

1-3. 什么是安全技术防范,开展安全技术防范工作的重要意义是什么?

1-4. 安全防范行业组织、管理机构有哪些?

1-5. 什么是公安标准及标准化?

1-6. 安防行业标准化组织有哪些,安防行业标准体系构成主要有哪些?

1-7. 我国质量监督管理的主要机构是什么,有哪些具体管理机制?

1-8. 简述我国质量监督管理的认证与认可机制的联系与区别。

1-9. 简述我国计量管理的基本制度,及其对我国经济与社会发展的重要意义。

第二章

入侵报警系统

入侵报警技术作为安全防范技术中应用最广泛的一种,可用于所有需要安全防范的场所,如政府机关、军事单位、财政金融、文物保护、工矿企业,以及居民区住户等。它能进行多层次、多方位、远距离的全天候警戒,及时发现非法入侵活动,并通过有线/无线方式传输报警信息,有利于安防人员及时处置。即使入侵者逃走也能及早取证,提高破案率。此外,入侵报警系统还有很好的威慑作用,使犯罪分子不敢轻易作案,显著降低作案率。系统既有室外的周界防范,又有室内对重要出入口、门、窗、通道、重要房间、重要物体的监控,形成点、线、面、体相结合的全方位安全防范,有效提高防范效率。可以看出,入侵报警系统的推广应用不仅在维护社会治安方面有很好的社会效益,而且社会需求极大,能带来良好的经济效益。

第一节　入侵报警系统简介

入侵报警系统(Intruder Alarm System,IAS)指的是利用探测器技术和电子信息技术探测并指示非法进入或试图非法进入设防区域(包括主观判断面临被劫持或遭抢劫或其他危急情况时,故意触发紧急报警装置)的行为、处理报警信息、发出报警信息的电子系统或网络。

"入侵"指非法进入警戒区域或触动警戒对象;"探测"指通过一定的手段感测或感知某种行为,一般采用探测器技术。入侵报警系统将先进的探测器技术、电子技术、通信技术、计算机技术、生物识别技术等应用于整个系统中,探测非法入侵和防止犯罪活动。

入侵报警系统能协助完成防入侵、防盗窃等警戒工作。在防范区内利用不同种类的入侵报警探测器可以构成看不见的警戒点、警戒线、警戒面或警戒空间,形成多层次、多方位的立体交叉防范网络。一旦出现非法入侵或发生其他异常情况,系统立即发出声/光等报警,及时通知安防人员采取必要措施,还可以自动向上一级接警中心报警。因此,建立入侵报警系统是维护社会治安的一项有效措施。

一、入侵报警系统构成

经过多年的发展,入侵报警系统形式多样,但其基本的构成是一致的,如图 2-1 所示,包括前端设备(探测器和紧急报警装置)、传输设备、控制设备(处理/控制/管理设备/显示/记录设备)等。

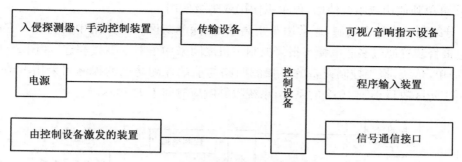

图 2-1 入侵报警系统的基本构成

1. 前端设备（入侵报警探测器/紧急报警装置）。用来感知、探测非法入侵时所发生的侵入动作和移动动作的设备，由探测器和信号处理器等组成，简单的入侵报警探测器可以没有信号处理器。入侵者实施入侵时总会产生一些物理现象，如发出声响、产生振动波、阻断光路、对地面或某些物体产生压力、破坏原有温度场发出红外光等，探测器利用某些材料对这些物理现象的敏感性，将其转换为相应的电信号或电参量，然后经信号处理器放大、滤波、整形，成为有效的报警信号，并通过信道传输给报警控制器。

2. 传输设备。传输报警信号，连接相关控制设备的信息通道，分无线和有线两种。前者将探测信号调制到专用频道，由发送天线发出，报警控制器或控制中心的无线接收机将空中的无线信号接收后，解调还原为报警信号；后者有双绞线、电话线、电缆或光缆等。入侵报警系统信号传输如图 2-2 所示。

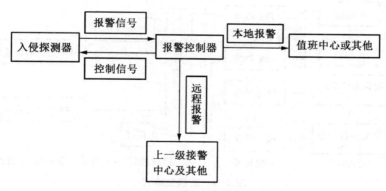

图 2-2 入侵报警系统信号传输

3. 控制设备。分析、判断、处理入侵报警探测器传输的信号。发生入侵时，及时传输报警信息；显示入侵部位以便紧急处置；启动声/光报警装置震慑犯罪分子，避免进一步入侵、破坏。

二、入侵报警系统分类

（一）信号传输方式

根据信号传输方式不同，入侵报警系统组建模式有分线制、总线制、无线制、公共网络。

4 种模式可单独使用或组合使用,可单级使用或多级使用。

1. 分线制。也称多线制,通常用于距离较近、探测防区较少并集中的情况。它的探测器、紧急报警装置通过多芯电缆与报警控制主机之间采用一对一专线相连,如图 2-3 所示。该模式简单、传统,报警控制设备的各探测回路与前端探测防区的探测器采用电缆直接相连,多用于防区数目小于 16 个的系统,系统报警响应时间不大于 2s。

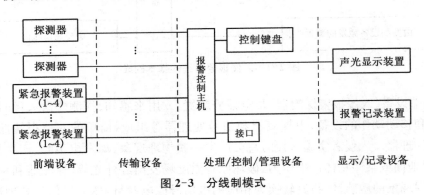

图 2-3　分线制模式

2. 总线制。探测器、紧急报警装置通过编址模块与报警控制主机采用专线相连,如图 2-4 所示。总线制模式通常用于距离较远、探测防区较多且分散的情况(大于 128 个防区),其前端各防区的探测器利用相应传输设备或模块通过总线连接到报警控制设备,系统报警响应时间不大于 2s。

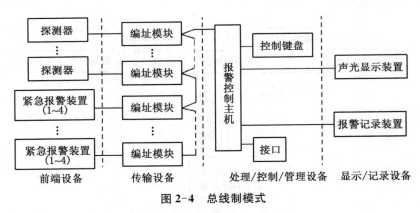

图 2-4　总线制模式

3. 无线制。探测器、紧急报警装置通过其相应的无线设备与报警控制主机通信,任一防区紧急报警装置不超过 4 个,如图 2-5 所示。无线制模式常用于现场难以布线的情况。前端各防区的探测器通过分线方式连接到现场无线发射/接收中继设备,再以无线方式传输,无线发射/接收设备的输出与报警控制设备相连。其中,探测器与现场无线发射/接收中继设备、报警控制主机与无线发射/接收设备既可独立,也可集成为一体。系统报警响应时间不大于 2s。

入侵报警系统的普及催生了多方式的无线传输技术,常见的有 WiFi 技术、红外技术、蓝牙技术、ZigBee 技术等。尤其随着物联网概念的兴起,ZigBee 等低功耗无线传感网络发

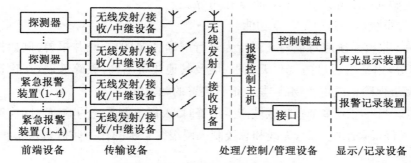

图 2-5　无线制模式

展迅猛。

4. 公共网络。探测器、紧急报警装置通过现场报警控制设备和/或网络传输接入设备与报警控制主机间采用公共网络相连,如图 2-6 所示。公共网络包括局域网(LAN)、广域网(WAN)、互联网、PSTN、CATV、电力传输网等现有的或发展中的有线/无线公共传输网络。基于公共网络的报警系统应考虑报警优先原则,同时要有一定的网络安全措施。基于局域网、电力网和广电网的入侵报警系统系统报警响应时间不大于 2s,基于市话网电话线入侵报警系统报警响应时间不大于 20s。

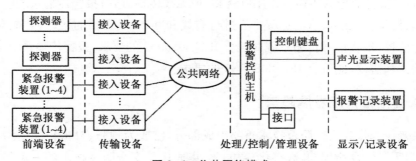

图 2-6　公共网络模式

(二) 探测目标

根据探测目标不同,入侵报警分区域入侵报警(室内型和户外型)和周界入侵报警。前者对某一目标区域进行监测,发现侵入该区域的入侵行为时发出报警;后者监测某一线状边界,发现有非法通过该边界的行为时发出报警。

由于区域入侵报警需要同时顾及一个整体的平面,有一定难度。因此,实际应用时多采用周界入侵报警来代替区域入侵报警,即在目标区域的边界使用周界入侵报警,并假设进入目标区域的行为首先会触动周界入侵报警探测器,以实现对目标区域的监测、保护。

三、入侵报警系统基本功能

根据 GB 50394—2019 规定,入侵报警系统应具有安全性、可靠性、开放性、可扩充性和使用灵活性,做到技术先进、经济合理、实用可靠。

入侵报警系统应具备以下基本功能:

1. 探测。报警系统应对下列入侵行为进行准确、实时的探测并报警,例如打开门、窗、空调百叶窗等,用暴力通过门、窗、天花板、墙及其他建筑结构,破碎玻璃,在建筑物内部移动,接触或接近保险柜或重要物品,紧急报警装置的触发。

2. 响应。当一个或多个布防区域产生报警时,入侵报警系统的响应时间应符合下列要求:分线制入侵报警系统≤2s,无线和总线制入侵报警系统的任一防区首次报警≤3s,其他防区后续报警≤20s。

3. 指示。入侵报警系统应能对下列状态的事件来源和发生的时间给出指示:正常状态;试验状态;入侵行为产生的报警状态;防拆报警状态;故障状态;主电源掉电,备用电源欠压;设置警戒(布防)/解除警戒(撤防)状态;传输信息失败。

4. 控制。入侵报警系统能编程设置下列功能:瞬时防区和延时防区,全部或部分探测回路布防与撤防,向远程中心传输信息,向辅助装置发激励信号,系统试验应在系统运转受到最小中断的情况下进行。

5. 记录和查询。入侵报警系统应能对相关事件进行记录并提供完备的事后查询功能,包括操作人员的姓名、开关机时间,警情的处理、维修等。

6. 传输。报警信号的传输可采用有线和/或无线传输方式;报警传输系统应具有自检、巡查功能;入侵报警系统应有与远程中心进行有线和/或无线通信的接口,并能对通信线路的故障进行监控;报警信号传输系统应符合 IEC 60839-5 的要求;报警传输系统串行数据接口的信息格式和协议,应符合 IEC 60839-7 的要求。

四、入侵报警系统发展趋势

入侵报警技术作为安全防范技术重要组成部分,已成为预防、打击犯罪(特别是盗窃犯罪)的强有力手段。众所周知,数字化、智能化、集成化是安全防范技术的发展趋势,也是入侵报警探测器技术的发展方向,而数字化是实现这一目标的基础。集成化则是多种探测功能的集成,即一种产品具有多种技术,产品功能越来越全面,产品使用也越来越便利,如将红外、玻璃破碎、振动、磁开关等多种类型结合,使产品依据使用群有不同的定位。再如,视频、联网与报警相结合,将报警前后的图像发送到邮箱、手机等。目前,入侵报警技术的发展趋势主要体现为以下几点:

1. 更稳定、更可靠,以适应各种恶劣气候。

2. 更多样的功能,如入侵报警探测器防遮挡、防喷盖、防破坏等。

3. 更精美、小巧的外观,以符合日益提高的室内装潢需求。

4. 人性化的操作界面,更智能化的设计,方便布防/撤防。

5. 强大的联网功能,便于远程探测。

6. 更便捷的扩展性。

图 2-7 是典型的技术防范配合人力防范的安全防范综合系统,由探测器、报警控制器、

传输系统及安防人员组成。图示构成强调了安全防范报警系统必须人、机结合,因为任何先进的技术装备都要由人操纵或配合。系统发出警报后,安防人员可及时采取必要的措施,有效防止非法入侵等突发事件。

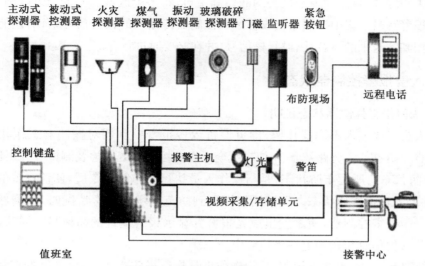

图 2-7　典型的安全防范综合系统

第二节　入侵报警控制器

入侵报警系统包括入侵报警控制器和相关的探测器。入侵控制器是入侵报警系统的主控部分,由信号处理器和报警装置组成,能将入侵报警探测器发出的入侵信息变成声/光报警信号并显示、存储。其基本功能有入侵报警功能,紧急报警和防拆报警功能,防破坏与故障报警功能,布防与撤防功能,报警复核功能,存储功能,自检功能,联网功能,供电及电源转换功能。

一、入侵报警控制器分类

入侵报警控制器有多种分类方法。例如,根据使用要求和系统大小不同,分小型、中型和大型;按信号传输方式不同,分有线接口、无线接口、有线接口/无线接口兼而有之的报警控制器。下面主要介绍电话报警控制器、区域报警控制器和集中报警控制器。

1. 电话报警控制器。一种常用的小型报警控制器,承担报警控制与报警信息传输任务。由微处理器(MPU)和外围电路组成,一般能接收 4～8 路探测信号。发生警情时,能按存入的号码自动、依次拨打报警电话,发出报警信号和相应地址码。报警发送装置具有电话线抢断功能和电话线防剪断功能,可通过面板键盘或遥控器设置布防、撤防时间。需要时,也可通过报警中心控制器对用户的布防、撤防实施遥控。

2. 区域报警控制器。输入/输出端口较多,防范区域较大,适合博物馆、高级住宅小区、大型仓库、写字楼等相对较大的系统。区域报警控制器可以与集中控制器、探测器等相连,也可与电话报警控制器相连,实现多级警情传输,形成大型报警网络。

3. 集中报警控制器。用于报警网的控制主机,将多个区域控制器通过联网连接起来,组成大型报警网络。集中控制器接收各区域控制器传输来的报警信号,有的还能直接切换任一区域控制器送来的声音、图像复核信号,并在必要时进行存储。

二、入侵报警控制器状态

(一)入侵报警探测器状态说明

安防人员只要输入不同操作码,即可通过入侵报警控制器对探测器工作状态进行控制。主要有布防、撤防、旁路、24 小时监控(全天候监控)、系统自检及测试 5 种工作状态。

1. 布防状态。所谓布防状态,是指操作人员执行了布防指令后,使该系统的探测器开始工作,并进入正常警戒状态。当探测器探测到防范现场有异常情况时,探测器将输出报警开关信号至报警控制器,使之发出声光报警并显示报警地址的防区号。同时,报警控制器还可以将报警信息传送到上一级接警中心。

2. 撤防状态。所谓撤防状态,是指操作人员执行撤防指令后,该系统的探测器不处于警戒工作状态,或从警戒状态下退出,使探测器不工作。在此状态下,即使防范现场有异常情况发生,探测器也不会使报警控制器发出报警信号。也就是说,在撤防期间,人们在防范区内可以正常活动而不会触发报警。

当然也有少数防区是例外情况,如 24 小时防区就不受布防、撤防的影响,或当某个防区已编程为"日夜防区"时,即使在白天撤防的情况下,当该防区的探测器受到触发后,在报警控制器的操作键盘上仍会有声、光告警的显示。

3. 旁路状态。所谓旁路状态,是指操作人员对第 N 个防区执行了旁路指令后,该防区的探测器就会从整个探测器的群体中被旁路掉,而不能进入工作状态,当然它也就不会受到对整个报警系统布防、撤防操作的影响。在一个报警系统中,可以只将其中一个探测器单独旁路,也可以将多个探测器同时旁路掉。至于某防区的探测器能否被旁路或参与群旁路,要由对系统的事先编程来决定。

4. 全天候监控状态。某些防区的入侵报警探测器处于常布防的全天候工作状态,始终担任着正常警戒,如火警、匪警、医务救护用的紧急报警按钮,感烟火灾探测器,感温火灾探测器等。它们不受布防/撤防操作的影响,当然这需要系统编程决定。

5. 系统自检、测试状态。系统撤防时,安防人员对报警系统进行自检或测试。例如,可测试各防区的入侵报警探测器,某一防区被触发时相应单元会发出声响。

通常,按用户外出是否布防,入侵报警控制器的布防分为外出布防、留守布防、快速布防、全防布防。四种布防方式的特点和使用如表 2-1 所示。

外出布防:是指需要对全体防区进行布防时进行的操作。此时全部防区都有效,提供延时。

留守布防：是指只对周界防区进行布防时进行的操作，布防时系统自动旁路内部防区，提供延时。

快速布防：布防时系统自动旁路内部防区，只有外出延时，没有进入延时。

全防布防：布防时整个系统所有防区都有效，只有外出延时，没有进入延时。

表 2-1 四种布防方式特点和使用

布防方式	外出延时	进入延时	防区类型	旁路防区	使用情况
外出布防	有	有	所有	无	无人
留守布防	有	有	除内部防区	内部防区	室内有人
快速布防	有	无	除内部防区	内部防区	夜晚休息
全防布防	有	无	所有	无	长期外出

在布防时，有两类延时设置需要注意：

外出延时：是指布防后对出入或内部防区提供一段延时时间（这段延时可以编程为 10 到 255s），让操作人员离开报警区域，在该时间内触发出入或内部防区不会引起报警。

进入延时：是指进入已布防的区域时，对出入或内部防区提供一段延时时间（这段延时可以编程为 10 到 255s），让操作人员对系统撤防。在该时间内触发出入或内部防区不会引起报警。

（二）入侵报警探测器状态要求

对于入侵报警系统的状态设计，应符合以下的标准：

1. 紧急报警装置应设置为不可撤防状态，应有防误触发措施，被触发后应自锁；

2. 当下列任何情况发生时，报警控制设备应发出声、光报警信息，报警信息应能保持到手动复位，报警信号应无丢失；

3. 在设防状态下，当探测器探测到有入侵发生或触动紧急报警装置时，报警控制设备应显示出报警发生的区域或地址；

4. 在设防状态下，当多路探测器同时报警（含紧急报警装置报警）时，报警控制设备应依次显示出报警发生的区域或地址；

5. 报警发生后，系统应能手动复位，不应自动复位；

6. 在撤防状态下，系统不应对探测器的报警状态作出响应。

说明：警号超时停止，如不手动恢复，再次鸣响。

对于防破坏及故障报警功能设计应符合下列规定：

当下列任何情况发生时，报警控制设备上应发出声、光报警信息，报警信息应能保持到手动复位，报警信号应无丢失：

1. 在设防或撤防状态下，当入侵探测器机壳被打开时。

2. 在设防或撤防状态下，当报警控制器机盖被打开时。

3. 在有线传输系统中，当报警信号传输线被断路、短路时。

4. 在有线传输系统中,当探测器电源线被切断时。

5. 当报警控制器主电源/备用电源发生故障时。

6. 在利用公共网络传输报警信号的系统中,当网络传输发生故障或信息连续阻塞超过30s时。

说明:系统对防拆信号、故障信号应有响应。

三、大型入侵报警控制中心

入侵报警控制中心设置于监控中心内,包括计算机、控制键盘、大屏幕显示器、电话机、不间断电源(UPS)等。它把多个区域的入侵报警控制器联系在一起,不仅接收各区域入侵报警控制器传输来的信息,还能向各区域控制器发送控制命令,形成较大型入侵报警系统。其基本功能可以总结为如下八个方面:

(一) 组网功能

一个现场控制指挥中心相当于前线指挥部,监视控制着若干个防区和警区。如果用户需要扩大防范区域或要将现场警情上报到公安局或保安值班室等治安部门,就可以利用组网功能,借用市内电话网通信或者网络通信传递报告,接受遥控指挥。

控制中心主机可与多个中心站通信,为了防止通信线路"占线"情况导致通信失败,可以设置双报告、后备报告、分类报告三种形式。另外,可由指令设置拨号次数,反复拨叫中心站电话直至拨通。也可以由指令设置拨号前延时,若在延时结束前撤防,警情也就不上报中心站。

建站均要由当地治安主管部门负责实施管理。建站的主要设备是一台工控机(或原装品牌计算机,多媒体配置)、打印机、专用通信设备等。软件采用专业安防控制版本,操作系统为市面最新版本。中心站要配接多条通信线路,网内每系统均要接入线路。

(二) 密码操作功能

主控设有四种密码,具有不同的控制权限,可分配给不同级别的管理人员使用。

1. 安装员码:为最高一级操作码,也称编程码,是由多位数字组成的数码。可用于编写主控全部指令,确定主控的具体功能和参数。

2. 主码:为1♯用户码,既可控制其他用户码的使用,也可更改其他用户码。用户码一般是由四位数组成的数码。主码对系统的控制权限由安装员码决定,主码不能更改其他用户码对系统的控制权限。

3. 用户码:主控系统可配用多个用户码。1♯用户码作为主码,2♯及后续用户码可分配给一般管理人员使用,用户码对系统的控制权限与主码相同。

4. 访客码:为最后序列用户码。访客码可为外单位来本地访问时使用。访客码可由主码更改。其使用期限为1~15天,由安装员码决定。到期后自行失效。如再作为用户码使用,需要重新由安装员码编写有关指令。访客码对系统的控制权限与用户码相同。

(三) 指令功能

主控系统之所以能够对复杂多变的局面应付自如,均应归功于它的指令系统。可设置的指令有多条,控制着所设计的所有功能和参数。用户可根据现场的情况,部分或全部调用这些指令,使防范区域达到所要求的保护级别。

(四) 防区功能

主控系统可设置多个防区,每个防区回路可根据防范空间配接若干个探头。回路终端采用防破坏功能电路,对于任何试图剪断或短路电缆线的破坏行为均可立即报警并同时将报警的防区上报到中心站。此外用户还可根据不同的时间对不同的防区设置不同的功能。可选用的功能有:

1. 单撤防:在系统布防后可单独对一个或几个防区分别撤防。

2. 群撤防:在系统布防后可对某几个防区同时撤防。

3. 延时区:防区允许在设定的时间内通行,即作为出入口。每次出入超过设定时间会触发报警。

4. 即时区:防区禁止进入或通行。否则,立即触发报警。

5. 内防区:必须通过外部延时防区才可进入,如直接进入会立即触发报警。

选择防区功能的原则是既要保证正常出入,又要杜绝"可乘之机"。而这就需要用户的周密策划和指令的灵活运用。

(五) 防劫持功能

这是主控系统为对付劫匪而设置的功能。例如,当值班人员在匪徒胁迫下在键盘上输入自己的用户码对系统撤防或布防时,可将用户码的最后一位数加上 1 或减去 1,如用户码为 4587,改为 4586 或 4588 主机会判定该用户码的持有者已被劫持,立即将劫持报告发到中心站,并注明是第几号用户码送出的报告,此时系统会仍旧执行用户的命令,不露声色,等待警察到来。

(六) 声光功能

1. 主控系统可配接警铃、普通警号、防拆警号报警。警声有断续、持续、变调三种可选。也可选择无声报警,由键盘发光管指示。

2. 当防区作为出入口时,键盘上的蜂鸣器还可作为门铃使用,此时出入防区不发出报警,仅是门铃响 2s。

3. 当防区作为延时区,有人进入或退出时,蜂鸣器还可发出提示声,也称预警声。表示要此人注意是否超出规定时间,到时提示音消失,超时则触发报警。

4. 用户在熟悉并使用了以上各种声响之后,值班时会有一种轻松感,因为仅通过声响就可以判断哪个防区有人出入,哪个防区有人超时,哪个防区起火,哪个防区进贼。

(七) 自检功能

作为安全防范系统,其工作的可靠性是第一位的,否则其他功能无从谈起,用户的安全也无法保证。为此主控不但要在软硬件的设计生产中采用多种可靠性设计方法,而且还需要在软件中设置自检程序。定期检查主机的工作情况,如备用电池、保险管、交流电源、通信、防区回路等,出现故障会立即报告中心站。此外,当主控系统运行程序中断或卡死时,会自动复位,从而消除外界电磁干扰对主机的影响,克服一般报警控制器经常遇到"死机"这一致命弱点。

(八)人机对话功能

主控可配置液晶显示屏键盘,这使系统具有人机对话的功能。编写指令时,它可以逐条显示指令单元地址和所写入的内容;日常操作时,可以显示输入的命令,命令有效系统会提示已经执行,命令无效会提醒键入错误;系统值守时,系统会显示各防区的工作状态;报警时系统会通知是哪个防区出现警情;系统发现故障会发出警告,并显示故障原因。此外还可以在键盘上存入单位名称、各防区的位置和名称等信息,以便查阅。

以上属于系统的基本功能,初装的用户可以按照系统说明尽快熟悉掌握系统性能。此外主控系统出厂时对软件程序的有关指令均编写预定值,当系统安装完成后即可开机投入运行,此时主机只适用于本地操作,无通信功能。用户在掌握了编程方法并且熟悉了各防区的功能后,就可以根据需要重新编写指令,部分或全部调用这些系统的功能。

第三节 入侵报警系统信号传输

入侵报警探测器与报警控制器的信号传输有多种方式。实际使用时,同一联网报警系统往往有线和无线兼而有之,配合使用。例如,有的系统以有线为主,无线为辅;有的系统以无线为主,有线为辅。需综合考虑系统规模、防范区域、系统造价、系统可靠性等。

由于入侵报警系统主要关注探测器和报警器的信息传输方式,本节着重介绍系统常用的若干种传输方式的性能和应用,而对传输方式的具体实现(底层、接口、协议等)不做讲解。

一、信号传输技术简介

根据信号传输过程中的物理通路,也就是传输介质,可以分有线、无线两大类。

1. 有线介质指传输信号的媒质为看得见、摸得着的架空明线、电缆、光纤、波导等,特点是信号沿导线传输,能量相对集中,故传输效率较高。

2. 无线介质指传输信号的媒质为自由空间,如微波、卫星、红外、激光等,发送方使用高频发射机和定向天线发射信号,接收方通过接收天线和接收机接收信号,特点是信号相对分散,传输效率较低,安全性较差,分为长波、中波、短波、超短波和微波等多种。

常用传输介质类型与特点如表 2-2 所示。传输介质特性对安全防范系统通信质量影响很大,这些特性包括物理特性,说明传输介质的特征;传输特性,包括信号形式、调制技术、传输速率及频带宽度等;连通性,通信系统点—点连接还是多点连接;地理范围,通信系统各点间最大距离;抗干扰性,防止噪声、电磁干扰对数据传输影响的能力等。

表 2-2 常用传输介质类型与特点

介质	类型	特点	应用
金属导体	双绞线	成本低,易受外部高频电磁波干扰,误码率较高,传输距离有限	固定电话本地回路、计算机局域网
	同轴电缆	传输特性和屏蔽特性良好,可作为传输干线长距离传输载波信号,但成本较高	固定电话中继线路、有线电视接入
光导纤维	光缆	传输损耗小、通信距离长、容量大、屏蔽性好、不易被窃听,缺点是精确连接两根光纤很困难	电话、电视等通信系统的远程干线、计算机网络的干线
无线传输	无线电波/微波/卫星/红外线/激光	建设费用低,抗灾能力强,容量大,无线接入使得通信更加方便,但易被窃听、易受干扰	广播,电视,移动通信系统,计算机无线局域网

二、有线传输技术

(一)双绞线

双绞线由若干对铜线组成,每对有两条相互绝缘的铜线或钢包铜线按一定规则绞合在一起,如图 2-8 所示。采用这种绞合起来的结构是为了减少对邻近线对的电磁干扰。双绞线主要特性如下。

图 2-8 双绞线结构

1. 物理特性。双绞线芯一般是铜质的,能提供良好的传导率。

2. 传输特性。作为最常用的传输介质,双绞线既可传输模拟信号,如电话系统;也可传输数字信号,数据速率可达 1.544 Mb/s,采用一定技术手段,能达到更高的数据传输率。通常将多对双绞线封装于一个绝缘套里组成双绞线电缆。

3. 连通性。双绞线多用于"点—点"连接,也可用于多点连接。作为多点介质使用时,价格比同轴电缆低,但性能较差,且只支持很少几个站。

4. 地理范围。双绞线可在 15~20 km 范围提供数据传输,局域网双绞线多用于几个建筑物间的通信。

5. 传输低频时,双绞线的抗干扰性相当于或高于同轴电缆,但超过 10~100 kHz 时,同轴电缆比双绞线优越性明显。此外,双绞线、同轴电缆和光纤 3 种有线介质中,双绞线价格最便宜。

为进一步提高双绞线抗电磁干扰的能力,可以在双绞线外层加上用金属丝编织成的屏蔽层。根据是否外加屏蔽层,双绞线分两种:非屏蔽双绞线,将一对或多对双绞线线对放入一个绝缘套管,阻抗值 100 Ω,价格便宜,安装容易,但抗干扰能力差,传输距离和数据传输速度有一定限制,多用于近距离数据传输;屏蔽双绞线,一对或多对双绞线线对外面加上用金属丝编织成的屏蔽层,然后放入绝缘套管,阻抗 150 Ω,容量较大,抗干扰能力强,保密性好,但价格较高,应用较少。

美国电子工业协会远程通信工业分会(EIA/TIA)于 1995 年颁布了"商用建筑物电信布线标准"EIA/TIA-586-A,规定了非屏蔽双绞线标准,如表 2-3 所示。

表 2-3　非屏蔽双绞线传输性能

名称	结构(UTP)	最高传输速率	适用场合
一类线	两对双纹线	20 Kb/s	话音
二类线	四对双纹线	4 Mb/s	话音,数据传输
三类线	四对双纹线	10 Mb/s	话音,10Base-T 以太网
四类线	四对双纹线	16 Mb/s	话音,令牌环网
五类线	四对双纹线	100 Mb/s	话音,百兆以太网
超五类线	四对双纹线	155 Mb/s	光纤分布数据接口 FDDI、快速以太网和 ATM

最常用的五类线和三类线区别:前者增加了每单位长度的绞合次数;其次,线对间绞合度和线对内两根导线绞合度都经过精心设计,并在生产中严格控制,一定程度上抵消了干扰,改善了线路的传输特性。目前,结构化布线工程中多采用 100 Ω 的五类或超五类非屏蔽双绞线。

(二) 同轴电缆

同轴电缆由一对导体按"同轴"形式构成,如图 2-9 所示,这种结构使其具有高带宽和较好抗干扰特性,可以在共享通信线路上支持更多站点。同轴电缆从里向外 4 层分别如下:

图 2-9　同轴电缆结构

1. 内导体。金属导体铜或铝,是同轴电缆的核心,用于传输数据。

2. 绝缘层。用于内导体与外导体间的绝缘,防止二者短路。

3. 外导体。与内导体构成一对导体,既屏蔽外部的干扰,又防止内部信息泄漏。

4. 外部保护层。是起保护作用的塑性外套。

同轴电缆主要有基带同轴电缆与宽带同轴电缆两种。

宽带同轴电缆指 75 Ω 同轴电缆,多用于模拟传输系统,是有线电视(CATV)标准传输电缆,频带宽度可达 450 MHz,利用频分复用(FDMA)技术,可在同轴电缆上传输多路信号。它既能传输数字信号,也能传输诸如音频、视频等模拟信号。75 Ω 同轴电缆也可直接传输数字信号,数据率可达 50 Mb/s。

基带电缆主要指 50 Ω 同轴电缆,只适用于传输数字信号(基带信号),因此称为基带电缆。分粗缆(RG-11、RG-8)和细缆(RG-58)两种。粗缆抗干扰性能好,传输距离远;细缆价格低,传输距离较近,传输速率约 10 Mb/s。

（三）光纤

1. 光波基础知识

光波是一种电磁波,但波长比无线电波短得多。光波由紫外光(波长＜390 nm)、可见光(波长 390～760 nm)、红外光(波长＞760 nm)构成。

信息传输容量取决于载体可能调制的频带宽度,而频带宽度受限于载体频率,频率越高可利用频带越宽,通信容量越大。随着信息交换量剧增,为得到更快、更好、更节省的通信方式,人类一直在追求更高的载体频率,光通信就是杰出代表,其通信容量很大。如果将多束不同波长的光加注到同一根光纤传输,通信容量更大。随着光纤放大器、光波分复用技术、光弧子通信技术、光电集成和光集成等不断取得进展,光通信将逐渐取代电通信,成为主要通信手段。

2. 光纤的结构

光导纤维简称光纤,典型结构是多层同轴圆柱体,如图 2-10 所示。核心部分是纤芯和包层。其中,纤芯由高度透明的材料制成,是光波的传输通道,光线在核心部分多次全反射,达到传导光波之目的;包层的折射率略小于纤芯,使光传输相对稳定。

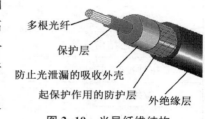

图 2-10　光导纤维结构

纤芯和包层由两种光学性能不同的介质构成,内部介质对光的折射率比环绕它的介质折射率高,当光从折射率高的一侧射入折射率低的一侧时,只要入射角度大于一个临界值,就会发生反射现象,能量将不受损失。这时包在外围的覆盖层就像不透明的物质一样,防止光线在传输过程中从表面逸出。由发光二极管(LED)或激光二极管(ILD)发出光信号沿光纤传播,另一端用光电检测器接收信号。为确保信号的有效传输,发射端须增加光放大器,以提高进入光纤的光功率;接收端的光电检测器将微弱信号放大,提高接收的灵敏度。

3. 光纤导光原理

光的波长很短,但相对光纤的几何尺寸大得多。光在不同介质中的传播速度各异,所以光从一种介质射向另一种介质时,在两种介质交界处会产生折射和反射,且折射光角度会随入射光角度的变化而变化。当入射光角度达到或超过某一值时,折射光会消失,入射光全部被反射回来,即全反射。不同介质对相同波长光的折射角度不同,相同介质对不同波长光的折射角度也不同。光纤通信就是基于以上原理进行的。

光在分层介质的传播如图 2-11 所示。假设介质 1、介质 2 的折射率分别为 n_1、n_2,且 $n_1 > n_2$。当光线以较小的 θ_1 角入射时,部分光进入介质 2 并产生折射,部分光被反射。它们间的相对强度取决于两种介质的折射率。由菲涅耳定律:

反射定律 $\theta_1 = \theta_3$

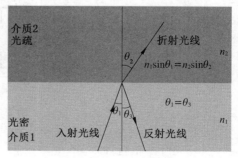

图 2-11　光的折射与反射

折射定律 $\sin\theta_1/\sin\theta_2 = n_2/n_1$

当 $n_1 > n_2$ 时,逐渐增大 θ_1,进入介质 2 的折射光线进一步趋向界面,直到 θ_2 趋于 90°。此时,进入介质 2 的光强显著减小并趋于零,而反射光强接近于入射光强。当 $\theta_2 = 90°$ 极限值时,相应的 θ_1 角定义为临界角 θ_c。由于 $\sin 90° = 1$,故临界角 $\theta_c = \arcsin(n_2/n_1)$。

当 $\theta_1 \geq \theta_c$ 时,入射光线将产生全反射。应注意,只有当光线从折射率大的介质进入折射率小的介质,即 $n_1 > n_2$ 时,才能产生全反射。

4. 光纤的分类

光纤可按传输模式、组成材料、纤芯折射率等划分,实际使用的光缆分类如表 2-4 所示。

表 2-4　实际使用的光缆分类

分类方法	光缆种类
按传输模式分类	多模光缆(阶跃型、渐变型)、单模光缆
按缆芯结构分类	层绞式、骨架式、大束管式、带式、单元式
按外护套结构分类	无铠装、钢丝铠装
按维护方式分类	充油光缆、充气光缆
按敷设方式分类	直埋光缆、管道光缆、架空光缆、水底光缆
按适用范围分类	中继光缆、海底光缆、用户光缆、局内光缆、长途光缆

按传输模式不同,分为多模光纤和单模光纤,分别如图 2-12(a)、(b)所示。"模"是指以一定角速度进入光纤的一束光。因为每个"模"进入光纤的角度不同,到达另一端的时间也各异,这一特征为模分散。多模光纤的芯线粗(纤芯直径 50 μm 或 62.5 μm,包层外直径 125 μm),用 LED 作光源,允许多束光在光纤中同时传播,形成模分散,限制了传输信号的频率,传输速度低、距离短(约几千米),整体传输性能较差,但成本低,多用于小区域。单模光纤的纤芯较细(纤芯直径 8.3 μm,包层外直径 125 μm),用 ILD 作光源,只传播一束沿直线传播的光,没有模分散特性,故传输频带宽、容量大,适于远距离、高速率传输,几十千米内能以数 Gb/s 的速率传输数据,是当前研究与应用的重点,也是光纤通信与光波技术发展的必然趋势,但单模光纤对光源谱宽和稳定性有较高要求,故成本高。

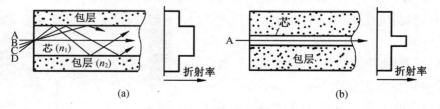

图 2-12　两种光纤示意图

5. 光纤基本特性

① 物理特性。按波长范围分为 0.85 μm 波长区(0.8~0.9 μm)、1.3 μm 波长区(1.25~

1.35 μm)和 1.55 μm 波长区(1.53～1.58 μm),不同波长范围光纤损耗特性各异。其中,0.85 μm 波长区为多模光纤通信方式,1.55 μm 波长区为单模光纤通信方式,1.3 μm 波长区有多模和单模两种方式。

② 传输特性。光纤通过内部的全反射传输光信号,光纤频率范围 10^{14}～10^{15} Hz,覆盖了可见光谱和部分红外光谱。光纤数据传输率高达数 10 Gb/s 以上,传输距离数十千米。

③ 连通性。光纤功率损失小且有较大带宽潜力,支持的分接头数远比双绞线或同轴电缆多。

④ 地理范围。采用光纤进行通信,6～8 km 距离一般无需中继器。

⑤ 抗干扰性。不受电磁干扰或噪声影响,适宜远距离传输,并能提供很好的安全性。

⑥ 价格。双绞线、同轴电缆和光纤 3 种有线介质中,光纤价格最高。

6. 光纤通信的波段

光纤通信所用光波范围为 0.8～2.0 μm,目前使用的波长有 0.85 μm、1.31 μm、1.55 μm。其中,1.31 μm 和 1.55 μm 窗口为光纤低损耗区,可复用大量信道,如图 2-13 所示。

根据波长 λ、频率 f 和光速 c(3×10^8 m/s)关系式 $f=c/\lambda$,计算出光纤通信频率范围为$(1.67～3.75)\times10^{14}$ Hz。可见,光纤通信所用光波的频率非常高(约

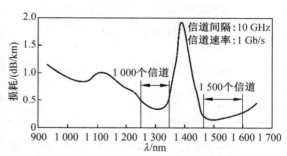

图 2-13　1.31 μm 和 1.55 μm 窗口的带宽

10^8 MHz 量级),传输带宽远大于其他传输介质,是最有前途的有线传输手段。

7. 光纤通信系统

光纤通信系统由光发射机、光接收机、光纤或光缆、中继器、光纤连接器或耦合器等组成,如图 2-14 所示。利用光发射机内的光源将调制好的光波脉冲导入光纤,光信号通过全反射经光纤传输到光接收机。

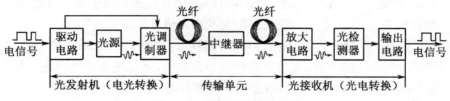

图 2-14　光纤通信系统组成

① 光发射机。由光源、驱动器和调制器组成,将来自电子设备的电信号对光源发出的光波进行调制,成为已调光波,再将已调光信号耦合到光纤传输。光源作为光纤通信系统的重要器件,作用是产生光载波信号。光纤通信系统使用发光二极管(LED)或激光二极管(ILD)作光源。前者用于短距离、低容量模拟系统,成本低,可靠性高;后者用于远距离、高速率系统。它们各有优缺点,选用时应根据需要综合考虑,二者性能比较如表

2-5 所示。

表 2-5　LED 和 ILD 性能比较

LED	ILD
输出光功率较小,一般仅 1～2 mW	输出光功率较大,几到几十毫瓦
带宽小,调制速率低,几十到 200 MHz	带宽大,调制速率高,几百兆赫到几十吉赫
方向性差,发散度大	光束方向性强,发散度小
与光纤的耦合效率低,仅百分之几	与光纤的耦合效率高,高达 80% 以上
光谱较宽	光谱较窄
制造工艺难度小,成本低	制造工艺难度大,成本高
可在较宽的温度范围内正常工作	在要求光功率较稳定时,需要 APC 和 ATC
在大电流下易饱和	输出特性曲线的线性度较好
无模式噪声	有模式噪声
可靠性较好	可靠性一般
工作寿命长	工作寿命短

② 光接收机。由光检测器和光放大器组成,将光纤传输来的光信号经光检测器(光电二极管)转变为电信号并放大。目前,广泛使用的光电检测器是光电二极管和雪崩光电二极管。光电检测器和前置放大器合称接收机前端,其性能优劣是决定接收灵敏度的主要因素。

③ 光纤或光缆。光纤或光缆构成光的传输通路,功能是将发信端发出的已调光信号经光纤或光缆的远距离传输后,耦合到接收端的光检测器,完成传输信息任务。

④ 中继器。信号传输时,光纤的固有吸收和散射会造成光能量衰减。同时光纤在模式、材料、结构上的色散会使信号脉冲产生失真,增加传输线路的噪声和误码,降低传输质量。为此,远距离光纤传输系统每隔一定距离设置中继器,基本功能是进行光/电/光转换,并在光/电转换时进行再生、整形、定时处理,再变成光信号传输。

光纤通信特点:传输频带宽,通信容量大;损耗低,中继距离长;抗电磁干扰能力强;绝缘性好,寿命长;光纤资源丰富,可节约有色金属和能源;无接地和共地问题。但存在以下局限性:光纤弯曲半径不宜过小,光纤连接、切断复杂,分路、耦合麻烦。

三、无线传输技术

根据无线信号传输的距离,无线通信技术可以分为短距离无线通信技术(WiFi、Bluetooth、ZigBee、UWB、RFID、NFC 等)和广域网无线通信技术(LoRa、NB-IOT、Sigfox、eMTC、微波、GPRS 等)。由于入侵报警系统一般使用的通信手段在几米至几百米的范围内,本节仅介绍常用的短距离无线通信技术。表 2-6 给出了常用几种短距离无线通信技术的对比。

表 2-6　短距离无线通信技术的对比

	Zigbee	Bluetooth	UWB 超宽带	WiFi	NFC
价格（芯片组）	约 4 美元	约 5 美元	大于 20 美元	约 25 美元	约 2.5～4 美元
安全性	中等	高	高	低	极高
传输速度	10～250 Kb/s	1 Mb/s	53.3～480 Mb/s	54 Mb/s	424 Kb/s
通信距离	10～75 m	0～10 m	0～10 m	0～100 m	0～20 cm
频段	2.4 GHz（欧洲）915 MHz（美国）	2.4 GHz	3.1～10.6 GHz	2.4 GHz	13.56 MHz

（一）WiFi

WiFi（Wireless Fidelity 无线高保真），是无线局域网（WLAN）的其中一种非常重要的技术，因为 WLAN 主流采用 802.11 协议，所以大家通常以 WiFi 来表示无线网络。实际上 WiFi 是制定 802.11 无线网络协议的组织，并非代表无线网络。俗称无线宽带，是 IEEE 定义的一个无线网络通信的工业标准。主要特性为速度快、组网简单、覆盖范围广、可靠性高。

IEEE802.11b/g 标准工作在 2.4G 频段，频率范围为 2.400～2.483 5 GHz，共 83.5 M 带宽，划分为 14 个子信道，每个子信道宽度为 22 MHz（20 MHz 有效带宽＋2 MHz 保护带）。相邻信道的中心频点间隔 5 MHz，相邻的多个信道存在频率重叠（如 1 信道与 2、3、4、5 信道有频率重叠），整个频段内只有 3 个（1、6、11）互不干扰信道。其中，北美/FCC 是 2.412～2.461 GHz（11 信道），中国/欧洲/ETSI 是 2.412～2.472 GHz（13 信道），日本/ARIB 是 2.412～2.484 GHz（14 信道）。

WiFi 技术特点：

1. IEEE802.11b 的无线电波覆盖半径最远可达 300m，Vivato 公司推出的新型交换机能把目前 WiFi 无线网络的通信距离扩大到约 6.5km。

2. WiFi 最主要的优势在于无须布线，可以不受布线条件的限制，因此非常适合移动办公用户。

3. IEEE802.11b 速度为 11 Mb/s，IEEE802.11a/g 为 54 Mb/s，IEEE802.11n 为 300 Mb/s。

4. WiFi 技术在 OSI（开放系统互联）参考模型的数据链路层上与以太网完全一致，所以可以利用已有的有线接入资源迅速部署无线网络，形成无缝覆盖。

5. 厂商只要在机场、车站、咖啡店等公共场所设置"热点"，并通过高速线路将因特网接入上述场所，省去了大量敷设电缆需花费的资金。

（二）蓝牙

蓝牙（Bluetooth）是一种基于 IEEE802.15.1 的无线技术标准，可实现固定设备、移动设备和楼寓个人域网之间的短距离数据交换，使用全球统一开放的 2.4G 的 ISM（Industry Science Medicine）波段，致力于在 10～100 m 的空间内使所有支持该技术的移动或非移动设备可以方便地建立网络联系，进行话音和数据通信。在智能家居、穿戴产品等领域应用广泛,无须授权许可,只要遵守一定的发射功率(一般不低于 1 W)且不要对其他频段造成干扰即可。

蓝牙技术诞生于 1994 年,是由瑞典爱立信公司开发的低功耗、低成本的无线接口,目的是建立手机及其附件之间的通信。1998 年 5 月,蓝牙 SIG(Special Interest Group,特别兴趣小组)、爱立信、英特尔、东芝、诺基亚和 IBM 将蓝牙无线技术的理念推向全球。

蓝牙技术特点:

1. 蓝牙工作在 2.4 GHz 的 ISM 频段,全球大多数国家 ISM 频段的范围是 2.4~2.483 5 GHz。

2. 蓝牙模块体积较小、轻薄,可以很方便地嵌入个人移动设备内部。

3. 蓝牙设备在通信连接状态下,有 3 种模式为低功耗的节点模式。

4. 蓝牙采用电路交换和分组交换技术,支持异步数据信道、三路语音信道以及异步数据与同步语音同时传输的信道。

5. 跳频更快,数据包更短,能够更有效地减少同频干扰,具有较高的安全性。

6. 蓝牙的传输距离一般是 10 m 左右。

蓝牙的组网方式分为两种:微微网(Pico 网)和分散网。微微网使用三个比特位给网内从设备进行编号,每个设备编号不同,每个微微网最多连接 7 个从设备。此外,在微微网中,从设备只能与主设备进行通信,从设备之间不能通信。多个微微网如果存在重叠区域,就形成了分散网,一个微微网的主设备可以同时充当另一个微微网的从设备。

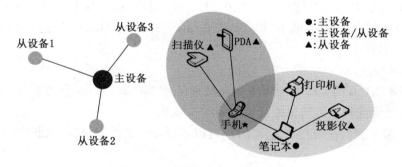

图 2-15 微微网和分散网示意图

(三) ZigBee

ZigBee 是基于 IEEE802.15.4 标准的低功耗个域网协议。根据这个协议规定的技术是一种短距离、低功耗的无线通信技术。其特点是近距离、低复杂度、自组织、低功耗、低数据速率、低成本,主要适合用于自动控制和远程控制领域,可以嵌入各种设备。

ZigBee 是一种高可靠的无线数传网络,类似于 CDMA 和 GSM 网络。ZigBee 数传模块类似于移动网络基站。通信距离从标准的 75m 到几百米、几公里,并且支持无限扩展。ZigBee 是一个由至多 65 000 个无线数传模块组成的一个无线数传网络平台,在整个网络范围内,每一个 ZigBee 网络数传模块之间可以相互通信,每个网络节点间的距离可以从标准的 75m 无限扩展。与移动通信的 CDMA 网或 GSM 网不同的是,ZigBee 网络主要是为工业现场自动化控制数据传输而建立,因而,它必须具有简单、使用方便、工作可靠、价格低的特点。移动通信网主要是为语音通信而建立,每个基站价值一般都在百万元人民币以上,而每个 ZigBee 基站却不到 1 000 元人民币。每个 ZigBee 网络节点不仅本身可以作为监控对象,例如其所连接的传感器直接进行数据采集和监控,还可以自动中转别的网络节点传过来的数据资料。除此之外,每一个 ZigBee 网络节点(FFD)还可在自己信号覆盖的范围内,和多个不承担网络信息中转任务的孤立的子节点(RFD)无线连接。

ZigBee 技术特点:

1. 低功耗。在低耗电待机模式下,2 节 5 号干电池可支持 1 个节点工作 6~24 个月,甚至更长,这是 ZigBee 的突出优势。相比较,蓝牙能工作数周、WiFi 可工作数小时。现在,TI 公司和德国的 Micropelt 公司共同推出新能源的 ZigBee 节点,该节点采用 Micropelt 公司的热电发电机给 TI 公司的 ZigBee 提供电源。

2. 低成本。通过大幅简化协议(不到蓝牙的 1/10),降低了对通信控制器的要求,按预测分析,以 8 051 的 8 位微控制器测算,全功能的主节点需要 32 Kb 代码,子功能节点少至 4 Kb 代码,而且 ZigBee 免协议专利费。每块芯片的价格大约为 2 美元。

3. 低速率。ZigBee 工作在 20~250 Kb/s 的较低速率,分别提供 250 Kb/s(2.4 GHz)、40 Kb/s(915 MHz)和 20 Kb/s(868 MHz)的原始数据吞吐率,满足低速率传输数据的应用需求。

4. 近距离。传输范围一般介于 10~100 m 之间,在增加 RF 发射功率后,亦可增加到 1~3 km。这指的是相邻节点间的距离。如果通过路由和节点间通信的接力,传输距离可以更远。

5. 短时延。ZigBee 的响应速度较快,一般从睡眠转入工作状态只需 15 ms,节点连接进入网络只需 30 ms,进一步节省了电能。相比较,蓝牙需要 3~10 s、WiFi 需要 3 s。

6. 高容量。ZigBee 可采用星状、片状和网状网络结构,由一个主节点管理若干子节点,最多一个主节点可管理 254 个子节点。同时主节点还可由上一层网络节点管理,最多可组成 65 000 个节点的大网。

7. 高安全。ZigBee 提供了三级安全模式,包括无安全设定、使用接入控制清单(ACL)防止非法获取数据以及采用高级加密标准(AES128)的对称密码,以灵活确定其安全属性。

8. 免执照频段。采用直接序列扩频在工业科学医疗(ISM)频段,2.4 GHz(全球)、915 MHz(美国)和 868 MHz(欧洲)。

(四) NFC

近场通信(Near Field Communication,NFC),又称近距离无线通信,是一种短距离的高频无线通信技术,允许电子设备之间进行非接触式点对点数据传输(在十厘米内)交换数据。这个技术由免接触式射频识别(RFID)演变而来,并向下兼容 RFID,最早由 Sony 和 Philips 各自成功开发,主要为手机等手持设备提供 M2M(Machine to Machine)的通信。由于近场通信具有天然的安全性,因此,NFC 技术被认为在手机支付等领域具有很大的应用前景。NFC 芯片具有相互通信功能,并具有计算能力,在 Felica 标准中还含有加密逻辑电路,MIFARE 的后期标准也追加了加密/解密模块(SAM)。

与 RFID 一样,NFC 信息也是通过频谱中无线频率部分的电磁感应耦合方式传递,但两者之间还是存在很大的区别。NFC 与 RFID 技术各自的特点如下所述:

1. NFC 是一种提供轻松、安全、迅速的通信的无线连接技术,其传输范围比 RFID 小,RFID 的传输范围可以达到几米甚至几十米,但由于 NFC 采取了独特的信号衰减技术,相对于 RFID 来说 NFC 具有距离近、带宽高、能耗低等特点。

2. NFC 与现有非接触智能卡技术兼容,目前已经成为越来越多主要厂商支持的正式标准。

3. NFC 是一种近距离连接协议,提供各种设备间轻松、安全、迅速而自动的通信。与无线世界中的其他连接方式相比,NFC 是一种近距离的私密通信方式。

4. RFID 更多被应用在生产、物流、跟踪、资产管理上,而 NFC 则在门禁、公交、手机支付等领域发挥着巨大的作用。

在具体的应用中手机可内置 NFC 芯片,比原先仅作为标签使用的 RFID 增加了数据双向传送的功能,这个进步使得其更加适合用于电子货币支付。特别是 RFID 所不能实现的相互认证、动态加密和一次性钥匙(OTP)能够在 NFC 上实现。NFC 技术支持多种应用,包括移动支付与交易、对等式通信及移动中信息访问等。通过 NFC 手机,人们可以在任何地点、任何时间,通过任何设备,与他们希望得到的娱乐服务与交易联系在一起,从而完成付款、获取海报信息等。NFC 设备可以用作非接触式智能卡、智能卡的读写器终端以及设备对设备的数据传输链路,其应用主要可分为以下四个基本类型:付款和购票、电子票证、智能媒体以及交换、传输数据。

(五) UWB

超宽带(Ultra Wide Band, UWB)是一种无载波通信技术,利用纳秒至微秒级的非正弦波窄脉冲传输数据。有人称它为无线电领域的一次革命性进展,认为它将成为未来短距离无线通信的主流技术。

UWB 一开始是使用脉冲无线电技术。UWB 调制采用脉冲宽度在纳秒级的快速上升和下降脉冲,脉冲覆盖的频谱从直流至 GHz,不需常规窄带调制所需的 RF 频率变换,脉冲成型后可直接送至天线发射。脉冲峰时间间隔在 $10 \sim 100$ ps 级。频谱形状可通过甚窄持续单脉冲形状和天线负载特征来调整。UWB 信号在时间轴上是稀疏分布的,其功率谱密度相当低,RF 可同时发射多个 UWB 信号。UWB 信号类似于基带信号,可采用 OOK,对映脉冲键控、脉冲振幅调制或脉位调制。UWB 不同于把基带信号变换为无线射频(RF)的常规无线系统,可视为在 RF 上的基带传播方案,在建筑物内能以极低频谱密度达到 100 Mb/s 的数据速率。

与蓝牙和 WLAN 等带宽相对较窄的传统无线系统不同,UWB 能在宽频上发送一系列非常窄的低功率脉冲。较宽的频谱、较低的功率、脉冲化数据,意味着 UWB 引起的干扰小于传统的窄带无线解决方案,并能够在室内无线环境中提供与有线相媲美的性能。UWB 具有以下特点:

1. 抗干扰性能强。UWB采用跳时扩频信号,系统具有较大的处理增益,在发射时将微弱的无线电脉冲信号分散在宽阔的频带中,输出功率甚至低于普通设备产生的噪声。接收时将信号能量还原出来,在解扩过程中产生扩频增益。因此,与IEEE 802.11a、IEEE 802.11b和蓝牙相比,在同等码速条件下,UWB具有更强的抗干扰性。

2. 传输速率高。UWB的数据速率可以达到几十Mb/s到几百Mb/s,有望高于蓝牙100倍,也可以高于IEEE 802.11a和IEEE 802.11b。

3. 带宽极宽。UWB使用的带宽在1GHz以上,高达几个GHz。超宽带系统容量大,并且可以和目前的窄带通信系统同时工作而互不干扰。在频率资源日益紧张的今天,开辟了一种新的时域无线电资源。

4. 消耗电能小。通常情况下,无线通信系统在通信时需要连续发射载波,因此要消耗一定电能。而UWB不使用载波,只是发出瞬间脉冲电波,也就是直接按0和1发送出去,并且在需要时才发送脉冲电波,所以消耗电能小。

5. 保密性好。UWB保密性表现在两方面:一方面是采用跳时扩频,接收机只有已知发送端扩频码时才能解出发射数据;另一方面是系统的发射功率谱密度极低,用传统的接收机无法接收。

6. 发送功率非常小。UWB系统发射功率非常小,通信设备可以用小于1 mW的发射功率就能实现通信。低发射功率大大延长系统电源工作时间。而且,发射功率小,其电磁波辐射对人体的影响也会很小,应用面就广。

四、入侵报警系统常用传输方式

在进行入侵报警系统设计时,一般采用有线和无线结合的方式,根据系统的功能和大小,因地制宜,选择经济高效的传输方式。常用的传输方式有如下几种:

1. 电话传输方式。目前广泛采用的一种联网报警方式,具有技术成熟、安装简便、稳定可靠等特点。但存在以下局限性:电话线易被破坏,系统容量较大的接警中心需多根电话线,报警信号接警机应有相应的电话输入接口。

2. 总线传输方式。常用于大中型监控系统,优点是通信速度快,可统一布线,扩展容易。但总线制采用巡检方式,一根总线挂太多报警控制器会影响实时性。同时,应注意以下几点:传输距离,一般RS232传输距离<100 m,RS485为1～1.5 km,传输距离和线径、屏蔽与否、传输速率、传输格式、可靠程度等有关;为保证通信准确、可靠,多采用总线分配器和集中控制器等。目前,较好的传输方式是RS485总线和控制器局域网(CAN)总线结合型,二者优势互补:主干通信网使用CAN总线,速度快、距离远;分支网络用RS485总线,方便施工、节省投资。

3. 专用宽带网报警联网方式。很多单位有专用宽带网,用于联网报警效果很好,因为防盗报警信号是中/低速率的。目前,宽带网追求图像、语音、数据三网合一,防盗报警信号仅仅是数据信息中的一小部分。

4. 利用互联网报警联网方式。优点是利用公共网,构建起来非常方便,覆盖范围大,设点方便。缺点：可能漏报，重要场合不能使用；易受到病毒和黑客攻击，安全性较差；网络拥堵时，系统不稳定、不可靠。

第四节 入侵报警系统探测器

一、区域入侵探测器

（一）入侵报警探测器概述

入侵报警探测器作为入侵报警系统的主要部分，是用来探测入侵行为的电子和机械部件组成的装置，通常由探测器、信号处理器和输出接口组成，简单的入侵报警探测器可以没有信号处理器和输出接口。其中，探测器作为入侵报警探测器的核心，是一种物理量探测/转换装置，采用不同原理的探测器可构成不同种类、不同用途、不同探测效果的入侵报警装置。

从入侵报警探测器使用技术看，主要利用人体对环境声、光、电、磁、热等物理量造成影响来间接探测入侵情况。这些物理量包括人体的远红外线热辐射，人体对微波（电磁波）的反射，人体对光线（红外光线）的遮挡，人体对超声波的反射，人体移动或敲击物品所发出的声音，以及移动门窗、物体位置时触动隐蔽开关等。探测器利用某些材料对上述物理现象的敏感性将其感知并转换为相应的电信号和电参量，如电压、电流、电阻、电容等；处理器对电信号放大、滤波、整形后成为有效的报警信号。各种入侵报警探测器都具有在保安区域探测出入人员的功能。

入侵报警探测器的发展趋势是数字化、无线化、集成化。体现为以下几方面：更稳定、更可靠，如入侵报警探测器须可抗电磁干扰、防雷电等，以适应恶劣气候；更多样的功能，如入侵报警探测器可调频、防遮挡、防喷盖、防破坏等；更精美、小巧的外观，以符合品味日益提高的室内装潢需求；更智能化的设计，便于布防/撤防，人性化操作界面；更强大的联网功能；更高的扩展性。

（二）入侵报警探测器分类

入侵报警探测器可按探测器种类、工作方式、警戒范围、传输方式、应用场合等区分。这里简要介绍按入侵报警探测器探测原理、警戒范围、工作方式分类。

1. 按入侵报警探测器探测原理不同分类

分主动红外入侵报警探测器、被动红外入侵报警探测器、微波入侵报警探测器、开关式入侵报警探测器、超声波入侵报警探测器、声控入侵报警探测器、振动入侵报警探测器、玻璃破碎探测器、电场感应式入侵报警探测器、电容变化式入侵报警探测器、视频探测器、微波-被动红外双技术入侵报警探测器、超声波-被动红外双技术入侵报警探测器等。

2. 按入侵报警探测器警戒范围不同分类

分点控制型入侵报警探测器、线控制型入侵报警探测器、面控制型入侵报警探测器及空间控制型入侵报警探测器。各种入侵报警探测器的警戒范围如表 2-7 所示。

表 2-7　各种入侵报警探测器的警戒范围

警戒范围	入侵报警探测器种类
点控制型入侵报警探测器	开关式入侵报警探测器
线控制型入侵报警探测器	主动红外入侵报警探测器、微波入侵报警探测器、电缆周界入侵报警探测器、激光入侵报警探测器、光纤式周界入侵报警探测器
面控制型入侵报警探测器	振动入侵报警探测器、声控-振动型双技术玻璃破碎探测器
空间控制型入侵报警探测器	微波入侵报警探测器、被动红外入侵报警探测器、超声波入侵报警探测器、声控入侵报警探测器、视频探测器、微波-被动红外双技术入侵报警探测器、超声波-被动红外双技术入侵报警探测器、声控型单技术玻璃破碎探测器、次声波-玻璃破碎双技术入侵报警探测器、泄漏电缆入侵报警探测器、振动电缆入侵报警探测器、电场感应式入侵报警探测器、电容变化式入侵报警探测器

　　1）点控制型入侵报警探测器指警戒范围仅是一个点的入侵报警探测器,警戒范围较小,仅限于局部控制。当这个警戒点的警戒状态被破坏时发出报警信号。如安装在门窗、柜台、保险柜的磁控开关入侵报警探测器,该警戒点出现危险情况时发出报警信号。磁控开关和微动开关探测器、压力探测器等常用作点控制型入侵报警探测器,特点是构造简单、工作稳定、安装简便、价格低廉,缺点是防范不够严密。

　　2）线控制型入侵报警探测器警戒的是直线范围,当这条警戒线上出现入侵时发出报警信号。如主动红外入侵报警探测器或激光探测器,先由红外源或激光器发出一束红外光或激光,被接收器接收,当红外光和激光被入侵行为遮断时,入侵报警探测器发出报警信号。主动红外、激光和感应式入侵报警探测器常用作线控制型入侵报警探测器。

　　3）面控制型入侵报警探测器警戒范围为一个面,如仓库、农场的周界围网等。当警戒面出现入侵时发出报警信号,如振动入侵报警探测器装在一面墙上,当这个墙面任何一点受到振动时即发出报警信号。振动入侵报警探测器、栅栏式被动红外入侵报警探测器、平行线电场畸变入侵报警探测器等常用作面控制型入侵报警探测器。

　　4）空间控制型入侵报警探测器警戒的范围是一个空间,当警戒空间内任意处出现入侵危害时,即发出报警信号。如微波入侵报警探测器警戒的空间内,入侵者从门窗、天花板或地板的任何一处入侵其中,都会产生报警信号。声控入侵报警探测器、超声波入侵报警探测器、微波入侵报警探测器、被动红外入侵报警探测器、微波-被动红外双技术入侵报警探测器等常用作空间控制型入侵报警探测器。

　　3. 按入侵报警探测器工作方式分类

　　按入侵报警探测器工作方式不同,分主动式入侵报警探测器和被动式入侵报警探测器两种。

　　1）主动式入侵报警探测器工作时要向探测现场发出某种形式的能量,经反射或直射,在接收探测器形成稳定的信号。出现非法入侵时稳定信号被破坏,输出报警信号。例如,微波入侵报警探测器,由微波发射器发射微波能量,在探测现场形成稳定的微波场,一旦移动目标入侵,稳定的微波场遭到破坏,微波接收机接收这一变化后即输出报警信号,是较为典型的主动式入侵报警探测器。其发射装置和接收探测器可以在同一位置,如微波入侵报警探测器;也可以在不同位置,如对射式主动红外入侵报警探测器。常用的有微波入侵报警探测器、主动红外入侵报警探测器、超声波入侵报警探测器等。

2)被动式入侵报警探测器工作时不需要向探测现场发出信号,依靠对被测物体自身存在的能量进行检测。正常情况下,探测器输出稳定的信号;出现非法入侵时,稳定信号被破坏,输出报警信号。例如,被动红外入侵报警探测器利用热电探测器能检测被测物体发射的红外线能量,当被测物体移动时,把周围环境温度与移动被测物体表面温度差的变化检测出来,触发入侵报警探测器报警输出,是较为典型的被动式入侵报警探测器。常用的有被动红外入侵报警探测器、振动入侵报警探测器、声控入侵报警探测器、视频探测器等。

4. 按用途或使用场所不同分类

分为户外型入侵报警探测器、周界入侵报警探测器、户内型入侵报警探测器、重点物体防盗入侵报警探测器等。

5. 按入侵报警探测器输出的开关信号不同分类

可分为常开型、常闭型、常开/常闭型探测器。

常开型(NO)探测器:在正常情况下,开关是断开的,EOL(线末电阻)电阻与之并联。当探测器被触发时,开关闭合,回路电阻为零,该防区报警。

常闭型(NC)探测器:在正常情况下,开关是闭合的,EOL(线末电阻)电阻与之串联。当探测器被触发时,开关断开,回路电阻为无穷大,该防区报警。

常开/常闭型探测器:具有常开和常闭两种输出方式。

6. 按探测器与报警控制器各防区的连接方式不同分类

可分为四线制、两线制、无线制三种。

四线制:是指探测器上有四个接线端(两个接报警开关信号输出,两个接供电输入线)。一般常规需要供电的探测器,如红外探测器、双鉴探测器、玻璃破碎探测器等均采用的是四线制。

两线制:是指探测器上有两个接线端,又可分为三种情况。

1)探测器本身不需要供电(报警开关信号线),如紧急按钮、磁控开关、震动开关。

2)探测器需要供电(报警开关信号线和供电输入线是共用的),如火灾探测器。

3)两总线制,需采用总线制探测器(都具有编码功能)。所有防区都共用两芯线,每个防区的报警开关信号线和供电输入线是共用的(特别适用于防区数目多)。另外,增加总线扩充器就可以接入四线制探测器。

无线制:无线探测器是由探测器和发射机两部分组合在一起的,它需要由无线发射机将无线报警探测器输出的电信号调制(调幅或调频)到规定范围的载波上,发射到空间,而后再由无线接收机接收、解调后,再送往报警主机。

(三)常用区域入侵报警探测器

入侵报警探测器有多种类型,主动红外入侵报警探测器将在周界入侵报警系统介绍,下面简要介绍常用的几种入侵报警探测器。

1. 机电探测器

机电探测器是最简单的入侵报警探测器,由围绕保护区域的闭合电路组成,入侵者进入该区域就会触发报警。优点是原理简单、电路元件少、可靠性高,只要安装与维护得当,可以有较好的探测性能,多作为高级报警系统的后备系统。另外,由于机电探测器易看见、易识别,对入侵者有一定的威慑作用。但机电探测器不能探测所有可能进入保护区的通道,即使所有的门窗都装上这种探测器,入侵者仍可穿过墙壁、顶棚或地板侵入室内。机电探测器的另一缺点是安装困难,如果缺乏想象力和安装经验,就难以取得好的防范效果。此外,其敏感元件十分暴露,入侵者处理后会失效。机电探测器包括开关式报警器、玻璃破碎探测器、振动报警器、金属箔探测器等。

2. 开关式探测器

结构简单、使用方便、经济低廉的点控制型入侵报警探测器由开关探测器和报警控制器组成,通过各种类型开关的闭合/断开来控制电路产生通/断效果,进而触发报警。凡在外力作用下使接点断开并能在外力消失后自动复位的各种接点开关均能与报警控制器配套使用,利用该原理的统称开关式探测器。这种探测器应用范围很广,各种规模的安全防范系统都可以使用。缺点是防范区域/部位不严密,漏洞较大,因此很少单独使用。常用的有微动开关、磁控开关、紧急报警开关、压力垫等,可以将压力、磁场力、位移等物理量的变化转换为电压或电流的变化,这里介绍最常用的前两种。

1) 微动开关探测器。一种机械触点式开关探测器,也叫紧急报警开关,如图 2-16 所示。使用时,隐蔽地安装于靠近门或窗户的地板上,能有效保护贵重物品或作为人工紧急报警按钮。优点是结构简单、安装方便、价格便宜、防震性能好、触点可承受较大的电流,但抗腐蚀性及动作灵敏程度较差。

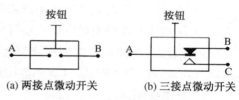

(a) 两接点微动开关   (b) 三接点微动开关

图 2-16 两种微动开关

脚挑/脚踏开关使用在某些特定场合,如银行储蓄所工作人员的脚下就可以安装这种开关。一旦有歹徒进行抢劫,即可隐蔽地用脚挑/脚踏的方式使开关接通或断开,从而发出报警。这样既发出了报警,同时还保护了工作人员的人身安全。

2) 磁控开关。由永久磁铁和舌簧管两部分组成。舌簧管构造是在充满惰性气体的密封玻璃管内封装两个或两个以上软铁电极。自然状态下,两个电极不接触的称常开式,接触的称常闭式。其中,常开式应用较广,如图 2-17 所示。安装在门或窗的框上,电极用导线与控制器连接,磁铁安装

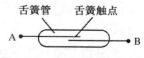

图 2-17 常开式舌簧管构造

在门或窗扇上,关闭门窗,移动磁铁使其正好闭合。打开控制器,门窗即进入警戒状态(或称布防)。这时再开门窗,由于磁铁远离舌簧管,电极失磁自动断开,控制器就发出声/光报警。作为一种广泛使用的入侵报警探测器,磁控开关探测器具有结构简单、体积小、成本低、安装方便、动作灵敏、可靠性高、工作寿命长等优点。

根据磁控开关的特点,其安装时注意的要点为:

(1) 应牢固地安装在被警戒的门、窗上,距离门、窗拉手边 150 mm。

(2) 舌簧安装在固定的门、窗框上,磁铁安装在活动门、窗,两者对准后间距约 0.5 cm。

(3) 安装时,应避免强烈冲击,以防舌簧管破裂。

3. 玻璃破碎探测器

利用压电陶瓷片的压电效应(压电陶瓷片在外力作用下产生扭曲、变形时其表面将会产生电荷),制成玻璃破碎探测器。将探测器贴于门、窗玻璃,上、下表面分别用导线连接到控制电路,一旦玻璃受重力打击或破裂会产生压电效应,经控制电路处理产生声/光报警。是否报警由控制电路辨别决定,汽车经过、人走路、刮风等引起的振动要排除,只有击打玻璃才报警,这样就有效减少了误报警。小到几十平方厘米、大到几平方米的不同厚度、不同规格的玻璃均可使用。安装时要注意粘贴牢固可靠,如果与开关式探测器配套使用效果更好。家庭使用时,和门锁控制连成一体即可构成最简单、实用的家庭防盗报警系统。由于各类偷盗案件中,案犯以暴力手段打破门、窗玻璃实施入室作案的比例较高,因此,该探测器在防盗报警中有很好的使用价值。

根据玻璃破碎探测器的特点,其安装时注意的要点为:

1) 玻璃破碎探测器适用于一切需要防玻璃破碎的场所。

2) 安装时应将声/电探测器正对着警戒的主要方向。

3) 尽量靠近要保护的玻璃,并尽可能远离噪声干扰源,减少误报警。

4) 可以用一个玻璃破碎探测器来保护警戒区内的多面玻璃窗。

5) 探测器不要对准通风口或换气扇,也不要靠近门铃,确保可靠性。

可以看出,各种入侵报警探测器各有优缺点。要使入侵报警探测器更有效地发挥作用,应精心选择、合理安装,这样才能构建稳定、可靠、准确、高效的入侵报警系统。

4. 光电探测器

主要利用光线具有直线传播的特点,适合于探测较开阔而没有物体阻挡的区域。如果区域较大,可以使用镜子来反射光。

光电探测器缺点:不适用于短而不直的通道。若用于短而不直的通道,则需使用多面镜子,每面镜子的安装位置不当或沾染污物都会造成误报。另外,入侵者还可能利用镜子反射光束,使光束不被阻断的方法潜入保安区内,不会被探测出来。此外,还有光探测器,这是一种不用光源驱动的光探测器,能自动测出保安区内的光线强度,并能对突然的变化作出反应。

5. 被动红外入侵报警探测器

由光学系统、被动红外探测器、信号处理和报警控制等组成,如图 2-18 所示。其中,被动红外探测器包含两个互相串联或并联的热释电元,且制成的两个电极化方向相反,环境背景辐射对两个热释电元具有几乎相同的作用,使其产生的释电效应相互抵消。没有非法入侵时,入侵报警探测器无信号输出;入侵者进入探测区时,引起该区域红外辐射的变化将被热释电元接收,但两片热释电元接收到的热量不同,热释电元也不同,被动红外入侵报警探测器能据此探测出这种变化并发出报警信号。

图 2-18　被动红外入侵报警探测器

实际上,除入侵物体发出红外辐射外,被探测范围内的其他物体,如室外的建筑物、树木,室内的墙壁、家具等都会发生热辐射,不同温度下物体的红外辐射波长如表 2-8 所示。因为这些物体固定不变,故热辐射也是稳定的。当入侵者进入被监控区域后,稳定不变的热辐射被破坏,产生了变化的热辐射,红外探测器能收到该变化的辐射并经处理后产生报警。

表 2-8　不同温度下物体的红外辐射波长

物体温度	红外辐射峰值波长
300℃	5 μm
100℃	7.8 μm
37℃(人体)	10 μm
0℃	10.5 μm

主要特点:属于空间入侵报警探测器。由于是被动式工作,不产生任何类型的辐射,保密性强,能很好地探测入侵行为;不必考虑照度,昼夜均可用,特别适合黑暗环境工作;功耗低、结构牢固、寿命长、维护简便、可靠性高。但红外线穿透性较差,因此监控区域内不能有障碍物,否则会造成探测"盲区"。

此外,为防止误报警,不应将被动红外入侵报警探测器探头对准任何温度会快速改变的物体,特别是发热体。同时,在同一室内安装数个被动红外入侵报警探测器时,不会产生相互之间的干扰。基于上述原因,被动红外入侵报警探测器多属于室内应用型入侵报警探测器。

**图 2-19　被动红外入侵报警
探测器探测范围**

被动红外入侵报警探测器作为安全防范系统广泛使用的入侵报警探测器,合理的安装既能防止漏报,又能减少误报,将误报降到最低限度。为此,应充分了解它的技术特点,特别注意安装、调试、使用等各个环节,这样才能最大限度发挥其功效。

1)根据说明书确定安装高度。安装高度直接影响被动红外入侵报警探测器的灵敏度和防小动物的效果,一般壁挂型红外入侵报警探测器安装高度为 2.0~2.2 m。

2)不宜面对玻璃门窗。正对玻璃门窗有两个问题:白光干扰,虽然被动式红外入侵报警探测器对白光具有很强的抑制功能,但毕竟不是 100% 的抑制,不正对玻璃门窗可以避免强光的干扰;避免门窗外复杂的环境干扰,如太阳直射、人群、流动车辆等。

3)不宜正对冷热通风口或冷/热源。被动红外入侵报警探测器的感应作用与温度变化紧密相关,冷/热源均有可能引起误报。有些性能较差的入侵报警探测器,通过门窗的空气对流也会造成误报。

4）不宜正对易摆动的大型物体。大型物体大幅度的摆动可瞬间引起探测区域气流的突然变化，同样可能引起误报，所以室外探测器要避开大树和较高的灌木。

5）合理的位置。入侵报警范围内不得有隔屏、家具等隔离物；红外入侵报警探测器应与室内通常的行走路线呈一定的角度，因为入侵报警探测器对于径向移动反应最不敏感，而对于切向移动最为敏感。选择合适的安装位置是避免误报，求得最佳检测灵敏度的重要环节。

6）合理选型。被动红外入侵报警探测器具有多种型号，从室内到室外，从有线到无线，从单红外到三红外，从壁挂式到吸顶式的都有，需考虑防范空间的大小、周边的环境、出入口的特性等状况进行选择。

入侵报警探测器安装完毕应进行必要的调试。被动红外入侵报警探测器的调试一般是步测，即调试人员在警戒区内走 S 形线路来感知警戒范围的长度、宽度等，测试入侵报警系统是否达到涉及要求。可根据说明书调节入侵报警探测器的灵敏度，过高或过低的灵敏度都会影响防范效果。

5. 红外体温入侵报警探测器

光探测器的另一种形式，由入侵者身体发出的热能触发。这种入侵报警探测器不会响应室温上升或下降带来的变化，但当温度约等于人体温度的目标（如入侵者）从敏感区域进入非敏感区域时，探测器就能检测出辐射的差别并触发报警。红外体温入侵报警探测器的灵敏度很高，且不容易被破坏。

6. 微波入侵报警探测器

由微波发射器和微波接收器组成。应用多普勒原理，发射特定频率的电磁波覆盖一定范围，能探测到该范围移动的人体并产生报警信号。工作原理如图 2-20 所示。发射器向防范区域发射频率 f_0 的微波信号，形成电磁场警戒区域；遇到固定目标时，反射回来的频率为 $f_0 \pm f_d$；混频器将发射信号与接收的反射微波信号混频，得到这二者频率的差值信号。

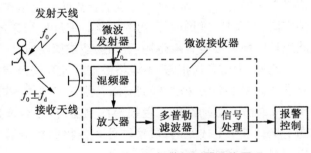

图 2-20　微波入侵报警探测器工作原理

没有入侵时，混频后输出直流信号；有入侵时，混频后产生多普勒频率 f_d 信号，该信号经放大、滤波、分析处理后触发报警。

主要特点：警戒范围为空间，面积可达数百平方米，覆盖 $60° \sim 95°$ 的水平辐射角，多用于室内；微波可以起到一个入侵报警探测器监控多个房间的作用；受环境湿度及噪声影响较小，可靠性较好。但存在如下缺点：安装要求较高，如安装不当，微波信号会穿透装有许多窗户的墙壁而导致频繁的误报；会发出对人体有害的微量能量，必须将能量控制在一定范围；会受到空中交通和军事部门高能量雷达的干扰。

在微波探测器具体应用时，一般采用 S 波段，波长 13 cm。S 波段具有良好的鉴别动物的能力。人与动物的多普勒反射频率有很大的区别；同时，四肢与躯干的多普勒反射频率也有很大的区别。如图 2-21 所示。通过检测反射频率的幅值,它们之间的比例关系,可以区别动物和人。

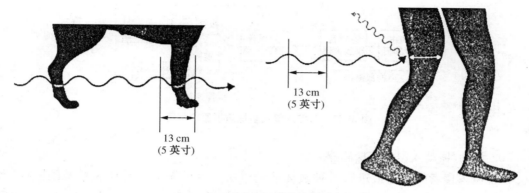

图 2-21 微波反射动物和人体区别

7. 超声波入侵报警探测器

利用人耳听不到的超声波(20 kHz 以上)作为探测源,是专门用来探测移动物体的空间型入侵报警探测器。与微波入侵报警探测器的原理一样,也是应用多普勒原理,通过对移动人体反射的超声波产生响应引发报警。根据结构和安装方法的不同,分为两种类型:一种是将两个超声波换能器安装在同一壳体内,即收-发合置型,工作原理是基于声波的多普勒效应,又称多普勒型超声波入侵报警探测器;另一种是将两个超声波换能器分别放置在不同的位置,即收-发分置型,工作原理不同于一般的多普勒效应,又称声场型超声波入侵报警探测器。

超声波入侵报警探测器的有效性取决于能量在探测区域内多次反射,如墙壁、桌子和文件柜等硬表面对声波具有很好的反射作用,而地毯、窗帘和布等软质材料则是声波的不良反射体。因此,具有坚硬墙壁这样反射表面的小区域所需入侵报警探测器少,充满软质材料的区域最好使用其他入侵报警探测器。另外,如果房间通风很好,或房间某部位在加温使空气流动较大,都可能使超声波入侵报警探测器发生误报。

8. 接近探测器

一种入侵者接近时能触发报警的探测装置,通常有高频 LC 振荡电路,LC 回路通过导线连通外部的金属部件。人体靠近时会通过空间电磁耦合改变 LC 回路谐振频率,改变振荡频率,检测电路识别这种频率的改变并发出报警信号。接近探测器具有良好的多用性和通用性,适用于文件柜、保险柜等的保护,也可用于门窗的保护。突出优点是可以很方便地将被保护物体当作电路的一部分,只要有人试图破坏系统就会立即触发报警。正因为如此,如果为了适应某一种应用而把灵敏度调得太高,会造成频繁的误报。

9. 声控入侵报警探测器

用来探测入侵者在室内防范区域进行破坏活动时所发出的声响,并以探测到的声音的强度作为是否报警的依据,原理框图如图 2-22 所示。在防护区域内安装一定数量的声控头,把接收到的声音信号转换为电信号,并经电路处理后送到报警控制器。当声音强度超过一定电平时,触发电路发出声/光等报警。这种入侵报警探测器主要用来鉴别引起报警的原因,局限性是背景噪声在很宽的范围内变化时易造成误报。

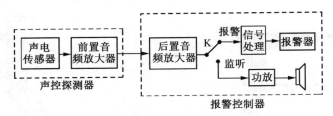

图 2-22　声控入侵报警探测器原理框图

10. 移动/振动入侵报警探测器

以探测入侵者的走动或进行各种破坏活动时所产生的振动信号作为报警的依据,例如,入侵者破坏门窗、撬保险柜等会引起这些物体的振动,以这些振动信号来触发报警的称为振动入侵报警探测器。有机械式振动入侵报警探测器、电动式振动入侵报警探测器、电子式全面型入侵振动探测器等,主要用于一般情况下有人员在保护区内活动时特殊物件的保护。常用的几种振动探测器有机械式振动探测器、惯性棒电子式振动探测器、电动式振动探测器、压电晶体振动探测器、电子式全面型振动探测器。

机械式振动探测器:是一种振动型的机械开关。安装在墙壁、天花板或其他能产生振动的地方,适用于室内或室外周界。

惯性棒电子式振动探测器:一根金属棒架在两组交叉的镀金金属架上,金属棒与金属架之间构成闭合回路。

电子式全面型振动探测器:可以探测到由各种入侵方式(如爆炸、焊枪、锤击、电钻、电锯、水压工具等)所引发的振动信号,但在防区内人员的正常走动不会引起误报。适用于金库、银行保险柜等处使用。

电动式振动探测器:由一根条形永久磁铁和一个绕有线圈的圆形筒组成,在线圈中存在由永久磁铁产生的磁通,磁通变化产生报警。适用于地面周界保护或周界的钢丝网上。

压电晶体振动探测器:使用非中心对称晶体,在机械力作用下产生形变,使带电质点发生相对位移,从而在晶体表面出现正、负束缚电荷,通过测量电信号的大小来判断振动的幅度。

根据振动入侵报警探测器的特点,安装时应注意以下几点。

1)振动入侵报警探测器属于面控制型探测器,室内应用时明装、暗装均可,通常安装于可能入侵的墙壁、天花板、地面或保险柜上。

2)振动入侵报警探测器应紧贴安装面,安装面为干燥的平面。

3)安装于墙体时,距地面 2~2.4 m 为宜,入侵报警探测器垂直于墙面。

4)埋入地下使用时,深度约 10 cm,不宜埋入土质松软的地带。

5)振动入侵报警探测器不宜用于附近有强振动干扰源的场所。

6)安装位置远离变压器、风扇、空调等振动源,如无法避开,尽量距离振动源 1~3 m。

7)振动入侵报警探测器频率范围内的高频振动和超声波的干扰容易引起误报,应尽量避免。

11. 烟感探测器

探测烟尘离子产生报警信号的探测器。光电烟感一般探测的是火焰,离子式探测的是烟尘离子,所以保护的情况有区别。光电式一般用于保护燃烧迅速、火焰明显的地方,离子式一般用于保护燃烧不明显、火焰少、烟雾多的地方。

图 2-23 为多种探测器在写字楼中的应用示意图。

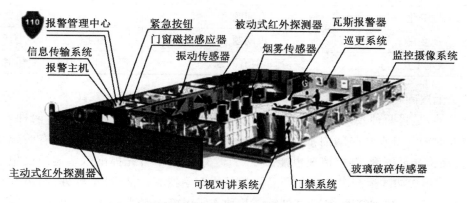

图 2-23　多种探测器在写字楼中的应用示意图

(四) 双技术入侵报警探测器

入侵报警探测器的精确程度直接影响安全防范系统的准确性、可靠性。由于环境因素的复杂性和多变性,外部存在的各种干扰信号都可能对系统造成影响。环境因素对常用的红外、微波、超声波入侵报警技术的影响如表 2-9 所示。为了解决误报问题,一方面应更加合理地选择、安装和使用入侵报警探测器,另一方面就是要不断提高入侵报警探测器的质量,生产出性能稳定、可靠性较高的产品。但入侵报警探测器灵敏度太高,系统的抗干扰能力就差,易出现误报警情况;灵敏度太低,则对一些入侵情况就不能做出反应,出现漏报警。就目前情况来看,仅通过提高某种单技术入侵报警探测器的可靠性难以很好地满足要求。

表 2-9　环境因素表

因素	红外	微波	超声波
震动	问题不大	有问题	问题不大
被大型金属物体反射	除非是抛光金属面,一般没问题	有问题	极少有问题
对门、窗的晃动	问题不大	有问题	注意安装位置
小动物的活动	靠近则有问题,但可改变指向或用挡光片	靠近有问题	靠近有问题
水在塑料管中流动	没问题	靠近有问题	没问题
在薄墙或玻璃窗外侧活动	没问题	注意安装位置	没问题
通风口或空气流动	温度较高的热对流有问题	没问题	注意安装位置
阳光、车大灯	注意安装位置	没问题	没问题

（续表）

因素	红外	微波	超声波
加热器、火炉	注意安装位置	没问题	极少有问题
运转的机械	问题不大	注意安装位置	注意安装位置
雷达干扰	问题不大	靠近有问题	极少有问题
荧光灯	没问题	靠近有问题	没问题
温度变化	有问题	没问题	有些问题
湿度变化	没问题	没问题	有问题
无线电干扰	严重时有问题	严重时有问题	严重时有问题

　　解决上述问题的方法是采用两种类型以上的复合探测技术。双技术入侵报警探测器又称双鉴器，是将两种入侵报警技术结合以"相与"的关系来触发报警，只有两种入侵报警探测器同时或相继在短时间内都探测到目标时才发出报警信号。这样，可有效减少误报。同时，提高检测灵敏度，漏报情况也能减少。1973 年，日本首先提出双鉴器的设想，但直到20 世纪 80 年代初才生产出来这种产品。常见的双鉴器有微波-被动红外、超声波-被动红外、超声波-微波、被动红外-被动红外等。几种入侵报警探测器误报率比较如表 2-10 所示。

表 2-10　几种入侵报警探测器误报率比较

报警器种类	单技术入侵报警探测器				双鉴器			
	超声波	微波	声控	被动红外	主动红外-被动红外	超声波-微波	超声波-被动红外	微波-被动红外
误报率	421				270			1
可信度	最低				中等			最高

　　可以看出，微波-被动红外双鉴器误报率最低，比其他几种类型的双鉴器误报率降低270 倍，比单技术入侵报警探测器的误报率低 421 倍。作为目前应用最为广泛的双鉴器，一般是做成吸顶式，将微波入侵报警探测器和被动红外入侵报警探测器封装在一个壳体内，并将两个入侵报警探测器的输出信号共同送到"与门"电路去触发报警。微波-被动红外双鉴器基本组成如图 2-24 所示。

　　虽然双鉴器成本较高，但探测的可靠性、准确性远高于单技术入侵报警探测器。它集两种单技术入侵报警探测器优点于一体，取长补短，对环境干扰因素有较强的抑制作用，因而对安装环境的要求不严格，按照使用说明书的要求进行安装即可。还要说明的是，某些特殊的应用场合需使用不同探测技术的入侵报警探测器，此时的入侵报警探测器不是双鉴器，其应用目的是尽量避免漏报警，对误报警没有要求，实际使用的应为不同探

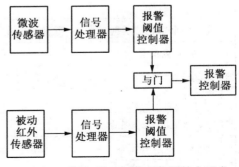

图 2-24　微波-被动红外双鉴器基本组成

测技术"相或"关系的入侵报警探测器或者是两种不同探测技术的入侵报警探测器。

安装双鉴器时,要求警戒范围内两种入侵报警探测器的灵敏度尽量均衡。微波入侵报警探测器对纵向移动最敏感,被动红外入侵报警探测器对横向移动最敏感,为使两种入侵报警探测器都处于较敏感状态,安装时宜使入侵报警探测器轴线与警戒区的方向呈 45°。采用 K 波段的微波视区如图 2-25 所示,图中,细线所示为红外入侵报警视区,粗线所示为微波入侵报警视区。

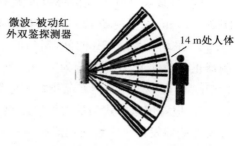

图 2-25 采用 K 波段的微波入侵报警视区

安装时,除参考被动红外入侵报警探测器,还应注意以下几点:壁挂式微波-被动红外双鉴器安装在与可能入侵方向呈 45°的方位,高度约 2.2 m,并视防范情况确定入侵报警探测器与墙壁倾角,如受条件限制,应优先考虑被动红外入侵报警探测器灵敏度;吸顶式微波-被动红外双鉴器,多水平安装于重点防范部位上方的天花板上;楼道式微波-被动红外双鉴器须安装于楼道端,视场正对楼道走向,高度约 2.2 m。此外,入侵报警探测器正前方不准有遮挡物或可能的遮挡物。

在一定的场合,还会采用两种以上探测技术组成的入侵报警系统,如三鉴探测器(被动红外＋微波＋主动红外)等。

(五)入侵报警探测器主要技术指标

选购、安装和使用入侵报警探测器时,必须对入侵报警探测器技术性能指标有所了解,否则会影响使用效果,难以达到安全防范目的。入侵报警探测器主要有以下技术指标。

1. 探测率。探测到入侵目标时,实际报警次数与应当报警次数的百分比,该值越高越好。

$$探测率＝(因出现危险情况而报警次数/出现危险情况总数)×100\%$$

2. 漏报率。出现入侵行为时没有发出报警称漏报警,漏报次数占应当报警次数的百分比称为漏报率。

$$漏报率＝(因出现危险情况而未报警次数/出现危险情况总数)×100\%$$

3. 误报率。没有入侵行为时发出的报警叫误报警,单位时间内发生误报警的次数称为误报率。误报警可能由于元件故障或某些外界影响造成,既增加了许多不必要的麻烦,也降低了报警的可信度。

$$误报率＝(误报警次数/报警总数)×100\%$$

4. 探测灵敏度。入侵报警探测器发出报警信号的最低门限信号或最小输入探测信号,该指标反映了入侵报警探测器对入侵目标产生报警的反应能力。

5. 探测范围。有探测距离、探测视场角、探测面积或体积等表示方法。探测距离:指在给定方向从探测器到探测范围边界的距离。探测视角(水平或垂直):指探测器对所能探测到的立体防范空间的最大张角。探测面积(或体积):指探测器所能探测到的最大立体防范空间的面积(或体积)。

例如,某被动红外入侵报警探测器的探测范围为一立体扇形空间区域,可表示为探测距离$\geq$15 m、水平视场120°、垂直视场43°;某微波入侵报警探测器的探测面积$\geq$100 m^2 等。

6. 平均无故障工作时间(MTBF)。指出现两次故障时间间隔的平均值。防盗报警控制器正常条件下 MTBF 分为 I、II、III 三级。I 级:5×10^3 h,II 级:2×10^4 h,III 级:6×10^4 h。防盗报警控制器产品指标不应低于 I 级要求。

7. 报警传输方式与最大传输距离。传输方式指有线/无线传输;最大传输距离指入侵报警探测器发挥正常警戒功能条件下,入侵报警探测器-报警控制器间最大有线/无线传输距离。

8. 功耗。入侵报警探测器工作时的功率消耗,分静态(非报警状态)功耗及动态(报警状态)功耗。

二、周界入侵探测器

(一) 周界入侵报警系统概述

根据警戒范围不同,入侵报警系统分点控制型入侵报警、线控制型入侵报警、面控制型入侵报警及空间控制型入侵报警4种。这里主要介绍应用较多的线、面控制入侵报警系统,其典型代表是周界入侵报警。一些重要区域如机场、监狱、金库、住宅区等,为防止非法入侵和破坏,常在区域周界设置起防范作用的屏障,如围墙、栅栏、电网、钢丝篱笆网等,并安排人员巡逻。但上述防范措施受时间、地域、安防人员素质及精力等因素的影响,特别是周界范围一般比较大,不同的防范场所周界条件和环境各异,仅仅依靠人防难免出现漏洞和失误,不能很好地起到周界防御的效果。因此,需要采用先进的周界入侵报警系统形成“电子围墙”,准确、可靠地探测各种入侵行为。

作为安全防范系统的重要方面,周界入侵报警基于声、光、电、力等物理因素,对防范场所非出入通道的周边区域实行监控、管理,目的是防止非法入侵。系统由入侵报警探测器、报警控制主机、计算机及管理软件等组成。能对防范场所周界区域实施全天候实时监控,并进行信息化管理,使安防人员能及时、准确地了解防范区域周边的实际情况,遇有非法入侵时能自动报警。配以视频监控能实时而直观地观察、存储布控现场的实际情况,为警情核实及警后处理提供切实可靠的资料。

典型的周界入侵报警系统基本功能如下。

1. 阻止与威慑。系统应能清楚、明了地标示出防区的边界及范围,防止轻易进入。

2. 探测。发生入侵行为时,周界入侵报警系统能对发生的非法入侵提供早期告警。

3. 延迟。探测处理应具备合理的延迟,以在入侵者接近被保护物体后的最短时间内作出正确的分析。

4. 分析。报警信息被处理识别是否为有效报警。

5. 响应。以分析为基础采取适当的行动。

目前,有多种周界入侵报警系统,下面主要介绍常用的主动红外入侵报警系统和电缆周界入侵报警系统,并简要介绍其他的周界入侵报警系统。

（二）主动红外入侵报警系统

1. 系统构成及工作原理

基于红外技术的安全防范分主动红外入侵报警和被动红外入侵报警两种。前者由红外发射机和红外接收机组成，如图 2-26 所示。主动红外入侵报警探测器作为系统的核心，有多种类型。例如，根据安装环境不同，分室内型、室外型；按光束数不同，分单光束、双光束、四光束、光束反射型栅式、多光束栅式；按工作方式不同，分调制型、非调制型。此外，其入侵报警距离各异，通常有 10 m、20 m、30 m、40 m、60 m、80 m、100 m、150 m、200 m、300 m 等。

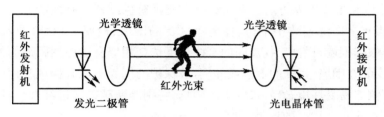

图 2-26　主动红外入侵报警

其中，红外发射机由驱动电路、红外发光元件和光学系统组成；红外接收机由光学系统、光电探测器、信号处理器等组成，并将探测的报警信号传输到报警控制单元。发射机的发光二极管发出经调制的红外光束（波长 $0.8 \sim 0.95\ \mu m$），经防范区域到达接收机，构成一条警戒线。正常情况下，接收机收到稳定的光信号；有人入侵该警戒线时，红外光束被遮挡，接收机收到的红外信号发生变化，经处理向控制中心发出报警信号。主动红外入侵报警系统原理如图 2-27 所示。户外使用时，一般应用多光束元件（双束或四束）来降低小动物、落叶等引起的误报。

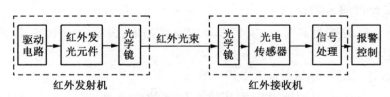

图 2-27　主动红外入侵报警系统原理框图

2. 主动红外入侵报警探测器特点

目前，占主流地位的周界入侵报警产品是主动红外光束阻挡原理的对射系统。其光源通常为脉冲调制的脉冲波形，发射机采用自激多谐振荡器作为调制电源，产生很高占空比的脉冲波形去调制红外二极管发光，发射出红外脉冲调制光谱，这样既降低功耗，又增加系统抗干扰能力。主动红外入侵报警探测器特点如下：

1）属于线型入侵报警探测器，控制范围为线状分布的狭长空间，多应用于周界防范。

2）构成的警戒线或警戒网可根据环境随意配置，使用灵活方便，且探测距离较远。

3）入侵报警探测器体积小、寿命长、功耗低，交流和直流都能工作，价格低廉、安装简便。

4）用于室内警戒时，可靠性较高。

但存在以下局限性：受环境及气候影响较大，雾、雪、雨、风沙等会引起能见度的下降，导致探测距离缩短，而且碎片、落叶、物体表面反光等会引起误报；防区布置过于直观，周期性维护工作量较大；围墙弧形及凹凸设计存在制约；光学系统的透镜表面裸露于空气，易被尘埃等污染。此外，光束遮挡型的红外探测器要选取有效的报警最短遮光时间：遮光时间太短，会引起不必要的干扰，如小鸟飞过、小动物穿过都会引起报警；遮光时间太长，则可能导致漏报。通常以 10 m/s 速度通过镜头的遮光时间来定最短遮光时间，若人的宽度为 20 cm，则最短遮光时间 20 ms：大于 20 ms 系统报警；小于 20 ms 则不报警。

3. 主动红外入侵报警探测器应用

1）住宅小区和单位周界防范。主动红外入侵报警探测器具有性能好、安装方便、价格低廉等优点，近年来广泛安装于单位、住宅小区等的围墙、栏栅上，对周界入侵进行防范。其选用原则是根据围墙、栏栅二拐点间的直线长度选择相应有效探测距离的主动红外入侵报警探测器，安装在围墙、栏栅的上端或外侧，被保护的周界不能有探测盲区。由于主动红外入侵报警探测器易受环境、气候等因素的影响，特别是跨越或钻过红外线相对容易，因此漏报率较高。一些非常重要的区域，如部队、机场、监狱等，仅仅采用主动红外入侵报警技术难以保障探测效果，需结合其他技术手段进行多重探测。

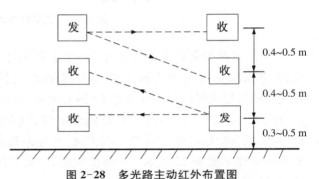

图 2-28　多光路主动红外布置图

2）窗户入口防范。窗户外侧安装室外型双光束（多光路）主动红外入侵报警探测器，可以防范爬上来的入侵者，一般安装在窗外墙、近窗下沿，该方式适合二楼以上窗户，安装时需注意不影响开窗。窗户内侧安装室内型双光束主动红外入侵报警探测器时，多安装在室内窗侧墙面、窗框下沿上方，距窗框下沿 8～10 cm 效果最好。

4. 主动红外入侵报警探测器适用环境要求

主动红外入侵报警探测器对应用环境有较高的要求，根据国家标准（GB 10408.4—2000），应达到如下要求：

1）承受高低温性能：室内型－10℃～55℃，室外型－25℃～70℃，相对湿度≤95％。

2）抗恒定湿热要求：（40±2）℃，RH（93±2.3）％。

3）抗振动要求：10～55 Hz 正弦振动，振幅 0.75 mm，1 倍频程/min。

4）抗冲击要求：室内型 15 g、11 ms；室外型 30 g、18 ms。

可以看出，室外型等级要求明显高于室内型，因为室外入侵报警探测器需考虑环境及天气因素，遇到风、雨、雪、雾等也要能正常工作。此外，还应考虑探测的距离。通常，室外型主动红外入侵报警探测器最大探测距离为标称探测距离的 6 倍。实际使用时，应按照相关规范的要求增加一定余量，通常认为实际探测使用距离≤厂方标称值的 70％。例如，标称值 300 m 的入侵报警探测器，理想环境条件下探测距离 1 800 m，实际使用时只能用于探测≤240 m 的围墙或栅栏。

主动红外入侵报警探测器应安装在固定的物体上。警戒距离较远时,不论是发射器还是接收器,轻微的晃动都会引起误报。同时,要尽量避免树叶、晾晒衣物等对红外光束的干扰。当使用多组红外对射或红外栅栏,采取光墙或光网方式组成警戒区域时,应注意消除红外光束的交叉误射,如图 2-29 的虚线所示。

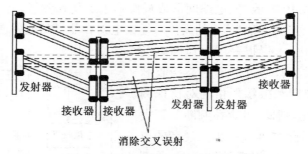

图 2-29　消除红外光束交叉误射的安装

安装时,应注意以下几点:安装牢固,发射机与接收机对准,使探测效果最佳;发射机与接收机间不能有遮挡物;利用反射镜辅助警戒时,警戒距离较对射方式的警戒距离要短;安装过程中注意保护透镜,如有灰尘可用镜头纸擦干净,并定期维护;根据防范现场最低/最高温度等,选择适合的主动红外入侵报警探测器,若环境温度过低可使用专用加热器以保证探测器的正常工作;遇有折墙且距离较近时,可选用反射器件,以减少入侵报警探测器的使用数量。

(三)电缆周界入侵报警系统

基于电缆的周界入侵报警有多种,如泄漏电缆周界入侵报警、电磁感应式电缆周界入侵报警、驻极体电缆周界入侵报警等。其中,以泄漏电缆周界入侵报警系统为主。

1. 泄漏电缆概述

泄漏电缆是探测效果较好的周界入侵报警探测器,属于无线电漏泄场原理的应用范畴。作为一种具有特殊结构的同轴电缆,泄漏电缆与普通的同轴电缆不同,是通过射频同轴电缆按特定要求疏编、开缝、穿孔、开槽等,对外导体屏蔽层施以连续且有规则的"破坏"制造出来的。由于外导体沿长度方向周期性开有一定形状的槽孔,引起射频同轴电缆中传输的无线电信号能量泄漏,在泄漏电缆径向长度周围建立起均匀且连续的电磁场,称为"漏泄场"。借助"漏泄场",泄漏电缆为无线电信号在"限定空间"中的传输提供了一种类似长天线作用的传输介质,构成沿泄漏电缆狭长区域内的无线传输通道,据此可实现无线收发机与馈体泄漏电缆间两个可逆方向上完全等效的电磁能量"交换"或"耦合",进而实现某些"限定空间"的双向无线通信。

1960 年,英国学者首先提出无线电漏泄场理论并应用于煤矿通信,随后,德国、美国等将应用领域拓展到铁路、矿山、隧道、机场等。泄漏电缆结构如图 2-30 所示。

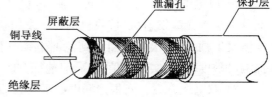

图 2-30　泄漏电缆结构

2. 系统组成及工作原理

系统由探测电缆、系统控制器和报警主机等组成。其中,探测电缆由两根专用泄漏电缆和两根非泄漏电缆组成。

利用泄漏同轴电缆作为探测器,平行埋在地下的两个泄漏电缆一个与发射机相连发射能量,另一个与接收机相连接收能量。发射机发射的高频电磁能经发射电缆向外辐射,一部分能量耦合到接收电缆,收-发电缆间形成椭圆形电磁场探测区,对各种扰动非常敏感。有人进入探测区时,处于"漏泄场"中的人体对无线电射频能量的散射使得接收电缆收到的电磁波能量发生变化,入侵报警器对泄漏电缆接收到的信号进行检测,通过对发射与接收脉冲信号持续时间、周期和振幅严格的对比探测电磁场内的细微变化,据此,可定性判断是否发生入侵行为。系统甚至能准确指出入侵者的位置,例如,在显示器上显示周界的轮廓图,并利用闪动光标指示探测到的入侵位置。系统原理框图如图 2-31 所示。实际应用时,主要有脉冲型和连续波型两种类型。

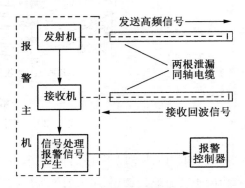

图 2-31　泄漏电缆周界入侵报警系统原理框图

3. 技术特点

目前,泄漏电缆周界入侵报警系统在周界入侵产品市场占有率约 23%。其独特优势主要有以下方面。

1)泄漏电缆作为周界入侵报警探测器应用时,探测范围大,应用范围广,可安装于沙石、泥土、沙砾、冻土、沥青及混凝土等多种类型的地面。

2)泄漏电缆有一定的柔软性,可环绕任意形状的防范区域,不受地形和地面平坦度等因素影响。

3)泄漏电缆埋入周界地下或嵌入周界墙内,十分隐蔽,不会影响现场外观且属于无形探测场,入侵者无法察觉探测系统的存在,难以避开或破坏。

4)入侵报警灵敏度均匀,不存在盲区,探测灵敏度高,不受环境温度、湿度等恶劣气候条件的影响,能全天候可靠地工作。

此外,工作频率选在 40～70 MHz,能根据入侵者和车辆的数量、速度和传导率等特性进行综合分析、探测,对人、小动物有较好的区分能力,在现有探测技术中漏报率最低。

4. 系统实现方案

泄漏电缆周界入侵报警系统有以下实现方案。

1)单电缆方案。最早出现的泄漏电缆应用于周界入侵报警的方案,单根泄漏电缆的两端分别接入无线发射机、接收机即可。发射机在泄漏电缆周围形成的漏泄场首先与入侵者本体发生耦合,再次耦合回复到泄漏电缆并传输抵达接收机。由于入侵信号需两次耦合,探测灵敏度极低,实用价值不高,只能探测距泄漏电缆 10 cm 的巨大目标。

2)双电缆方案。两根泄漏电缆平行敷设,一根接入发射机激励馈体,另一根接入接收机,构成双电缆系统。两根电缆一发一收,只存在一次耦合,通过探测、识别入侵者在"漏泄场"中对既有信号的影响来探测入侵。探测灵敏度高,能满足实际应用需要,应用较广。有时,为拓展入侵报警区域宽度或辨别入侵行为的方向,可以在双电缆方案基础上再布置一根或多根相互平行敷设的泄漏电缆,衍生为多电缆方案。

3) 正向耦合方案。在双电缆方案基础上,两根电缆分别接入发射机和接收机,并将它们分别布置在传输通道两端构成正向耦合方案。特点:传输通道上,发射机源信号经耦合到收信电缆后的行进方向与发信电缆上源信号的行进方向相同,在接收机端口引起相位变化的同相叠加,形成一定程度的固定反射;此固定反射对埋地泄漏电缆环境较敏感,如不采取相应技术措施,可能出现误报;泄漏电缆本身传输衰减的大小与入侵位置无关,对接收机端探测量的动态范围影响不大。

4) 反向耦合方案。在双电缆方案基础上,两根电缆分别接入的发射机和接收机布置在传输通道的同一端构成反向耦合方案。特点:泄漏电缆本身传输衰减的大小与入侵位置有关,要求增大接收机端探测量的动态范围,相应增加了入侵信号正确判决的难度;通常采用耦合能量分级型泄漏电缆或大直径低损耗型泄漏电缆,可有效减小接收机端探测量的动态范围。实际应用多为反向耦合方案。

5) 脉冲波方案。在单电缆方案基础上,发射机输出时序脉冲波,接收机完成发射脉冲和具有入侵信息特征的反射脉冲两者之间的时间延迟识别探测,并据此判定入侵位置。特点:提高了单电缆方案的实用性;要求射频宽带窄脉冲高速传输且瞬时功率较大,可能对邻近无线电系统形成干扰;对泄漏电缆性能要求较高,趋向于采用大直径低损耗型泄漏电缆。

6) 连续波方案。在单电缆或双电缆方案基础上,发射机输出连续载波,接收机完成具有入侵信息特征的接收信息探测,并判定入侵部位。特点:射频带宽、功率无严格要求,简化了电子部件、器件等级;不能精确定位入侵位置,仅适用于完整段落区域入侵信息的判定;对较长周界宜做分段并标记地址码的技术处理。

7) 单电缆-单极天线耦合方案。单根泄漏电缆埋地按圆环形布置敷设,一端接入发射机,圆心处设单极天线并连接接收机,接收机完成具有入侵信息特征的接收信息探测。特点:仅适用于开阔地带,多用于机场、武器库等场合;只需布置单根电缆,但连续性不允许中断;发射功率要求较严格;单极天线应置于圆环形中心位置,位置偏离将影响探测效果。

根据电缆式周界入侵报警系统的特点,其安装时注意的要点为:

1) 网状围栏上安装时,需将电缆敷设在栅网 2/3 高度处。

2) 敷设振动电缆时,每隔 20 cm 应固定一次。

3) 警戒周界需过大门时,可将电缆穿入金属管中,埋入地下约 1 m。

4) 周界拐角处须作特殊处理,以防电缆弯成死角和磨损。

5) 施工时不得过力牵拉、扭结电缆,电缆外皮不能损坏,电缆末端处理应符合 GB 50168—2018 的要求,并进行防潮处理。

(四) 其他周界入侵报警系统

1. 光纤周界入侵报警系统

系统由红外发射器、光导纤维、红外接收器组成。发光二极管发射脉冲调制的红外光沿光纤传播,最后到达红外接收器,并把经光、电检测后的信号送往报警控制器,构成闭合光环。根据防范场合和要求不同,光纤可布成各种形状,环置于周界的适当位置。非法入侵行为发生时,会破坏光纤导致光信号中断并触发报警。由于光纤极细,可以很方便地隐蔽安装。例如,安装在周界防御的钢丝网上,攀登、翻越、切断钢丝等都会导致光纤断裂进而触发报警;也可以将光纤埋在墙皮或壁纸里,入侵者凿墙、打洞或撕裂壁纸时,均会因破坏光纤而发出报警信号。该技术漏报率为中等,探测的必要条件是物体与围栏接触良好。

2. 电子围栏式入侵报警系统

电子围栏式入侵报警系统原理如图 2-32 所示,包括电子围栏、脉冲电压发生器及报警信号检测器等。发生入侵行为时,无论触碰或剪断电子围栏都会发出报警信号。电子围栏上的裸露导线接通后脉冲电压发生器将发出高达 10 kV 的脉冲电压(但能量很小,不会对人体造成生命危害),即使入侵者戴上绝缘手套也会产生脉冲感应信号并报警。既可安装于围栏,也可独立装配。在监狱等特殊场合应用时,电击可以设置为致命的。

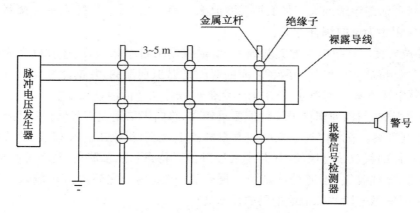

图 2-32 电子围栏式入侵报警系统原理

电子围栏有很强的威慑作用,但无法阻拦有经验的入侵者,且有些场合依法规定不能使用。此外,误报率较高,动物偶然碰触栅栏,或雨、雪、闪电等均可能造成误报。

3. 电场感应式入侵报警系统

系统将两根或多根高强度带塑料绝缘层的导线通过绝缘子平行架设在一些支柱上,架设的导线有些是场线,有些是感应线,一根场线和一根感应线紧靠起来构成一组。振荡器产生的 1~40 kHz 低频振荡信号送到每条场线并在其周围产生磁场。将感应线与报警控制器相连,如有入侵行为,探测区的电磁场受到干扰,使感应线输出的感应电压发生变化并触发报警。探测范围由探测线限定,可能出现漏报。

4. 电容变化式入侵报警系统

系统基于电桥测量电容的原理,利用电容的变化触发报警。由于电桥的平衡状态受桥臂元器件值的影响,探测灵敏度较高,但受环境温度、湿度等影响较大。设计成差分方式工作能有效降低环境影响造成的误报。探测器的平衡电桥伸出的感应线细小、轻便、柔软,安装不受地形限制,可安装在入侵者可能翻越、靠近的场所。

5. 振动传感电缆型入侵报警系统

系统探测原理如图 2-33 所示。一根塑料护套内安装三芯导线的电缆,两端分别接上发送装置与接收装置,将电缆呈波浪状或其他形状固定在网状围墙上构成 1 个防区。每 2 个、4 个或 6 个防区共用一个控制器(多通道控制器),控制器将各防区的报警信号传输至控制中心。入侵者触动网状围墙、破坏网状围墙等行为使其振动并达到一定强度时,会产生报警信号。该方式精度极高,漏报率、误报率极低,可全天候使用,特别适合网状围墙。

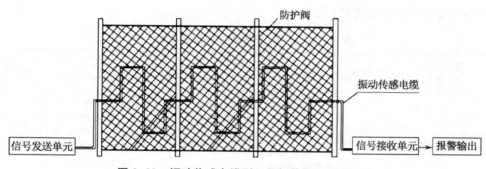

图 2-33　振动传感电缆型入侵报警探测器原理图

6. 微波墙式入侵报警系统

系统类似主动红外对射式入侵报警,不同的是用于探测的为微波。周界探测应用时,最常见的微波探测器是收发分置雷达,这种技术使用独立的发射和接收天线来限定一个主动的、可见的、瞄准线于地面之上的立体探测区域。微波频率 10 GHz 或 24 GHz,通过防区内物体移动引起的信号变化来探测入侵。为了覆盖天线附近的探测盲区,临近天线的微波区域必须交叠,通常称之为"纺锤连接"结构。系统探测原理如图 2-34 所示。该方式漏报率为中等,还存在一定的误报,多用于室内周界入侵报警。

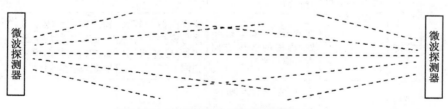

图 2-34　微波墙式入侵报警探测器原理图

7. 地面震动周界入侵报警系统

人行走时会有微弱但可探测到的震动波向各个方向扩散,地面震动周界入侵报警系统据此探测入侵行为。地波探测器包括一组线圈和磁铁,入侵者在探测器上方的地面走动、奔跑或爬过时,探测器线圈会产生电流并触发报警。探测率高低受多种因素影响,误报率较高。地波探测器虽然隐蔽性好,但探测技术单一,一旦被发现很容易避开。

此外,还有一些周界入侵报警技术,如视频移动周界入侵报警系统等。应根据可能的入侵威胁、环境条件、现场状况、误报警等情况,通过对入侵假设的分析了解真实入侵情况,选择、应用最合适的技术,确定合理的防区。可综合使用这些探测技术达到最佳探测效果和最低的误报、漏报。其中,正确的分析和及时的响应对于周界入侵报警系统最为重要,否则系统功效会显著降低。考虑到周界入侵报警系统与被防护范围内的人身财产安全息息相关,故稳定可靠、安全实用、准确定位尤为重要。目前,先进的周界入侵报警系统感应精确度<3 m,具有很高的实用价值。随着技术发展,周界入侵报警的定性、定量探测会越来越精确,手段也会越来越多。

(五)常用入侵报警探测器特点

常用入侵报警探测器选型要求见表2-11。

表2-11 常用入侵报警探测器选型要求

名称	适应场所与安装方式		主要特点	安装设计要点	适宜工作的环境和条件	不适宜工作环境和条件	附加功能
超声波多普勒探测器	室内空间型	吸顶	没有死角且成本低	水平安装,距地<3.6 m	警戒空间要有较好的密封性	密封性不好的室内;有动物存活;环境嘈杂,有金属打击声、汽笛声或电铃等高频声响	智能鉴别技术
		壁挂		距地约2.2 m,透镜法线方向宜与可能入侵方向成180°			
微波多普勒探测器	室内空间型:壁挂式		不受声、光、热影响	距地1.5~2.2 m,严禁对着房间外墙、外窗。透镜法线方向与可能入侵方向成180°	可在环境噪声较强、光变化、热变化较大的条件下工作	有动物存活,微波段高频电磁场环境,防护区域内有过大、过厚的物体	平面天线技术,智能鉴别技术
被动红外入侵报警探测器	室内空间型	吸顶	被动式(多台交叉使用互不干扰),功耗低,可靠性较好	水平安装,距地<3.6 m	日常环境噪声,15~25℃时探测效果最佳	背景有热冷变化,如冷热气流、强光间歇照射等;背景温度接近人体温度;强电磁场干扰;小动物频繁出没的场合等	自动温度补偿,抗小动物干扰,防遮挡,抗强光干扰,智能鉴别
		壁挂		距地约2.2 m,透镜法线方向宜与可能入侵方向成90°			
		楼道		距地约2.2 m,视场面对楼道			
		幕帘		在顶棚与立墙拐角处,透镜的法线方向宜与窗户平行	窗户内窗台较大或与窗户平行的墙面无遮挡,其他同上	窗户内窗台较小或与窗户平行的墙面有遮挡或紧贴窗帘安装,其他同上	
微波和被动红外复合入侵报警探测器	室内空间型	吸顶	误报警少(与被动红外探测相比),可靠性较好	水平安装,距地<4.5 m	日常环境噪声,温度15~25℃时探测效果最佳	背景温度接近人体温度,小动物频繁出没的场合等	双/单转换型,抗小动物干扰,防遮挡技术,智能鉴别
		壁挂		距地约2.2 m,透镜法线方向宜与可能入侵方向成135°			
		楼道		距地2.2 m,视场面对楼道			
被动式玻璃破碎探测器	室内空间型:有吸顶、壁挂式等		被动式,仅对玻璃破碎等高频声响敏感	所要保护的玻璃应在探测器保护范围之内,并尽量靠近所要保护玻璃附近的墙壁或天花板上	日常环境噪声	环境嘈杂,附近有金属打击声、汽笛声、电铃等高频声响	智能鉴别技术

（续表）

名称	适应场所与安装方式	主要特点	安装设计要点	适宜工作的环境和条件	不适宜工作环境和条件	附加功能
振动入侵报警探测器	室内、室外	被动式	墙壁、天花板、玻璃；室外地面表层物下面、保护栏网或桩柱，最好与防护对象实现刚性连接	远离振源	地质板结的冻土或土质松软的泥土地，时常发生振动或环境过于嘈杂的场合	智能鉴别技术
主动红外入侵报警探测器	室内、室外（室内机不能用于室外）	红外脉冲、便于隐蔽	红外光路不能有阻挡物，严禁阳光直射接收机透镜内，防止入侵者从光路下方或上方侵入	室内周界控制，室外"静态"干燥气候	室外气候恶劣，特别是经常有浓雾、细雨地域或小动物频繁出没的场所，灌木丛、杂草、树叶树枝多的地方	
遮挡式微波入侵报警探测器	重内、室外周界控制	易受气候影响	高度应一致，一般为设备垂直作用高度的一倍	无高频电磁场存在的场所，收发机间无遮挡物	高频电磁场存在的场所，收发机间有可能有遮挡物	报警控制设备宜有智能鉴别技术
振动电缆入侵报警探测器	室内、室外均可	可与室内外各种实体周界配合使用	围栏、房屋墙体、围墙内侧或外侧高度的2/3处。网状围栏安装应满足产品安装要求	非嘈杂振动的环境	嘈杂或振动的环境	报警控制设备宜有智能鉴别技术
泄漏电缆入侵报警探测器	室内、室外均可	可随地形埋设、可埋入墙体	埋入地域应尽量避开金属物体	两探测电缆间无活动物体，无高频电磁场存在场所	高频电磁场存在的场所，两探测电缆间有易活动物体（如灌木丛等）	报警设备宜有智能鉴别技术
磁开关入侵报警探测器	各种门、窗、抽屉等	体积小、可靠性好	舌簧管宜置于固定框，磁铁置于门窗等的活动部位，两者宜安装在产生位移最大的位置，间距应满足产品安装要求	非强磁场存在情况	强磁场存在情况	特制门窗使用时宜选专用型
紧急报警装置	用于可能发生直接威胁生命的场所（如金融营业场所、值班室、收银台）	通常利用人工启动（手动/脚踢报警开关）发出报警信号	要隐蔽安装，一般安装在紧急情况下人员易可靠触发的部位	日常工作环境		防误触发措施，触发报警后能自锁，复位用人工再操作方式

三、入侵报警探测器使用要点

（一）入侵报警探测器选型

入侵报警探测器的科学选择和合理布设是入侵报警系统准确、稳定、可靠工作的关键，要根据探测设备的原理、特点、适用范围、局限性、现场环境状况、气候情况、电磁场强度及光照变化等选择合适的入侵报警探测器，设计合适的安装位置、安装角度及系统布线。还要根据使用的具体情况来选型，用途、场所不同，探测原理、入侵报警探测器工作方式、入侵报警探测器输出的开关信号、入侵报警探测器与控制设备及各防区的连接各异。此外，入侵报警探测器灵敏度与可靠性相互影响。只有了解各种入侵报警探测器性能和特点，根据不同使用环境，合理配置相应的入侵报警探测器才能构成具备良好准确性、稳定性、可靠性的入侵报警系统。入侵报警探测器选择原则主要有以下三点：

1. 主动入侵报警探测器为主，被动入侵报警探测器辅助。通常，主动入侵报警探测器多用在室外，达到阻止入侵者于室外的目的。例如，红外对射、红外栅栏等，可以在入侵者接近围墙或窗户时及时报警，起到阻吓、防范的作用；普通的被动入侵报警探测器可以在重要的部位进行二级布防，组成更为严密的防范体系。

2. 双技术入侵报警探测器为主，单技术入侵报警探测器辅助。单技术入侵报警探测器探测到物体后如果直接报警，会造成误报；双技术入侵报警探测器探测到物体后，经双重确认才报警，误报率显著降低。

3. 有线为主，无线辅助。要保证无线入侵报警探测器正常工作，供电的稳定性是关键，供电电压和电流的下降势必影响入侵报警探测器的探测距离和传输距离，这是尽量使用有线入侵报警探测器的主要原因。

周界用入侵探测器的选型应符合下列规定：

1. 规则的外周界可选用主动式红外入侵探测器、遮挡式微波入侵探测器、振动入侵探测器、激光式探测器、光纤式周界探测器、振动电缆探测器、泄漏电缆探测器、电场感应式探测器、高压电子脉冲式探测器等。

2. 不规则的外周界可选用振动入侵探测器、室外用被动红外探测器、室外用双技术探测器、光纤式周界探测器、振动电缆探测器、泄漏电缆探测器、电场感应式探测器、高压电子脉冲式探测器等。

3. 无围墙/栏的外周界可选用主动式红外入侵探测器、遮挡式微波入侵探测器、激光式探测器、泄漏电缆探测器、电场感应式探测器、高压电子脉冲式探测器等。

4. 内周界可选用室内用超声波多普勒探测器、被动红外探测器、振动入侵探测器、室内用被动式玻璃破碎探测器、声控振动双技术玻璃破碎探测器等。

出入口部位用入侵探测器的选型应符合下列规定：

1. 外周界出入口可选用主动式红外入侵探测器、遮挡式微波入侵探测器、激光式探测器、泄漏电缆探测器等。

2. 建筑物内对人员、车辆等有通行时间界定的正常出入口（如大厅、车库出入口等）可选用室内用多普勒微波探测器、室内用被动红外探测器、微波和被动红外复合入侵探测器、磁开关入侵探测器等。

3. 建筑物内非正常出入口（如窗户、天窗等）可选用室内用多普勒微波探测器、室内用被动红外探测器、室内用超声波多普勒探测器、微波和被动红外复合入侵探测器、磁开关入侵探测器、室内用被动式玻璃破碎探测器、振动入侵探测器等。

室内用入侵探测器的选型应符合下列规定：

1. 室内通道可选用室内用多普勒微波探测器、室内用被动红外探测器、室内用超声波多普勒探测器、微波和被动红外复合入侵探测器等。

2. 室内公共区域可选用室内用多普勒微波探测器、室内用被动红外探测器、室内用超声波多普勒探测器、微波和被动红外复合入侵探测器、室内用被动式玻璃破碎探测器、振动入侵探测器、紧急报警装置等。宜设置 2 种以上不同探测原理的探测器。

3. 室内重要部位可选用室内用多普勒微波探测器、室内用被动红外探测器、室内用超声波多普勒探测器、微波和被动红外复合入侵探测器、磁开关入侵探测器、室内用被动式玻璃破碎探测器、振动入侵探测器、紧急报警装置等。宜设置 2 种以上不同探测原理的探测器。

(二) 入侵报警探测器安装

入侵报警探测器安装正确与否,直接决定系统是否能准确、可靠、有效地发挥作用。不同性质入侵报警探测器工作方式各异,对环境的要求也不同,安装时应充分注意:

1. 根据所选产品的特性、警戒范围要求和环境影响等,选择合适的入侵报警探测器。

2. 根据入侵报警探测器的有效防护区域、现场环境,确定入侵报警探测器安装的位置、角度、高度,要求入侵报警探测器在符合防护要求的条件下尽可能安装于隐蔽位置。此外,周界入侵报警探测器的安装应能保证防区交叉,避免盲区,并考虑使用环境的影响。

3. 入侵报警探测器底座和支架应固定牢固。

4. 传输线应尽可能隐蔽,避免被破坏。若走明线应采用线槽或塑料管等保护,防止被啮齿类动物破坏。此外,传输线连接应牢固可靠,外接部分不得外露,并留有适当余量。

5. 入侵报警探测器安装前要通电检查其工作状况,并做记录。

6. 入侵报警探测器安装应符合相关标准规定的要求。

7. 入侵报警探测器安装应按设计要求及设计图纸进行。固定安装入侵报警探测器时应有防盗防拆措施。

此外,施工图纸应注明各防区入侵报警探测器及传输线的型号规格,标明电缆内各色线的用途,并存盘备份,便于系统的维护。

(三) 入侵报警探测器设置

探测器的设置应符合下列规定:

1. 每个/对探测器应设为一个独立防区。

2. 周界的每一个独立防区长度不宜大于 200 m。

3. 需设置紧急报警装置的部位宜不少于 2 个独立防区,每一个独立防区的紧急报警装置数量不应大于 4 个,且不同单元空间不得作为一个独立防区。

4. 防护对象应在入侵探测器的有效探测范围内,入侵探测器覆盖范围内应无盲区,覆盖范围边缘与防护对象间的距离宜大于 5 m。

5. 当多个探测器的探测范围有交叉覆盖时,应避免相互干扰。

思考与练习

2-1. 简述入侵探测系统组成。

2-2. 简述入侵探测系统基本功能。

2-3. 简述入侵探测技术发展趋势。

2-4. 简述短距离无线通信技术。

2-5. 简述点、线、面、空间入侵探测器。

2-6. 简述主动红外入侵探测器特点。

2-7. 简述泄漏电缆周界入侵探测系统。

2-8. 简述双鉴器原理、特点。

2-9. 简述入侵报警探测器使用的要点。

第三章

出入口控制系统

出入口控制的主要目的是对重要场所进行出入监控和控制,满足人们对社会公共安全与日常管理的双重需要。出入口控制系统是安全技术防范领域的重要组成部分,集机械、电子和光学等技术于一体,是现代信息科技发展最快、最新的技术应用之一。本章重点阐述出入口控制系统的概念、关键技术、相关行业标准以及典型应用。

第一节　出入口控制系统概述

一、出入口控制系统概念

从广义上讲,出入口控制系统是对人员、物品、信息的流动管理,所涉及的应用领域和产品种类非常多。通俗理解,出入口控制系统是指采用现代电子与信息技术,在出入口对人或物这两类目标进、出进行放行、拒绝、记录和报警等操作的控制系统。

国家标准 GB 50348—2018《安全防范工程技术标准》和 GB 50396—2007《出入口控制系统工程设计规范》中的定义为:利用自定义符识别和(或)生物特征等模式识别技术对出入口目标进行识别,并控制出入口执行机构启闭的电子系统。公共安全行业标准 GA/T 394—2002《出入口控制系统技术要求》中定义为采用电子与信息技术,识别、处理相关信息并驱动执行机构动作和(或)指示,从而对目标在出入口的出入行为实施放行、拒绝、记录和报警等操作的设备(装置)或网络。

从以上定义可以看出,出入口控制系统采用不同技术手段,对出入口的目标进行识别,并控制执行机构做出相应动作。与视频监控系统和防盗报警系统被动防护不同,出入口控制系统可以将没有被授权的人阻挡在区域外,主动保护区域安全,属于主动防护。

二、出入口控制系统组成

各种类型出入口控制系统都具有相同的控制模型。但由于人们对出入口的出入目标类型、重要程度以及控制方式、防范等应用需求千差万别,因而对产品的功能、结构、性能、价格的要求有很大的不同,使得出入口控制系统的产品具有多样性的特点。

出入口控制系统主要由识读部分、传输部分、管理/控制部分和执行部分以及相应的系统软件组成,如图 3-1 所示。

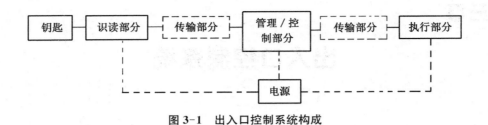

图 3-1　出入口控制系统构成

1. 识读部分的功能

出入口识读部分是出入口控制系统的前端设备,负责实现对出入目标的探测任务,并将提取出的目标身份等信息转换为一定的数据格式,传递给出入口管理子系统,管理子系统再与所载有的资料对比,确认同一性,核实目标的身份,以便进行各种控制处理。识读部分也可接受管理/控制指令。

2. 管理/控制部分的功能

1) 管理/控制部分是出入口控制系统的人机交互平台和界面。

2) 接收识读部分传来的目标身份等信息,与预先存储、设定的信息进行比较、判断,对符合出入授权的目标,向执行部分发出予以放行的指令。

3) 出入目标的授权管理(对目标的出入行为能力进行设定),如出入目标的访问级别,出入目标某时可出入某个口、出入目标可出入的次数等。

4) 系统操作员的授权管理。设定操作员级别管理,使不同级别的操作员对系统有不同的操作能力,还有操作员登陆核准管理等。

5) 事件记录功能。将出入事件、操作事件、报警事件等记录、存储于系统相关载体中,并能形成报表以备查看。中央管理主机的事件存储载体应根据管理与应用要求至少能存储不少于 180 天的事件记录,存储的记录应保持最新的记录值。事件记录采用 4W 的格式,既 When(什么时间)、Who(谁)、Where(什么地方)、What(干什么)。其中时间信息应包含年、月、日、时、分、秒,年应采用千年记法。

6) 出入口控制方式的设定及系统维护。单/多识别方式选择,输出控制信号设定等。

7) 出入口的非法侵入、系统故障的报警处理。

8) 扩展的管理功能及与其他控制/管理系统的连接,如考勤、巡查等功能,与入侵报警、视频监控、消防报警等的联动。

3. 执行部分的功能

出入口执行机构接收从出入口管理子系统发来的控制命令,在出入口作出相应的动作,实现出入口控制系统的拒绝与放行操作。

4. 传输部分的功能

出入口控制系统的传输部分通过传输媒介,实现系统识读部分、管理/控制部分和执行部分之间的信息交换、系统管理和设备联动功能。

三、出入口控制系统构建模式

出入口控制系统有多种构建模式,可根据系统规模、现场情况、安全管理要求等合理选择,既可采用独立的控制器控制出入,也可通过计算机网络实施集中控制。出入口控制系统的组成结构复杂多样,不宜采用物理划分,应采用逻辑划分。根据硬件构成模式、管理/控制方式、设备连接方式、联网模式的不同,出入口控制系统有多种组成形式和分类方法。

1. 按硬件构成模式分类

1) 一体型。出入口控制系统的各个组成部分通过内部连接组合或集成在一起,实现出入口控制功能。系统构成如图 3-2 所示。

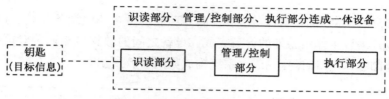

图 3-2　一体型出入口控制系统组成

2) 分体型。出入口控制系统的各个组成部分在结构上有分开的部分,也有通过不同方式组合的部分。分开部分与组合部分之间通过电子、机电等手段连成一个系统,实现出入口控制的所有功能。系统构成分别如图 3-3 所示。

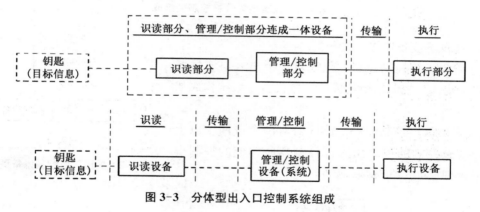

图 3-3　分体型出入口控制系统组成

2. 按管理/控制方式分类

1) 独立控制型。出入口控制系统,其管理与控制部分的全部显示/编程/管理/控制等功能均在一个设备(出入口控制器)内完成。系统构成如图 3-4 所示。

2) 联网控制型。出入口控制系统,其管理与控制部分的全部显示/编程/管理/控制功能不在一个设备(出入口控制器)内完成。其中,显示/编程功能由另外的设备完成。设备之间的数据传输通过有线和/或无线数据通道及网络设备实现。系统构成如图 3-5 所示。

3) 数据载体传输控制型。出入口控制系统与联网型出入口控制系统的区别仅在于数据传输的方式不同,其

图 3-4　独立控制型组成

图 3-5　联网控制型组成

管理与控制部分的全部显示/编程/管理/控制等功能不是在一个设备(出入口控制器)内完成。其中,显示/编程工作由另外的设备完成。设备之间的数据传输通过对可移动的、可读写的数据载体的输入/导出操作完成。系统构成如图 3-6 所示。

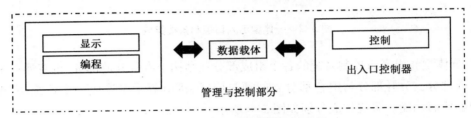

图 3-6　数据载体传输控制型组成

3. 按现场设备连接方式分类

1)单出入口控制设备。仅能对单个出入口实施控制的单个出入口控制器所构成的控制设备。系统构成如图 3-7 所示。

2)多出入口控制设备。能同时对两个或两个以上出入口实施控制的单个出入口控制器所构成的控制设备。系统构成如图 3-8 所示。

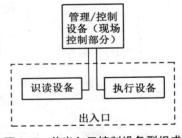

图 3-7　单出入口控制设备型组成

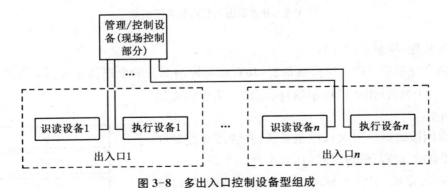

图 3-8　多出入口控制设备型组成

4. 按联网模式分类

1)总线制。出入口控制系统的现场控制设备通过联网数据总线与管理中心的显示、编程设备相连,每条总线在出入口管理中心只有一个网络接口。系统构成如图 3-9 所示。

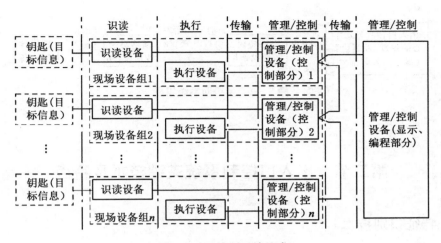

图 3-9　总线制系统组成

2）环线制。出入口控制系统的现场控制设备通过联网数据总线与出入口管理中心的显示、编程设备相连，每条总线在出入口管理中心有两个网络接口，当总线有一处发生断线故障时，系统仍能正常工作，并可探测到故障的地点。系统构成如图 3-10 所示。

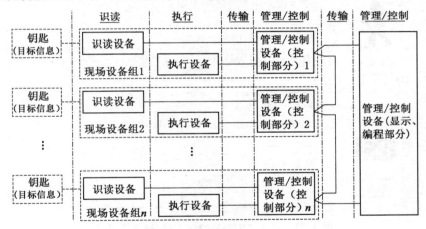

图 3-10　环线制系统组成

3）单级网。出入口控制系统的现场控制设备与出入口管理中心的显示、编程设备的连接采用单一联网结构。系统构成如图 3-11 所示。

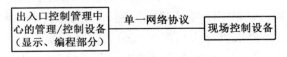

图 3-11　单级网系统组成

4）多级网。出入口控制系统的现场控制设备与出入口管理中心的显示、编程设备的连接采用两级以上串联的联网结构，且相邻两级网络采用不同的网络协议。系统构成如图 3-12 所示。

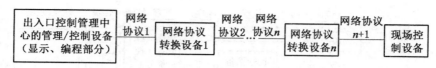

图 3-12　多级网系统组成

第二节　出入口控制系统关键技术及特点

一、特征识别技术

出入口控制系统的特征识别主要包括对人员目标和物品目标的识别。人员/物品目标识别如图 3-13 所示。

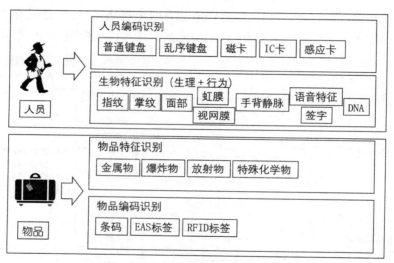

图 3-13　出入口控制系统对人员/物品的识别

对人员的识别：分为生物特征识别、人员编码识别两类。生物特征识别是采用生物测定(统计)学方法通过拾取目标人员的某种身体或行为特征提取信息。生物特征识别不依附于其他介质，直接实现对出入目标的个性化探测。常见的生物特征识别主要有指纹识别、掌纹识别、虹膜识别、人脸识别、手指静脉识别、声纹识别、步态识别等。人员编码识别是通过编码识别装置直接提取目标人员的个人编码信息。常见的人员编码识别有条形码识别、磁条卡识别、接触式 IC 卡识别、非接触式 IC 卡(感应卡)识别等。

对物品的识别：分为物品特征识别、物品编码识别两类。物品特征识别是通过辨识目标物品的物理、化学等特性，形成特征信息。如金属物品识别、磁性物质识别、爆炸物质识别、放射性物质识别、特殊化学物质识别等。物品编码识别通过编码识别装置提取附着在目标物品上的编码载体所含的编码信息，包括一件物品一码和一类物品一码两种方式。常见的应用有超市防盗的电子 EAS 防盗标签、RFID 识别标签等。

1. 生物特征识别

1）指纹识别。指纹识别技术把一个人同他的指纹对应起来，将这个人的指纹和预先保存的指纹进行比较，就可以验证他的真实身份。每个人（包括指纹在内）皮肤纹路在图案、断点和交叉点上各不相同，是唯一的，研究人员依靠这种唯一性和稳定性，创造了指纹识别技术。指纹识别相比其他生物识别更容易实现，设备小型化、使用方便、识别速度快，目前使用最广泛。但操作时需要人体接触设备，人体配合程度要求较高。

2）掌纹识别。掌纹识别是近几年提出的一种较新的生物特征识别技术。掌纹是指手指末端到手腕部分的手掌图像。其中很多特征可以用来进行身份识别，如主线、皱纹、细小的纹理、脊末梢、分叉点等。掌纹识别是一种非侵犯性的识别方法，用户比较容易接受，对采集设备要求不高。

3）虹膜识别。虹膜识别技术是最近发展起来的一种生物识别技术。对于每个人来说，虹膜的结构都各不相同，并且在一生中几乎不发生变化。从生物识别所依照的一系列指标值来评判，虹膜非常适合于作为身份鉴别的特征。高差异性、高精度性等特征使得虹膜识别在众多的生物识别技术中占据了重要一席。据统计，虹膜识别的错误率（包括拒真率和认假率）是各种生物特征识别技术中最低的。虹膜识别技术以其精确、非侵犯性、易于使用等优点得到了快速发展，被广泛认为是最有前途的生物认证技术之一。

4）人脸识别。人脸识别技术是基于人的脸部特征，对输入的人脸图像或者视频流进行识别。首先判断其是否存在人脸，如果存在人脸，则进一步给出每个脸的位置、大小和各个主要面部器官的位置信息，并依据这些信息，进一步提取每个人脸中所蕴含的身份特征，并将其与已知的人脸进行对比，从而识别每个人脸的身份。人脸识别采用主动方法，要求目标的配合程度较低，属于非接触的信息采集，更易被使用者接受，也更安全、卫生。

5）手指静脉识别。手指静脉识别技术是一种新的生物特征识别技术，依据是人类手指中流动的血液可吸收特定波长的光线，使用特定波长光线对手指进行照射，可得到手指静脉的清晰图像。利用这一固有的科学特征，可对获取的影像进行分析、处理，从而得到手指静脉的生物特征，再将得到的手指静脉特征信息与事先注册的手指静脉特征进行比对，从而确认登录者的身份。

6）声纹识别。声纹识别也称为说话人识别，有两类，即说话人辨认和说话人确认。不同的任务和应用会使用不同的声纹识别技术，如缩小刑侦范围时可能需要辨认技术，而银行交易时则需要确认技术。声纹识别过程就是把声信号转换成电信号，再用计算机进行识别。由于在不同时期、不同背景和噪声下，人的声音会有差别，所以在实际语音环境下，特别是说话人规模比较大时，现有识别技术尚不能满足实际应用要求。因此，声纹识别现在只能作为其他鉴别技术的辅助手段。

7）步态识别。步态识别是一种新兴的生物特征识别技术，旨在通过人们走路的姿态进行身份识别，与其他的生物识别技术相比，步态识别具有非接触远距离和不容易伪装的优点。在智能视频监控领域，比图像识别更具优势。步态识别主要提取的特征是人体每个关节的运动。由于序列图像的数据量较大，因此步态识别的计算复杂性比较高，处理起来也比较困难。

2. 编码识别

在编码识别设备中,以卡片式读取设备最为广泛,如条形码、二维码、RFID、NFC、磁条卡、接触式 IC 卡等。

1) 条形码。条形码(Barcode)是将宽度不等的多个黑条和空白按照一定的编码规则排列,用以表达一组信息的图形标识符。常见的条形码是由反射率相差很大的黑条(简称条)和白条(简称空)排成的平行线图案。条形码可以标出物品的生产国、制造厂家、商品名称、生产日期、图书分类号、邮件起止地点、类别、日期等许多信息,因而在商品流通、图书管理、邮政管理、银行系统等许多领域都得到了广泛的应用。其优点是成本低廉,缺点是条码易被复制,条码图像易褪色、污损,故一般不用在安全要求高的场所。

2) 二维码。二维码在一个矩阵空间中通过黑色和白色的方块进行信息的表示,黑色的方块表示 1,白色的方块表示 0,相应的组合表示了一系列的信息,通过图像输入设备或光电扫描设备自动识读以实现信息自动处理。常见的编码标准有 QR(Quick Response)码。其优点是存储的数据量大;可以包含数字、字符、及中文文本等混合内容;有一定的容错性(在部分损坏以后可以正常读取);空间利用率高等。值得注意的是,二维码可能成为手机病毒、钓鱼网站传播的新渠道,应谨慎扫描来源不明的二维码。

3) RFID。无线射频识别技术 RFID(Radio Frequency Identification)是自动识别技术的一种,通过无线射频方式进行非接触双向数据通信,利用无线射频方式对记录媒体(电子标签或射频卡)进行读写,从而达到识别目标和数据交换的目的。工作原理是当标签进入阅读器后,接收阅读器发出的射频信号,凭借感应电流所获得的能量发送存储在芯片中的产品信息(Passive Tag,无源标签或被动标签),或者由标签主动发送某一频率的信号(Active Tag,有源标签或主动标签),阅读器读取信息并解码后,送至中央信息系统进行有关数据处理。RFID 在实时更新资料、存储信息量、使用寿命、工作效率、安全性等方面都具有优势,不足是成本较高,技术成熟度不够,在金属、液体等商品中难以应用。目前,RFID 广泛应用在生产、物流、交通、识别、跟踪、资产管理方面。

4) NFC。近场通信 NFC(Near Field Communication)是一种短距高频的无线电技术,采用 13.56 MHz 频带,通信距离在 20cm 以内。其传输速度有 106 Kb/s、212 Kb/s 或者 424 Kb/s 三种。NFC 是一种提供轻松、安全、迅速通信的无线连接技术,由于其采取了独特的信号衰减技术,相对于 RFID 来说 NFC 具有距离近、带宽高、能耗低等特点。NFC 与现有非接触智能卡技术兼容,目前已经成为多数主要厂商支持的正式标准。NFC 作为一种近距离的私密通信方式,在门禁、公交、手机支付等领域发挥着巨大的作用。

5) 磁条卡。磁条卡以液体磁性材料或磁条为信息载体,将液体磁性材料涂覆在卡片上(如存折)或将宽约 6~14 mm 的磁条压贴在卡片上(如常见的银联卡)。磁条卡一般作为识别卡用,可以写入、储存、改写信息内容,特点是可靠性强、记录数据密度大、误读率低,信息输入、读出速度快。由于磁卡的信息读写相对简单容易,使用方便,成本低,从而较早地获得了发展,并进入了多个应用领域,如金融、邮电、通信、交通、旅游、医疗、教育等。缺点是可用设备轻易复制且易消磁和污损,磁条读卡机磁头也很容易磨损,对使用环境要求较高,常与密码键盘联合使用以提高安全性。

6) IC卡。IC卡是将一个微电子芯片嵌入符合 ISO7816 标准的卡基中,做成卡片形式。IC卡与读写器之间的通信方式可以是接触式,也可以是非接触式。根据通信接口把 IC卡分成接触式 IC卡、非接触式 IC 和双界面卡(同时具备接触式与非接触式通信接口)。IC卡工作的基本原理是射频读写器向 IC卡发一组固定频率的电磁波,卡片内有一个 LC 串联谐振电路,其频率与读写器发射的频率相同,这样在电磁波激励下,LC 谐振电路产生共振,从而使电容内有了电荷;在这个电容的另一端,接有一个单向导通的电子泵,将电容内的电荷送到另一个电容内存储,当所积累的电荷达到 2 V 时,此电容可作为电源为其他电路提供工作电压,将卡内数据发射出去或接受读写器的数据。IC卡由于其固有的信息安全、便于携带、比较完善的标准化等优点,在身份认证、银行、电信、公共交通、车场管理等领域正得到越来越多的应用,例如二代身份证,银行的电子钱包,手机 SIM卡,公共交通的公交卡、地铁卡,用于收取停车费的停车卡等。

二、系统执行设备

出入口执行机构分为闭锁设备、阻挡设备及出入准许指示装置设备三种表现形式。例如电控锁、挡车锁、报警指示装置等被控设备,以及电动门等控制对象。

1. 闭锁设备

闭锁设备主要指各种电控、电动锁具。最常见的电控锁具是磁力锁、阳极锁以及阴极锁。

1) 磁力锁。磁力锁的设计和电磁铁一样,当电流通过硅钢片时,电磁锁会产生强大的吸力紧紧地吸住吸附铁板达到锁门的效果。只要小小的电流,电磁锁就会产生很大的磁力,控制电磁锁电源的门禁系统识别人员正确后即断电,电磁锁失去吸力即可开门。主要用于双扇单向开木门、金属门,只有断电开门的产品。

2) 阳极锁。阳极锁是断电开门型,符合消防要求。它安装在门框的上部。与电磁锁不同的是阳极锁适用于双向的木门、玻璃门、防火门,而且它本身带有门磁检测器,可随时检测门的安全状态。主要用于双向开玻璃门、木门、金属门,以断电开门的产品为主。

3) 阴极锁。一般的阴极锁为通电开门型。适用于单向开门。安装阴极锁一定要配备UPS电源。因为停电时阴锁是锁门的。主要用于单扇单向开木门、金属门,有断电开门及断电锁门等产品。

2. 阻挡设备

阻挡设备主要指各种电动门、升降式地挡(阻止车辆通行的装置)等。

3. 出入准许指示装置

通行/禁止指示灯等属于典型的出入准许指示装置。在停车场已广泛使用的电动栏杆机,其阻挡能力有限,且有诸多防砸车等对机动车的保护设计,不能起到阻止犯罪分子驾车闯关的作用,属于出入准许指示装置。

三、系统前端设备

虽然各种类型的出入口控制系统具有相同的控制模型,但具体产品有多种表现形式和应用特点。

1. 多样化的产品结构

1）一体化产品，从物理上讲出入口控制的目标识别子系统、管理子系统、控制执行机构集成在一起，完成出入口控制的所有功能，其代表产品如用于饭店的 IC 卡门锁等。

2）分体产品，即将出入口控制的几个子系统从物理上分开，通过彼此相连的数据与控制电缆联系为一个系统，完成较为复杂的出入口控制的管理工作。通常见到的联网型门禁系统就是这类产品。

对于出入口管理子系统，通常由出入口现场控制装置（或称控制器）、出入口中央管理设备（或系统）组成，有些简单的系统物理表现上只有出入口现场控制装置，更为简单的还有将识别装置与现场控制合二为一的。

此外还有管理子系统与控制执行机构集成在一起的形式。

2. 识别方式的多样性

不同种类的出入目标具有各自不同的特点，决定了识别方式的多样性。同一种类型的出入目标也会因对出入安全的要求不同、使用的环境不同、管理需要不同，而对识别方式有多种需求。有时也会因为某种安全或管理等需要在一个出入口采用两种以上复合识别方式。

3. 广泛的应用领域

门禁控制管理系统、停车场出入控制管理系统、超市 EAS 系统等都是出入口控制系统的典型应用，它已经渗透到生活的各个方面。

4. 与日常工作紧密结合

出入口控制系统一方面是为了满足对出入口安全控制的需要，另一方面更是为了满足人们日常管理工作的需要，比如统计考勤、计算出入流量等。同防盗报警、视频监控等其他安防技术系统相比，这一特点显得尤为突出。

安全技术防范工作只做到被动报警、事后分析是远远不够的，还必须加强日常的管理工作。日常管理工作的好坏也是影响安全防范工作的重要方面。

5. 与建筑环境融为一体

出入口控制系统不是孤立存在的，它与所处的建筑环境密不可分。在实际工程中，必须要结合实际环境条件确定设计、施工方案，只有这样才能达到预定的安防管理需要。

第三节　出入口控制系统应用

一、门禁控制管理系统

1. 门禁控制管理系统概述

门禁是对人员出入重要通道进行必要的权限鉴别，以判断其能否通过的一种手段。门禁系统又称门禁控制系统，是对出入口通道进行管制的系统。作为一种管理人员出入的系统,其基本功能是管理门的开启/关闭,保证授权人员的自由出入,限制未授权人员进出,对强行进出行为予以报警。还可对出入人员进行分类管理,对出入人员代码、出入时间、出入门号码等进行登记、存储。

作为安全防范系统的重要组成部分,门禁控制管理系统集技术和管理为一体,涉及电子、光电、机械、计算机、通信、网络、生物等技术,改变了视频监控、防盗报警等被动的防范方式,以主动控制替代了被动监控,是重要场所人员出入管理的有效手段,广泛应用于智能大厦、住宅小区、办公室、宾馆等,发挥了巨大作用。目前,主要有感应卡门禁系统和生物识别门禁系统,前者以非接触式射频识别应用较多,后者以指纹识别门禁系统应用最为广泛。

2. 门禁控制管理系统组成

门禁控制管理系统由门禁控制器、身份识别单元、电锁与执行单元、传感与报警单元、线路及通信单元、管理与设置单元等组成。

1)门禁控制器

门禁控制器是门禁系统的核心,由运算单元、存储单元、输入单元、输出单元、通信单元等组成。负责信号的处理、控制,存储相关卡号、密码等,还担负运行和处理的任务,对各种各样的出入请求进行判断和响应。其性能优劣直接影响系统稳定性、可靠性。因此,评估门禁控制器的重要因素和核心标准是系统稳定性、工作可靠性、操作便捷性、功能实用性几方面。

影响门禁控制器稳定性和可靠性的因素主要有以下几点。

(1)设计结构。控制器是特殊的控制设备,整体结构设计非常重要,不应一味追求最新的技术和组件。处理速度不是越快越好,也不是门数越集中越好,稳定、可靠最关键。

(2)电源部分。给控制器提供稳定、干净的工作电压是保证稳定性的基础,但220伏特的市电经常不稳定,可能存在电压过低、过高、波动、浪涌等现象,电源要有良好的滤波和稳压能力,还须具备较强的抗干扰能力。

(3)控制器的程序设计。控制器执行某些高级功能或与其他弱电系统联动时,多依赖计算机软件实现,计算机发生故障可能导致整个系统失灵或瘫痪。设计良好的门禁控制器,逻辑判断和高级功能应用尽量依赖硬件,这样系统才更可靠,响应速度也更快。

(4)继电器容量。控制器的输出是由继电器控制的,继电器每次开合都有瞬时电流通过。如果继电器容量太小,瞬时电流可能损坏继电器。另外继电器的输出端通常接电锁等强电流的电感设备,瞬间通断会产生反馈电流的冲击,所以输出端宜有压敏电阻或反向二极管等保护。

(5)控制器的保护。控制器工作电压一般为5 V,这就要求控制器的所有输入/输出口都有动态电压保护,以免外界可能的大电压加载到控制器损坏器件。另外,控制器还要有防错接、防浪涌措施。

影响门禁控制器安全性的因素很多,主要有以下几点。

(1)控制器的分布。控制器必须放置在专门的弱电间或设备间内集中管理,控制器与读卡器间应具有远距离信号传输能力。

(2)控制器的防破坏措施。控制器机箱须有一定的防砸、防撬、防爆、防火、防腐蚀能力。

（3）控制器的电源供应。控制器内部须有 UPS,外部电源异常时至少能让控制器继续工作一段时间,防止有人切断电源导致出入口控制瘫痪。

（4）控制器的报警能力。控制器须具有及时报警能力,例如,电源/UPS 等设备的故障提示、机箱被打开时的警告信息、通信或线路发生故障时的提示等。

（5）开关量信号的处理。出入口控制系统许多信号以开关量方式输出,如门磁信号和出门按钮信号等。由于开关量信号只有短路和开路两种状态,很容易被利用或破坏。因此,控制器不能直接使用开关量信号,应将其转换传输,以提高系统的安全性。

2）身份识别单元

身份识别单元是出入口控制系统的重要组成部分,对通行人员的身份进行识别和确认,识别方式有卡证类、密码类、生物识别类等。通常,应对所有需要安装的出入口控制点进行安全等级评估,以确定合适的安全级别,如一般、特殊、重要、要害等,对每种安全级别设计相应的身份识别方式。例如,一般场所使用进门读卡器、出门按钮方式,特殊场所使用出/入门均需要刷卡的方式,重要场所采用进门刷卡加乱序键盘、出门单刷卡的方式,极其重要场所采用进门刷卡＋指纹＋乱序键盘、出门单刷卡的方式。这样,整个控制系统更具合理性、规划性,且具有良好的安全性和性价比。

3）电锁与执行单元

包括电子锁具、三辊匝、挡车器等,这些设备应动作灵敏、执行可靠、具有良好的防潮及防腐性能,并有足够的机械强度和防破坏能力。电子锁具种类很多,按工作原理不同,分电插锁、磁力锁、阴极锁、阳极锁和剪力锁等,能满足各种木门、玻璃门、金属门的需要。每种电子锁具安全性、方便性和可靠性各异,需根据实际情况选择。

4）传感与报警单元

包括各种传感器、探测器和按钮等,要有一定的防机械性创伤措施。目前最常用的是门磁和出门按钮,设计良好的出入口控制系统可以加密或转换门磁报警信号、出门按钮信号。此外,系统还可以监测出报警、短路、安全、开路、请求退出、干扰、屏蔽、设备断路、防拆等状态,防止人为对开关量报警信号的屏蔽和破坏,提高系统安全性。

5）线路及通信单元

控制器应支持多种联网通信方式,如 RS232、RS485 或 TCP/IP 等,根据情况使用相应方式。为提高出入口控制系统整体安全性,通信需加密传输。

6）管理与设置单元

主要指出入口控制系统的管理软件,能对不同用户进行授权和管理。管理软件主要包括系统管理,对所有设备和数据进行设备注册、级别设定、时间管理、数据库管理等;事件存储,对各种出入事件、异常事件及处理方式进行记录,并存储于数据库,以备查询;报表生成,能根据要求定时或随机生成各种报表;网间通信,系统与其他系统间的信息传输。

3. 门禁控制管理系统工作过程

识别卡插入或接近读卡器时,读卡器将识别卡的信息传输给控制器;控制器根据卡号、当前时间、内部数据库等判断该卡是否有效,并控制开锁,同时存储卡号、登录时间、有效/

无效等信息。此外,系统还能实时监控,每次读卡时,控制器把所存储的卡号、是否注册、是否有效、门的状态等信息传输到中心计算机并显示。

对识别卡和读卡器而言,有两种工作方式:接触式,识别卡需插入读卡器或在读卡槽中划动才能读到卡上信息,如磁卡、IC卡等;非接触式,目前多使用基于射频识别技术的射频卡(RF卡)。

4. 门禁控制管理系统基本功能

门禁系统应具备以下基本功能:

1) 对通道出入权限的管理功能。主要包括出入权限,即哪些人可以出入,哪些人不能出入等;出入方式,对合法用户授权出入方式,有密码、读卡(生物识别)、读卡(生物识别)+密码3种方式;出入时段,设置用户可以在何时、何地出入等。

2) 实时监控功能。安保人员可通过计算机实时查看各出入口的人员进出情况,也可以在紧急状态打开或关闭所有的出入口。

3) 异常报警功能。异常情况下系统可自动报警,如非法侵入、门超时未关等,能发出实时报警信息并传输到管理中心。

4) 存储功能。储存所有的出入记录、状态记录,包括人员出入日期、时间、卡号、是否非法等。

5) 集中管理与出入记录查询功能。后台管理工作站可建立用户资料库,定期或实时采集各出入口相关资料,根据需要汇总、查询、分类、打印等。

5. 门禁控制管理系统分类

门禁系统有多种分类方法,常见的门禁系统有以下几种。

1) 密码识别门禁系统。通过检验输入密码是否正确来识别出入权限,产品分普通型和乱序键盘型两类。其中,乱序键盘的数字动态、不定期随机变化。

2) 卡片识别门禁系统。通过读卡或读卡+密码方式识别出入权限,分射频卡和磁卡两种。前者方便安全、寿命长、卡片很难被复制、安全性高,后者寿命较短、易被复制、安全性低。

3) 不联网门禁。每个控制器管理一个门,价格较低,安装、维护简单,不适合人数量>50或者人员经常流动的工程,也不适合门数量>5的工程。

4) RS485联网门禁系统。成本低廉,单独组网,不受其他设备共用网络的干扰,适合布线距离远、分布较散的场所。但组网数量有限,设备越多网络越复杂;组网范围约几百米;通信速度较慢,对数百个门的系统,上传权限、下载记录等操作的实时性不够。适合人多、流动性大、门多的工程。

5) TCP/IP门禁系统,也叫以太网联网门禁,采用国际标准的通信协议,先进性较好。除具有RS485门禁联网全部优点外,还有速度更快、安装更简单、联网数量更大、可跨地域联网等特点。适合大项目、人多、对速度有要求、跨地域的工程。

6) 指纹门禁系统,是指纹代替卡出入管理的门禁设备,具有和RS485相同的特性,安全性、可靠性、准确性都很高,缺点是通过速度较慢。

6. 门禁控制管理系统典型应用

门禁控制管理系统的典型应用包括最小应用、标准应用、扩展应用几种类型。

1) 门禁控制管理系统最小应用

门禁系统最小应用的基本结构如图 3-14 所示,使用 RS485 门禁控制器、读卡器、出门按钮、门锁、电源等。特点:具有门禁的基本功能,基本的联网系统,成本低廉。应用场景:对门禁的要求不高、需要有基本的卡片管理、记录刷卡事件的项目;管理卡片较少,性能要求不高。

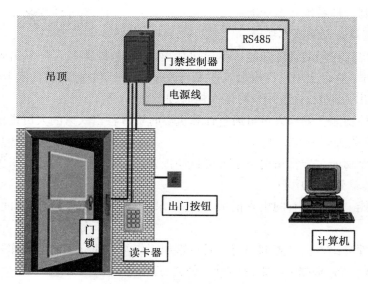

图 3-14　门禁控制管理系统的最小应用

2) 门禁控制管理系统标准应用

门禁系统标准应用的基本结构如图 3-15 所示。应用场景:对门禁要求不高,需要有基本的门禁管理功能,记录刷卡记录的项目,安装数量多台的情况。特点:所有的门在较小范

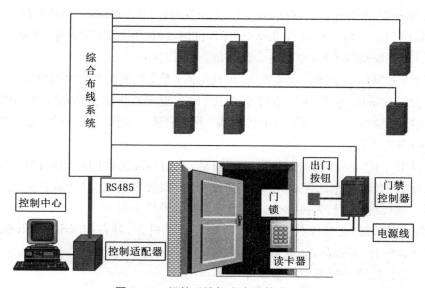

图 3-15　门禁系统标准应用基本结构

围内;距离较近的门使用多门控制器,距离较远的门使用单门控制器;对性能要求不高,管理卡片少;多种 RS485 型号门禁控制器联网,通过 RS485 总线连接计算机;良好的通信能力,组网方便,成本易控制。

　　3)门禁控制管理系统扩展应用

　　包含两级网络的多门系统结构,如图 3-16 所示。优点:组网方便,安装、维护快捷;所有设备用一个系统软件管理,实现多种应用;可选配门磁报警、火警报警以及其他输出设备等配件。应用场景:门间距较远,如位于其他的楼层或楼栋。

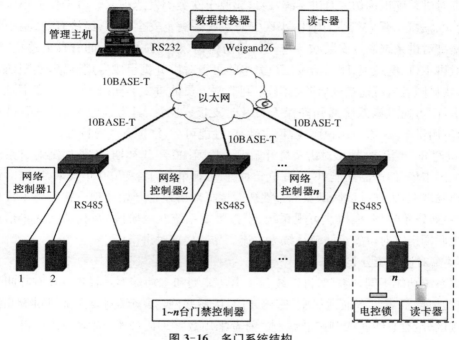

图 3-16　多门系统结构

　　7. 门禁控制管理系统发展趋势

　　门禁控制管理系统发展趋势是在稳定、可靠的基础上,逐步向智能化、网络化、集成化方向发展,并与视频监控、防盗报警等集成联动,真正成为多功能综合安全防范系统。

　　1)智能化。智能控制是门禁系统的重要发展方向。随着计算机的迅速普及与发展,控制设备逐渐被计算机取代,维护人员的监控也越来越集中,越来越多的系统逐渐向智能化发展。智能门禁系统作为一种联网式门禁系统,能通过局域网对设备进行集中监控、维护,有效提高系统可靠性,减少故障发生率和处理时间等。随着智能建筑推广和智能小区安防工作的加强,门禁系统的智能化已成必然。

　　2)网络化。在网络技术迅猛发展的今天,智能化产品应具备良好的网络功能,便于利用成熟的网络技术实现远程控制,门禁控制也必然向网络化方向发展。

　　3)集成化。门禁控制和安全防范相关实体整合在一起,通过联网组成智能大厦、智能小区等大型系统,进行统一管理和监控,有效拓展门禁系统的功能领域。

　　此外,生物识别技术如指纹、声纹、面像等在门禁系统的应用日益广泛。目前,应用较多的是指纹识别和面像识别技术，主要应用于政府、军队、金融等重要部门。其中，使用最广泛的指纹识别方式有 1∶N 和 1∶1 两种方式，前者的指纹存储于指纹数据库，识别比对方式为在库中查找，速度较慢（约 1 s），且指纹模版容量有限制；后者的指纹存于卡中，配合卡号完成双重身份识别，速度较快（毫秒级）。

二、楼寓对讲系统

1. 楼寓对讲系统概述

楼寓对讲系统也称访客对讲系统，最早起源于欧美等发达国家。由于住宅小区用户集中、容量大、需统一保安管理，因此，小区安防系统需满足安全可靠、经济有效、集中管理的要求。楼寓对讲系统通过安装在各单元口的防盗门、小区总控中心的管理员总机、楼寓出入口的对讲主机、电控锁、闭门器及用户家中的可视对讲分机组成专用网络，实现访客与住户对讲，住户同意后可遥控开启防盗门，限制非法人员的进入。同时，若住户家中发生抢劫等突发事件，可通过该系统通知安保人员及时支援、处置。具有连线少，户户隔离不怕短路，户内不用供电，无需专用视频线，稳定性高，性能可靠，维护方便等特点。

20 世纪 80 年代末，楼寓对讲系统开始引入我国；90 年代初期，国外楼寓对讲系统制造商进入中国市场，但产品功能单一，有单元对讲、可视单户门铃等；90 年代末，楼寓对讲产品进入高速发展期，大型社区联网及综合性智能楼寓对讲设备开始涌现。在经历了代理国外产品、自主研发单户型、模拟非可视系统、模拟可视系统几个阶段后，我国已逐步形成目前的以可视联网楼寓对讲安全防范系统为主流产品的楼寓对讲市场。

2. 楼寓对讲系统分类

根据系统功能不同，楼寓对讲系统分基本功能型和多功能型：前者只具有呼叫对讲和控制开门功能，后者具有通话保密、密码开门、区域联网、报警联网及内部对讲等功能。从系统线制区分，有总线多线制和总线制：前者采用数字编码技术，通常每楼层设一个解码器，解码器间通过总线连接，解码器与用户室内机多线星形连接；后者由于采用总线连接方式，并将解码电路设于用户室内机，无需楼层解码器，因此功能更强。下面简要介绍单对讲型系统和可视对讲型系统。

1) 单对讲型系统。由对讲系统、安全门、控制系统和电源组成。基本功能型对讲系统通常只有一台设于门口的门口机；部分多功能型对讲系统除门口机外，还连有一台设于监控中心的管理员机（也称主机）。主机及门口机装有放大音频信号的电路和微处理器。单对讲系统具备以下功能：主机或门口机呼叫住户，住户呼叫主机，几个住户同时呼叫主机。

2) 可视对讲型系统。由主机（室外机）、分机（室内机）、不间断电源及电控锁等组成。在单对讲系统基础上加装摄像机，摄像机输出的视频信号由室外机放大后，传输到各楼层接线盒内的视频分配器，再进入各住户室内机，住户通过室内机的监视器可看到访客情况。

3. 楼寓对讲系统设备

1) 室内分机。室内分机基本功能为对讲/可视对讲、开锁。随着技术的发展，还具备监控、安全防范报警、设防/撤防、信息接收、远程报警、留言提取等功能。目前，无线接收技术、视频字符叠加技术等开始应用于室内分机。前者用于室内机接收报警探头的信号，适合难以布线的场合,但该方式存在漏洞,例如,同频率的发射源连续发射会造成主机无法接收报警信号。后者用于接收管理中心发布的短消息。根据设计原理不同,室内分机分两大类：一类是带编码的室内分机,分支器较简单,但室内分机成本较高;另一类编码由门口主机或分支器完成,室内分机很简单。总体而言,室内分机在楼寓对讲系统中占据的成本比重较高,高档楼盘中应用较多的是带安全防范报警、信息发布的彩色分机,中档以黑白可视对讲分机居多,低档配套多为对讲分机。

2）门口主机。是楼寓对讲系统的关键设备,用于访客与住户对讲通话,并通过机上摄像机提供访客的影像。门口主机显示界面有液晶显示与数码管显示两种,液晶显示成本相对较高,但显示的内容更丰富。门口主机除呼叫住户的基本功能外,还包括呼叫管理中心、红外辅助光源、夜间辅助键盘背光等功能。有些产品还提供回铃音提示、键音提示、呼叫提示以及各种语音提示等功能,使得门口主机性能日趋完善。

3）译码分配器。用于音频信号、视频信号解码,然后送至对应的住户分机,在系统中串行连接使用。

4）电源供应器。是系统的供电设备,采用 220 V 交流供电,安装于大楼弱电竖井内。

5）电锁。安装在单元楼门上的电控锁受控于住户和保安值班人员,平时锁闭。确认访客可进入后,通过对设定键的操作打开电锁,访客便可进入,之后门上的电锁自动锁闭。

6）管理中心主机。是小区安全防范系统的核心,可协调、监控该系统的工作。主机装有电路板、电子铃、功能键和手机,并可外接摄像机和监视器。安保人员可以同住户及访客通话,并可观察到访客的影像;可接收用户分机的报警,识别报警区域及记忆用户号码,监控访客情况,并具有呼叫和开锁的功能。管理中心主机安装于保安值班室工作台面。

设计楼寓对讲系统时,对设备的选择应根据不同厂商、不同设备的特点,并结合实际工程需要,尽量做到技术与经济的统一,使系统更加合理、实用。

4. 主流楼寓对讲系统

楼寓对讲系统经多年的技术积累和发展,半数字可视对讲系统、纯数字可视对讲系统、无线数字智能家居系统、基于电信业务平台的智能家居系统逐渐成为不同时期市场的主流。下面简要分析这 4 种系统的特点。

1）半数字可视对讲系统。是为克服模拟系统局限性而开发的可视对讲系统。主要特点：性能上继承了模拟系统低成本优势,联网部分具备数字系统的优势,性价比较高;成本和模拟系统接近,音频、视频质量可以和数字系统相比,功能比模拟系统强很多;采用成熟的 TCP/IP 技术,解决了模拟系统传输距离远导致的声音、图像易受干扰问题,且音频、视频通道数不受模拟总线的限制;星形结构和光纤的采用避免了雷击损坏;联网部分更稳定可靠,有良好的可维护性。此外,采用 TCP/IP 联网技术使得管理中心可设在小区任意位置。

2）纯数字可视对讲系统。在 TCP/IP 基础上开发的新一代对讲系统,由室内机、门口机、管理中心软件和家电控制设备等组成,组网成熟性较高。随着处理能力的增强,室内机除了可视对讲之外,还可增加电子相册、媒体播放、上网等功能。系统特点：彻底解决了模拟系统占线问题,户户对讲不再占线;全部采用 TCP/IP 到户,解决了可视对讲系统的接口问题;可以方便地加入一些扩展功能,如信息发布等。

3）无线数字智能家居系统。设计的出发点是以智能家居为主线,包括家电智能控制、远程控制、家居安全防范、远程视频监控、电子相册、家庭娱乐、社区综合服务等人性化的智能服务功能,产品设计、使用以让用户享受智能生活为目标,可视对讲只是智能家居系统附带的一个功能。该系统的成功主要取决于无线网络技术和无线数控技术,家庭智能终端、各种探头及家电控制面板的通信全部采用无线技术,从根本上解决了楼寓对讲系统的功能瓶颈和使用习惯等问题。基于无线智能家居系统的内部组网相当简单,只需无线家庭智能终端和门口机,主要核心集中到无线智能家庭网上,家居智能成为系统开发的关键。

4）基于电信业务平台的智能家居系统。随着 4G 及电信业务不断深化,利用标准的电信网络可以赋予家庭智能终端更多的智能化、信息化业务。因此,与电信业务的结合也成了未来楼寓对讲厂商开发智能家居的发展方向。目前,部分厂商正在进行这方面技术和市场的探索,使系统不再需要单独楼寓对讲工程布线,借助成熟的 4G 网络或电信网络,即装即用,实现系统的标准化。

可以看出,半数字可视对讲系统性价比高,与国内消费水平相当,正逐步成为楼寓对讲系统的主流。纯数字可视对讲系统引领对讲行业向全面数字化转变,但性价比不高,将被无线数字智能家居系统代替。无线数字智能家居系统设计理念是以人为本,符合人类使用习惯,又附带可视对讲的全部需求,是对讲行业发展方向。基于电信业务平台的智能家居系统是技术发展的必然,智能化趋势是表现为系统内集成智能家居的功能,包括可视对讲、视频监控、停车场管理、三表抄送、电子巡查、门禁一卡通、物业管理、宽带网及接入系统等。

5. 楼寓对讲系统与门禁系统的异同

根据上面的介绍,二者都有控制单元门的功能,但它们不是同一个系统。

1）门禁系统控制进/出门,功能较单一,可单独使用,也可与楼寓对讲系统一起使用。有联网的,也有不联网的;有简单的刷卡开门,也有复杂的指纹甚至虹膜开门。多用于单位、银行、企事业单位等。

2）楼寓对讲系统具有门禁系统的功能,但系统功能更全面,包括门铃功能、开门功能、可视对讲、小区联网、紧急求救等。种类很多,有联网的、不联网的,有数字的、模拟的,系统不同功能各异,多用于居民小区。

三、车牌识别停车场管理系统

1. 车牌识别停车场管理系统概述

在商业停车场的管理中,出入车辆的管理是一个重要的方面,需要对各种车辆实时地进行严格管理,对其出入的时间进行严格的监视,并对各种车辆进行车牌号码的登记和收费。由于出入车辆较多,车流量大,如果对每辆车都进行人工判断,既费时又不利于车辆的管理和查询,效率低下。为了改善这种与现状不相称的管理模式,需要尽快实现车辆管理工作的自动化、智能化,并以计算机网络的形式对所有出入口的车辆进行有效地、准确地监测和管理。要求系统提供相应的应用软件,实现停车场管理的高效率、智能化。

车牌识别停车场管理系统是利用视频流的车牌自动识别算法,无需地感触发,可对车辆进行抓拍、号牌识别。当车辆进入小区入口时,车牌自动识别算法自动抓拍车辆照片并识别车牌号码,将车牌号码、颜色、车牌特征数据、入场时间信息等记录下来,车辆可无障碍出入停车场,车牌自动识别算法为用户提供了一种崭新的服务模式。

系统自动识别进入场区车辆的号码和车牌特征,验证用户的合法身份,自动比对黑名单库,包括出入口管理、内部管理、采集、存储数据和系统工作状态,以便管理员进行监控、维护、统计、查询和打印报表等工作,车辆出入场区完全处于系统监控之下,场区的出入、收费、车位管理完全智能化、自动化,具有方便快捷、安全可靠的优点。

2. 车牌识别停车场管理系统工作流程及安装

1) 车牌识别停车场管理系统工作流程

（1）车辆进入小区。

当有车辆驶近小区大门时,系统自动检测到车辆的驶近,自动抓拍车辆照片,并识别出该车辆的车牌号码,记录入区时间、车牌号码、车辆照片,然后通过查询数据库内的登记车辆记录,确定该车的类型（本区车辆或外来车辆）。根据车辆类型的不同可采取不同的控制策略,主要分为以下两种情况:

本小区登记车辆。屏幕显示对应的车主门牌号、车位、当前车位的使用和费用交纳情况,系统自动抬闸放行。

外来车辆（无本区车位）。可通过门岗确认后放行或换发临时卡放行等,屏幕显示外来车辆。

车辆进入小区的具体流程图如图 3-17 所示。

（2）车辆驶出小区

当有车辆驶近小区出口时,系统能自动检测到车辆的驶近,并自动抓拍车辆照片,自动识别出该车的车牌号码,记录出区时间、车牌号码、车辆照片,然后通过查询数据库内的登记车辆记录,确定该车的类型（本区车辆或外来车辆）。根据车辆类型的不同可采取不同的控制策略,主要可以分为以下两种情况:

本小区登记车辆。屏幕显示车辆图像、车牌号、入区日期和时间、出区日期和时间、对应的车主门牌号等信息,按用户设定或物管要求,采取自动放行或提示刷卡、验证放行。

外来车辆。根据车辆性质（出租车、送货车、公务车和社会车辆）的不同,确定不同的收费标准

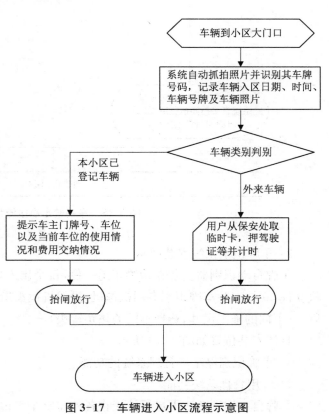

图 3-17 车辆进入小区流程示意图

（主要有免费、按时计费、按次计费等），结合该车停车时间确定该车的收费金额。然后可通过门岗确认后放行或收回临时卡放行等，屏幕显示外来车辆以及记录的车牌号、车辆照片、卡号、入区时间、出区时间、收费金额等。

具体流程图如图 3-18 所示。

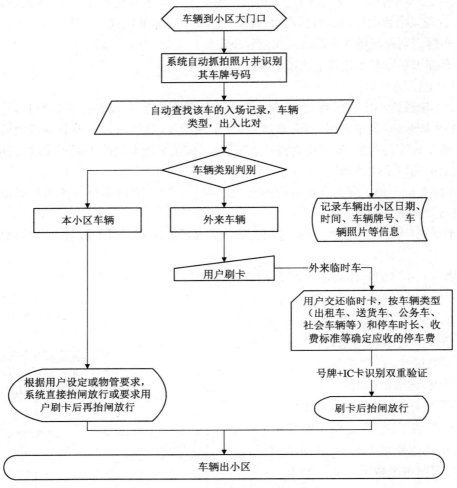

图 3-18　车辆驶出小区流程示意图

2）车牌识别系统安装图示

车牌自动识别器安装在检测车道一侧，每个出入口架设一个高度为 1.5～1.7 米的摄像机立柱，立柱安装车牌识别专用摄像机，摄像机镜头指向车道前方约 5.5 米的地面处对准车牌。（不同的施工尺寸，选择不同的焦距镜头）

具体安装位置如图 3-19 所示。

3. 车牌识别停车场管理系统的功能

1）应用管理系统功能

车牌自动识别算法可灵活挂接在各种需要车牌识别功能的管理系统中。通常情况下，

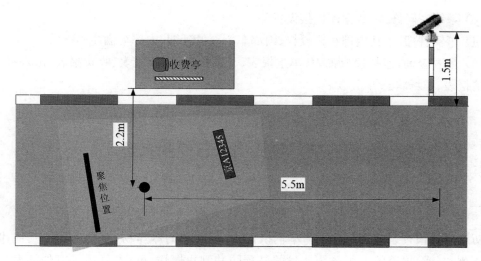

图 3-19 设备安装位置示意图

管理软件应具有以下功能。

（1）车牌识别。车牌的识别采用车牌自动识别算法技术，可实现全天候工作。采用纯视频算法识别，无需安装地感即可工作。

（2）可输出语音及增加 LED 信息显示屏，显示收费金额及剩余车位信息，并可显示出入场车辆的车牌号码，可以滚屏显示加载的广告信息。

（3）可根据车牌号码、出入时间段、操作员等条件查询相关的出入记录，并附带显示每条信息对应的出入口抓拍图像、出入场时间及收费金额，可生成进出车场记录报表。

（4）可根据不同的条件查询收费记录，如车牌号码、出入场时间段、操作员等条件查询收费记录，并导出收费报表。

（5）车辆出入数据存储归档。

（6）车牌号码自动比对功能，通过数据库的查询，对车牌号码进行比对，并通过车牌的颜色分类处理。

（7）支持临时计费车、月租车、储值车、免费车四类车。

（8）车牌查询：可进行按出入时间查询、按出入地点查询、按车辆车牌号查询等各种查询条件的模糊查询。

（9）车流统计功能。对任意时段任意方向出入车辆进行统计，生成统计报表。

（10）打印数据清单或查询结果清单。

（11）黑名单车辆实时报警功能。

车牌自动识别算法作为应用系统的前端，后端需要一个车辆管理系统及数据库支持，以有效地利用和体现车牌识别的功能，发挥其在车辆管理系统的巨大作用。

2）中心管理系统功能

（1）车场管理，包括车场名称定义、车位数目管理、车场编号，可进行增加和修改。

（2）用户管理，包括操作员权限管理，可进行增加和修改。

（3）系统密码修改，数据库连接设置等。

（4）车辆管理，包括内部车辆授权、内部车辆充值延期、内部车辆注销等。

（5）报表查询，包括授权报表、车主报表、充值报表、金额报表、收费报表、出入报表、出入详情报表、车场状态等。

第四节　其他出入口控制系统

一、防爆安全检查系统

防爆安全检查系统是对人员和车辆携带、物品夹带的爆炸物、武器和（或）其他违禁品进行探测和（或）报警的电子系统。目的是预防和制止爆炸、枪击、行凶等案件的发生。当今世界，恐怖主义对社会发展、国家安定和人类进步构成相当大的威胁，有必要采用高科技手段防患于未然，安全检查就是其中的重要方面。

防爆安全检查方法主要有：

1. 一般检查法，利用人的生理感觉和经验搜寻检查目标，包括人员、物体、场所等；

2. 仪器检查法，借助安全检查仪器设备，既利用感官触觉，又借助专用器材的提示，运用掌握的知识搜寻、检查目标；

3. 动物检查法，利用某些生物或动物对炸药等的特殊反应来搜寻检查目标，目前最常用、最有效的危险品检测方法是使用警犬，但警犬容易因疲劳导致灵敏度下降甚至失灵。

从长远看，依靠科技进步，改进现有检测手段，发现新的检测技术是主要途径。

下面简要介绍目前常用的 X 射线检测技术、磁性检测技术和炸药检测技术。

1. 磁性检测技术

磁性检测技术主要用于检查各种金属如手枪、子弹、匕首等。它基于物理学中的电磁感应原理，测量磁场强度及其变化，分有源检测、无源检测两种。

1）有源检测

有源磁性检测设备有安全检查门、探雷器、金属探测器 3 种。其中，使用广泛的安全检查门由探测线圈、振荡电路、自动平衡锁相探测电路、计算机显示系统等组成。它有一个平稳的交变磁场，没有金属物品通过安全检查门时，平稳的交变磁场不发生变化；金属物品通过时，原来平稳的交变磁场发生变化，探测线圈感应出反映交变磁场变化的信号，经后端处理，发出报警信号。

2）无源检测

无源磁性检测设备本身不产生磁场，利用金属物靠近时的磁场变化来实现检测。例如，做成门或立柱安装于出入口两侧。其安装方向应有选择，最好取南北方向并要求地磁场不低于正常值的 80%，这样才能保证正常工作。目前，普遍使用的手持式金属探测器多用于机场、海关、边防等，具有体积小、重量轻、成本低、结构简单、操作简便、隐蔽性好、准确可靠等优点。

2. 炸药检测技术

爆炸是物质发生物理、化学变化时，系统本身的能量借助于气体的急剧膨胀转化为对周围介质做机械功，同时伴随强烈放热、发光和声响等现象。这是恐怖袭击最常用且造成后果最严重的手段之一。凡能用于物理爆炸、化学爆炸及核爆炸的物品，都可称为爆炸危险品，除了炸药，还包括液化气罐、燃烧瓶甚至核燃料等。检测炸药的方法主要有生物检测法、气相分析检测技术和分子分析检测技术。

1）生物检测法

利用动物和其他生物感觉灵敏性来进行炸药探测。例如，警犬具有灵敏的嗅觉和听觉，鼠类对炸药有灵敏反应，有的昆虫遇到炸药会发光或大量非正常死亡，有的微生物在炸药周围其光强会发生变化等。

2）气相分析检测技术

炸药本身是一种分子结构比较特殊的元素，主要由 N、C、O 组成。因此，收集可疑物品气体组分，用现代化学鉴别方法予以确定。将可疑物品通过双柱色谱柱，出口处的高温热解装置能把所有含氮化合物转化成二氧化氮并发出红外线，对这种红外线的检测不受到其他化合物的干扰，故灵敏度很高。检测结果经过放大后，可确定是否存在某些氮化合物。该技术包括 5 个基本部分：载气系统，由气源钢瓶、减压阀和流量计等组成，提供纯净、稳定、能被计量的载气，载气在色谱柱内形成压力梯度，携带试样通过；进样气化系统，起到引入试样与使试样瞬间气化的作用；色谱柱，由色谱柱管、填充物等组成，实现试样色谱分离；检测器，对已被分离的组分进行鉴定与测量；记录仪，记录检测器产生信号进行定性、定量分析。

3）分子分析检测技术

衣服、塑料、炸药都含有 C、N、O 和 H 等成分，虽然炸药所含的 C/O 和 C/N 比例与一般物品不同，但仅看某物质含氮量（或含氧量）不能判定其是否为爆炸物。研究表明，爆炸物材料中 N、O 百分比在一个确定的范围内，其他物品如衣服、塑料等无一在该区域，据此可检测爆炸物。利用放射源产生的短脉冲轰击被测物质，这些中子遇到被测物质中的 C、O、N 等元素时，能发射出具有不同特征信号的 γ 射线，经处理得到相应的 γ 射线谱，与预存信号对比即可判断是否为爆炸物。该方法优点是直接得到检查结果，且精度较高。

3. X 射线检测技术

1）X 射线检测技术概述

X 射线（0.000 01～100Å；Å，埃米）是物质在一定条件下经过放射作用产生的电磁波，具有微粒放射和电磁波放射的双重性质。它对物质的作用包括物理作用、化学作用、生物作用。X 射线光管是电子真空二极管，通电后发射电子。阴极的对面是由铜制成的阳极，其上镶有钨（阳极靶）。灯丝加热产生自由电子束，以极高的速度撞击阳极靶，激发出 X 射线。

X 射线穿透物质的程度与物质的性质结构有关，非金属液体、气体等低密度材料对物质的穿透性好，织物、塑料、木材等中密度材料对物质的穿透性一般，金属、骨骼等高密度材料对物质的穿透性差。利用 X 射线对物质进行穿透,再通过信号转换把物品的内部结构以图像的形式反映在荧光屏上,不拆包装就能在荧光屏幕上把匿藏的违禁物品检查出来。低剂量 X 射线检测作为有效的非破坏性检查手段,能进行物品检查、爆炸物检查,目前广泛用于车站、机场、铁路、港口、海关、邮局、监狱等。

2) X 射线检测基本原理

射线过越物体时,由于产生光电子及光子散射等物理过程,相当部分的入射光子被物质吸收,初始强度 I_0 的 X 射线穿过厚度为 d 的物质后,其强度减弱为:

$$I = I_0 \times e - \mu d$$

式中,e——粒子电量;μ——物质吸收系数,与物质的成分、结构、密度等有关。

物品置于检测台,用 X 射线照射被检测物品的某个层面,测得衰减后的 X 射线强度和其他物理量,可得到该层面各部位吸收系数、物质密度等信息,经计算机处理,这些信息还原为反映该层面内部情况的图形,将所测得的数据与预存的爆炸物等数据比较,可确定是否含非法物。为进一步提高检测的准确性、可靠性,开发了双视角 X 射线安全检测设备,同时提供物品两个方向的 X 射线透视图,克服单一方向透视造成的图像不清问题。新型 X 射线检测器还能根据测得的数据,经计算机处理后自动为不同形状、不同密度的有机材料或金属材料添加相应"伪彩色",并对特定密度、尺寸和形状的物品发出警报,检测效率及准确性很高。

二、火灾探测系统

火灾探测报警是为了早期发现和通报火灾,并及时采取有效措施控制、扑灭火灾而设置在建筑物中或其他场所的一种自动消防设施。火灾探测报警系统主要由火灾探测器、火灾警报装置及联动控制系统组成,能在火灾初期将燃烧产生的烟雾、热量和光辐射等物理量,通过感温、感烟和感光等火灾探测器变成电信号,传输到火灾报警控制器,同时显示出火灾发生部位,记录火灾发生时间,输出联动控制信号,并与自动喷水灭火系统、室内消火栓系统、防排烟系统、通风系统、空调系统、防火门、防火卷帘、挡烟垂壁等设备联动,自动或手动发出指令,启动相应的防火灭火装置。

虽然火灾探测系统本身难以影响火灾的发展进程,但能及时将火灾信息通知有关人员,以便组织疏散或启动消防设施。随着科技的进步,传感器技术、电子技术、通信技术、计算机技术等不断地向火灾探测系统渗透。

1. 火灾探测器

1) 火灾探测器概述

火灾发展初期,会出现发热、发光、冒烟等表征火灾信号的物理/化学参量,为火灾探测提供了重要依据。国际标准 ISO 7240-1《火灾探测和报警系统》定义火灾探测器"是火灾自动探测报警系统的组成部分,至少含有一个能连续或以一定频率周期监控与火灾有关的至少一个适合的物理和化学现象的传感器,并且至少能向控制和指示设备提供一个适合的信号,是否报火警或操作自动消防设备可由探测器或控制和指示设备作出判断"。

据此,火灾探测器由传感器、处理单元、判断及指示电路等组成。其中,敏感元件/传感器能对一个或几个火灾参量进行监测。火灾探测器的基本功能:对气、烟、热、光等火灾参量作出有效响应,并转化为控制中心可接收的电信号,供后端分析、处理。性能优异的火灾探测器数据处理能力和智能化程度较高,能有效减少误报警概率。衡量火灾探测器质量好坏的主要指标有灵敏度、可靠性、稳定性和抗干扰能力。

2) 火灾探测器分类

火灾探测器根据响应方式及工作原理不同,分感烟探测器、感温探测器、火焰探测器、可燃气体探测器以及两种或几种探测器的组合等,每个类型根据工作原理的不同还可分为若干种,如表 3-1 所示。

表 3-1　火灾探测器分类

名称		火灾参量	类型
感烟探测器	离子感烟探测器	烟雾	点型
	光电感烟探测器	烟雾	点型
	红外光束感烟探测器	烟雾	线型
	空气采样感烟探测器	烟雾	点型
	图像感烟探测器	烟雾	点型
感温探测器	机械式感温探测器	温度	点型
	热敏电阻感温探测器	温度	点型
	半导体感温探测器	温度	点型
	缆式线型感温探测器	温度	线型
	分布式光线感温探测器	温度	线型
	光纤光栅感温探测器	温度	线型
	空气管差温探测器	温度	线型
火焰探测器	红外火焰探测器	红外光	点型
	紫外火焰探测器	紫外光	点型
	图像火焰探测器	图像	点型
可燃气体探测器	半导体可燃气体探测器	可燃气体	点型
	接触燃烧式可燃气体探测器	可燃气体	点型
	固定电介质可燃气体探测器	可燃气体	点型
	红外吸收式可燃气体探测器	可燃气体	点型/线型

其中,最常用的是感烟探测器,这是一种响应燃烧或热解所产生固体/液体微粒的烟雾粒子探测器,探测可见/不可见的燃烧产物及起火速度缓慢的初期火灾,分离子型、光电型、激光型和红外线束型 4 种。

（1）离子感烟探测器。由放射源、外置的采样室、内置的离子参考样本室组成，利用烟雾粒子改变电离室电流的原理设计。放射源照射空气中的物质产生正/负离子，并形成电场。烟雾进入采样室后与带电离子结合，带电离子数量的减少使电场电压产生变化，烟雾越多、越浓，电压变化越大。将该电压与阈值电压进行比较，判别是否报警。工作原理如图3-20所示。

（2）光电感烟探测器。利用烟雾粒子对光线的散射、吸收、遮挡原理制成。光电感烟探测器有个迷宫式烟雾探测室，里面设有光源和感光元件。由于是迷宫式设计，光源的光线一般不能照射到感光元件。烟雾进入后，光线在烟雾中产生散射，部分光线射到感光元件上，烟雾越浓，散射到感光元件的光线越多，经过光/电转换，完成报警。光电感烟探测器结构如图3-21所示。

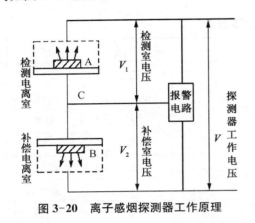

图3-20　离子感烟探测器工作原理

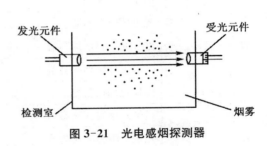

图3-21　光电感烟探测器

（3）红外感烟探测器。由向对安装的红外发射器-接收器组成，应用烟雾粒子吸收或散射红外光束的原理工作，多用于大面积空间。发射器周期性发射红外辐射脉冲，红外辐射经光学系统形成近似平行光束穿过被保护区，在接收器处形成较大的弥散区，经光学系统聚焦后，由光电探测器接收，再经检波器检波后变为一定大小的直流电平。烟雾出现在光束路径上时，对红外光吸收、遮挡和散射，导致到达接收器的红外辐射通量减弱，检波器输出的直流电平发生变化，发出报警信号。该方式优点是成本低、可靠性高，但需经常清洁，否则会引起误报。工作原理如图3-22所示。

（4）激光型感烟探测器。工作原理与红外光感烟火灾探测器相似，只是光源为激光发生器，但警戒距离比红外光感烟探测器远得多，但价格较高。工作原理如图3-23所示。

此外，常用的还有感温探测器，主要利用热敏元件探测火灾。因为火灾初始阶段不但产生烟雾，还会释放大量的热量，导致周围温度急剧上升。热敏元件将温度转变为电信号并报警。根据感热效果和结构不同，感温探测器分定温式、差温式、差定温式3种。其中，差定温式探测器用两个性能相同的热敏电阻搭配，一个放置在金属屏蔽罩内，另一个放在外部。外部的热敏电阻感应速度快，内部的热敏电阻由于隔热作用感应速度慢，利用二者的差异即可实现差温报警。同时，外部热敏电阻设置在某一固定温度（62℃为一级灵敏度，70℃为二级灵敏度，78℃为三级灵敏度），达到定温报警的目的。除信号采集、放大整形外，其他的电路组成和离子感烟探测器基本相同。

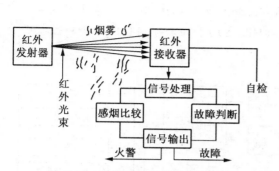

图 3-22　红外感烟探测器工作原理

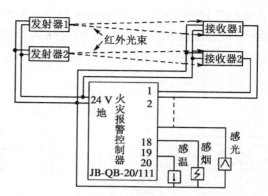

图 3-23　激光型感烟探测器工作原理

2. 火灾探测系统

1）火灾探测报警系统构成

火灾探测报警系统由火灾探测器、火灾控制器、火灾警报装置、消防控制设备等组成。工作过程：火灾探测器不断探测现场烟雾浓度、温度等，传输给火灾报警控制器，判断是否发生火灾并报警。火灾探测报警系统工作过程如图 3-24 所示。

2）火灾探测报警系统基本形式

火灾探测报警系统的基本形式有区域报警、集中报警、控制中心报警 3 种。

（1）区域火灾报警系统。由区域火灾报警控制器和火灾探测器等组成，也可由火灾报警控制器和火灾探测器等组成，属于功能相对简单的报警系统。作为一种小型、简单的火灾报警系统，每个区域设置一个火灾自动报警控制器。区域火灾报警系统构成如图 3-25 所示。

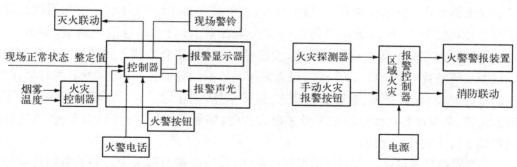

图 3-24　火灾探测报警系统工作过程　　　　图 3-25　区域火灾报警系统

（2）集中火灾报警系统。由集中火灾报警控制器、区域火灾报警控制器和火灾探测器组成，也可由火灾报警控制器、区域显示器和火灾探测器等组成，属于功能较复杂的火灾自动报警系统。作为一种中型火灾报警系统，在几个防火区域分别设置火灾报警控制器，最后由集中火灾报警控制器进行集中监控管理。可以对多个防火区域进行统一的监控。集中火灾报警系统构成如图 3-26 所示。

（3）控制中心火灾报警系统。由控制中心的消防控制设备、集中火灾报警控制器、区域火灾报警控制器和火灾探测器等组成，也可由消防控制室的消防控制设备、火灾报警控制器、区域显示器和火灾探测器等组成，属于功能复杂的火灾自动报警系统，从通报火灾到启动灭火系统和控制各种消防设备，基本实现自动化，多用于大型建筑物的保护。控制中心火灾报警系统构成如图 3-27 所示。

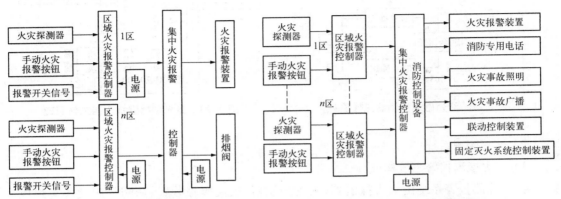

图 3-26 集中火灾报警系统   图 3-27 控制中心火灾报警系统构成

3）火灾探测报警监控联网系统

国际标准 ISO7240-1《火灾探测与报警系统第 1 部分：一般要求和定义》提出了火灾联网监控的概念，用框图说明了火灾探测与报警设备、火灾联网报警设备和报警接收站等的关系。火灾报警监控联网系统构成如图 3-28 所示，一般由用户端设备数据采集、报警监控通信网、火灾报警监控中心 3 部分组成。

（1）用户端设备数据采集。实时监控火灾探测报警系统的设备运行及工作状态，并将采集的运行数据和报警信息通过通信网络传输至监控中心。目前，有模拟监测和数字监测两种数据采集方式。前者简单有效、易于实现，应用较广泛，但只能了解火灾探测报警设备的运行、故障、报警等，难以满足当前消防安全监管需求；后者通过数字通信，如 RS232、RS422、RS485、TCP/IP 等进行数据采集，能很好地弥补模拟量监测方式的不足。利用火灾探测报警系统的数字通信接口，易于实现火灾探测数据的互通互联，得到被监测对象详细、准确的报警部位、报警类型、系统运行状态、故障信息、工作记录等，为判别火警真伪、了解报警点位置、掌握设备具体运行情况带来极大方便，缩短了报警的时间，为准确、迅速扑救火灾提供了可靠的技术保障。

（2）报警监控通信网。火灾自动报警网络中，监控终端与报警中心间的数据传输分有线和无线两种方式。前者多通过 PSTN 进行，可充分利用已有通信线路，安装简便，易于维护，降低了监控终端的设备成本，用户易接受，是火灾自动报警网络的主要传输方式；后者常用的有无线数传电台、集群通信、短信息业务（SMS）等，其中，通用分组无线业务（GPRS）作为在全球移动通信系统（GSM）基础上发展起来的一种分组交换的数据承载和传输方式，具有实时在线、按量计费、快捷登录、高速传输、自如切换等优点，非常适合在火灾自动报警网络中应用。

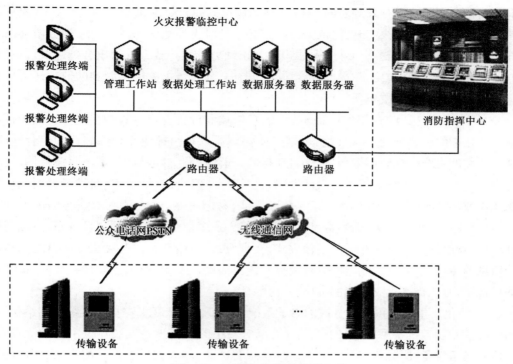

图 3-28 火灾报警监控联网系统

（3）火灾报警监控中心。目前,火灾报警监控中心的应用软件多采用模块化设计,包括系统管理软件、用户信息管理软件、报警信息处理软件、系统巡检维护软件、数据收发控制软件等。主要功能:可同时接收多个监控终端发来的火灾报警信息或巡检信息,并能显示、存储、查询;可查询用户端火灾探测报警系统的报警、运行、操作和故障等信息;能检索显示服务区内消防安全重点单位的自然概况信息,如单位编号、单位名称、单位地址、电话号码、联系人、联系方式、生产/储存物质的类型、建筑物类型及高度等;可设定用户处监控终端的优先级别、巡检组别等组网操作;可实现报警、故障信息与相应单位图形信息的对应显示,并可提供相应单位的其他相关信息;具备系统日常管理操作功能,进行消防安全重点单位的信息及相关数据库的建立、维护等;具备自动存储和统计功能,并可根据需要进行信息的检索和打印输出;能与消防通信指挥中心的火警受理台进行数据通信;能自动寻呼报警单位相关人员,确认报警信息等。

3. 火灾探测报警技术发展趋势

目前,火灾探测报警技术的发展趋势主要表现为以下几方面。

1）网络化。指利用网络技术将火灾探测器、报警控制器、各系统以及 119 报警中心等通过一定的网络协议相互连接,将各自独立的系统组成大范围网络,对火灾自动报警系统实行网络监控、管理,实现网络资源和信息的共享。这样,119 报警中心能及时、准确地掌握各单位有关信息,对各系统进行宏观管理,及时发现出现的问题并责成有关单位迅速处理,弥补值班管理人员处置不及时、不果断等问题。

2）智能化。指火灾探测系统主动采集环境的温度、湿度、灰尘、光波等信息,利用模糊逻辑和人工神经网络进行处理，通过对各项环境数据的对比，准确预报、探测火灾，避免误报和漏报的发生。发生火灾时，能依据探测到的信息对火场范围、火势大小、烟雾浓度及蔓延方向等给出详细描述，配合 GIS 形象提示，对出动力量和扑救方法给出合理建议，以实现各方面快速、准确的联动反应，最大限度地降低损失。同时，火灾中探测到的数据还可作为判定起火原因和调查事故责任的科学依据。

3）多样化。主要表现为火灾探测技术的多样化和设备连接方式的多样化。火灾探测技术多样化指除了感烟、感温、火焰、可燃气体探测器以及两种或几种探测器的组合外，还出现了新颖的光纤线性感温探测、火焰自动探测、气体探测、静电探测、燃烧声波探测、复合式探测等。此外，利用纳米粒子化学活性强、化学反应选择性好的特性，将纳米材料制成气体探测器或离子感烟探测器，用来探测有毒气体、易燃易爆气体、蒸汽及烟雾的浓度并预警，具有反应速度快、准确性高的特点。设备连接方式多样化指火灾探测设备间、系统间可根据环境、场所的不同选择合适的通信方式，实现有线/无线互补。各火灾探测器之间也可进行信息的传输，使火灾探测器的设置由点到线再向网状发展，更易于实现系统间、设备间的信息传输，有效提高火灾探测的准确性、可靠性。

4）小型化。指火灾探测部分或网络子系统的小型化。依托火灾报警系统的网络化，系统的中心控制器等设备可以设计得很小，甚至对较小的报警设备安装单位不再独立设置，而是依靠网络设备、服务资源进行判断、控制、报警。这样，火灾报警系统的安装、使用与管理都非常容易且成本低廉。

5）无线化。与有线火灾自动报警系统相比，无线火灾自动报警系统具有施工简单、安装容易、组网方便、调试省时省力等特点，对建筑结构损坏小，便于与原有系统集成，且容易扩展，广泛应用于建筑物分散、规模较大、不便联网的场合。正在施工或装修的场所，在未安装有线火灾自动报警系统前，这种临时系统能较好地保障建筑物的防火安全。

6）高灵敏化。以早期火灾智能预警系统为代表，除采用先进的激光探测技术和独特的主动式空气采样技术以外，还采用了人工神经网络算法，具有很强的适应能力、学习能力、容错能力和并行处理能力，近乎人类的神经思维。此外，该系统的子机与主机可双向智能信息交流，使整个系统的响应速度及运行能力空前提高，误报率接近于零，灵敏度较传统探测器高 1 000 倍以上，能探测到物质高热分解出的微粒子，并在火灾发生前的 30 min 到20 min 内预警，确保了系统的高灵敏性和高可靠性，实现早期报警。

思考与练习

3-1 简述出入口控制系统定义。

3-2 简述出入口控制系统组成。

3-3 简述出入口控制系统构建模式。

3-4 简述出入口控制系统的特征识别技术。

3-5 简述门禁控制管理系统组成。

3-6 简述门禁控制管理系统分类。

3-7　简述门禁控制管理系统典型应用。

3-8　简述单对讲型楼寓对讲系统的主要构成。

3-9　简述可视对讲型楼寓对讲系统的主要构成。

3-10　简述楼寓对讲系统与门禁系统的主要区别。

3-11　简述车牌识别停车场管理系统工作流程。

3-12　简述防爆安全检查的主要方法。

3-13　简述炸药检测方法。

3-14　简述火灾探测器分类。

3-15　简述火灾探测报警系统构成。

3-16　简述火灾探测报警系统基本形式。

3-17　简述火灾探测报警技术发展趋势。

第四章

视频图像技术

近二十年以来,视频图像技术已经深入应用于社会生产生活,并随着物联网、云计算、大数据、人工智能等技术的发展而进入"智能视觉时代"。本章在说明图像视频基本概念的基础上,主要介绍视频图像的采集、编码压缩和传输技术,为后续视频监控系统与设备的学习奠定基础。

第一节　视频图像基本理论

图像是客观世界目标场景或景物的一种可见的信号表现形式。人类获得的信息中有75%以上来源于视觉,其中含有的丰富信息决定了图像和视频成为重要的研究对象。本节主要学习图像的基本理论,掌握图像的描述方式。

一、颜色空间

图像信息已经广泛应用于人类社会生产生活的各个方面,为了能够描述不同图像之间的差异,需要建立颜色空间来实现图像、颜色、亮度的量化表达。然而,不同的应用场景中,对图像的感知和认识是有所差异的,这导致了多种不同的颜色空间。比如,依据人眼光谱响应的不同而定义的 RGB(红、绿、蓝)空间,面向工业印刷基于反射光的 CMY(青、品红、黄)空间,将亮度和颜色分开描述的 YUV/YCbCr 空间。由于视频监控领域通常使用 RGB和 YCbCr 颜色空间,本节主要对它们进行介绍。

(一)RGB 颜色空间

人眼视网膜上的视锥感光细胞能够对波长在 $380\sim$ 780 纳米之间的光有彩色感觉,尤其对红、绿、蓝三种颜色对应波长的光有较好的感受能力。当三种光进入人眼的比例不同的时候,人类就能看到不同的颜色,这就是 RGB 三基色的基本原理。由于红、绿、蓝三基色具有独立性,也就是说三基色中任何一色都不能用其余两种色彩合成,所以,红、绿、蓝构成了如图 4-1 所示的颜色空间。

理论上,按不同的比例混合后,可以得到任何一种颜色,即任一颜色=R 的比例+G 的比例+B 的比例。

如:

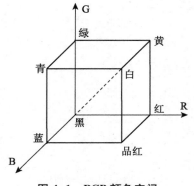

图 4-1　RGB 颜色空间

黄色＝100％的红＋100％的绿＋0％的蓝

黑色＝0％的红＋0％的绿＋0％的蓝

品红＝100％的红＋0％的绿＋100％的蓝

RGB 颜色空间是面向硬件的通用颜色模型，通常用于彩色图像的采集和显示设备。比如，全彩 LED(发光二极管：Light Emitting Diode)显示屏是一种利用发光二极管点阵模块组成的平面式显示屏幕，其每个点阵模块至少由 3 个分别能发射红光、绿光、蓝光的二极管组成，当以不同的亮度比例发射不同色光时，在一定距离之外就能感受到混合的颜色效果。

(二) YCbCr 颜色空间

YCbCr 颜色空间是由 YUV 颜色空间派生而成的。YUV 是三个分量，"Y"表示明亮度(Luminance 或 Luma)，"U"和"V"表示色度(Chrominance 或 Chroma)，作用是描述图像的色彩饱和度，用于指定图像单元的颜色。YUV 颜色空间将亮度信息(Y)与色彩信息(UV)进行了分离，很好地解决了模拟时代彩色电视机与黑白电视机的兼容问题，而且相对于 RGB 信号占用的频宽少得多。

YCbCr 颜色空间通过亮度-色差来描述颜色，其中 Cb 反映了 RGB 信号蓝色部分与RGB 信号亮度之间的差异，而 Cr 反映了 RGB 信号红色部分与 RGB 信号亮度之间的差异。除了三个分量之间的独立性之外，使用 YCbCr 或 YUV 颜色空间进行图像表示还有一个优点，就是可以利用人眼对彩色细节的分辨能力远比对亮度细节的分辨能力弱这一特性，把彩色分量的空间分辨率降低而不会明显影响图像的质量，从而降低存储数字彩色图像所需要的容量。视频监控系统极其重视如何降低图像数据量，一般采用 YCbCr 颜色空间来描述图像。

RGB 颜色空间与 YCbCr 颜色空间可以相互转换，国际电信联盟(International Telecommunication Union，ITU)无线电通信部制定的标准 ITU-R BT.601 中记录了相关转换方法。

二、图像的数字化表示

从信号的角度来看，图像是光辐射能量的空间分布被图像采集系统获得，而形成的信号强度值随二维空间位置变化的函数，这个函数是一个模拟的连续函数。图像要能被计算机加工处理，必须在被数字化后，得到图像的像素值矩阵。

图像本质上是三维客观世界在二维平面上的投射。所以，图像是二维的，可以用一个二维函数 $f(x,y)$ 来表示，其中二元组 (x,y) 表示二维空间中的某个坐标点的位置，而 f 则代表了在这个坐标点 (x,y) 处具有某种特性的数值。比如，对全彩自然图像，点 (x,y) 处的特性有红、绿、蓝三个值，反映了三种光的强度，而对红外图像，点 (x,y) 处的特性只有一个值，代表了温度数值。

上面所说的图像都是自然界某种信号的表现，其对应的二维函数 $f(x,y)$ 都是连续(模拟)的，即 f、x、y 的值可以是任意实数。显然，这种图像是不能用计算机进行加工处理的，因此，必须对图像进行数字化。

图像的数字化是在二维坐标值和幅度值上实现离散化的过程,具体可分为采样和量化两个阶段。如图 4-2 所示。

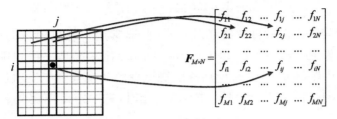

图 4-2 图像的数字化过程

采样阶段将图像平面划分成规则的网格,每个网格的位置由整数二元组(x,y)表示,即x和y的值均为大于 0 的整数,采样后形成 M 行、N 列的网络。而量化阶段给整数网格(x,y)赋予所表示特性的整数值,比如对灰度图像,就是给整数网格(x,y)赋予$[0,255]$范围内的整数值。

图像被数字化之后,某个坐标点(x,y)处的 $f(x,y)$ 就代表了图像的一个基本单元,这个基本单元被叫作像素(Pixel)。需要注意的是,像素并非物理单位,而是一个逻辑概念,不对应固定的大小值。每个像素有一个明确的整数值位置(x,y),以及代表图像某种特性的整数值 f,若干像素共同组成了一幅图像。这样,就可以用一个二维的像素值矩阵来表示图像,这个矩阵就是图像的数字化表示。

三、数字图像的基本属性

图像被数字化后,就会具备相应的一些属性。

(一)图像分辨率

图像数字化的过程中所采用的网格决定了对二维空间视场的离散化精度,也就是说网格对应了二维空间的采样点数,这就是图像的空间分辨率,简称图像分辨率。

可见,图像分辨率是组成一幅图像的像素密度的度量方法。对同样二维空间范围大小的一幅图,数字化后组成数字图像的像素数目越多,就说明所采用的网格精度越高,也就是图像分辨率越高,图像显示出来后就会显得十分精细,轮廓平滑;反之,图像分辨率就越低,图像就会显得越粗糙,锯齿效应明显。

(二)像素深度

在图像数字化过程中,所采用的离散化级数决定了对图像特性值的离散化精度,这就对应了图像的幅度分辨率。在图像的整数幅度值被二进制表示之后,所采用的二进制位数(bit)就叫作像素深度。对彩色图像来说,像素深度决定了每个像素可取的颜色数,而对灰度图像来说,像素深度表明可取的亮度数量。

(三)视频帧率

对于运动图像也就是视频来说,数字化过程还会发生在时间轴上,这个在时间上的离散化频度也就是每秒内采样的图像数量,称为视频的帧率,单位为帧/秒。根据人眼的视觉暂留特性,即人眼在观察景物时,光信号传入大脑神经,需经过一段短暂的时间,光的作用结束后,视觉形象并不会立即消失,这种残留的视觉称"后像",视觉的这一现象则被称为"视觉暂留现象"。经实验观测,25 帧/秒的帧率足以让人眼感受到连续流畅的视频。

(四)图像视频数据量

图像数据量由其空间分辨率和幅度分辨率决定,若一幅数字图像的大小为 $M \times N$,而每个像素采用 k 个 bit 的二进制数来表示图像的颜色或亮度特性,那么一幅图像的数据量 b(以 bit 为单位)为 $b = M \times N \times k$。如果是视频,其数据量要考虑其帧率 F,那么每秒内的数据量为 $b = M \times N \times k \times F$ 个比特。

第二节 视频图像采集技术

图像采集是视频监控过程需要完成的第一步工作,实际上完成的是外界信号的聚集成像、信号转换和图像的数字化过程。一直以来,可见光图像的采集是视频监控技术的基本任务,但随着近年来红外成像技术的发展,红外成像已经成为视频监控的重要手段,红外图像的采集也已经成熟地运用于各种视频监控场景。本章主要介绍可见光成像和红外成像两类技术原理。

一、可见光图像采集

可见光图像采集过程主要包括目标场景中可见光的摄取成像、光电信号转换和图像电信号的数字化三个阶段。可见光成像的原理实际上是对人眼视觉成像的模拟。所以,需要首先认识人眼的基本组成结构(图 4-3)。人眼主要由角膜、虹膜、晶状体、睫状体、玻璃体和视网膜组成。其中,角膜、虹膜、晶状体、睫状体、玻璃体组成了摄取可见光的光学系统,而视网膜则是感受光信号和实现初步信号处理的部分。可见光经前述光学系统到达视网膜后,视网膜中的感觉细胞吸收光并发生化学作用引起视觉刺激,视觉刺激以生物电信号的形式传输至大脑后就会产生视觉感受。

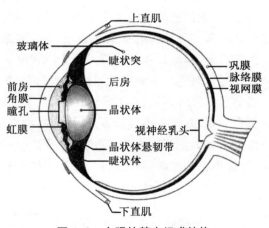

图 4-3 人眼的基本组成结构

(一)可见光成像

在视频监控前端图像采集设备中,可见光成像的过程主要依赖于可见光光学成像技术。光本质上是一种电磁波,而可见光是电磁波谱中人眼可以感知的部分,波长范围大约在 380 纳米至 880 纳米之间,比普通的无线电波的波长要短。光具有"波粒二象性",也就是同时具有波和粒子的特性,而对成像来说,主要研究其波的特性,也就是光的直线传播、折射与反射等特性。可见光成像技术就是利用光的这些特性完成对目标场景和物体的发射光、反射光、折射光等的成像。"凸透镜聚光""小孔成像"等现象就是最基本的成像过程。但在实际的光学成像系统中，成像需要若干个表面为球面、平面或非球面，具有不同折射率的光学元件（即透镜）协同组合完成。因此，透镜就是构成光学系统的最基本单元，一般有两类，即汇聚透镜和发散透镜。两个或两个以上的光学透镜组成了成像系统。

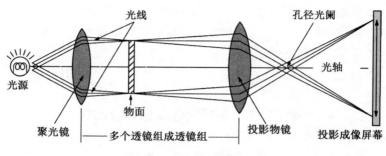

图 4-4　可见光成像过程

如图 4-4 所示，光在进入多个透镜组成的成像系统后，在光圈、聚焦等辅助结构的协同下，经过不同的汇聚、分散等折射过程，达到成像要求后，最终在成像平面上结成实像，完成成像过程。

（二）感光采集

在人眼视觉系统中，视网膜中的感觉细胞吸收光后完成对光信号的感受采集。在视网膜上，人眼的感光神经细胞主要有锥状细胞和杆状细胞两种，其中，锥状细胞包括分别针对红、绿、蓝三种波长的锥状细胞，这三类细胞对这三类光波有很好的颜色分辨能力和高分辨的响应能力，而杆状细胞只是对光的强度敏感，灵敏度比锥状细胞高几千倍，但不能分辨颜色。通过对这一人眼视觉系统感光过程的模拟，在可见光经过透镜组的光学成像后，再通过颜色滤波阵列 CFA（Color Filter Array）去除光谱中的其余成分，使每个像素只保留一种颜色分量，基于光电效应原理，即某些物质在特定频率的电磁波照射下，其内部电子在吸收能量后会逸出形成电流，完成光信号的感受，并转换为电信号的过程，最后通过一个插值过程，使得每个像素得到红、绿、蓝三个颜色分量的电信号。这个过程如图 4-5 所示。

图 4-5　可见光的感光过程

1976 年，美国贝尔实验室发现电荷通过半导体势阱发生转移的现象，利用这种光电效应特性，成功研制了一种固态摄像器件，这就是固态半导体成像器件的开端。经过多年的发展，固态半导体成像器件已经衍生出三大类型，即电荷耦合器件 CCD（Charge Coupled

Device)、互补金属氧化物半导体传感器 CMOS（Complementary Metal Oxide Semiconductor)、结型场效应管器件 JFET(Junction Field-Effect Transistor)。这三种器件都能完成对光学图像的光电转换，成为电子图像。其中，CCD 器件和 CMOS 器件目前得到了大规模的应用。

（三）图像数字化处理

通过半导体感光器件得到图像的电信号后，要满足使用要求，还需要在统一的时序信号协同下，完成采样、量化与编码的数字化过程，并进行适当的增益处理，在完成白平衡、背光补偿、Gamma 校正等初步的图像处理过程后，得到待压缩的数字图像信号。这个过程如图 4-6 所示。

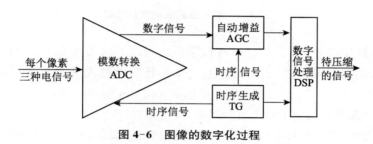

图 4-6　图像的数字化过程

二、红外图像采集

红外图像采集的过程和可见光图像采集过程类似，都要完成信号摄取、转化为电信号以及数字化处理的各个阶段。但由于红外成像原理的不同，具体实现方式与可见光成像相比有部分区别。

（一）红外成像原理

可见光的波长范围为 380～780 nm，这个范围按波长由长到短分布了红、橙、黄、绿、青、兰、紫光，而在这个波长范围之外的光波称为非可见光。利用特殊材质对非可见光的感光能力进行成像的技术就是非可见光成像，大致分为红外、紫外和 X 光三类。本小节主要关注红外成像原理。

英国天文学家 William Herschel 在 1800 年进行的太阳光谱色散实验中，意外发现在红光边界之外人眼看不见任何光线的黑暗区，其温度反而比红光区更高。后经实验证明，在红光外侧存在一种人眼看不到的"热线"，这就是"红外线"，也就是"红外辐射"。

自然界中一切温度高于绝对零度（−273.15℃）的物体总在不断发射辐射能，也就是红外线。如果能够探测并收集这些辐射能，重新排列来自探测器的、与景物辐射分布相对应的信号就能形成热图像。这种热图像再现了景物各部分的辐射起伏，因而能显示出景物各部分的特征。利用这种原理成像的技术就是红外成像技术。

红外线实际上是波长范围在 0.76 μm 到 1 000 μm 之间的电磁辐射。如图 4-7 所示，根据不同波长成像性能的不同，红外波段可以分为近红外（0.76～1 μm)、短波红外（1～3 μm)、中波红外（3～5 μm)、长波红外（5～14 μm)、甚长波红外（14～30 μm)、远红外（30～

1 000 μm）。

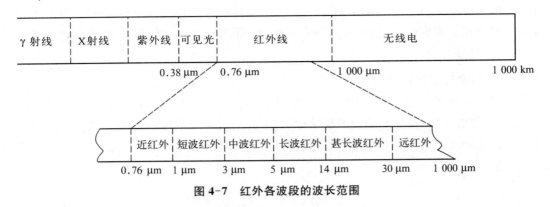

图 4-7　红外各波段的波长范围

其中,近红外中的 800～1 000 nm 波段范围内的红外线可被 CCD、CMOS 感光器件探测,而其余波长的红外辐射中,大部分在空气中传播时要被大气吸收,使得辐射的能量衰减,但对于中波红外(3～5 μm)、长波红外中的 8～14 μm 的红外线,大气、烟云等对其的衰减很小,因此,这两个波段也被称为红外线的"大气窗口"。

利用近红外中可被 CCD、CMOS 感光器件探测的波段,由红外灯作为照明源主动发出近红外线,然后由 CCD、CMOS 感光器件对物体反射的红外辐射夜视成像,这就是主动红外成像。

利用"大气窗口"中的红外波段,使用光学成像物镜汇聚接收被测目标的红外辐射能量,并按照原有的空间顺序分布反映到红外焦平面探测器的光敏元上,在将红外辐射能转换成电信号,经放大处理、转换或数字化后,就能得到与物体表面的热分布场相对应的红外热像图,这就是被动红外成像。

红外成像的应用领域很多。在航空领域,红外夜视可辅助夜间观测,飞机空中飞行机体容易覆冰,可见光难以探测,近红外可以探测出冰层。短波红外激光探测可以用于人眼安全、目标指示和测距照明。短波红外具有穿透功能,可进行畏光有毒液体检测和液位检测,还可对太阳能电池板缺陷进行检测。短波红外还有一个重要的应用就是高温分析,测温范围在 600～3 000℃,可对回转窑、钢水、轧钢进行温度检测。

（二） 红外镜头

红外镜头是为红外热像提供成像能力的光学部件,红外镜头的质量直接影响成像质量的优劣,影响最终的红外图像的显示效果。

红外镜头将工作波段内的辐射收集起来,并聚焦到探测器上。在可见光波段,玻璃是很好的投射材料,但是在中波、长波红外波段,这种材料是不透明的,因此常选用锗、硅、硫化锌等晶体材料,而且为了提高透射率,还需要镀上一层增透膜,这些材料和膜层如同滤光片一样,将镜头透过的波长限制在一定的范围内。

由于可见光和红外光的波长不一样,所以镜头成像的聚焦平面不同。根据工作波段的不同可以将镜头划分为长波红外镜头、中波红外镜头、短波红外镜头。其中,长波红外镜头的工作波段为 8～12 μm,主要检测低温物体;中波、短波红外镜头工作波段为0.15～7 μm,

主要检测超过 500℃以上高温物体。

红外镜头的选择对红外成像质量和测温精度有着重要的影响，如果想要测温准确，那就必须选择对红外辐射吸收极小的高透光率材料作为红外镜头的制造原料。

(三)红外热成像探测器

红外热成像探测器是一种对红外辐射敏感的器件，主要是将红外辐射转换成电信号，是红外热成像技术的尖端核心领域。红外热成像探测器的发展水平直接决定了红外成像的测温精度与测温速度。不同探测器对红外辐射的响应度不同，有些探测器对某些波长红外辐射的响应较低，这主要是由于探测器材料对不同波长的红外辐射的反射和吸收存在差异。

根据探测器响应波长，可将探测器分为近红外、中红外、远红外和极远红外探测器。根据工作温度，可将探测器分为致冷型和非致冷型红外探测器，其中制冷型又可分为半导体制冷、液氮制冷。根据探测器结构可将探测器分为单元(测温仪)、线阵和焦平面红外探测器。就探测机理而言，又可将探测器分为光子和热敏红外探测器。

第三节　视频图像编码压缩技术

图像，特别是视频，是一种含有极大冗余数据的信息类型。在图像信号被采集得到数字图像之后，必须被压缩以形成数据量更小的编码形式，才能满足后续的传输和存储要求。图像视频编码压缩技术在近 20 年得到了长足的发展，这也是当前图像视频应用广泛的基本技术保证。本节以视频为主要研究对象，在讨论压缩编码基本概念原理的基础上，探讨了主流的图像视频压缩标准。

一、视频压缩编码基础

要认识视频压缩编码技术在视频监控技术中的核心地位，首先需要知道此项技术的必要性和可行性，同时了解常用的视频压缩编码方法，才能基本理解后续的图像视频压缩编码标准。

(一)视频压缩编码概念

数字监控的基础是视频压缩，目标是在尽可能保证视觉效果的前提下降低视频数据率。压缩比作为视频压缩的重要指标，指压缩后数据量与压缩前数据量之比。由于视频是连续的静态图像，因此，其编码算法与静态图像有共同之处，但运动视频有自身特殊的运动特性，压缩时应加以考虑才能达到高压缩的目标。视频压缩中常用到以下基本概念：

1. 有损压缩和无损压缩

有损压缩指解压缩后的图像与压缩前的图像存在一定误差，但差别不大，视觉上完全可接受，既能保持视频信号的高质量，压缩比又高，是目前采用的主要方式。几乎所有高压缩的算法都采用有损压缩，这样才能达到低数据率的目标。压缩过程中要丢失一些人眼、人耳不敏感的视频、音频信息，丢失的数据量与压缩比有关，压缩比越高则丢失的数据越多,解压缩后的效果也越差。此外,某些有损压缩算法采用多次重复压缩的方式,这样还会引起额外的数据丢失。

无损压缩指解压后的数据和压缩前数据完全一致,多数无损压缩采用行程编码算法,应用范围有限。

2. 帧内压缩和帧间压缩

帧内压缩也称空间压缩。压缩图像时,仅考虑本帧数据而不考虑相邻帧之间的冗余信息,这实际上与静态图像压缩类似。帧内压缩多采用有损压缩算法,由于压缩时各帧间没有相互关系,所以压缩后的视频数据仍以帧为单位存储。显然,帧内压缩的压缩比较低。

帧间压缩也称时间压缩。视频动画连续两帧有很大的相关性,或者说连续两帧信息变化很小。根据这一特性,压缩相邻帧之间的冗余数据即可提高压缩量。帧差值算法就是一种典型的帧间压缩,通过比较本帧与相邻帧之间的差异,仅存储本帧与相邻帧的差值,可以显著减少数据量。

3. 对称编码和不对称编码

对称编码。对称性是压缩编码的关键特征,对称意味着压缩/解压缩具有相同的处理能力和处理时间,对称编码适合实时压缩和传输视频。

不对称编码。不对称意味着压缩和解压缩速度不同,压缩时要求处理能力比较强,需要花费大量的时间,但解压缩时能较好地实时回放。电子出版和其他多媒体应用中,通常将视频预先压缩处理好再播放,多采用不对称编码。例如,压缩一段 3 分钟的视频片段可能需要 10 分钟,而实时回放只有 3 分钟。

(二) 视频压缩编码的必要性

模拟视频信号数字化后的数据量极大。以 90 分钟电影为例,如果按逐行倒相正交平衡调幅制(PAL)编码,分辨率 352×288,场频 50 Hz,每像素 24 bit,每秒钟数据量 $50×352×288×24/8=14.5$ MB,90 min 数据量高达 76.5 GB。如此庞大的数据如果不压缩,无论传输、存储都很困难。可以说,压缩技术是数字信号实用化的关键。运用数字技术对视频信号压缩是视频监控技术要解决的首要问题。表 4-1 列出了各种应用的数码率。

表 4-1　各种应用的数码率

应用种类	像素/b	像素数/行	行数/帧	帧数/s	亮色比	压缩前	压缩后
HDTV	8	1 920	1 080	30	4∶1∶1	1.18 Gb/s	20～25 Mb/s
普通电视 CCIR601	8	720	480	30	4∶1∶1	167 Mb/s	4～8 Mb/s
会议电视	8	352	288	30	4∶1∶1	36.5 Mb/s	1.5～2 Mb/s
桌上电视	8	176	144	30	4∶1∶1	9.1 Mb/s	128 Kb/s
电视电话	8	128	112	30	4∶1∶1	5.2 Mb/s	56 Kb/s

(三) 视频压缩编码可行性

视频压缩的理论基础是信息论。从信息论的观点来看,信息量＝数据量＋冗余量。冗余指信息中存在的各种多余度,图像信息的冗余有空间冗余、时间冗余、统计冗余、视觉冗余等。通常,画面大部分区域的信号变化缓慢,尤其是背景部分几乎不变,故视频信号在相邻像素间、相邻行间、相邻帧间存在很强的相关性,这种相关性就表现为空间冗余和时间冗余。而人眼对图像的细节分辨率、运动分辨率和对比度分辨率的感觉都有一定局限,如果处理图像时引入的失真不易察觉,则可认为图像是完好的或足够好的。因此,可以在满足一定图像质量要求的前提下减小表示信号的精度,实现数据的压缩。

压缩就是通过技术手段去掉冗余信息,即去除数据间的相关性,保留相互独立的信息。同时,利用人类的视觉局限性,以一定的客观失真换取数据压缩。显然,压缩比与图像质量呈反比,二者关系如表 4-2 所示。可根据需要选择合适的压缩比。

表 4-2　压缩比与图像质量的关系

压缩效率(b/pixel)	图像质量
0.25~0.50	中~好,满足某些应用
0.50~0.75	好~很好,满足多数应用
0.75~1.50	极好,满足大多数应用
1.50~2.00	与原始图像几乎一样

(四) 常用视频压缩编码方法

根据压缩倍数的高低(压缩比)、重建图像的质量(有损压缩时)、压缩算法的复杂程度等要求,视频压缩编码方法有多种,如图 4-8 所示。下面简要介绍常用的预测编码和变换编码。

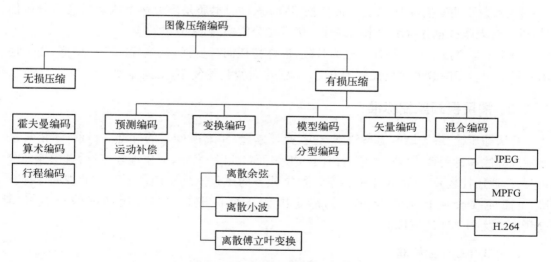

图 4-8　常用视频压缩编码方法

1. 预测编码

基于图像统计特性进行数据压缩的基本方法就是预测编码。它利用图像信号空间或时间相关性,用已传输的像素对当前的像素进行预测,然后对预测值与真实值的差——预测误差进行编码处理、传输。目前,用得较多的是差分脉冲编码调制(DPCM)。

1)利用帧内相关性,即利用像素间、行间相关性的 DPCM 称为帧内预测编码。如果对亮度信号和两个色差信号分别进行 DPCM 编码,对亮度信号采用较高的取样率和较多位数编码,对色差信号采用较低的取样率和较少位数编码,构成时分复合信号后再进行 DPCM 编码,这样总码率更低。

2)利用帧间相关性,即邻近帧相关性的 DPCM 称为帧间预测编码,因帧间相关性大于帧内相关性,故编码效率更高。若把这两种 DPCM 组合起来,再配上变字长编码技术,能取得很好的压缩效果。

2. 变换编码

变换编码指将初始数据从时间域/空间域变换到更适合于压缩的抽象域,通常为频域。正交变换编码由图像输入与变换、编码、逆变换 3 部分组成。变换阶段,系统将原图分成若干子块,对每个子块进行某种正交变换。通过变换,降低或消除了相邻像素间、相邻扫描行间的相关性,实现图像的压缩编码。统计表明,变换域中图像信号的能量主要集中于低频,编码时略去能量很小的高频成分,或者给高频分配较少的比特数,就能显著减少图像数据量。

常见的正交变换有 K-L 变换、离散傅立叶变换(DFT)、Walsh-Hadamard 变换以及离散余弦变换(DCT)等。比较而言,预测编码消除相关性的能力有限,变换编码压缩效率更高。变换编码主要有以下 3 种类型。

1)DCT。DCT 变换与 K-L 变换的压缩性能接近,但 DCT 的计算复杂度适中,且计算速度快,因此使用较多。

2)离散小波变换(DWT)。小波变换(Wavelet)的本质是多分辨率或多尺度地分析信号,以适合人眼视觉分辨率的不均匀性。优点是分辨率高,无方块效应。

3)K-L 变换。它以统计特性为基础,也称特征向量变换,是最优的正交变换,因为使用的特征向量指向数据变化最大的方向。缺点:计算过程复杂,变换速度慢。

二、常用视频压缩标准

算法即压缩/解压缩的运算法则,也就是压缩/解压缩所使用的标准。目前,压缩算法分标准算法和专用算法两类。前者由国际组织 ISO/ITU 发布,通用性较好;后者由专业公司开发,通用性较差,性能也千差万别。数字业务的迅猛发展迫切需要统一的视频压缩标准,下面简要介绍目前广泛使用的静止图像压缩标准(JPEG)、运动图像压缩标准(MPEG)及 H.264 压缩标准。

(一)JPEG 压缩标准

1986 年制定的 JPEG 标准包括以预测技术为基础的无损压缩,和以 DCT 为基础的有损压缩。用 DCT 算法时,在压缩比 25:1 情况下,还原的图像与原始图像差别甚小,故应用广泛,其压缩/解压缩过程分别如图 4-9 和图 4-10 所示。JPEG 标准的优点是先进、有效、简单。为进一步提高压缩比,有关组织制定了基于 Wavelet 算法的 JPEG 2000 标准。

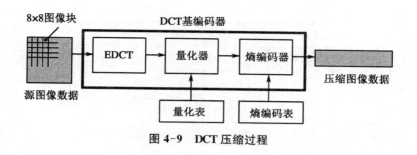

图 4-9 DCT 压缩过程

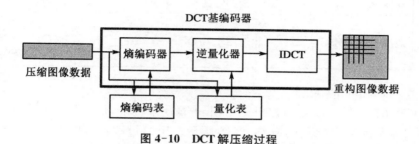

图 4-10 DCT 解压缩过程

（二）MPEG 压缩标准

1988 年，为解决运动图像压缩编码问题，成立了运动图像专家组（MPEG），专门制定多媒体领域内的国际标准，包括 MPEG 视频、MPEG 音频和 MPEG 视频/音频同步。MPEG 压缩标准针对运动图像设计，可实现帧间压缩编码。其基本思想：单位时间内采集并存储第一帧信息，然后只存储其余帧相对第一帧发生变化的部分，以此达到压缩的目的。

MPEG 在 3 个方面优于其他压缩标准：作为国际化标准制定，兼容性很好；能提供高压缩比，平均压缩比 50：1，最高可达 200：1；提供高压缩比的同时，有效信息损失很少。MPEG 制定的各种标准均有相应目标和应用，常用压缩标准 MPEG1、MPEG2、MPEG4 比较如表 4-3 所示。

表 4-3 MPEG1、MPEG2、MPEG4 压缩标准比较

压缩标准	MPEG1	MPEG2	MPEG4
特点	帧间加入预测帧	基于帧重建算法压缩和传输，动态监测图像变化，根据对象空间/时间特征调整压缩方法	采用更为优化的编码技术，基于场景描述和面向带宽设计
优点	在实时压缩、每帧数据量和处理速度上优于 MJPEG	压缩比可调范围广，支持包括高速运动的活动图像	图像质量好，可变带宽传输，错误恢复的能力强
缺点	图像质量未达到广播级，有传输带宽的要求	压缩效率不理想，窄带网传输质量受限，对媒体兼容的能力有待提高	无现成算法，实现的技术难度大
应用领域	VCD，CD-ROM，VOD	DVD，广播级的数字电视，HDTV	固定和无线网络，交互 AV 服务以及远程传输

（续表）

压缩标准	MPEG1	MPEG2	MPEG4
分辨率	CIF 标准分辨率（NTSC：352×240；PAL：352×288）	NTSC：720×480	768×576（PAL）或720×480（NTSC）
码流	最高 1.5 Mb/s	分四级，3~100 Mb/s	多种带宽可调
图像质量	基本无法进行窄带传输	极低码率下无法保证图像质量	在各种码率下画质良好
多路实时存储	多路实时存储，文件量大，消耗硬盘	能实现多路实时存储，文件量大，消耗硬盘	多路实时存储，占用存储空间小
联网要求	适用于局域网	适用于 LAN	全带宽方案，支持 PSTN、ISDN、DDN、LAN、WAN 等

1. MPEG1 压缩标准

1993 年公布的 MPEG1 是一种粗量化、非平衡压缩标准，设计思想是在 1~1.5 Mb/s 低带宽条件下，提供尽可能高的视频、音频质量。压缩过程：帧率为 30 帧/s（NTSC 制式）或 25 帧/s（PAL 制式）的视频图像在水平方向和垂直方向使像素减少一半，变成 NTSC 制式的 352×240 或 PAL 制式的 352×288 的 SIF 图像格式，再与立体声伴音进行压缩。

MPEG1 采用一系列技术以获得高压缩比：对色差信号进行亚采样，减少数据量；采用运动补偿技术减少帧间冗余度；利用二维 DCT 变换去除空间相关性；对 DCT 分量进行量化，舍去次要信息，将量化后的 DCT 分量按照频率重新排序；将 DCT 分量进行变字长编码；对各数据块直流分量进行预测差分编码等。

作为 MPEG 系列中有一定影响的标准，MPEG1 有许多“第一次”：第一次综合了视频/音频的标准；第一次提出对音频部分品质性能的评定；第一次由所有视频/音频方面的行业参与发展的标准；第一次全部用软件开发，同时包含一个标准的软件实现；第一次能在本地模式下对视频编码；第一次只定义接收端，未定义发送端的标准。MPEG1 标准能处理各种类型的运动图像，包括不同大小、不同幅型比，或码率范围很大的信道、设备。VCD 使用 MPEG1 标准，图像尺寸 352×288，标准带宽 1.2 Mb/s。

2. MPEG2 压缩标准

1994 年公布的 MPEG2 是直接与数字电视（DTV）有关的高质量视频、音频压缩标准，基本目标是码率 4~9 Mb/s，最高达 15 Mb/s。MPEG2 和 MPEG1 编码算法基本相同，但 MPEG2 增加了 MPEG1 没有的功能，主要有：运动向量的精确度提高到半个像素；由于关键帧存在特殊向量，扩展了错误冗余；DCT 可选择精度；超前预测模式；质量伸缩性，同一视频流可容忍不同质量的图像；提供位码率可变功能；增加了隔行扫描电视的编码。

MPEG2 编码原理：图像的空间相关性、时间相关性表明存在大量冗余信息，如果去除这些冗余信息，只保留少量非相关信息，能显著减少数据量；接收端利用这些非相关信息，按一定解码算法，可以在保证图像质量的前提下恢复原始图像。编码流程：帧内编码时，编码图像仅经过 DCT、量化器和比特流编码器即可生成编码比特流，不需要经过预测环处理，

DCT 直接应用于原始图像数据；帧间编码时，原始图像先与帧存储器中的预测图像比较，计算出运动矢量，再与参考帧生成原始图像的预测图像，然后将原始图像与预测图像所生成的差分图像数据进行 DCT 变换，经量化器和比特流编码器生成输出编码流。MPEG2 主要应用于广播电视领域的节目编辑、播出，视频/音频资料存储等。

3. MPEG4 压缩标准

1999 年公布的 MPEG4 标准是一个多媒体通信的框架和规范协议，其压缩算法的思想是在极低带宽和可变输出码率（10 Kb/s～1 Mb/s）条件下提供尽可能好的图像质量。MPEG4 主要定义了一种格式、框架，而非具体算法，这样有利于建立更自由、更宽泛的通信环境，用户可根据需要在系统中加入新算法，为充分利用软件实现编码/解码提供方便。

编码原理：采用基于对象的编码理念，将一幅景物分成若干时间/空间上相互联系的视频、音频对象，分别编码后，经复用传输至接收端，再对不同对象分别解码，并组合成所需视频、音频。这样，既便于对不同对象采用相应编码方法、表示方法，又利于不同数据类型间的融合，方便实现对象的操作、编辑。MPEG4 的独特优点如下。

1）基于内容的交互性。MPEG4 提供了基于内容的多媒体数据访问工具，如索引、超级链接、上传/下载、删除等。利用这些工具，用户可方便地从多媒体数据库中获取所需内容。MPEG4 还提供了高效的自然/合成的多媒体数据编码方法，可将自然场景或对象组合为合成的多媒体数据。

2）高效的压缩性。与其他标准相比，MPEG4 在相同码率下确保更高视觉/听觉质量，使低带宽信道传输高质量视频、音频成为可能。还能对同时发生的数据流进行编码，可用于三维电影、仿真练习等。

3）通用的访问性。MPEG4 提供了易出错环境的鲁棒性来保证有线/无线网络以及存储介质中的应用，还支持基于内容的可分级性，即把内容、质量、复杂性分成许多小块来满足不同用户的需求，支持不同带宽、不同存储容量的传输信道和接收端。

4. MPEG7 压缩标准

1998 年 10 月提出的 MPEG7 标准又称"多媒体内容描述接口"，主要为各类多媒体信息提供标准化描述，这种描述与内容本身有关，允许快速、有效地查询用户感兴趣的资料。它扩展了现有内容识别专用解决方案的能力。换言之，MPEG7 规定一个用于描述不同类型多媒体信息的描述符的标准集合，目标是支持数据管理灵活性、数据资源全球化、数据使用互操作性，能根据信息抽象层次提供一种描述多媒体材料的方法，以便表示不同层次上的用户对信息的需求。以视觉内容为例，较低抽象层包括对形状、尺寸、纹理、颜色、运动、轨道、位置的描述，MPEG7 还允许依据视觉描述的查询去检索声音数据，反之亦然。

MPEG7 应用很广泛：在线/离线存储或流式应用；可用于实时环境，也可用于数字图书馆等非实时环境。另外，MPEG7 在教育、新闻、娱乐等方面均有良好的应用潜力。

5. MPEG21 压缩标准

MPEG21 是支持通过异构网络和设备让用户透明、广泛地使用多媒体资源的标准，目的是将不同的协议、标准、技术等有机融合，实质就是一些关键技术的集成。通过这种集成环境能对全球数字媒体资源进行透明和增强管理，实现内容的描述、创建、发布、使用、识别、收费管理、产权保护、用户隐私权保护、事件报告等。可以说，MPEG21 是针对具有知识产权管理和保护能力的数字多媒体内容的技术标准。

(三) H.264 压缩标准

视频压缩主要有国际标准化组织——动态图像专家组(ISO/IEC)制定的 MPEG-x，国际电信联盟——视频编码专家组(ITU-T)制定的 H.26x 两大系列国际标准。从 H.261 到 H.262 再到 H.263，从 MPEG1 到 MPEG2 再到 MPEG4，都有一个共同目标，即在尽可能低的码率或尽可能小的存储容量下获得高质量图像。随着市场对图像传输需求的增加，如何适应不同信道传输特性的问题日益显现出来，为此，ISO/IEC 和 ITU-T 两大国际标准化组织联手制定 H.264 标准来解决上述问题。

H.264 这一数字视频编码标准，既是 ITU-T 的 H.264，又是 ISO/IEC 的 MPEG4 的第 10 部分。和以前的标准一样，也是"DPCM＋变换编码"的混合编码模式，但 H.264 标准具有分层设计、高精度/多模式运动估计、4×4 块的整数变换、帧内预测功能等特色，主要情况如下。

1) 分层设计。H.264 算法在概念上分两层：视频编码层(VCL)，负责高效的视频内容表示；网络提取层(NAL)，负责以网络所要求的方式打包和传输数据。VCL 和 NAL 间定义了一个基于分组方式的接口，打包和相应的信令属于 NAL 的一部分。这样，高编码效率和网络友好性分别由 VCL 和 NAL 完成。与其他视频编码标准一样，H.264 没有把前处理、后处理等功能包括于草案，这样可增加标准的灵活性。NAL 负责使用下层网络的分段格式来封装数据，包括组帧、逻辑信道的信令、定时信息的利用或序列结束信号等。此外，NAL 还包括自己的头部信息、段结构信息和实际载荷信息。

2) 高精度/多模式运动估计。H.264 支持 1/4 或 1/8 像素精度的运动矢量。1/4 像素精度的运动矢量可使用 6 抽头滤波器来减少高频噪声，1/8 像素精度的运动矢量可使用 8 抽头滤波器。进行运动估计时，编码器还可选择增强内插滤波器提高预测效果。H.264 运动预测中，每个宏块可分为不同的子块，形成 7 种不同模式的块尺寸。这种多模式的灵活性和细致的划分更契合图像中运动物体的形状，显著提高了运动估计精确度。此外，H.264 还允许编码器使用多于一帧的先前帧进行运动估计，即多帧参考技术。

3) 4×4 块的整数变换。H.264 与其他标准相似，对残差采用基于块的变换编码，但变换是整数操作而非实数运算。该方法优点是编码器和解码器允许精度相同的变换/反变换，便于使用简单的定点运算方式。变换单位 4×4 块，而非通常的 8×8 块。由于变换块尺寸缩小，运动物体的划分更精确，不但变换计算量较小，运动物体边缘处的衔接误差也显著减小。

4) 统一的 VLC。H.264 中，熵编码有两种方法：一种是对所有的待编码的符号采用统一的 VLC(UVLC)，另一种是采用内容自适应的二进制算术编码(CABAC)。其中，UVLC 使用长度无限制的码字集，设计结构非常有规则，用相同的码表可以对不同的对象进行编码。该方法很容易产生一个码字，解码器识别码字的前缀也很容易。

5) 帧内预测功能。MPEG-x 和 H.26x 系列标准都采用帧内预测方法。H.264 可用帧内预测，对每个 4×4 块，各像素均可用 17 个最接近的已编码像素的不同加权和进行预测。

显然,这种帧内预测不是在时间域上,而是在空间域上进行的预测编码算法,可以除去相邻块之间的空间冗余度,取得更好的压缩效果。

6)面向 IP 和无线环境。H.264 草案包含用于差错消除的工具,便于压缩视频在误码、丢包等事件多发的环境中传输。

上述技术的采用使得 H.264 有以下独特优点:采用"回归基本"的简捷设计,易于获得很好的压缩性能,在相同重建图像质量下比 H.263 节省约 50% 的码率;加强了对各种信道的适应能力,采用"网络友好"的结构和语法,有利于误码和丢包的处理,彻底消除视频的马赛克、残像、色块等;应用目标范围较宽,能满足不同码率、不同解析度、不同传输/存储场合需求,能在低带宽环境下传输更优质的图像;基本系统自由开放,使用无需版权。

H.264 标准于 1999 年 9 月完成第一个草案,2003 年 3 月正式发布。目前,已成为应用最普及、高清视频编码标准,并成为视频监控行业事实上的压缩标准。使用 H.264 标准的监控设备,在节省视频存储空间、提高图像质量、优化视频传输等方面有着质的飞跃。近年来,ITO-T 在 H.264 基础进一步优化而制定的 H.265 已经开始普及应用,而 2020 年 6 月完成标准化工作的 H.266,能够提供更高的压缩性能。

第四节　视频图像传输技术

高质量视频信号传输是视频监控系统正常工作的基础,决定着安全防范的效果。视频信号传输技术主要分为有线和无线两大类。

一、视频监控的有线传输

(一)同轴电缆传输

1. 基本结构

同轴电缆(Coaxial Cable)是使用较早、使用时间最长的传输方式,是局域网中最常见的传输介质之一。同轴电缆有价格便宜、敷设方便等优点,一般应用于小范围监控系统。同轴电缆的得名与它的结构相关,最常见的同轴电缆由绝缘材料隔离的铜线导体组成,在里层绝缘材料的外部是另一层环形导体及其绝缘体,然后整个电缆由聚氯乙烯或特氟纶材料的护套包住。它用来传递信息的导体是按照一层圆筒式的外导体套在内导体(一根细芯)外面,两个导体间用绝缘材料互相隔离的结构制造的,外层导体和中心轴芯线的圆心在同一个轴心上,所以叫同轴电缆,同轴电缆之所以设计成这样,也是为了防止外部电磁波干扰信号的传递。同轴电缆由 4 部分组成,其基本结构如图 4-11 所示。

1)中心导体,是电信号传输的基本信道,由一根圆柱形铜导体或多根铜导线绞合而成。

2)屏蔽层,是与中心导体同心的环状导体(同

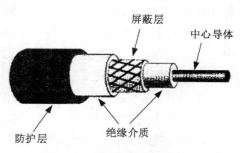

图 4-11　同轴电缆基本结构

轴电缆就是因这个同心结构得名），由细铜线编织而成，它的作用如同一个波导，将电信号约束在一个封闭的空间中传播，同时阻止外界电信号串入中心导体。屏蔽层还有加强电缆机械强度的作用。

3）绝缘介质，它充满屏蔽层与中心导体之间，形成一个不导电的空间。视频电缆的绝缘介质主要采用聚氯乙烯或聚四氟乙烯。一般来说，空气是最好的绝缘介质，因此，采用发泡介质（物理或化学发泡聚乙烯）和空心结构可构成类似空气介质的同轴电缆。绝缘介质还起到保证中心导体和屏蔽层之间的几何关系、防止电缆变形的作用，在很大程度上决定电缆的传输损耗和带宽。

4）防护层，指电缆被覆的塑胶材料，它保护电缆不被锈蚀和磨损。专用电缆还有附加的外保护层（铅皮），既加强电缆的机械强度，又提高抗干扰性。

2. 基本类型

目前，常用的同轴电缆有两类：50 Ω 和 75 Ω 的同轴电缆。50 Ω 同轴电缆主要用于基带信号传输，传输带宽为 1～20 MHz。总线型以太网就是使用 50 Ω 同轴电缆，在以太网中，50 Ω 细同轴电缆的最大传输距离为 185 m，粗同轴电缆可达 1 000 m。75Ω 同轴电缆常用于 CATV 网，故称为 CATV 电缆，传输带宽可达 1 GHz，目前常用 CATV 电缆的传输带宽为 750 MHz。

同轴电缆根据其直径大小可以分为粗同轴电缆与细同轴电缆。粗缆适用于比较大型的局部网络，它的标准距离长，可靠性高，由于安装时不需要切断电缆，因此可以根据需要灵活调整计算机的入网位置，但粗缆网络必须安装收发器电缆，安装难度大，所以总体造价高。相反，细缆安装则比较简单，造价低，但由于安装过程要切断电缆，两头须装上基本网络连接头（BNC），然后接在 T 型连接器两端，所以当接头多时容易产生不良的隐患，这是以太网发生的最常见故障之一。

无论是粗缆还是细缆均为总线拓扑结构，即一根缆上接多部机器，这种拓扑结构适用于机器密集的环境，但是当某一点发生故障时，故障会串联影响到整根缆上的所有机器。故障的诊断和修复都很麻烦，因此，将逐步被非屏蔽双绞线或光缆取代。

3. 技术缺陷

视频信号带宽很大（6 MHz），由于同轴电缆传输视频信号存在信号衰减，信号的传输距离有限，因此同轴电缆只适合于近距离传输图像信号，当传输距离达到 200m 左右时，图像质量将会明显下降，特别是色彩变得暗淡，有失真感。工程应用时，用同轴放大器能延长传输距离，但最多只能级联 2～3 个，否则无法保证视频传输质量，且调整起来很困难。

在工程实际中，为了延长传输距离，要使用同轴放大器。同轴放大器对视频信号具有一定的放大作用，还能通过均衡调整对不同频率成分分别进行不同大小的补偿，以使接收端输出的视频信号失真尽量小。

但是，同轴放大器并不能无限制级联，一般在一个点到点系统中同轴放大器最多只能级联 2 到 3 个，否则无法保证视频传输质量，并且调整起来也很困难。因此，在监控系统中使用同轴电缆时，为了保证有较好的图像质量，一般将传输距离范围限制在四五百米左右。另外，同轴电缆在监控系统中传输图像信号还存在着一些缺点：

1）同轴电缆本身受气候变化影响大,气候不好时图像质量会受到一定影响;

2）同轴电缆较粗,在密集监控应用时布线不太方便;

3）同轴电缆一般只能传视频信号,如果系统中需要同时传输控制数据、音频等信号,则需要另外布线或增加设备;

4）同轴电缆抗干扰能力有限,无法应用于强干扰环境;

5）同轴放大器还存在着调整困难的缺点。

(二) 双绞线传输

1. 线缆结构

由于传统的同轴电缆监控系统存在着一些缺点,特别是传输距离受到限制,所以寻求一种经济、传输质量高、传输距离远的解决方案十分必要。

双绞线(TP：Twisted Pairwire)是综合布线工程中最常用的一种传输介质,如图 4-12 所示。双绞线由两根具有绝缘保护层的铜导线组成。把两根绝缘的铜导线按一定密度互相绞在一起,可降低信号干扰的程度,每一根导线在传输中辐射的电波会被另一根线上发出的电波抵消。双绞线一般由两根 22～26 号绝缘铜导线相互缠绕而成。如果把一对或多对双绞线放在一个绝缘套管中便成了双绞线电缆。

图 4-12　双绞线结构示意图

在双绞线电缆(也称双扭线电缆)内,不同线对具有不同的扭绞长度。一般地说,扭绞长度在 38.1 mm 至 140 mm 内,按逆时针方向扭绞,相邻线对的扭绞长度在 12.7 mm 以上。与其他传输介质相比,双绞线在传输距离、信道宽度和数据传输速度等方面均受到一定限制,但价格较为低廉。目前,双绞线可分为非屏蔽双绞线(UTP：Unshilded Twisted Pair)和屏蔽双绞线(STP：Shielded Twisted Pair)。在这两大类中又分 100 Ω 电缆、双体电缆、大对数电缆、150 Ω 屏蔽电缆,具体型号有多种。

2. 技术特点

其实,双绞线的使用由来已久。电话传输使用的就是双绞线,在很多工业控制系统中和干扰较大的场所以及远距离传输中都使用了双绞线,今天广泛使用的局域网也主要采用双绞线。双绞线之所以使用如此广泛,是因为它具有抗干扰能力强、传输距离远、布线容易、价格低廉等许多优点。

虽然双绞线主要是用来传输模拟声音信息的,但同样适用于数字信号的传输,特别适用于较短距离的信息传输。在传输期间,信号的衰减比较大,并且产生波形畸变。采用双绞线的局域网的带宽取决于所用导线的质量、长度及传输技术。只要精心选择和安装双绞线,就可以在有限距离内达到每秒几百万位的可靠传输率。当距离很短,并且采用特殊的电子传输技术时,传输率可达 100～155 Mb/s。视频监控系统中,采用双绞线传输视频具有以下 5 个方面的优势。

1）传输距离远、传输质量高。双绞线收发器采用先进的处理技术,极好地补偿了双绞线对视频信号幅度的衰减以及不同频率间的衰减差,保持了原始图像的亮度、色彩及实时性,传输距离达到 1km 或更远时,视频信号基本无失真。如果采用中继方式,传输距离会更远。

2）布线方便、线缆利用率高。普通电话线就可传输视频信号,有利于现有资源的充分利用。广泛使用的 5 类非屏蔽双绞线中有 4 对双绞线,使用一对线传输视频信号,另外几对线可传输音频信号、控制信号、供电电源或其他信号,提高了线缆利用率,同时避免各种信号单独布线带来的麻烦,减少了工程成本。

3）抗干扰能力强。双绞线能有效抑制共模干扰,即使在强干扰环境下,双绞线也能很好地传输视频信号。而且,使用一根线缆内的几对双绞线分别传输不同的信号,相互间不会发生干扰。

4）可靠性高、使用方便。利用双绞线传输视频信号,在前端要接入专用发射机,在控制中心要接入专用接收机。这种双绞线传输设备价格便宜,使用起来也很简单,无需专业知识,也无太多的操作,一次安装就能长期、稳定工作。

5）价格便宜,取材方便。由于使用的是目前广泛使用的普通 5 类非屏蔽电缆或普通电话线,购买容易,而且价格也很便宜,给工程应用带来极大的方便。

由于利用双绞线传输信息时要向周围辐射,信息很容易被窃听,因此要花费额外的代价加以屏蔽。屏蔽双绞线电缆的外层由铝箔包裹,以减小辐射,但并不能完全消除辐射。屏蔽双绞线价格相对较高,安装时要比非屏蔽双绞线电缆困难。类似于同轴电缆,它必须配有支持屏蔽功能的特殊联结器和相应的安装技术。但它有较高的传输速率,100 米内可达到 155 Mb/s。

视频信号在双绞线上要实现远距离传输,除需要将非平衡传输信号转换为适合双绞线传输的平衡传输信号以外,还须进行放大和补偿。双绞线视频传输设备就是完成这些功能。加上一对双绞线视频收发设备后,可以将图像传输到 $1 \sim 2$ km,如果采用中继方式,还可以进一步增加传输距离。双绞线和双绞线视频传输设备价格都很便宜,在距离增加时其造价与同轴电缆相比低了许多。所以,在中距离的监控系统中用双绞线进行传输具有一定的优势。

（三）光纤传输

1. 光纤与光缆

光缆（optical fiber cable）是为了满足光学、机械或环境的性能规范而制造的,它是利用置于包覆护套中的一根或多根光纤作为传输媒质并可以单独或成组使用的通信线缆组件。光缆主要由光导纤维（细如头发的玻璃丝）和塑料保护套管及塑料外皮构成,光缆内没有金、银、铜、铝等金属,一般无回收价值。光缆是一定数量的光纤按照一定方式组成缆芯,外包有护套,有的还包覆外护层,用以实现光信号传输的一种通信线路。光缆的基本结构一般是由缆芯、加强钢丝、填充物和护套等几部分组成,另外根据需要还有防水层、缓冲层、绝缘金属导线等构件。光纤和光缆的结构示意图如图 4-13 所示。

2. 通信原理

同轴电缆和双绞线只能解决短距离、较小范围监控视频传输问题,传输数千米甚至更远距离则要采用光纤方式。另外,一些超强干扰场所也要用光纤传输。近年来,随着光纤

图 4-13　光纤、光缆结构示意图

放大器、光波分复用技术、光弧子通信技术、光电集成和光集成等新技术不断取得进展,光纤通信逐渐取代电通信,成为主要的通信手段。其应用范围日益扩大,有效克服了电缆传输的局限性。

光导纤维是由两层折射率不同的玻璃组成。内层为光内芯,直径在几微米至几十微米,外层的直径 0.1～0.2 mm。一般内芯玻璃的折射率比外层玻璃大 1%。根据光的折射和全反射原理,当光线射到内芯和外层界面的角度大于产生全反射的临界角时,光线透不过界面,全部反射。

光纤通信传输的原理是利用光波的反射特性,在发送端首先要把传送的信息(如视频)变成电信号,然后调制到激光器发出的激光束上,使光的强度随电信号的幅度(频率)变化而变化,并通过光纤发送出去;在接收端,检测器收到光信号后把它变换成电信号,经解调后恢复原信息。光纤系统通信传输的过程包括编码→传输→解码。电子信号输入后,透过传输器将信号数位编码,成为光信号,光线透过光纤为媒介,传送到另一端的接收器,接收器再将信号解码,还原成原先的电子信号输出。

3. 基本类型

按光在光纤中的传输模式,光纤可以分为单模光纤(Single Mode Fiber)和多模光纤(Multi Mode Fiber)。单模光纤的中心玻璃芯很细(芯径一般为 9 μm 或 10 μm),只能传一种模式的光。因此,其模间色散很小,适用于远程通信,但还存在着材料色散和波导色散,对光源的谱宽和稳定性有较高的要求,即谱宽要窄,稳定性要好。在 1.31 μm 波长处,单模光纤的总色散为零,传输损耗低,这个波长附近的波段就成了光纤通信的一个很理想的工作窗口,也是现在实用光纤通信的主要工作波段。

而多模光纤的中心玻璃芯较粗(50 μm 或 62.5 μm),可传多种模式的光。但其模间色散较大,这就限制了传输能力,而且随距离的增加损耗会更加严重。例如,600 Mb/km 的光纤在 2 km 时则只有 300 Mb 的带宽了。因此,多模光纤传输的距离就比较近,一般只有几公里。

单模光纤只能传输单模信号,而多模光纤可以传输多模信号,单模和多模是相对特定波长而言的,相同的光纤在不同的波长下可能是单模也可能是多模。从传输距离上,对于一般的视频监控系统,信号传输距离超过 100 m 或是要求高清传输时,就可以选择光纤传输。而 4 k 超高清信号的频带宽度要求高,光纤传输自然也是好的选择之一。在基于光纤传输的视频监控系统中,按传送信号的模式大致可分为模拟光纤传输和数字光纤传输两种方式。

多模光纤由于色散和衰耗较大,其最大传输距离一般不能超过5公里,然而随着单模光纤成本的大幅度下降,目前除了先前已经铺好了多模光纤的地方外,在新建的工程中一般不再使用多模光纤,而主要使用单模光纤。光纤中传输监控信号要使用光端机,它的作用主要就是实现电-光和光-电转换。

光纤是一种将讯息从一端传送到另一端的媒介,是一条玻璃或塑胶纤维。通常"光纤"与"光缆"两个名词会被混淆。多数光纤在使用前必须由几层保护结构包覆,包覆后的缆线即被称为"光缆"。光纤外层的保护结构可防止周遭环境对光纤的伤害,如水、火、电击等。光缆包括光纤、缓冲层及披覆。

4. 技术特点

光纤自问世以来,由于其多方面的优势,迅速在通信领域引发了一场关于传输线路的革命,解决了远距离传输的问题。

由于光纤是一种传输媒介,它可以像一般铜缆线一样传送电话通话或电脑数据等资料,因此,光纤传输相较于线缆传输具有多种优势。

第一,宽频带,大通信量。一根光纤的潜在带宽可达20 THz,采用这样的带宽,只需一秒钟左右,即可将人类古今中外全部文字资料传送完毕。

第二,损耗低,传输距离远,一根光纤无中继传输距离可达几十千米。

第三,抗电磁干扰,无串音干扰,保密性高,电通信始终无法解决各种电磁干扰问题,唯有光纤通信不受各种电磁干扰。

第四,光纤重量轻,体积小,便于敷设和运输,而且光缆适应性强,寿命长。

其缺点是短距离如几公里内,视频监控信号传输不够经济;光熔接及维护需专业技术人员及设备操作处理,维护技术要求高,不易升级扩容。

5. 光端机

1)模拟光端机

20世纪90年代初,以视频传输为主要业务的模拟光端机进入中国市场,此时,市场上主要是1路视频(加数据)、2路视频(加数据)、4路视频(加数据)、8路视频(加数据)等几种较简单的产品系列。应用领域主要是公安、交警、市政等资金情况较好、对视频业务有迫切需求以及有较高品质要求的行业。

模拟光端机采用了PFM调制技术实时传输图像信号。发射端先将模拟视频信号进行PFM调制,再进行电-光转换,光信号传到接收端后进行光-电转换,然后进行PFM解调,恢复出视频信号。由于采用了PFM调制技术,其传输距离很容易就能达到30 km左右。然而由于采用模拟信号传输技术,信号在远距离传输过程中产生的失真等非线性效应导致其传输距离和容量受到严重的限制,而且所支持的业务类型相对比较单一。

2)数字光端机

由于数字传输技术与模拟技术相比在很多方面都具有明显的优势,所以正如数字技术在许多领域取代了模拟技术一样,数字光端机也逐渐取代了原先的模拟光端机,从而占据了市场的主流地位。目前,数字图像光端机主要有两种技术方式:一种是 MPEG2 图像压缩数字光端机,另一种是非压缩数字图像光端机。

图像压缩数字光端机一般采用 MPEG2 图像压缩技术,它能将活动图像压缩成 $N \times$ 2 Mb/s 的数据流通过标准电信通信接口传输或者直接通过光纤传输。由于采用了图像压缩技术,它能大大降低信号传输带宽,有利于占用较少的资源就能传送图像信号。同时,由于采用了 $N \times 2$ Mb/s 的标准接口,可以利用现有的电信传输设备的富裕通道传输监控图像,为工程应用带来了方便。不过,图像压缩数字光端机也有其固有的缺点。其致命的弱点就是不能保证图像传输的实时性。因为图像压缩与解压缩需要一定的时间,图像压缩数字光端机一般会对所传输的图像产生 $1\sim2$ s 的延时。因此,这种设备只适合于用在对实时性要求不高的场所,在工程使用上受到一些限制。另外,经过压缩后图像会有一定的失真,并且这种光端机的价格也偏高。

非压缩数字图像光端机的原理就是将模拟视频信号进行 A/D 变换后和语音、音频、数据等信号进行复接,再通过光纤传输。它用高的数据速率来保证视频信号的传输质量和实时性,由于光纤的带宽非常大,所以这种高数据速率也并没有对传输通道提出过高要求。非压缩数字图像光端机能提供很好的图像传输质量(如武汉微创光电技术有限公司的非压缩数字光端机信噪比大于 60 dB,微分相位失真小于 2°,微分增益失真小于 2%),达到了广播级的传输质量,并且图像传输是全实时的。由于采用数字化技术,在设备中可以利用已经很成熟的通信技术比如复接技术、光收发技术等,提高了设备的可靠性,也降低了成本。

目前国内能够提供视频光端机的厂家很多,其产品也各不相同,但是其基本原理及结构大同小异。随着视频监控系统的发展,特别是近两年来全国各地多个城市建设社会治安监控系统的目标的提出,原来仅仅局限于单一部门、单一行业的中小规模的视频监控系统已经难以满足需求,城市级的监控系统囊括了成千上万监控点、覆盖整个城市范围,在建设这种超大规模的视频监控系统的过程中如何保证视频、控制信号高质量、远距离的传输成为了影响系统成败的关键问题。

二、视频监控的无线传输

(一) 无线传输概述

随着无线传输技术的发展,其在安全防范领域的应用越来越广泛,特别是无线技术与互联网相结合所显示的巨大优势远非有线方式可比拟,如新颖的物联网技术应用于安全防范领域,能显著延伸、拓展监控的时间/空间,构建更加完备的监控网络。无线技术可以快速建立通信链路,不但省去布线的麻烦,建设周期短,还可以让信号覆盖到有线网络未延伸的地方,节约了建设、维护成本,满足灵活机动的应用需求,但易受外界因素影响,如电磁干扰、同频干扰等。此外,从工程施工的角度考虑,无线传输设备多安装于室外,如何进行远距离供电以及设备管理也是需要考虑的。

无线传输又称为开路传输方式,是将传输信号调制到高频载波上,通过发送设备、发送天线将信号送至空间,而后由相应的接收机从天线接收到信号进行解调处理后再进行显示。目前主流的视频监控无线传输有以下几种方式:WLAN(无线局域网)无线传输、微波

（模拟微波）无线传输、COFDM 无线传输、3G/4G/5G 移动传输、卫星无线传输。

1. 小功率无线传输方式

距离比较近（一般为 1～2km）时，可采用小功率无线发送和接收设备。

2. 微波传输方式

当传输距离比较远，达到几公里以上而架设电缆有不方便或不容许时，采用微波比较有利。其优点是不需要敷设电缆，施工工作量小，设备架设灵活，移动方便图像质量高，可以双工传输。其缺点是维护技术的水平要求高；一路信号要一套微波收发设备，系统维护费用增加很多；如果检测点需要遥控，则需要另一套遥控信号系统；当需要传送的信号路数比较多而传输的方位角又比较窄时，容易产生交叉干扰从而限制了信号的路数；发送和接收两端一定要在可视直线范围内，中间不能有物体阻挡。

3. 卫星传输方式

卫星传输信道由发端地球站、上行传播途径、卫星转发器、下行传播路径和收端地球站组成。例如 GPS，Globe Position System 的英文缩写，其含义是全球定位系统。

GPS-GSM-GPRS/Q 系列车辆监控系统是专门针对 50 辆车以下的监控、调度及管理要求而设计的系列化的小容量车辆监控系统。它采用世界领先的 GPS 卫星定位技术、GSM 全球移动通信技术、GIS 地理信息技术及计算机网络通信与数据处理技术，在现有 GSM 公众网的基础上开发的一套社会治安综合防范和远程监控通信管理系统，其各种性能指标均居国际先进水平。该系统主要由四部分组成，即监控中心、通信网络、车载终端、监控中心客户端软件（含数字地图）。

（二）无线局域网传输

无线局域网与一般传统的以太网的概念并没有多大的差异，只是将以太网的线路传输部分（普通网卡—五类线—普通集线器 HUB）转变成无线传输形式（无线网卡—微波—AP，AP 可理解为无线 HUB），可被看作是双向通信的数字微波。

无线局域网视频传输的优点是工作在免费频点（2.4G/5.8G）、带宽高（11/54/108/150/300 Mb/s）、传输距离远（30～50 km）、组网方式灵活（支持点对点、点对多点、中继、MESH）、价格便宜。缺点是需要固定的无线接入传输点位。因此，无线局域网传输适合有固定位置、楼栋依托的场景，可以最有效、最节省地建设网络视频监控系统。

（三）模拟微波

模拟微波就是将视频信号直接调制在微波的通道上，通过天线发射出去，接收端通过天线接收微波信号，再通过微波接收机解调出原来的视频信号，是单向通信的模拟微波。常用的有 L 波段（1.0～2.0 GHz）、S 波段（2.0～3.0 GHz）、Ku 波段（10～12 GHz）。

此种监控方式组网简单，价格便宜，没有压缩损耗，几乎不会产生延时，因此可以保证视频质量，但其只适合点对点单路传输，不适合规模部署，适合远距离不便于布线的应用场景，可省去布线及线缆维护费用，可动态实时传输广播级图像。缺点是频点使用需要申请、不适合规模部署、抗干扰性差，此外因为没有调制校准过程，抗干扰性差，在无线信号环境复杂的情况下几乎不可以使用，微波信号为直线传输，中间不能有山体、建筑物遮挡；Ku 波段受天气影响较为严重，尤其是雨雪天气会有严重雨衰。模拟微波使用的频率越低，波长就会越长，绕射能力也越强，但极易干扰其他通信，因此在 20 世纪 90 年代此种方式较多使用，现在使用较少，但价格上有优势。

（四）COFDM 传输

COFDM 即编码正交频分复用（Coded Orthogonal Frequency Division Multiplexing）的英文简称，是目前具备很大发展潜力的调制技术。它的实用价值就在于支持突破视距限制的应用，是一种在无线电频谱资源方面充分利用的技术，可以对噪声和干扰有着很好的免疫力。绕射和穿透遮挡物是 COFDM 的技术核心，其基本原理就是将高速数据流通过串并转换，分配到传输速率较低的若干子信道中进行传输。COFDM 具备小范围移动监控、一定程度非视距传输、绕射能力较强等优点，但频点使用需申请，而且带宽低，设备价格较高。因此，适合移动应急传输场景，多应用于公安、消防、交警、人防应急、城管执法、环保监控、消防应急、水利防汛、电力抢险、铁路抢险、海事执法、海监巡查、海关边防、码头监控、森林防火、油田防盗、军事侦察等领域，适合城区、海上、山地等多种复杂环境中的实时移动传输与监控。

（五）4G 或 5G 传输

目前，第 4 代（4G）移动通信技术已经为监控视频数据的传输提供了很好的传输条件。4G 移动通信技术集 3G 与 WLAN 于一体，可以在多个不同的网络、无线通信平台之间找到最快速与最有效率的通信路径，能够实现与高清晰度电视同等质量的高质量视频图像实时传输。4G 移动通信主要采用了正交频分复用（OFDM）的接入方式和多址方案，在频域内将给定信道分成许多正交子信道，在每个子信道上使用一个子载波进行调制，各子载波并行传输，采用了多载波正交频分复用调制技术及单载波自适应均衡技术等新的调制方式，以保证频谱利用率和延长用户终端电池的寿命。采用了更高级的信道编码方案、自动重发请求（ARQ）技术和分集接收技术等，采用了具有抑制信号干扰、自动跟踪及数字波束调节等智能技术，同时使用了分立式多天线的多输入多输出（MIMO）技术，能够有效地将通信链路分解成为许多并行的子信道，从而大大提高容量。通过软件无线电技术将标准化、模块化的硬件功能单元加载以实现各种类型的无线通信方式，通过基于 IP 的核心网实现网络的开放性，允许各种空中接口接入，实现业务、控制和传输的分开。

5G 是最新一代蜂窝移动通信技术，其性能目标是高数据速率、减少延迟、节省能源、降低成本、提高系统容量和大规模设备连接。5G 网络是需要减小蜂窝小区半径，增加低功率节点数量，以保证 1 000 倍流量增长的超密集异构网络，同时采用了智能化的自组织网络（Self-Organizing Network，SON），解决网络部署阶段的自规划和自配，以及网络维护阶段的自优化和自愈合问题，通过智能虚拟的方式实现内容分发网络，综合考虑各节点连接状态、负载情况以及用户距离等信息，通过将相关内容分发至靠近用户的 CDN 代理服务器上，实现用户就近获取所需的信息，使得网络拥塞状况得以缓解，降低响应时间，提高响应速度，同时通过设备到设备通信（device-to-device communication，D2D）、机器到机器通信（machine to machine，M2M）的方式，更有效地支持物联网实现。

4G 或 5G 移动通信技术应用于视频传输，具备移动便携性、无线高带宽、双向高清晰等优点，能够广泛应用于公安现场勘察、应急指挥、海事巡逻、交通执法等诸多有线监控方式难以部署的领域。但是需要依托应用场景附近的通信基站等基础设施，在草原、山区、海域等野外地区部署成本大,用户少,使用效率不高。同时,视频监控需要长时间、大流量的数据传输,这对无线带宽、资费的压力较大。

三、视频监控传输方式选择

选择视频传输方式的前提是图像质量和抗干扰性有保证,应综合考虑视频监控系统规模、覆盖范围、传输距离、通信容量、现场环境、施工复杂度等因素确定。

① 对传输距离<400 m 的监控环境,采用视频基带传输方式较好,其频率损失、图像失真、图像衰减的幅度都较小,能很好地进行视频传输。如果传输中存在高压设备、交流变频器、变电站等干扰源,则应选择宽频共缆、双绞线传输方式,以保证视频传输质量。

② 对传输距离较远的监控环境,多采用光纤传输方式。光纤传输具有衰减小、频带宽、抗电磁干扰强、保密性好等优点,是远距离信号传输的首选方式。如果监控环境复杂且布线难度较大,可选用微波方式,但南方降雨较多区域应慎用,防止雨天监控视频质量受雨衰影响。

③ 对跨城区、超远距离或已有内部局域网的监控环境,监控视频传输可选用数字网络方式,把视频信号数字化在网络传输,可多方查看、控制。但受网络带宽和视频压缩比的限制,图像质量有待改进,用于普通查看尚可。

④ 对于点位较多、点位分散、传输距离几百米至几千米的监控环境,或煤矿、电厂等存在严重干扰的监控环境,宽频共缆监控传输方式很有优势。一根同轴电缆传输几十路的图像和控制信号,显著减少电缆使用量,降低电缆敷设施工量;图像直接调制到高频载波传输,避免常见的 0～10 MHz 干扰频段,系统抗干扰性能显著提高;"总线＋星型"布线结构既方便扩容,维护也简单。

思考与练习

4-1　什么是颜色空间,有哪些分类?

4-2　简述 RGB 和 YCbCr 颜色空间的具体原理。

4-3　什么是图像的数字化? 图像数字化需要进行哪些步骤?

4-4　数字图像的基本属性包含哪些指标?

4-5　如何估算图像视频的存储数据量?

4-6　视频图像采集技术有哪些?

4-7　可见光采集技术包含哪些步骤?

4-8　红外图像采集技术适用于哪些场景?

4-9　视频图像为什么需要进行编码压缩?

4-10　比较 MPEG1、MPEG2、MPEG4 三种压缩标准的特点以及优缺点。

4-11　简述 H.264 压缩标准的特点。

4-12　视频图像的传输技术有哪些分类? 常见的有线传输有哪些方式?

第五章

视频监控系统

近几年来，多媒体技术和计算机图像（文件处理）技术的快速发展，使视频监控系统在实现视频报警、自动跟踪、实时处理等方面有了长足发展，从而使视频监控系统在整个安全防范系统中具有举足轻重的地位。作为传统视频技术与现代电子技术相结合的具体应用，视频监控以其特有的直观、具体、真实、高效等特点成为安全防范技术的主导和核心，是动态监控、过程控制、报警复核、信息存储的有效手段，广泛应用于许多领域，如社会治安防控、突发事件处理、重大安全保卫、道路交通监控等，能为监控现场提供可靠的安全保证，对威慑犯罪分子，保护公民人身及财产安全，协助公安部门调查取证及侦破案件等起到了极其重要的作用。

第一节　视频监控系统概述

视频监控系统也称为电视监控系统，它以电视摄像技术为基础，是一种先进的、防范能力极强的综合系统。视频监控系统是安全防范系统中的重要组成部分。它可以通过遥控摄像机及其辅助设备（镜头、云台等），把被监视场所的图像、声音内容同时传送到监控中心，使被监控场所的情况一目了然。同时，电视监控系统还可以与防盗报警等其他安全技术防范体系联动运行，使防范能力更加强大。

一、基本概念

视频监控系统（Cameras and Surveillance System）是利用视频技术探测、监视设防区域并实时显示、存储现场图像的电子系统或网络。视频监控系统基本组成如图 5-1 所示，主要包括前端、传输、控制、显示、存储等部分组成。前端部分包括一台或多台摄像机以及与之配套的镜头、云台、防护罩、解码驱动器等；传输部分包括有线的电缆、光缆，无线的红外、微波等传输介质、传输设备；控制部分包括视频切换器、云台/镜头控制器、操作键盘、各类控制通信接口、电源和与之配套的控制台、监视器柜等；显示/存储设备包括监视器、存储设备等。

摄像机通过网络线缆或同轴视频电缆将视频图像传输到控制主机，控制主机再将视频信号分配到各监视器及录像设备，同时可将需要传输的语音信号同步录入录像机内。通过控制主机，操作人员可发出指令，对云台的上、下、左、右的动作进行控制及对镜头进行调焦变倍的操作，并可通过视频矩阵实现对多路摄像机的切换。利用特殊的录像处理模式，可对图像进行录入、回放、调出及储存等操作。

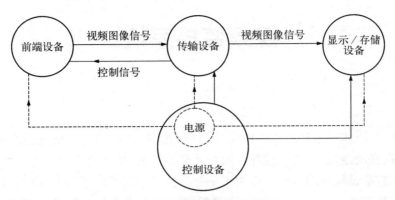

图 5-1　视频监控系统结构示意

一般按照各个设备所分布的位置的不同,常常把组成视频监控系统的产品设备分为前端设备、传输设备和终端设备三大部分,主要有摄像机、光圈镜头、硬盘录像机、矩阵、控制键盘、监视器等。不同的视频监控系统在监控范围、设备数量和系统复杂程度等方面有很大的差异。

前端设备安装在防范区域,主要用于采集被监控区域的各种信息,故也可称为信息采集设备。主要包括摄像机及其配套设备,如镜头、云台等。

传输设备就是将前端设备采集到的图像视频信号、音频信号和报警信号送至控制中心,并将监控中心的控制指令送到前端设备的专用设备。

终端设备是指监控中心的设备和装置,包括总控制台(有些还有副控制台)、操作键盘、监视器(或带视频输入的普通电视机)、图像和声音记录设备等。它的主要任务就是将前端设备传送来的各种信息(图像、声音、报警等)进行处理,并予以还原和记录,供有关人员观察。同时能向前端、终端设备发出各种指令信息,使其执行各种复杂动作,如控制前端摄像机的布防/撤防、云台的转动、对各种视频信号的遥控和切换等。

二、发展历程

从技术角度出发,视频监控系统发展划分为第一代模拟视频监控系统(CCTV)、第二代基于"PC＋多媒体卡"的数字视频监控系统(DVR)、第三代完全基于 IP 网络视频监控系统(IPVS)。

第一代是 20 世纪 90 年代以前的模拟监控。监控系统以录像机(VCR)为中心,以模拟设备为主,由模拟摄像机、传输电缆、模拟视频矩阵、画面分割器、模拟录像机等构成,主要用于小范围监控,监控图像一般只能在控制中心查看。第一代监控系统存在很多缺点,如设备投资较大、监控范围有限、查询取证困难、无法远程访问、维护烦琐、录像质量随时间的推移下降,特别是只能点-点监控,无法与其他安全防范系统如门禁系统、周界防护等集成,已基本淘汰。

第二代是始于 20 世纪 90 年代的"模拟＋数字"监控。监控系统以数字硬盘录像机

(DVR)为中心,采用数字控制的视频矩阵替代模拟视频矩阵,用 DVR 替代 VCR,实现了视频监控的部分数字化。DVR 集合了录像机、画面分割器等的功能,跨出了数字监控的第一步,将模拟视频数字化并存储于硬盘,视频的分析、处理能力显著提高,故发展很快,1996—1999 年出现爆发式增长。进入 21 世纪,随着网络技术的发展,DVR 发展为具有网络功能的 NVR(Network DVR)。与 DVR 相比,NVR 不但实现了视频信息数字化存储,还实现了视频信息数字化传输,可直接接入 IP 网络实现视频信息的广泛共享。但 DVR 和 NVR 都是部分数字化的监控系统,存在一定局限性。

第三代是始于 2001 年的"全数字网络监控"。主要针对网络环境设计,主架构为"编码器＋网络＋视频平台"。它利用数字技术、网络技术,克服了 DVR/NVR 的局限性,用户可通过网络中任意计算机终端观看、存储、管理实时的视频信息。作为完全数字化的系统,第三代视频监控系统的主要特点是开放、灵活、简单,系统趋于平台化、智能化;基于传输控制协议/网络互连协议(TCP/IP),能通过局域网、互联网、无线网传输,布控区域远超前两代监控系统;采用开放式架构,能与门禁系统、报警系统、巡查系统等无缝集成;基于嵌入式技术,性能稳定,无需专人管理;灵活性显著提高,监控场景可任意组合,随意调用。

随着技术的不断发展,无线视频监控系统将是无线网络技术最多的应用之一。同时随着无线城市的建设,无线视频监控也必将是其杀手锏应用之一。无线视频业务对于误码率、切换效率、时延、带宽稳定性等方面要求较高,如果这些方面处理不好,视频画面将会出现马赛克、跳屏、停顿等。

三、应用领域

用于安防领域的视频监控系统是集图像采集、传输、压缩、控制、报警、软件解码、数字图像记录、网络图像传输等技术于一体的众多技术应用系统。

(一) 安全防范

视频监控系统可用于许多场合,可及时制止各种违法犯罪行为的发生。它是现代化安全管理不可缺少的内容,属于技术防范的范畴,如银行、商场、住宅小区等的安全防范。

举例:一男钻入商场偷盗,被监控器当场发现。

2007 年 1 月 10 日凌晨,福建省石狮市发生一起盗窃案。窃贼沿着外墙排水管道爬到某商场三楼,破开铁皮进入隔层,拆开空调,顺着空调口钻入商场,疯狂盗窃。孰料偷得正起劲时,商场值班人员通过视频监控器察觉,窃贼被商场员工及民警人赃俱获。

(二) 交通管理

视频监控系统用于管理城市复杂的道路交通,使其有序。如电子警察的运用,监控范围覆盖方圆 400 米。社会车辆进入公交车道、加塞等违法行为将不再会成为"漏网之鱼"。它也可以与城市社会治安动态防控体系(如 110 指挥系统)共享。

举例:福建省沙县使用智能雷达"电子眼"测速。

2004 年 7 月 20 日,福建省三明市沙县交警大队在三明地区率先启用智能雷达测速取证系统。系统启用不到两小时,就查处了 12 起超速行驶行为。这个系统可以对超速车辆进行现场拍摄和录像,假若超车司机对处罚不服,可以通过电脑显示屏查看录像。一名当事人说:"我总觉得自己没有超车,但雷达测速取证系统拍下了现场,有图像有记录,我只好认了,不能不服。"

(三) 消防管理

视频监控系统的应用越来越广泛,其中视频监控与消防技术结合的应用对于火灾的预防起到了很大的作用。

在空间距离和占地面积均比较大的室内场地,如飞机库和大仓库,或者是存在着强气流的地方,防火始终是消防人员面临的十分头痛的问题。而在消防过程中,及时发现火情为减少火灾的损失会起到不可估量的作用。事实上,在这些空间比较大的室内场所,由于无法安装探测器以近距离监视可能出现的火情,在火情发生时,人们难以立即发觉,因而往往延误了救火工作,没有有效地阻止火灾的蔓延。

传统的安装在办公环境中的定向烟雾探测器通常需要在离火焰和烟雾源比较近的地方才能快速和有效地发挥探测作用。在空间较大的地方(如仓库)安装这样的探测器则存在着严重的缺陷。

举例:英国公司开发视频烟雾探测系统用于消防。

2004年8月,英国伦敦附近的一家名为D-Tec的公司给大空间内的防火工作带来福音。该公司开发出一种新的火情(烟雾)探测系统,能利用录像镜头拍摄现场图像,并通过发现图像中的特殊图案来发现烟雾,这是人们首次将摄像技术用于火情探测。D-Tec表示,该录像(视频)烟雾探测(VSD)系统特别适用于仓库等大面积的区域。公司的该项创新获得了英国皇室颁发的"公司女王企业成就奖"。

D-Tec公司认为,随着视频烟雾探测技术的出现,现在保护仓库等重要室内场所既经济又有效的方法已成为现实。据公司资料介绍,该视频烟雾探测技术适用的场所包括发电站、古建筑、隧道、火车站、仓库、购物中心和飞机库。此外,该系统还可用于有毒和有害场所的火警监测。

视频烟雾探测工作的基础是用计算机对闭路电视系统获得的图像进行分析,采用先进的图像处理技术和误报现象运算法则,自动识别烟雾自身特殊的运动图像,及时向系统操作人员发出警报。为实现快速探测烟雾目的,系统要对摄像头拍摄到的图像中小区域的变化进行一系列的过滤,如果能发现那些同烟雾行为相关的特征,就可以判定有火情发生。

(四) 防爆安检

公共聚集场所如车站、码头、机场等的安全问题越来越引起人们的重视,它直接危及公众的安全。公共聚集场所安装视频监控系统,可以对场所需要防范的区域实行全方位的防范。

机场的安全检测关系到乘客的生命安全和飞机的飞行安全,在当今社会已经越来越受到乘客和航空公司的重视。视频监控作为公共聚集场所安全防范的基础系统,通过视频监控,对候机大厅、安检通道、登机口、电梯周界、停机坪和建筑物顶层进行实时监控。同时可将其他安全防范的报警及探测信号传给视频监控系统,实现信息共享和联动报警。

举例一:美国机场安检开始使用透视仪。

从2007年2月23日开始,美国凤凰城国际机场安检处加装了一台新式人体X射线扫描设备。在这个新设备的帮助下,机场安检人员将能够"看穿"旅客身上的衣服,以便发现其身体表面是否隐藏着枪支、炸弹或者液体爆炸物等危险品。如果这种设备在凤凰城机场的表现不错,洛杉矶和纽约肯尼迪国际机场也将安装类似设施。

举例二:汽车站安检,监控器照出大蟒蛇。

2006年10月30日下午2时许,在西安市汽车站安检口,工作人员如常在站内值班负责安检,眼睛紧盯着监控器。此时,监控器上出现了奇怪图像,四方形的箱子里有堆奇怪的黑色物体,看上去像盘起来的绳子,可物体明明是在动。工作人员赶紧走出监控室叫住箱子的主人,并把箱子搬到旁边,询问箱内是何物,主人只好交代是蟒蛇。

(五)侦查破案

视频监控系统记录的监控现场图像,可以为侦查破案提供有利的证据和线索,对及时打击违法犯罪起到了不可估量的作用。

举例一:小区监控录像拍下偷车贼,警方守株待兔抓贼。

2006年5月初,北京市海淀派出所管辖的一个社区内接连丢失自行车。社区民警秦卫平查看案发现场时,发现丢车地点均在一处比较隐蔽的楼门口。"这贼习惯吃回头草,我觉得他尝到甜头后还会来!"5月18日,社区又发案了。小区监控录像拍下了窃贼盗窃的全过程。根据录像,老秦及社区保安员记住了画面上的窃贼。20日下午6点多,在监控室值班的保安小孙发现窃贼又来了。老秦接到电话后立即带领保安赶到现场,将窃贼控制住。

举例二:墨西哥安装先进电子监测系统保护美洲王蝶。

近年来,美洲王蝶的生存受到严重威胁。除全球气候变暖或温度骤然下降等自然因素外,不少偷伐林木者受经济利益驱使,置法律于不顾,深入美洲王蝶栖息的广袤林区乱砍滥伐,使为美洲王蝶提供食物来源和栖息场所的森林面积逐渐缩小。

为此,墨西哥联邦和地方政府投资4 100万比索(相当于356万美元)在米却肯州林区安装先进电子监测系统。据悉,在非法砍伐最严重的地区将安装由卫星监测的29个高技术摄像机和300个无线电导航通信设备,对林区进行夜间监控,锁定偷伐者。

四、发展趋势

网络视频监控发展趋势主要体现为以下三个方面。

1. 视频监控IP化

随着互联网技术的发展,基于IP的视频监控更能为用户接受。网络摄像机把压缩的视频信息通过TCP/IP协议,采用流媒体技术实现视频在网上的多路复用传输,授权用户可随时通过互联网访问,实现对监控系统的指挥、调度、存储、授权控制等。鉴于IPv6服务质量、网络性能、安全性等方面的改善,基于IP的视频监控将成为主流。

2. 视频监控无线化

无线视频监控包括两方面:一是监控中心的移动,通常被监控对象及摄像机是固定的,监控系统使用者可能是动态的;二是视频监控网络的无线化,监控点分散且与监控中心距离较远,或被监控对象不固定时,有线监控较为困难。基于多种无线传输手段的移动视频监控灵活性强、性价比高,应用广泛。它采用无线方式将监控前端或客户端和监控平台连接实现监控。

前端设备一般支持无线传输，如果不支持无线传输，则需配置相关的无线设备实现无线传输。监控中心根据网络条件、需求等，选择通过互联网或无线网络接入监控平台。用户可使用多种终端设备接入监控平台观看监控视频。

3. 视频监控智能化

智能化是视频监控技术发展的较高层次。视频数据量极大，而用户真正需要监控的多为小概率事件。如何通过海量数据获取有价值的信息，或者如何从目视解释变为机器自动解释是视频监控技术发展的重要方向，因为视频监控从静态的事后取证变成动态的实时预防和报警对用户极为重要。现有监控系统都配置了自动位移侦测、昼夜自适应切换、预警设置等初级智能化功能。随着技术发展，智能监控要求事发前识别并做出正确的判断，便于及时、快速地采取相应措施。

第二节　视频监控系统组成

视频监控系统是由摄像、传输、控制、显示、记录登记五大部分组成。摄像机通过同轴视频电缆、网线、光纤将视频图像传输到控制主机，控制主机再将视频信号分配到各监视器及录像设备，同时可将需要传输的语音信号同步录入录像机内。通过控制主机，操作人员可发出指令，对云台的上、下、左、右的动作进行控制及对镜头进行调焦变倍的操作，并可通过控制主机实现在多路摄像机及云台之间的切换。利用特殊的录像处理模式，可对图像进行录入、回放、处理等操作，使录像效果达到最佳。

一、系统功能

（一）系统功能层次模型

对于视频监控系统，根据系统各部分功能的不同，整个视频监控系统划分为四个层次，即数据采集层、数据传输层、控制管理层、视频应用层，如图 5-2 所示。当然，由于设备集成化越来越高，对于部分系统而言，某些设备可能会同时以多个层的身份存在于系统中。

1. 数据采集层

采集层是整个视频监控系统品质好坏的关键因素，也是系统成本开销最大的地方。它包括镜头、监控摄像机、报警传感器等。

2. 数据传输层

传输层相当于视频监控系统的血脉。在小型视频监控系统中，最常见的传输层设备是视频线、音频线。对于中远程监控系统而言，常使用的是射频线、微波。对于远程监控而言，通常使用 Internet 这一廉价载体。值得一提的是，新出现了一种传输层介质——网线/光纤。大多数人在数字安防监控上存在一个误区，他们认为控制层使用的数字控制的视频监控系统就是数字视频监控系统，其实不然。纯数字视频监控系统的传输介质一定是网线或光纤。信号从采集层出来时，就已经调制成数字信号了，数字信号在已趋成熟的网络上

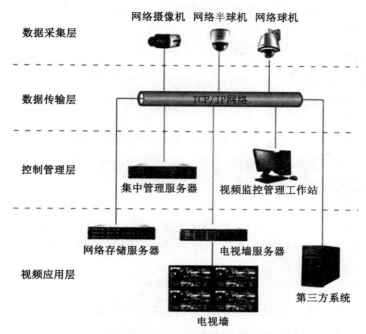

数据采集层　网络摄像机　网络半球机　网络球机

数据传输层　TCP/IP网络

控制管理层　集中管理服务器　视频监控管理工作站

网络存储服务器　电视墙服务器

视频应用层　第三方系统

电视墙

图 5-2　系统功能层次模型

跑,理论上是无衰减的,这就保证远程监控图像的无损失显示,这是模拟传输无法比拟的。当然,高性能的回报也需要高成本的投入,这是纯数字视频监控系统无法普及的最重要的原因之一。

3. 控制管理层

控制管理层是整个视频监控系统的核心,它是系统科技水平的最明确体现。通常的控制方式有两种——模拟控制和数字控制。模拟控制是早期的控制方式,其控制台通常由控制器或者模拟控制矩阵构成,适用于小型局部视频监控系统,这种控制方式成本较低,故障率较小。但对于大中型视频监控系统而言,这种方式就显得操作复杂且无任何价格优势,这时更为明智的选择应该是数字控制。

数字控制是将工控计算机作为监控系统的控制核心,它将复杂的模拟控制操作变为简单的鼠标点击操作,将巨大的模拟控制器堆叠缩小为一个工控计算机,将复杂而数量庞大的控制电缆变为一根串行电话线。它将中远程视频监控变为通过互联网实时、远程监控。但数字控制也不是那么十全十美,仍然存在控制主机的价格昂贵、模块浪费、系统可能出现全线崩溃的危机、控制较为滞后等等问题。

带有音视频处理功能的系统,将由传输层送过来的音视频信号加以分配、放大、分割等,音视频分配器、音视频放大器、视频分割器、音视频切换器等设备都属于相关工控设备。其他比如云台、镜头、解码器、球机等等相关设备,系统应提供人工或者编程等方式实现远程控制。

4. 视频应用层

应用层是人们可以最直观感受到的,它展现了整个视频监控系统所能提供的业务能力和技术水平,如监控电视墙、监视器、高音报警喇叭、报警自动接驳电话、智能处理、监控中心平台等都属于这一层。

(二) 功能特点

当前,对于监控系统而言,用户对其功能的需求已经体现出多元化与系统化。主要表现在以下几个方面的要求:

1. 实时性

视频监控发展的重点和关键在于实时性,监控系统不应局限于被动地提供视频画面,更要求能够实时发现异常情况,以最快、最佳的方式发出警报信号并提供有用信息,流媒体技术的广泛应用就充分说明了这点。

2. 安全性

目前,监控系统趋于复杂化、用户趋于多元化,再加上视频监控本身的业务特点,必然对监控系统自身安全性提出更高的要求。这里的安全包括监控资源安全性、联网安全性、用户安全性等。

3. 远程性

随着网络应用的普及和传输速率的提升,视频监控逐渐从本地监控向远程监控发展,远程视频监控的突出优点体现在距离和控制等方面,能完成对分散控制网络的状态监控及系统设备维护等。

4. 高清性

超高画质的视频图像能为图像识别、交通监控等提供很好的保障,随着设备价格的降低,高清监控日益普及。

5. 移动性

基于 4G 的无线视频监控较好地解决了移动状态下的监控需求,同时也促使监控终端向便携化、小型化方向发展,最终达到随时随地部署监控。

6. 海量存储

网络化使得传统的本地录像功能可以转移到远程服务器上来实现,使得海量数据存储成为可能。同时,也要求系统具备更强的存储、检索和备份等功能。

7. 智能处理

视频监控系统将不仅仅局限于被动地提供视频画面,更要求系统本身足够智能,能够识别不同的物体,发现监控画面内容的异常情况,进行结构化描述,并以最快和最佳的方式发出警报和提供有用信息,从而更加有效地协助安全人员处理危机,最大限度地降低误报和漏报现象,成为应对袭击和处理突发事件的有力辅助工具。智能视频监控还可以应用在交通管理、客户行为分析、客户服务等多种非安全相关的场景,以提高用户的投资回报。

二、常见系统

(一) 传统视频监控系统

前端的视频信号直接通过视频电缆传输到后端进行处理,控制信号通过专门电缆传输，各行其道。

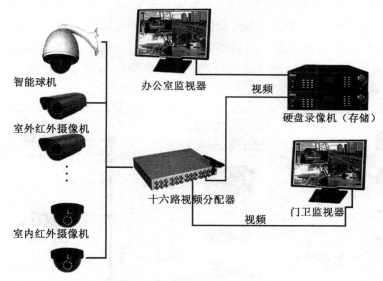

智能球机

室外红外摄像机

室内红外摄像机

办公室监视器

十六路视频分配器

视频

硬盘录像机（存储）

门卫监视器

视频

图 5-3　传统视频监控系统

主要优缺点：

1. 调试简单，在近距离时成本相对比较低；

2. 信号质量差，特别是距离较远、干扰较大时；

3. 传输距离短，不超过 500m，否则将严重影响信噪比；

4. 由于采用的是一头一线制，有多少个摄像机就有多少根视频线，因此，对于点数较多的工程，布线复杂，成本也相应提高；

5. 如果供电电源是高压传输，不能共管走线，必须分管并且保持一定的抗干扰距离，否则供电电缆的交流电源可能会对视频信号产生 50 Hz 的波纹干扰；

6. 直接视频传输，故抗干扰能力弱，影响应用场合和时机；

7. 距离较近，干扰较小；

8. 点数不多，施工方便的场合和时机。

（二）宽频共缆视频监控系统

视频应用领域的拓展及系统规模的扩大、传输距离的增长，促进了监控传输方式的变革，由原来的视频基带传输发展到视频基带、宽频共缆（射频载波）、网络、微波、光缆、CDMA 及双绞线多元化传输并存模式。

宽频共缆视频监控传输系统以避除监控传输干扰，实现监控信号总线制远程传输为设计目标，既注重图像和控制信号的传输质量，又保证了系统的稳定性、可靠性和实用性，彻底转变了传统烦琐的布线方式，提高了系统抗干扰性能，解决了监控传输疑难问题。布线简洁化：该系统在实际应用中可以实现四十路监控信号（包括视频、音频和控制信号）通过一根同轴电缆双向传输数公里，使监控信号实现了集约式总线制传输。

如图 5-4 所示，前端的视频信号先通过调制器对视频进行调频调制，然后通过射频电缆将信号传输到后端,由解调器进行解调,还原成视频信号,输入监控计算机进行视频处理。控制信号由控制器反向传输到前端,如果距离较远,则中间需要添加双向放大器进行信号电平的补偿。在这种系统下,视频调制信号和控制信号均在同一根电缆中传输,当传输多个视频信号时,只需要将各个调制器的信号输入同一电缆,形成类似总线式的共缆传输。事实上,根据应用的不同,还可以将报警信号、音频监听信号等在同一电缆中传输,大大方便了工程施工。

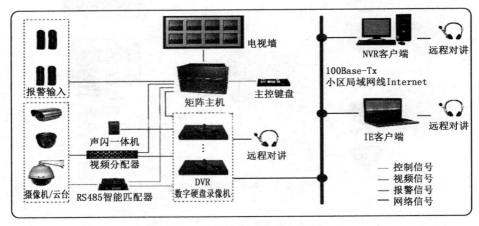

图 5-4　宽频共缆视频监控系统

系统主要优缺点:

1. 传输通道简单,方便施工,在中长距离的项目中,可节约施工成本和综合成本;

2. 不需要单独布线,十几路及至几十路视频、音频、报警调制信号在一根电缆中传输;

3. 抗干扰能力强,不易受到外部干扰;

4. 传输距离远,可达 5 公里,因此在中距离的监控项目中是首选应用技术;

5. 电源可同管穿线,而不用考虑高压电源对视频的干扰,进而降低了施工难度和施工成本;

6. 由于采用共缆传输技术,扩容方便。

最佳应用场合:

1. 距离较远,干扰较大的场合,如工厂车间、变电所等,基本上不用为原本让设计和施工人员最为担忧的干扰问题担忧;

2. 点数多,施工复杂的场合,由于只需要一根电缆,采用类似总线方式传输多种信号,因此不再需要成堆线。

(三)无线视频监控系统

与共缆视频监控系统不同的是,无线视频监控系统是通过无线方式传输的。在无线方式下,可以不需要进行任何布线行为,可以跨越有线方式不可克服的障碍,如道路、河流等,在极短的时间内完成监控系统的构建。在后端,通过无线 AP 将信号通过标准以太网端口输出至计算机,而后的处理就跟网络监控相同,其他信号如音频等也是在网络上直接传输(图 5-5)。

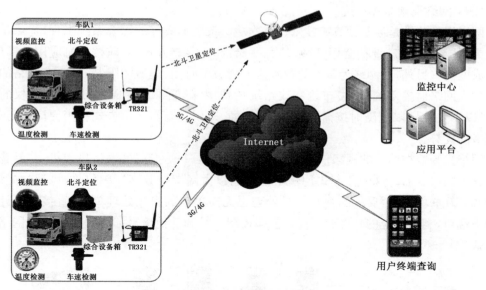

图 5-5 无线视频监控系统

主要优缺点：

1. 传输通道简单,方便施工,在远距离的监控项目中,可节约施工成本和综合成本,瞬间完成视频项目;

2. 不需要布线,所有视频、音频信号均在无线网络中传输;

3. 抗干扰能力强,无线通道均在 2.4 GHz 以上的频率上传播,且采用的都是扩频技术,抗干扰能力强;

4. 传输距离远,通过无线通信技术,通信距离可达到几十公里;

5. 扩容方便,视频扩容事实上就是无线扩容、网络扩容;

6. 传输速度受无线网络品质的影响较大。

由于无线传输本质上是网络传输,因此当前版本的网络传输协议无法克服时延,因此严格来说不能做到实时,特别是对于动态摄像机,当控制者发出控制信号后,总是会感觉到前端的反应有些迟钝,有些滞后,这是网络传输本身带来的,并不是视频系统的问题,这个问题的解决只能等到新一代的互联网协议应用后才能彻底解决。我国目前正在试行的 IPv6 网络协议,就能完美解决这个时延问题。

最佳应用场合：

1. 有线方式不可克服的障碍的场合,如河流等;

2. 不适合布线的场合,如道路、广场、机动车船等;

3. 远程无专线的场合,如定点监控,既不可能专门拉线,也没有网络的地方,用无线几乎是唯一选择;

4. 临时应用的场合,想用就用,用完就撤的场合最适合用无线方式;

5. 经常变动的场合,有的监控是"打一枪换一个地方"性质的,无线方式最适合;

6. 有线方式的补充。

（四）网络视频监控系统

网络视频监控是涉及计算机技术、网络技术、系统集成等的综合系统工程,优点是监控方式灵活、系统施工、维护费用低廉、信息存储量大、存储方式多、监控信息应用范围广、系统集成度高。另外,以网络为基础的视频监控突破了时间、地域的限制,只要有网络的地方均可建立网络监控系统,省去布线和线路维护费用,降低了监控成本;用户在授权的情况下,可以不受地域限制随时按需监控,实现即插、即用、即看,使用方式相当便捷,真正发挥了网络的优势。

网络视频监控前端的视频信号采集有两种方式:一是专门的网络摄像机,二是普通摄像机加视频服务器。这两种方式均输出标准的以太网端口数字视频信号,可通过光缆、双绞线或者互联网传输,后端的视频信号处理也无需单独的视频处理单元,直接输入计算机的网络端口,利用相应的软件就可以。前端控制信号和其他信号如音频等也是在网络上直接传输(图5-6)。

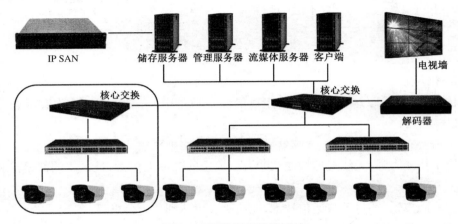

图5-6　网络视频监控系统

1. 网络摄像机

网络摄像机是传统摄像机与网络视频技术相结合的新一代产品,除了具备一般传统摄像机所有的图像捕捉功能外,机内还内置了数字化压缩控制器和基于 WEB 的操作系统,使得视频数据经压缩加密后,通过局域网、Internet 或无线网络送至终端用户。而远端用户可在自己的 PC 上使用标准的网络浏览器,根据网络摄像机带的独立 IP 地址对网络摄像机进行访问,实时监控目标现场的情况,并可对图像资料进行实时编辑和存储,另外还可以通过网络来控制摄像机的云台和镜头,进行全方位监控。

目前市面上的网络摄像机有一种为内嵌镜头的一体化机种,这种网络摄像机的镜头是固定的,不可换;另外一种则可以根据需要更换标准的 C/CS 型镜头,只是 C 型镜头必须与一个 CS-C 转换器搭配安装。但从内部构成上说,无论是哪种机型,网络摄像机的基本结构大多都是由镜头、滤光器、影像传感器、图像数字处理器、压缩芯片和一个具有网络连接功能的服务器所组成。

网络摄像机作为摄像机家族中的新成员,也有着与普通摄像机相同的操作性能,例如具有自动白平衡、电子快门、自动光圈、自动增益控制、自动背光补偿等功能。另一方面,由于网络摄像机带有的网络功能,因此又可以支持多个用户在同一时间内连接,有的网络摄像机还具有双通道功能,可同时实现模拟输出和网络数字输出。

2. 网络视频服务器

从某种角度上说,视频服务器可以看作是不带镜头的网络摄像机,或是不带硬盘的DVR,它的结构也大体上与网络摄像机相似,是由一个或多个模拟视频输入口、图像数字处理器、压缩芯片和一个具有网络连接功能的服务器所构成。视频服务器将输入的模拟视频信号数字化处理后,以数字信号的模式传送至网络上,从而实现远程实时监控的目的。由于视频服务器将模拟摄像机成功地"转化"为网络摄像机,因此它也是网络监控系统与当前CCTV模拟系统进行整合的最佳途径。

视频服务器除了可以达到与网络摄像机相同的功能外,在设备的配置上更显灵活。网络摄像机通常受到本身镜头与机身功能的限制,而视频服务器除了可以和普通的传统摄像机连接之外,还可以和一些特殊功能的摄像机连接,例如低照度摄像机、高灵敏度的红外摄像机等。

目前,市场上的视频服务器以1路和4路视频输入为主,且具有在网络上远程控制云台和镜头的功能,另外,产品还可以支持音频实时传输和语音对讲功能,有的视频服务器还有动态侦测和引发事件后的报警功能。

如果在互联网上进行传输和控制,需要确定每个摄像机在互联网上的IP地址,有两种方式可实现此功能。一是具有固定的IP地址,一般比较大的单位会申请此方式,接在内部网络上的摄像机地址可通过地址转换得到。二是动态域名系统,如花生壳、88IP等。除了这些提供运营服务的动态域名外,现在很多网络摄像机生产商也都提供自己的动态域名服务,用户无需再为此操心,有的用户甚至都不知道还需要动态域名服务这个环节。

3. 技术特点

1) 视频压缩。视频压缩是网络摄像机最基本的技术要求。目前,网络摄像机的视频处理芯片以专用集成电路(ASIC)为主,视频压缩可采用多种标准,以H.264为主。

2) 高度集成。网络摄像机不仅具备模拟摄像机图像采集功能,还是一个前端处理系统,具备丰富的异构总线接入功能,如网络电话(VOIP)、报警器、RS232/RS485串行设备的接入等。此外,还可以将移动侦测、视频丢失、镜头遮盖、存储异常等报警信号通过网络发送给后端。内嵌的SD卡可作为网络故障时图像暂存设备,网络正常时再上传视频,保证监控视频的连续性、完整性。

3) 以太网供电(POE)。POE是近年来发展较快、应用较广的网络供电技术,它在不改动现有以太网Cat.5布线基础架构情况下,除了为基于IP的终端传输信号,还能为终端提供直流电。这样,网络摄像机无需其他电源供电。目前,多数网络交换机支持POE功能。普通交换机只需增加中跨即可实现POE的功能,其中,中跨的主要作用是给网线加载电源。

4) 无线接入。无线接入网络解决方案有利于降低工程复杂度,减少成本。例如,移动视频监控时,无线接入方案能轻松解决信息传输问题。网络摄像机使用的无线接入标准主要有 IEEE802.11B 和 IEEE802.11G,后者是前者的改进,数据传输率高达 54 Mb/s。

5)安全性。网络摄像机可提供 3 种形式的安全特性:用户安全管理,如用户注册、权限管理等;IP/MAC 地址绑定,只允许绑定 IP/MAC 地址的计算机访问;根据安全等级,利用通用的网络安全技术。

三、前端设备

视频监控系统的前端设备一般包括摄像机及其辅助设备如镜头、云台等。它的主要任务就是获取被监控区域的各种信息。

(一)摄像机

摄像机是能够把活动景物的光信号(画面)转换为电信号(图像电信号)的设备,是视频监控系统最主要的信号源。

1. 摄像机的工作原理

摄像机通过 CCD 本身的电子扫描(即 CCD 电荷转移),把成像的光信号转变为图像电信号,再通过放大、整形等一系列信号处理,最后变为标准的视频信号输出。

目前,无论是彩色摄像机还是黑白摄像机,其光电转换的器件均采用 CCD 器件,即电耦合器件。

CCD,是英文 Charge Coupled Device 即电荷耦合器件的缩写,它是一种特殊半导体器件,上面有很多一样的感光元件,每个感光元件叫一个像素(Pixel)。一块 CCD 上包含的像素数越多,其提供的画面分辨率也就越高。CCD 的作用就像胶片一样,但它是把图像像素转换成数字信号。CCD 在摄像机、数码相机和扫描仪中应用广泛,只不过摄像机中使用的是点阵 CCD,即包括 x、y 两个方向用于摄取平面图像,而扫描仪中使用的是线性 CCD,它只有 x 一个方向,y 方向扫描由扫描仪的机械装置来完成。CCD 在摄像机里是一个极其重要的部件,它起到将光线转换成电信号的作用(就像报警探测器里的传感器),类似于人的眼睛,因此其性能的好坏将直接影响摄像机的性能。

衡量 CCD 好坏的指标很多,有像素数量、CCD 尺寸、灵敏度、信噪比等,其中像素数以及 CCD 尺寸是重要的指标。像素数是指 CCD 上感光元件的数量。摄像机拍摄的画面可以理解为由很多个小的点组成,每个点就是一个像素。显然,像素数越多,画面就会越清晰,如果 CCD 没有足够的像素,拍摄出来的画面的清晰度就会大受影响,因此,理论上 CCD 的像素数量应该越多越好。但 CCD 像素数的增加会使制造成本增加以及成品率下降,而且在现行电视标准下,像素数增加到某一数量后,再增加像素数对拍摄画面清晰度的提高效果变得不明显,因此,一般一百万左右的像素数对一般的使用已经足够了。

CCD 摄像机特点是体积小、灵敏度高、寿命长。理论上 CCD 器件本身寿命相当长而不会老化,这也是与以前的摄像管式摄像机相比具有的最大优点。

2. 摄像机的主要性能指标

1)分辨率

分辨率是表示摄像机分解景物光像细节的能力,关系到输出图像清晰的程度。通常以沿图像水平方向与画面高度等长的行扫描,长度内能够分解的明暗相间的条纹数来衡量

（水平分辨率）。单位是电视线（TVL）。一般 TVL 数越多，图像越清晰，同时信号带宽越宽（代价越大）。视频监控系统使用的摄像机要求彩色摄像机水平分辨力在 300 线以上（最高可以达到 480 线），黑白摄像机在 350 线以上（最高可以达到 600 线），这样的指标即可满足一般视频监控系统的要求。

常用的黑白摄像机的分辨率一般为 380～600，彩色为 330～480，其数值越大成像越清晰。一般的监视场合用 400 线左右的黑白摄像机就可以满足要求。而对于医疗、图像处理等特殊场合，用 600 线的摄像机能得到更清晰的图像。

2）信噪比

信噪比（S/N），是信号的有用成分与杂音的强弱对比，常用分贝（dB）数表示，其中，S 为有用图像信号电平，N 为噪声图像信号电平（噪声值）。设备的信噪比越高表明它产生的杂音越少，摄像机抗干扰能力越强。

一般情况下，图像信噪比可以分为三个等级：信噪比达到 46 dB 以上，属于清晰程度；信噪比达到 36 dB 左右，属于刚好能看到；26 dB 以下，属于可用不可用（图 5-7）。

（a）信噪比大于46dB　　　　　（b）信噪比在36dB左右　　　　　（c）信噪比小于26dB

图 5-7　图像质量与信噪比关系

3）灵敏度

摄像机的灵敏度是指获取规定图像质量的输出视频信号所需要的最低靶面照度，单位为勒克斯。

靶面，也叫成像面，是指摄像器件光电转换的有效面积。

勒克斯是发光度和照度单位，1 流明（lm）的光通量均匀分布在 1 平方米面积上的照度，就是 1 勒克斯。简称勒，英文 lux（法定符号为 lx）。1 lx＝1 lm/m²。

1 lx 大约等于 1 烛光在 1 米距离的照度。一般情况，夏日阳光下为 100 000 lx，阴天室外为 10 000 lx，室内日光灯为 100 lx，距 60 W 台灯 60 cm 桌面为 300 lx，夜间路灯为0.1 lx，烛光（20 cm 远处）10～15 lx。

在摄像机参数规格中常见的最低照度表示该摄像机只需在所标示的 lx 数值下，即能获取清晰的影像画面。此数值越小越好，说明 CCD 的灵敏度越高。同样条件下，黑白摄像机所需的照度远比尚须处理色彩浓度的彩色摄像机要低 10 倍。

摄像机的灵敏度的表示方法为最低环境照度要求/镜头最小光圈数，如 2.4 lx/F1.4。

3. 摄像机的分类

1) 按摄像元件的 CCD 靶面大小可分为以下几种。(1 inch=25.4 mm)

1 inch 靶面尺寸(宽 12.7 mm 高 9.6 mm,对角线 16 mm)。

2/3 inch 靶面尺寸(宽 8.8 mm 高 6.6 mm,对角线 11 mm)。

1/2 inch 靶面尺寸(宽 6.4 mm 高 4.8 mm,对角线 8 mm)。

1/3 inch 靶面尺寸(宽 4.8 mm 高 3.6 mm,对角线 6 mm)。

1/4 inch 靶面尺寸(宽 3.2 mm 高 2.4 mm,对角线 4 mm)。

2) 按图像的色彩可以分为黑白摄像机和彩色摄像机两类。

黑白摄像机使用最早,技术最成熟。彩色摄像机可以显示图像的色彩,与真实景物接近,使用较为广泛,但受光照影响较大,光照不足,图像清晰度很低。

彩色摄像机有颜色而使信息量增大,信息量一般认为是黑白摄像机的 10 倍。

3) 依据摄像机外观可分为以下几种。

(1) 枪式摄像机:外观长方体,不含镜头,装于护罩内。

(2) 半球型摄像机:外形如半球,通常含镜头及护罩,多用于环境美观、隐蔽处。

(3) 飞碟型摄像机:外形如飞碟,通常含镜头及护罩,多用于电梯。

(4) 微型摄像机:体积小,外形有纽扣形、笔形、针孔,多为无线,用于采访、偷拍等隐蔽场所。

(5) 全球型摄像机:体积大,球形,内含云台、摄像机,多为高速球,用于开阔区域。

4) 依据摄像机功能划分

(1) 普通型摄像机:不含镜头的摄像机,基本属于普通摄像机。

(2) 一体化摄像机:含镜头,多为 16 倍、22 倍变倍镜头,分普通型和日夜型。

(3) 红外灯摄像机:含镜头及红外灯,用于夜间无光照条件。

(4) 智能球摄像机:含云台、一体化摄像机,可旋转、变倍控制,用于大范围区域。

5) 按使用的照度分为普通、低照度和微光三类。

普通摄像机要求白天和强光下拍摄,灵敏度大于 10 lx;低照度摄像机可以全天候使用,夜间补光照明可使用,最低照度为 0.1～0.5 lx;微观摄像机可以在月光、星光甚至黑夜里使用,通常用于较暗场所的拍摄,最低照度可以达到 10～3 lx。

6) 按光谱范围可以分为可见光摄像机和非可见光摄像机。

可见光摄像机只能摄取位于可见光范围内的景物光像,普通、低照度和微光三类摄像机均属于可见光摄像机;非可见光摄像机包括 X 光摄像机、红外摄像机和紫外摄像机,其原理是通过人眼看不见的非可见光像变为可见光图像在屏幕上显现出来。

在公安工作中,X 光成像一般用于危险、违禁、可疑物品的安全检查,紫外成像主要用于侦查、文物鉴别领域,红外成像广泛用于保安监控领域。

7) 按分辨率即成像的清晰度分为高、中、低三档。

常用的黑白摄像机的分辨率一般为 380～600 线,彩色为 330～480 线。影像像素在 25 万像素(pixel)左右,彩色分辨率为 330 线,黑白分辨率 400 线左右为低档型。影像像素在 25 万～38 万之间,彩色分辨率为 420 线,黑白分辨率在 500 线上下中档型。影像像素在

38 万点以上,彩色分辨率大于或等于 480 线,黑白分辨率 570 线以上为高分辨率。

8) 按视频信号处理方式分为模拟式摄像机和数字式摄像机。

视频处理系统以模拟信号为处理对象的摄像机为模拟摄像机,视频处理系统以数字化视频信号为处理对象的摄像机为数字摄像机。

(二) 镜头

镜头是安装在摄像机前端的成像装置,是实现光电转换、形成图像必不可少的光学部件。镜头是由若干片凹凸不同的透镜黏合而成的透镜组组成。在靶面上形成清晰的物像,是镜头所要实现的功能。

1. 镜头的主要性能指标

1) 成像尺寸

镜头成像的尺寸是指镜头在靶面上成像的大小。一般镜头的成像尺寸应该与摄像机的靶面尺寸相同,两者配套使用。但当大尺寸的镜头分辨率足够高时,可以用于小靶面的摄像机上,反之则不可用。如镜头尺寸为 1 inch、2/3 inch、1/2 inch、1/3 inch、1/4 inch 等等。

2) 焦距(f)

平行光穿过镜头会聚集到一点,这点称为镜头的焦点。焦点到透镜组中心的距离称为焦距。焦距通常用 f 表示。摄像机镜头的焦距就是从镜头的中心点到摄像机靶面上所形成的清晰影像之间的距离。

透镜成像公式:$1/S + 1/S' = 1/f$ $h = fH/S$

(S 为物距,S' 为像距,h 为像高,H 为物高)

对于一定距离的目标(物距 S 一定),f 越大,影像越大。当 f 一定时,若要改变物距,则像距(S')也要做相应的调整,才能保持清晰图像,这个过程就是调焦(调聚焦距)。物距 S 一定(H 也一定),成像大小 h 与焦距 f 长短成正比关系。

一般 S 至少比 S' 大 10 倍甚至达到 100 倍以上,$1/S$ 一般可以忽略,所以 $S' \approx f$,此时图像最为清晰。

3) 相对孔径

为了减少环境照度对摄像机成像质量的影响,在镜头中均设置有一孔径可供调整的光阑,以控制通过镜头的光量的大小。光阑是用来调节镜头进光量的装置,也称为孔径光阑,或者光圈。光阑是镜头中的重要机械装置,它的作用是通过改变光学镜头的有效孔径,控制光线通过镜头的能力,从而使感光元件或胶片得到准确的曝光,并且能够控制景深,或调整镜头的成像品质。孔径光阑位于镜头内部,通常由多片可活动的金属叶片(称为光阑叶片)组成,可以进行无级数的调整。光圈机构可以由机械或者电动、电磁装置驱动,也可以手动调节。

假定光阑的有效孔径为 D,焦距为 f,靶面照度为 E,则满足 $E \propto (D/f)^2$。即光阑开口越大(D 越大),允许进入的光量就越多,靶面照度就越高;而同样光阑的情况下(D 一定),f 越长,成像的靶面照度就越低。

通常将比值 D/f 定义为镜头的相对孔径。相对孔径越大,对于同一目标来说,入射摄像机的靶面照度也越大。

习惯上,用相对孔径的倒数 F 来表示光圈数(镜头光圈的大小),即 $F = f/D$。表示为

F 数,如 F 加数字,数字越小,则镜头的光阑就越大,达到 CCD 芯片的光通量就越大。

4）视场角

景物透过镜头在靶面上成清晰光像的范围,叫视场。视场边缘与物镜中心所成的角叫视场角。水平方向称为水平视场角,垂直方向称为垂直视场角。视场角与靶面尺寸成正比,与镜头焦距成反比。

常根据视场角的大小对镜头进行分类,分为广角镜头,视角 90 度以上,观察范围较大,近处图像有变形;标准镜头,视角 30 度左右,使用范围较广;长焦镜头,视角 20 度以内,焦距可达几十毫米或上百毫米。

2. 视频监控中常用的镜头

1）定焦镜头

定焦镜头是指焦距固定不变,光圈可以人工或自动调节的镜头。可分为有光圈和无光圈两种。有光圈：镜头光圈的大小可以调节。根据环境光照的变化相应调节光圈的大小。光圈的大小可通过手动或自动调节,人为手工调节光圈的,称为手动光圈。镜头自带微型电机自动调整光圈的,称为自动光圈。无光圈：定光圈,其通光量是固定不变的,主要用于光源恒定或摄像机自带电子快门的情况。

2）变焦镜头

变焦镜头是指焦距可在一定范围内人工或者自动连续调节的镜头。镜头焦距可以从广角变到长焦。焦距越长则成像越大。焦距可以根据需要进行调整,使被摄物体的图像放大或缩小。常用的变焦镜头为六倍、十倍变焦等。如三可变镜头可调焦距、调聚焦、调光圈,二可变镜头可调焦调、调聚焦、自动光圈。

3）电动镜头

电动镜头是指在控制台遥控指令的作用下,可人为远距离控制光圈、焦距、聚焦点变化的镜头。电动镜头可以分为电动单可变镜头、电动二可变镜头和电动三可变镜头。

注：人工可调节的参数越多,越能满足人对画面质量的需要;人工可调节的参数越少,越能快速捕捉画面。

4）针孔镜头

用于隐蔽观察,经常被安装在天花板或墙壁等地方。

5）鱼眼镜头

也叫全景镜头,也是短焦距超广角镜头,只是比普通超广角镜头焦距更短,视场角更大。鱼眼镜头的视场角等于或大于 $180°$,有的可达 $230°$。6 mm 或焦距更短的镜头通常即可认为是鱼眼镜头。它是一种极端的广角镜头,"鱼眼镜头"是它的俗称。为使镜头达到最大的摄像视角,这种摄像镜头的前镜片直径且呈抛物状向镜头前部凸出,与鱼的眼睛颇为相似,"鱼眼镜头"因此而得名。

鱼眼镜头属于超广角镜头中的一种特殊镜头,它的视角力求达到或超出人眼所能看到的范围。尽管如此,仍然存在很大的差别,因为在实际生活中看见的景物是有规则的固定形态,而通过鱼眼镜头产生的画面效果则超出了这一范畴。

鱼眼镜头的工作原理：众所周知,焦距越短,视角越大,因光学原理产生的变形也就越强烈。为了达到 $180°$ 的超大视角,鱼眼镜头的设计者不得不做出牺牲,即允许这种变形（桶形畸变)的合理存在。其结果是除了画面中心的景物保持不变,其他本应水平或垂直的景物都发生了相应的变化。

鱼眼镜头在接近被摄物拍摄时能造成强烈的透视效果,强调被摄物近大远小的对比,使所摄画面具有一种震撼人心的感染力;鱼眼镜头具有相当长的景深,有利于表现照片的长景深效果。用鱼眼镜头所摄的像,变形相当厉害,透视汇聚感强烈。直接将鱼眼镜头接到相机上可拍摄出扭曲夸张的效果。

(三)防护罩

防护罩是使摄像机在有灰尘、雨水、高低温等情况下正常使用的防护装置。它用于保护摄像机,使之免于水、人为的破坏。一般内含风扇(散热功用)、电热丝(除雾功用)、雨刷(清洗镜面功用)及喷水器(清洗镜面功用)。

1. 室内防护罩

室内防护罩结构简单、价格便宜,主要是防止摄像机落灰,并有一定的安全防护作用,如防盗、防破坏等。

室内防护罩主要区别是体积大小,外形是否美观,表面处理是否合格。功能主要是防尘、防破坏。

2. 室外防护罩

室外防护罩一般为全天候防护罩,无论刮风、下雨、下雪、高温、低温等恶劣情况,都能使安装在防护罩内的摄像机正常工作。因而这种防护罩具有降温、升温、防雨、防雪等功能。同时,为了在雨天仍能够使摄像机正常摄取图像,一般在全天候防护罩的玻璃窗前安装有可控制的雨刷。

目前,较好的全天候防护罩是采用半导体器件升温和降温的防护罩,这种防护罩内装有半导体元件,可以自动降温,并且功耗较小。

室外防护罩密封性能一定要好,保证雨水不进入防护罩内部侵蚀摄像机。有的室外防护罩还带有排风扇、加热板、雨刮器,可以更好地保护设备。当天气太热时,排风扇自动工作;太冷时加热板自动工作;当防护罩玻璃上有雨水时,可以通过控制系统启动雨刮器。

挑选防护罩时先看整体结构,安装孔越少越利于防水,再看内部线路是否便于联接,最后还要考虑外观、重量、安装座等。

(四)云台

云台是承载摄像机进行水平和垂直两个方向转动的装置。云台内装有两个电动机。这两个电动机一个负责水平方向的转动,另一个负责垂直方向的转动。水平方向转动的角度一般为350°,垂直转动则有±45°、±35°、±75°等。水平及垂直的角度大小可以通过限位开关进行调整。

云台可以分为室外用云台、室内用云台,手动云台、电动云台等。不同云台的承重不同,目前出厂的室内用云台承重大约1.5~7 kg,室外用云台承重大约为7~50 kg。还有微型云台,可与摄像机一起安装在半球型防护罩内或全天候防护罩内。

(五)终端解码器

终端解码器也称为解码控制器,是一个重要的前端控制设备,它在数字监控主机的控制下,可使云台、镜头、防护罩等前端设备产生相应的动作。

终端解码器安装在摄像机(及云台)附近。它的功能是把由总控制台发出的代表控制命令的编码信号(由总线传送的串行数据)解码还原为对摄像机和云台的具体控制信号(比如开关信号)。它可以控制的内容有摄像机的开机、关机;摄像机镜头的光圈大小、变焦、聚焦;云台的水平与垂直方向的转动;防护罩加温、降温以及雨刷动作等。目前生产的终端解码器还具有供给摄像机、云台、防护罩等所需要的各类电源的功能。

四、存储设备

(一) 概述

存储系统作为视频监控系统的重要组成部分,其稳定性、性价比已成为衡量工程建设质量的重要指标。监控视频存储与民用领域(如视频网站)视频存储不同。前者主要是"写"的过程,将监控视频"写"入磁盘阵列保存或备份,"写"的过程中可能并发一定比例的"读"操作,如网络用户对视频的回放请求;后者主要指广播电视、网络视频等,视频文件存储于服务器,网络用户通过对视频服务器的访问获取视频,主要是视频的直播或点播,是从存储设备中"读"并播放视频的过程。

通常,由于视频监控系统监控点多(摄像头数量多)、视频数据量大、存储时间长、长期不间断工作等,视频存储主要特点如下。

1. 视频数据以流媒体方式写入存储设备或从存储设备回放,与传统的文件读写不同。

2. 多路视频长时间同时写入同一存储设备,要求存储系统能长期稳定工作。

3. 实时多路视频写入要求存储系统带宽大且恒定。

4. 容量需求巨大,存储扩展性能要求高,可在线更换故障设备或进行扩容。

5. 多路并发读写时对存储设备性能要求非常高。

存储领域的每次技术变革都带动了视频存储领域相应的发展。视频监控技术的发展分为模拟监控、数字监控及网络监控:模拟监控时代的存储设备是 VCR;数字监控时代的代表产品是 DVR,内置或外挂硬盘是主要存储设备;网络监控时代,网络摄像机、编码器负责视频的编码传输,存储主要采用 NVR。当今世界正处于数字网络化时代,特别是网络视频监控技术广泛应用,视频数据呈爆炸性增长,存储系统与监控系统配合应用,真正实现视频的海量、高速、实时、稳定的存储与检索。

目前,视频监控系统使用的存储方式有硬盘存储、直接附加存储(DAS)、网络附加存储(NAS)、存储区域网络(SAN)。其中,DAS、NAS 和 SAN 是主流存储技术:DAS 直接和服务器连接,接口为 IDE 或 SCSI;NAS 采用网络技术,通过交换机连接存储系统(服务器),接口为 TCP/IP;SAN 采用光纤通道(FC),将存储系统网络化,接口为光纤通道。

(二) 硬盘存储

硬盘存储方式不能算作严格意义上的存储系统。主要原因:硬盘数据没有冗余保护,即使有也是通过主机端的廉价磁盘冗余阵列卡(RAID)或软 RAID 实现,严重影响整体性能;扩展能力极为有限,难以满足长时间存储需求;无法实现数据集中存储,后期维护成本较高。可以看出,该方式不适合大型视频监控系统,特别是需要长时间监控的情形,多作为其他存储方式的应急或补充。

（三）直接附加存储 DAS

DAS 方式是以服务器为中心的存储结构,存储设备设置在各个节点上,数据分别存放于各节点的存储设备中。用户要访问某存储设备的资源需经过服务器,故服务器负担较重,也是整个系统的瓶颈。该方式易于扩容平台容量,可对数据提供多种 RAID 级别的保护。但连接在各节点服务器的存储设备相对独立,无法共享。大型数字视频监控系统中,应用 DAS 存储方式会造成系统维护困难,因此多用于小型数字视频监控系统。

DAS 系统结构中,客户端访问资源的步骤:客户端发送命令给服务器;服务器收到命令,查询缓冲区,如果有,直接经过缓存发送数据给客户端;没有则转向存储设备,存储设备根据命令发送数据给服务器,经网卡传输给客户。DAS 系统结构如图 5-8 所示。

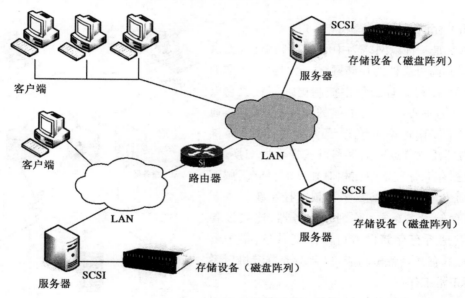

图 5-8　DAS 系统结构

（四）网络附加存储 NAS

NAS 又称网络磁盘阵列,是完全脱离服务器的网络文件存储、备份设备。它把存储设备直接连接到网络,用户可通过网络共享 NAS 的数据,解决了 DAS 对服务器的依赖及服务器的瓶颈问题,显著提高了响应速度和传输速率,还能对数据提供多种 RAID 级别的保护。NAS 方式支持多个主机端同时读/写,有很好的共享性能和扩展能力,还可应用于复杂的网络环境。但 NAS 传输数据时网络开销很大,特别是写入数据时带宽利用率仅 20%~40%。

目前,NAS 多用于小型网络视频监控系统或部分数据的共享存储。客户端访问资源的步骤:客户端发送命令给 NAS 服务器;NAS 服务器收到命令,查询缓冲区,如有,则直接经过网卡发送数据给客户端;如果没有,则转向存储设备,存储设备根据命令经网卡传输数据给客户。NAS 系统结构如图 5-9 所示。

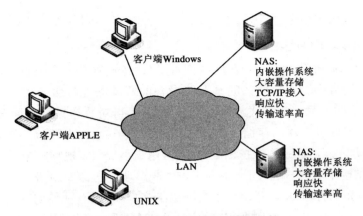

图 5-9　NAS 系统结构示意图

（五）存储区域网络 SAN

SAN 是一种以网络为中心的存储结构，提供了专用的、高可靠性的存储网络，允许独立地增加存储容量，使得管理及集中控制更加简化。它以数据存储为中心，采用可伸缩的网络拓扑结构，通过具有高传输速率的光通道等直接连接，提供 SAN 内部任意节点间的多路可选择数据交换，并且将数据存储管理集中在相对独立的存储区域网内，特别适合大型网络数字视频监控系统。主要设备有存储设备（磁盘阵列）、服务器、连接设备等，优点是所有存储设备可以高度共享、集中管理，同时具有冗余备份功能，单台服务器宕机后系统仍能正常工作。

SAN 分光纤存储区域网络（FC-SAN）和以太网存储区域网络（IP-SAN），二者的区别是连接

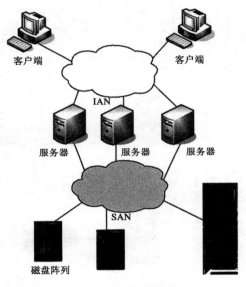

图 5-10　SAN 系统结构

线路及使用的数据传输协议不同。虽然 FC-SAN 采用专用协议可以保证传输时更稳定、高效，但部署方式、构建成本比 IP-SAN 高得多，故大型网络视频监控系统多采用 IP-SAN 架构。SAN 系统结构如图 5-10 所示。

不同存储方式的比较见表 5-1。无论采用何种架构构建存储系统，尽量选择通用存储设备，实际使用时，特别是大型项目中存在以下 3 个方面的问题。

表 5-1　多种存储方式的比较

	硬盘	DAS	NAS	FC-SAN	IP-SAN
数据保护机制	不具备	具备	具备	具备	具备
高共享性能	不具备	不具备	具备	具备	具备
存储设备集中管理	不具备	具备	具备	具备	具备

（续表）

	硬盘	DAS	NAS	FC-SAN	IP-SAN
数据高可用性	不具备	具备	具备	具备	具备
高速读/写性能	具备	具备	不具备	具备	具备
可扩展性	不具备	不具备	具备	有限具备	具备
投入成本	低	低	低	高	低
维护成本	高	较高	中	高	低
适用领域	系统后备存储	小型监控系统扩容	小型监控系统构建	大型监控系统构建	各类型监控系统构建/扩容

1. 成本激增。大型项目中，前端视频信息采集点多，单台服务器承载量有限，需配置几十台甚至上百台服务器，导致建设成本、管理成本、维护成本、能耗成本的剧增。

2. 磁盘碎片问题。由于视频信息多采用回滚写入方式，这种无序的频繁读/写操作导致磁盘产生大量碎片。随着使用时间的增加，将严重影响整体存储系统读/写性能，甚至导致存储系统被锁定为只读，无法写入新的视频数据。

3. 性能问题。数据量激增使得视频数据的索引效率越来越引人关注，动辄数百 TB 的数据索引需要几分钟的时间。

（六）视频数据专用存储

上述几种存储方式存在的成本激增、磁盘碎片、性能问题主要是由于视频监控系统特殊的应用模式造成的，而非存储系统或存储设备本身的问题，难以通过系统平台层面的改进解决。如果说传统存储设备的选择以不拖累系统为标准，视频数据专用存储则为整体系统增加很多亮点，可提升系统整体性能和档次。

为更好地适应监控系统的应用，又提出了视频监控专用存储的概念。最先提出的视频监控专用存储是直写方式存储（也称 NVR）。所谓直写，指前端设备将数字化后的视频数据直接写入 IP-SAN 设备。采用直写方式，原有系统架构无需大的变动，能有效降低系统的管理难度、维护强度及能源消耗。目前，直写存储设备多采用服务器架构，通过移植服务器上视频监控平台的存储功能模块至存储设备完成直写功能。

传统的视频数据存储和直写方式视频数据存储分别如图 5-11、图 5-12 所示。实践表明，具备以下特性的视频数据专用存储设备才能有效解决目前视频监控存储系统的技术问题。

1. 高效稳定的存储设备。为了保证存储系统的高效、稳定，须采用全模块化设计，所有关键部件以及易损部件均应支持热插拔，并采用 Cable-Less 设计，防止设备连接部件因常年工作导致的氧化、变形等。提供多种最高 RAID 级别的数据保护，保证硬盘损毁时数据的可用性。

2. 基于块级的视频流读/写优化。数据在存储设备中以块为单位存储，基于块级别处理数据将显著降低数据读/写时的无谓开销，提升存储设备的整体性能。

3. 存储设备 Cache 调度算法的优化。Cache 读/写速度远高于硬盘读/写速度，因此，针对 Cache 调度算法的优化可以有效提升存储性能。更重要的是,进行历史视频查询时,Cache 中的索引能以最快的速度响应,将上百 TB 级别的存储系统的数据查询时间缩短到秒级。

4. 提供标准的应用程序接口(API)。目前,视频监控平台难以采用统一的标准设计,但作为视频存储专用存储,应能提供标准的 API 接口,经简单开发即可实现多种平台与存储系统的通信。

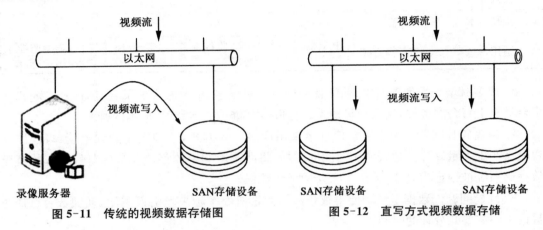

图 5-11　传统的视频数据存储图　　　　图 5-12　直写方式视频数据存储

第三节　视频监控中心设备

视频监控系统核心主要在监控中心(控制中心),视频监控系统功能的多少和控制力的大小,主要取决于监控中心各种技术应用。监控中心主要完成各种信号的集成与处理,完成显示、监听、报警、录音和录像等功能,遥控前端设备,系统自检等。

(一) 监视器

监视器是视频监视系统中对前端摄像机摄取的图像进行显示的必不可少的设备。视频监控系统的直观、即时性也正是由它来体现的。

监视器的主要技术指标有电视制式、清晰度、屏幕尺寸等。这些技术指标的含义与已讲过的摄像机的技术指标的含义有类同之处,在此不再重复叙述。

监视器有大小不等的屏幕尺寸,可根据实际需要来选择屏幕尺寸的大小。一般应根据值班人员的观看距离,即控制台与电视墙的距离来选择监视器的屏幕大小,通常规律是观看距离为监视器屏幕对角线尺寸的 4~6 倍较为适宜。

1. 监视器的分类

1) 按监视画面的颜色分,监视器有黑白和彩色监视器之分。

在视频监控系统中应依据前端摄像机是黑白摄像机还是彩色摄像机来适当选择。

2) 按监视器的技术指标不同可分为专用监视器和接收/监视两用机。

专用监视器的图像质量好、清晰度高,可达 600~800 TVL 以上,但价格昂贵,适用于要求较高的场合。接收/监视两用机通常就是家用的电视机,虽然图像质量比不上专用监视器,但价格低廉,所以在电视监控系统中获得了广泛的应用。

3) 按监视器的用途不同,可以分为群监视器、主监视器和录监视频。

2. 群监视器

群监视器一般是将多个监视器有规律地排列放置在一起,组成大面积的电视墙。通常是一个(或几个)摄像机的图像对应一个监视器,也可以所有摄像机的图像都可在其中任何一部监视器上显示,是多选用的监视器。

3. 主监视器

在此监视器上可以监看到系统中所有摄像机的图像。利用视频切换器可以任选群监中的一个图像来监看或时序进行显示。一般选用较大屏幕甚至清晰度较高的监视器,特别是当显示由多画面分割器输出的图像信号时,因一幅屏幕上要显示多个摄像机的图像画面,这就更需要选择大屏幕的监视器。在一些较大和较重要的电视监控中心,主监视器往往需要供多人观看,这时,可以增添更大屏幕的投影电视来进行图像的显示。

(二) 录像机

录像机是纪录、保存信息、图像的专用设备。常用的是磁带录像机,它用磁带纪录保存视频信息。录像机有多种,有黑白、彩色的,有长时间实时、延时录像机,数字录像机等等,应根据不同的用途选用不同的录像机来纪录、保存信息图像。

1. VCR

VCR 是 Video Cassette Recorder 的缩写,即盒式磁带录像机。就功能上而言,它是使用空白录像带并加载录像机进行影像的录制及存储的监控系统设备。许多 VCR 有自己的调谐器(用于电视节目接收)和程序定时器(用于自动在某个时间录制特定频道的节目)。

后来的 VCR 型号能够使用标准(SP)和长时(LP)格式录制和播放。LP 格式通过牺牲一部分的视频及声音质量以提高能够录制的时间长度。有些型号甚至能够使用超长(EP,ELP 或者 SLP)格式录制和播放,这种格式将磁带的速度降到了标准模式的三分之一,但是这带来了更多的声音和视频质量下降。超长播放通常针对美国市场,那里的人们通常较少关心回放的质量。

2. DVR

DVR 是 Digital Video Recorder 的简称,即硬盘录像机,是视频监控系统的重要设备,具有视频/音频长时间录像/录音、远程监控和控制功能。它集合 VCR、画面分割器、云台镜头控制、报警控制、网络传输等功能于一身,采用数字存储技术,在图像处理、储存、检索、备份、传输等方面有优势。

DVR 根据压缩算法不同分小波压缩、MJPEG、MPEG4、H.264 等;根据硬件架构不同分工控式硬盘录像机和嵌入式硬盘录像机。前者通用性、可扩展性较好,后者稳定性、可靠性和易用性较好。工控式 DVR 结构如图 5-13 所示。

相较 VCR 为基础的第 1 代监控系统,基于 DVR 的第 2 代监控系统主要有以下优点。

1) 功能高度集成。DVR 集合了传统监控系统的后端控制设备,包括画面分割器、矩阵、云台控制器、长延时录像机等,可实现全双工 4、9、16 路画面分割,16 路画面任意切换,

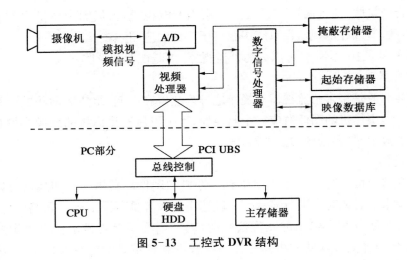

图 5-13　工控式 DVR 结构

16 路录像速度任意设定等。同时还可实现视频移动报警，以及传感器与摄像机、报警器任意联动等，具有很高的集成度。

2）监控的高度智能化。画面动态感知报警，在选控画面区域内，只要有运动物体出现，系统即可自动报警录像。

3）操作简便。易于操作的用户菜单，人性化的键盘设计，不需要具备专业知识即可在短时间内学会操作、管理。相对于传统的监控系统，数字硬盘录像系统节省了约 80％的工作量。

4）维护方便。硬盘录像系统一般无需维护，避免了传统录像机烦琐的录像带更换、保管及查询检索工作，这也是硬盘录像系统最终取代传统录像监控系统的最重要原因。

（三）分配放大器

经过视频矩阵切换器输出的视频信号可能要送往监视器、录像机、传输装置、硬拷贝成像等终端设备，完成成像的显示与记录功能，在此，经常会遇到同一个视频信号需要同时送往几个不同之处的要求。在个数为二时，利用转接插头或者某些终端装置上配有的二路输出器来完成；但在个数较多时，因为并联视频信号衰减较大，送给多个输出设备后由于阻抗不匹配等原因，图像会严重失真，线路也不稳定。在这种情况下，需要使用视频分配器，实现一路视频输入、多路视频输出的功能，使之可在无扭曲或无清晰度损失情况下观察视频输出。

通常视频分配器除提供多路独立视频输出外，兼具视频信号放大功能，故也称为视频分配放大器。对视频分配放大器的基本要求是频带宽度应达到 6 MHz 以上，不应引入任何失真。也有一些厂家分别把视频分配器和视频放大器做成两个独立的设备，以方便用户根据需要加以选择。

视频分配放大器由独立和隔离的互补晶体管或由独立的视频放大器集成电路提供 4～6 路独立的 75 Ω 负载能力，包括具备彩色兼容性和一个较宽的频率响应范围（10 Hz～7 MHz），视频输入和输出均为 BNC 端子，见图 5-14。

近年来,随着手机和 LCD 电视等市场的不断扩大,用户对于视频放大器的要求发生了改变,更低功耗、更小封装以及良好的匹配性能都变得十分重要。一些公司如英特尔、凌特、德州仪器和飞兆半导体等纷纷推出了新型放大器来满足视频应用领域对于驱动器和缓冲器的需求。凌特公司针对高性能视频领域推出的型号为 LT6553 的放大器,分辨率超过了 1600×1200 像素,LT6553 适用于 SXGA 和 UXGALCD 投影仪及监视器、数字显示器、扫描仪,以及车载导航和车内视频系统等汽车显示器系统、

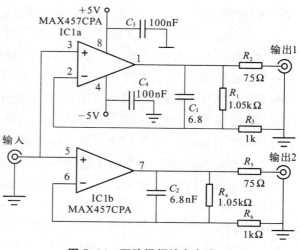

图 5-14 双路视频放大电路

数码相机及 CCD 影像系统。英特尔公司为了满足高分辨率显示器接口的要求推出了 EL536x 系列新型运算放大器,满足高带宽和低噪声方面的要求,最重要的是,脉冲响应也受到控制。

尽管制造商推出了种类如此繁多的产品,但是不同的终端产品所需要放大器产品的性能也不尽相同。要求最苛刻的应用领域是液晶投影机领域,该领域产品尺寸小、易碎、具有明亮的高分辨率显示,同时还要有良好的价格。这就要求视频放大器具有更高的带宽和转换速率、低功率、封装尺寸小及良好的通道分隔性能。

(四) 视频分割器

视频分割器属于多媒体制作类软件,是一类根据需要对视频进行分割的软件。常见的分割模式有根据时间段分割视频、根据容量分割视频、指定起始时间和转换终止容量转换、将视频平均分割成多段等等。

1. 技术简介

视频多画面分割技术的主要作用就是将输入的多路摄像机的图像信号经处理后在一个监视器的荧光屏上以不同的部位进行显示。目前生产的视频多画面分割器有多种规格,有 4 画面分割器、9 画面分割器、16 画面分割器等多种形式。在同一台监视器的屏幕上能同时观看多路摄像机的图像,其最大的优点就是可以减少监视器的数量,节约了空间和系统运行的费用。特别是在空间狭小的地方,如接待室、办公室、商店、仓库等无法安装太多设备的场合,多画面分割器就更有其用武之地。

此外,采用多画面的同时显示方式与多画面的顺序显示方式相比,其优点就是监控人员可以很方便地及时观看多路图像,不至于产生监视的死区或出现看不过来的现象。另外一个优点就是由于从各个摄像机送来的图像都是先存进帧存储器,再取出来送进监视器,因而各摄像机之间不要求必须要实现帧同步,从而简化了系统的构成。

2. 技术实现

视频分割器实现对视频的分割主要有两种方式,一种是通过转换实现,多媒体领域亦

称之为分割转换;另一种是直接分割,不进行转换。

直接分割,多媒体领域还称之为"切豆腐",对片源不进行任何数据处理,而是根据用户指令对视频进行搜索,直到搜索到分割点,并将视频分割成多段,这种直接分割的优点在于没有复杂的数据运算,只需搜索分割点,故这种分割方式能够保证较快的分割速度。但这种分割方式也存在着致命的缺点,首先,它不进行数据处理,故对导入格式的兼容性低,只能支持传输流格式,譬如 RMVB、WMV、FLV,对于必须具有完整数据才能播放的程序流格式,譬如 DVD 是不支持的,因为一旦直接分割,这种程序流格式便会由于数据缺失成为被损坏的文件而无法播放,也失去了视频分割的意义。同时,直接分割的弊端还在于,不进行数据处理,即不存在质的改变,也就无法实现格式改变,这种限制的弊端突出表现在移植到手机等移动设备时。

分割转换,一个重要的过程是解码再编码,根据用户指令搜索到分割点,在编解码过程中根据分割点自动停止编解码。相比于直接分割,分割转换由于存在复杂的编解码过程,因此速度相对要慢。但也正是由于编解码过程,分割转换对导入视频也具有更高的兼容性,因其导出视频已经重新编码为完整视频,发生了质的改变,故分割转换的更高兼容性在于甚至包括程序流等各种格式的导入分割。同时,分割转换包含了两个过程,即分割和转换,也就是说这一技术实现了更多的需求。尤其对于需要将视频分割同时移植到移动设备上起到了重要的作用。

多画面分割器按其功能不同可分为单工型和双工型。双工型多画面分割器的功能要远多于和优于单工型多画面分割器。双工型多画面分割器不仅在录像状态下可以看到全画面或多画面分割的图像,而且在重放时也可以看到全画面或多画面分割的图像。同时还可以连接两台录像机,在放像的同时可以录像,双工操作,两者互不干扰。双工型多画面分割器不仅具有将多个画面同时显示在一个监视器上的多画面分割功能,还可以采用帧切换的方式按照摄像机的编号将多路视频信号录制在一盘录像带上,此外还有其他一些功能。

3. 功能特点

近期生产的双工型多画面分割器其技术质量又有了进一步的提高,功能更多,性能也更加完善。综合起来看,大多具有以下几个功能:

1) 具有多种显示方式。多画面分割器输入的图像源可多达 16 个,也可选择 4、9、16 路输入不等。而且多画面图像的显示方式有着极大的灵活性,可选分割画面的形式多达十几种。除此之外,还可以按摄像机编号的顺序以全屏幕的方式轮流显示,或在多种多路合成显示方式中任选一种进行显示,甚至可以将图像冻结,以便深入分析。这样就可以使监控人员根据需要自由选择最合适的方式来完成监控工作。

2) 全屏幕放大功能。如前所述,多画面分割器不仅可以将多个摄像机的图像同时显示,进行整体预观,同时可以选出某一幅重点图像放大到全屏幕进行观看。

3) 两路视频输出。可提供两路视频输出联结到两个监视器,分别称为主监视器和重点监视器。

4) 内置时间、日期、字符发生器。

5) 采用帧切换方式,可将多路视频信号录制在一盘录像带上。利用上述功能可以实现以一台录像机同时记录多达 16 路摄像机输出的图像信号,从而大大节省了录像机的台数,简化了系统的组成。

6)与报警系统联动。设有报警输入和报警输出接口。

7)可设置视频报警方式。在一个多摄像机的电视监控系统中,凡是需要重点监视的区域,都可以将安置在此区域的摄像机设置成视频报警方式。利用功能完善的多画面分割器也可以实现这一功能,即当此摄像机的监视范围内产生了某种活动因素(如有人入侵、物品移位等),而使图像发生了某种变化(如灰度、色彩、纹理等的变化)或因线路故障而使图像丢失时,都将发出报警信号。与此同时,该摄像机将被优先编码显示,其画面会立即自动切换至监视器上。

8)多路视频输入并带有多路视频环接输出,可方便地环接其他设备。

9)遥控功能。对所有功能的遥控都可以用硬接线接口或有简单约定的标准 RS—232 接口来实现。可连接遥控键盘,键盘可远离中心处理机(CPU)100 m,实现异地操作。设有的 RS—232 接口是专用 PC 机接口,可方便地实现大范围的组网。

以上综合讲述了多画面分割器的多种功能,尽管还不够全面、细致,但已经可以看出多画面分割器确实有着广泛的实用价值。因为凡是需要同时观看、记录或传送多路摄像机图像,而仅有一台录像机、监视器的监控场所,都可以利用多画面分割器来实现上述所有的功能。特别是高档、高质量的多画面分割器可以将多画面显示,时序切换,内置时间、日期、字符发生器,视频报警,摄像机图像与报警信号联动以及可将多路摄像机信号录制在一盘录像带上等多种功能集为一体,更加方便了电视监控系统的组网。因此,多画面分割器也必将成为电视监控系统中广泛被选用的设备之一。

(五)视频切换器

1. 视频切换器

在由多个摄像机组成的视频监控系统中,摄像机的数目与终端监控中心的监视器数目往往不是一对一的,一般只要求在数量较少的监视器上进行显示。这时就需要利用视频切换器(或称视频切换开关)来进行监视图像的选择。因此视频切换器是视频监控中心必不可少的一种控制设备。

视频切换器有多路视频输入(如 4、6、8、12、16 路等,多则有一百多路不等),可有一路或多路视频输出。如在两路视频输出中,一般其中一路为固定输出,即可以选择任何一路视频输入信号切换到监视器上。另一路为时序输出,即按一定的时间间隔将多路视频输入信号时序地排列成一个输出信号,以轮流在同一个监视器上进行显示。n 路输入、1 路输出,这是最一般的形式。此外还有 n 路输入 m 路输出的形式($m < n$)。多路摄像机的输入信号经过时序切换开关后输出,轮流显示各个摄像机的图像,这样可以节省监视器的数目和路线,也便于值班人员集中监视。

时序的顺序和显示的时间间隔(如 1~60 s)可以在一定范围内手工加以调整。时序选择方式可分为:

顺序方式:所有的摄像机图像按指定的顺序依次进行显示。

旁通方式:少选几路信号,有几个摄像机信号隔过去不显示。

停驻方式：专门监看某一个摄像机的画面，并可与报警设备联动，当某一个摄像机监视的场所发生报警时，可停驻在该摄像机的画面上。

2. 种类

视频切换器的电路有简有繁。简单的仅是利用机械式的按键开关与继电器相配合使用的有触点的切换开关。这种开关只能采用手动切换，优点是价格便宜，缺点是在切换的瞬间，在监视器上的图像往往会出现一定的闪跳现象。

复杂一些的是无触电的电子切换开关，它是由晶体管或集成元件开关电路，即完全由硬件电路组成的。优点是切换速度快、体积小、寿命长，可以实现顺序切换，一般在规模不太大的系统中应用较多。性能更好的视频切换器是利用单片机的视频切换器，它是利用微处理器作为主要功能控制器件，由于大量功能是由软件完成的，所以整个电路结构简单，但控制功能很强。

目前性能最好的视频切换器当属视频矩阵切换系统，简称视频矩阵。无论规模多大的电视监控系统，它都可以在系统中任意选择一台摄像机的图像在任一指定的监视器上进行显示，不仅具有很大的灵活性，而且系统的功能也更多、更强。

按实现视频切换的不同方式，视频矩阵分为模拟矩阵和数字矩阵。模拟矩阵：视频切换在模拟视频层完成，信号切换主要是采用单片机或更复杂的芯片控制模拟开关实现。数字矩阵：视频切换在数字视频层完成，这个过程可以是同步的也可以是异步的。数字矩阵的核心是对数字视频的处理，需要在视频输入端增加 AD 转换，将模拟信号变为数字信号，在视频输出端增加 DA 转换，将数字信号转换为模拟信号输出。视频切换的核心部分由模拟矩阵的模拟开关变换成了对数字视频的处理和传输。

视频矩阵的输入设备主要有监控摄像机、高速球、画面处理器等，显示终端一般有监视器、电视墙、拼接屏等（见图 5-15）。通常视频矩阵输入很多，一般几十路到几千路视频，输

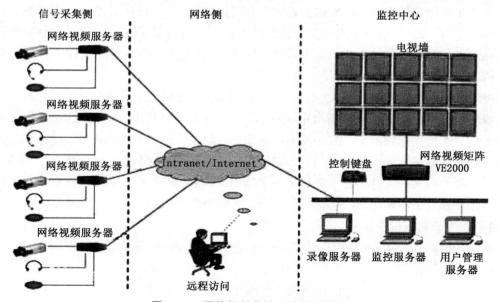

图 5-15 网络视频监控系统视频切换

出比较少，一般 2～128 个显示器，例如 64 进 8 出、128 进 16 出、512 进 32 出、1024 进 48 出等。会议系统中常用到 AV 矩阵、VGA 矩阵、RGB 矩阵、HDMI 矩阵、DVI 矩阵。

（六）时间校准服务器

视频监控系统是综合应用视音频监控、通信、计算机网络等技术监视设防区域，并实时显示、记录现场图像的电子系统或网络。系统可以在非常事件突发时，及时地将叠加有时间、地点等信息内容的现场情况记录下来，以便重放时分析调查，并作为具有法律效力的重要证据，这样既提高了安保人员处警的准确性，也可为公安人员迅速破案提供有力证据。但视频监控系统经常出现显示时间不正确的问题，使系统提供的数字证据大打折扣，甚至不具备法律效力而无法使用，因此，对视频监控系统进行时间同步具有非常重要的意义。

目前，视频监控系统已经进入了智能网络视频监控时代。在基于网络的智能视频监控系统中，设备在时间上的精确性与可靠性直接影响视频监控系统的工作效率。然而对于视频监控系统网络中工作的每台设备，如果仅仅依靠操作人员手工输入命令来修改校准时钟显然是不现实的，因为手工输入命令的工作量过于巨大，而且人工操作根本无法保证时钟的精确与可靠性。因此，只有通过时钟同步技术快速将视频监控网络的每台设备进行时钟同步，同时还可以保证精确性和可靠性。

1. 存在的问题

视频监控系统一般由前端监视设备、传输设备、后端存储服务器、控制及显示设备这五大部分组成，与时间关联最紧密的是前端监视设备（网络摄像头 IPC）和控制设备（网络硬盘录像机 NVR）及数据存储服务器等。系统出现时间误差的原因很多、很复杂，主要有以下几个方面：

首先，使用了不同的时区时间。网络中使用多种型号的摄像头，网络摄像头或是网络硬盘录像机有可能使用了不同的时区时间，有的使用的是格林威治标准时间 GMT（Greenwich Mean Time），有的使用世界协调时间 UTC（Coordinated Universal Time），还有的可能使用夏日节约时间 DST（Daylight Saving Time）。在不同设备中调取不同的时间格式时，由于未能准确地识别或者转换出来，所以造成了部分网络设备之间相差十几个小时。可以在不同的摄像头或是硬盘录像机配置界面事先设置使用同一时区时间。

其次，网络摄像头的兼容性问题。由于在同一个监控网络中使用多种网络摄像头，这些不同品牌的网络摄像头视频监控网络有的基于 Linux，有的基于 AIX、Solaris，甚至有的基于 Windows 平台，这些不同品牌网络摄像头和不同的平台之间存在一定的兼容性问题，或是这些终端的时区时间格式不一致，导致出现较大的时间误差。

最后，在一些需要精确时间同步的场合，如电力通信、通信计费、分布式网络计算、气象预报、公安视频侦查等，仅靠计算机或设备本身提供的时钟信号是远远不够的，所以需要各种手段来进行时间同步。

2. 主流处理技术

1）NTP 协议

对于接入 Internet 的网络摄像头或是网络录像机，可以通过 NTP（Network Time Protocol）协议校时对准。NTP 协议是国际通行的网络授时协议，它的原理是每隔一段时间就由客户机向服务器发起一次时间轮询,根据一定的滤波算法计算出服务器与客户机之间的时间偏差以及由于网络传输造成的传播时延,来调整客户机的本地时间,使之与服务器保持一致。对比其他校准时间的协议,NTP 协议能消除网络传播延造成的影响,因此能提供比较可靠的授时服务,提供时间精确度在 1～50 ms 之间。在网络摄像头或硬盘录像机配置界面,通过填写网络时钟服务器地址后接入 Internet 就可以校准时钟。

如果是局域网的应用(网络摄像头不能接入 Internet)或是专网摄像头和网络录像机,则必须先在网络内部架设配置 NTP 时钟服务器,再把 NTP 时钟服务器的地址填入每个网络摄像头或是网络硬盘录像机的配置界面内,才能保证时间同步。或是使用 GPS 定位校准等方式,统一用支持校时的标准协议连接设备,保障平台和各设备符合标准协议里时钟同步约定的遵守,在低成本的条件下保证视频监控网络时间同步,减少系统时钟错乱问题。

2) SNTP 协议

在部分对时间精度要求不高的民用应用场景可以使用 SNTP(Simple Network Time Protocol)协议,例如停车场管理系统,只需要秒级精确度。SNTP 通过简化 NTP 协议,在保证时间精确度的前提下,使得对网络时间的开发和应用变得更加容易。

SNTP 主要对 NTP 协议涉及有关访问安全、服务器自动迁移部分进行了缩减,它能够与 NTP 协议具有互操作性,即 SNTP 客户可以与 NTP 服务器协同工作,同样 NTP 客户也可以接收 SNTP 服务器发出的授时信息。在日常的使用中要注意以下事项:

(1) 尽量在本地局域网内部部署 SNTP 服务器,而不要采用 Internet 网上的公用 SNTP 服务器,因为 Internet 网络的时延不确定性,服务质量得不到保证,会对授时的精度产生很大影响;

(2) SNTP 客户端对服务器的授时请求周期要大于 1min,以免造成 SNTP 服务器资源迅速消耗,而不能及时响应客户的请求;

(3) 当网络中客户机数目大于 500 台时,应该配置多台 SNTP 服务器,以达到要求的授时精度,SNTP 最多每秒能同时响应 500 个请求,一旦超过这一数目,授时的精度就得不到保证;

(4) 在需要高可靠授时的应用中,最好配备多台 SNTP 服务器,利用 DNS 系统实现负载均衡和集群。

3) SIP 信令

为了解决封闭网络的时钟同步问题,网络摄像头等前端设备还可以采用其他的视频监控联网标准协议来支持校时,例如国家标准 GB/T 28181—2016《安全防范视频监控联网系统信息传输、交换、控制技术要求》规定通过 SIP(Session Initiation Protocol)信令进行时钟同步,前端设备注册时必须按照 SIP 服务器消息头 Date 域携带的时间信息来同步本机时间。此外一些安防大厂商的监控联网自有协议里一般也具有授时接口,例如海康威视开放的设备开发包(SDK)具备授时接口,同时部分厂商的网络硬盘摄像机也具备同 IP 摄像头前端的内部时钟同步的功能(多采用私有协议支持)。

4) 卫星授时

还可以使用专业的时间服务器来提供时间源,有些视频监控网络对时间有非常严格的要求,例如高速公路区间测速系统、公安视频作战侦查系统等。国内外很多公司都推出了自己的专业时间服务器,专业时间服务器一般配置高精度、高可靠的恒温晶振作为授时系统,从北斗或 GPS 卫星取得授时信号,对核心服务器及应用进行精确、可靠授时,各地所有的终端(服务器、PC、交换机、IPC、NVR 等设备)可以和时间服务器同步(图 5-16)。

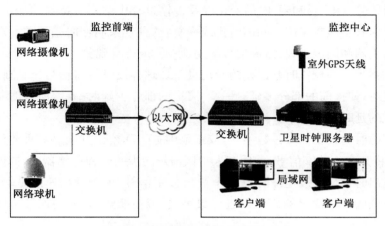

图 5-16 视频监控系统网络时间同步

北斗或 GPS 卫星信号中所包含的时间基准同步于全球协调时(UTC),长期频率稳定度达到 30 万年才慢 1 秒。以此信号作时间基准来调节本地时间,能消除由于本地时钟精度较低引起的时间积累偏差,大大提高服务器的定时精度,同时专业时间服务器选用了专业的北斗或 GPS 授时接收机,收星速度快,稳定可靠。

(七) 其他设备

在视频监控系统中,其他设备视频处理产品有很多,如时间日期发生器、字符(中、英文)发生器、线缆补偿器、时基校正器、视频丢失检测器、云台镜头控制器以及高速数字图像传输系统等,由于有的技术原理十分复杂,有的在实际中不常应用,有的属于较低档产品,因此其工作原理在这里不作专门讨论。

1. 日期时间发生器

其主要的作用是产生时间码,与摄像机输出的视频信号相叠加,在画面上显示时间:年、月、日、时、分、秒。通常,显示的位置可以调整,字的大小也可以调整,极性(黑或白)也可以转换。这样就可以使记录在磁带上的画面内容有时间参考的数据。

在使用中,摄像机输出的视频信号可以直接送至时间日期发生器去叠加时间日期信号,也可以多个摄像机的信号经过视频时序切换器后,再送至时间日期发生器按顺序分别叠加上时间日期信号。时间日期发生器有单路和多路之分,可根据需要适当选择。

2. 字符叠加器

这个设备与时间日期发生器一样,可产生英语或汉语字符显示在图像上,使用户观看一目了然。汉字字符有两种实现形式。一种是固定的,需要将所需汉字固化在存储器中,这种方式简单、价格低、实现容易,但不能修改,一旦前端设备由于需要发生位置变动时,字符的修改就需要专业的厂家或原厂家实施,过程麻烦、时间长,现在已经逐渐被淘汰。

另一种是动态字符叠加器,可以与 PC 机相连,由用户使用字符设置软件进行字符的动态设置,字符的内容、显示方式等都可以由用户设定,这种方式操作灵活、易于扩充、修改方便,是当前字符叠加器的主流。

3. 时基校正器

电视图像信号在电-磁和磁-电的变化以及传输过程中会产生特殊的相位畸变,使单位时间内的图像信号不能在单位时间内转化或恢复,这种现象叫作时基误差。严重时会使图像出现错误的色调和同步丢失,造成信号滚动、跳动、闪烁等现象。

时基校正器是一种校正时基误差的专用设备。这种设备可将信号重新排列整齐,即给信号不同的延时,使提前的部分多延时一些,滞后的部分少延时一些,所以时基校正器是一个延时量可控的延时设备。

现在应用的时基校正器多是数字式,校正范围宽。其校正方法是对重放信号进行脉码调制(PCM),将其变为数字信号,然后存入与该信号同步的时钟存储器中,同时由基准同步信号产生的读出时钟又连续地从存储器中读出数字信号,由于读出速度是均匀的,所以信号的排列是整齐的。将读出的信号再进行数字/模拟转换输出,从而保证了图像信号的传输质量。

4. 云台、镜头控制器

该设备适用于规模较小、无解码器的前端使用。一般都采用多线制控制,其原理也极其简单,只是将云台和镜头的工作所需电压产生并通过线缆传至前端与对应动作连接即可。操作则使用按键或一般的琴键开关即可实现。

第四节　视频监控管理平台

视频监控管理平台主要实现信令控制、媒体交换、业务管理、用户管理、设备管理、网络管理、认证鉴权等方面的功能。

一、中心管理单元

1. 概述

从功能模块上来看,视频监控系统是由业务支撑系统(BSS:Business Support System)、中心管理平台、前端设备及客户端等四大模块构成。其中,中心管理平台主要实现信令控制、媒体交换、业务管理、用户管理、设备管理、网络管理、认证鉴权以及用户的计费、营业、统计分析等方面的功能。监控中心由主要由 CMU(Center Manager Unit,中心管理单元)、MDU(Media Distribute Unit,媒体分发单元)、MSU(Media Storage Unit,媒体存储单元)、SMU(Service Manager Unit,业务管理单元)等部分构成(图 5-17)。

由图 5-17 可知,CMU、MDU 和 MSU 共同完成媒体信令控制、协议转换、媒体调度、存储、分发等功能。SMU 主要完成业务管理、用户管理、设备管理、网络管理、认证鉴权等方面的功能,并通过相应接口与 BSS 交互相应的信息。前端设备(PU)负责在 CMU 的控制下

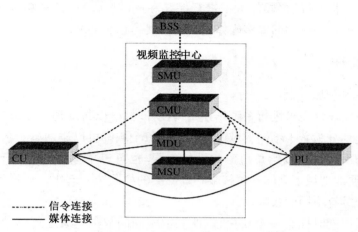

图 5-17 视频监控中心管理平台逻辑结构

使用摄像机采集视频流，使用麦克风采集音频流，使用控制接口采集报警信息，对摄像机云台和镜头进行操作等。

监控客户端（CU）负责将 PU 采集到的视频流、音频流、报警信息提交给监控用户，并根据系统用户的要求操纵 PU 设备，如云台、镜头等。CU 可再细分为集中式监控客户端（如电视墙）、单监控客户端（如电脑 IE 终端）。

2. IMOS

整个安防监控系统已经进入了网络监控的时代，各行业联网监控需求的快速增长对传统的监控厂商提出了全新的要求。传统监控厂商由于能力限制，很难涉足开发联网监控系统的各个方面，在实现联网监控需求时其重点还是在各个子系统之上去考虑上层软件的设计。

IP 多媒体基础软件平台的 IMOS(IP Multimedia Operation System-IP，多媒体操作系统)是监控、视讯会议等多媒体产品共有的软件平台，其本质是一个通用的支撑多媒体综合监控、会议通信、语音通信、信息发布应用的中间件平台。

当联网监控范围不断扩大，海量的视频访问和视频存储需求不断增加，业务需求越来越复杂和灵活时，由于传统监控厂商无法从网络监控的整体架构角度对所有网络监控的组件进行优化，只能依靠上层软件被动的去整合异构非标的硬件、不同厂商存储、网络等，系统设计已经存在一些不可解决的瓶颈。

因此，才会出现依靠流媒体服务器、网络转存服务器、设备代理服务器等组件来实现不同异构设备之间的媒体处理和信令处理，当面对海量多媒体信息管理存储的需求，这些设备的集群、负载均衡、故障倒换等可靠性设计以及其整体架构的性能瓶颈已经成为阻碍网络监控发展的重要因素。

另外一方面，视频监控也不仅仅是为安防服务，在企业生产管理、金融远程审计、法院庭审、审讯指挥、医疗示教、应急联动等领域，视频监控更多是作为企业日常业务系统的一部分，和视频会议、语音通信、即时通信、视频信息发布等各种多媒体系统的融合需求也逐步增多,同时需要对大量的多媒体数据进行保存和按需检索,这种多媒体融合应用的发展趋势正是全行业的业务管理向着多媒体化方向发展的必然结果。

二、用户管理

1. 用户角色和权限控制

按照系统功能设计需求进行系统拓扑结构设计时,可以将地理上分散或功能不同的系统设备或资源类划分为若干不同的域(虚拟域)。每个域都可以添加属于本域的角色,角色类似于企业中的岗位。可以给角色添加域的权限,也可以单独添加该域下某个资源的权限,这样可以方便地把域下个体资源权限和资源类的权限统一起来。通过把角色赋给用户的方式来使用户具有不同的权限。

一个用户可以同时拥有多个角色,以便获取不同的权限。通过角色设置,把用户和权限分离开来。可以通过角色方便地给很多类似的用户(用户组)赋予一样的权限,也可以通过角色的设置让用户拥有多个不同的权限。

2. 设备共享和划归

每个域都可以给其他域设置共享设备,可以单独给每个设备设置单独的权限。通过设备推送的方式把共享设备的属性传递给其他域。这样可以把域 A 的资源给域 B 的用户使用,达到域间设备的共享。IMOS 可以实现基于目录树的推送,把物理域中的设备通过划归的方式添加到虚拟域中,这样用户可以根据实际的需求把各个域的设备划归到一个虚拟域中。一个物理设备可以划归到多个不同的虚拟域,本域的设备和外域共享过来的设备都可以进行划归,划归后的监控设备称为资源。最终用户看到的是划定后的虚拟域和虚拟域所属的各种资源。通过设备的划归,用户可以按照自己意愿和需求来构建组织架构,把多域中各个资源都融合在一起。同时一个物理设备可以划归到不同的域,供多个用户使用。对用户来说,跨域联网虚拟化后完全屏蔽了资源的物理地域差异,可以方便地进行轮切、组切等业务。

三、监控业务

监控业务是视频监控系统的基本业务,监控管理平台的核心功能之一,主要实现实时监控、视频轮切控制等操作。

1. 实时监控功能

控制中心可通过 WEB 客户端进行循环显示或手动选择预置位,观看任意图像或同时观看同一幅图像。系统支持单播/组播实时视频流的接收播放,支持1/4/9等多种窗口显示方式,支持摄像机显示列表,支持通过双击列表中摄像头或拖动到窗口中实现窗口图像的快速切换。所有云台摄像机的预置位应以图形方式设置,并可编写和修改,即完成数字矩阵的功能。

监控中心管理员能够在远程遥控任何一台摄像机云台(已经连接控制信号至核心管理平台)的转动及其变焦镜头的焦距调节,在监控软件界面上设置相应的控制按钮,便于操作。监控中心工作人员还可以将辖区内各监控点的图像任意地切换到监控中心的显示大屏上。

　　系统支持解码器输出控制,通过将列表中的摄像机拖入监视器窗口中的监视器建立解码关系,实现解码输出指定图像上电视墙。可以对云台球机的云台上/下/左/右和镜头变倍聚焦等进行控制,可以配置云台预置位并进行控制,可以启动云台的巡航扫描功能。发生报警时,支持报警图像自动弹出到指定窗格、窗口框变红,及支持声音提示。支持根据摄像头描述查询摄像头,支持监听,支持对实时图像进行抓拍和录像功能。

　　2. 轮切控制功能

　　WEB 客户端支持多画面显示,单台 WEB 客户端同一时间内可显示 9 路(3×3)监控画面、4 路(2×2)监控画面和 1 路监控画面。通过图形化界面建立轮切时编码器通道(即摄像机)和解码器通道(即监视器)的监控关系。同时,系统支持将一组监控关系定义为一个轮切计划,包括轮切的先后顺序等。

　　3. 多客户端控制

　　监控网络内可设多个监控软件客户端,每个客户端可以独立工作,即每个监控客户端自行决定选择监视摄像机的画面而不受其他客户端的影响,不在监控中心工作的有关人员也可以通过网络使用监控客户端随时观看任意选择的监控画面,网络中用户的权限可以按照分级分域的原则来管理。

　　4. 字符叠加功能

　　根据《安全防范工程技术标准》(GB 50348—2018)要求,视频监控管理平台应能对系统中的每台摄像机的图像完成汉字叠加操作,字符的内容包括场所地名、摄像机位置、时间等信息,并能够根据实际需要对叠加的字符进行设置。

四、录像业务

　　基于网络的视频监控系统基本上采用中心录像服务器来存储录像。中央录像服务器管理方便,安全可靠,但因为录像随时进行,数据流量大,给承载网带来很大压力。监控管理平台应提供录像查询、录像回放、视频分发、备份检索等功能。

　　1. 录像查询

　　监控管理平台一般支持采用 iSCSI 协议从 IPSAN 直接点播回放历史图像的存储数据,可按录像日期时间和报警记录查询正常录像和告警录像。支持 4 倍速、2 倍速、正常速度、0.5 倍速、0.25 倍速、单步前进和单帧等播放方式,支持拖动播放和回放拍照等多种功能。

　　同时由于 IPSAN 架构块存储的特性,存储回放可以精确到秒,检索记录只有一个而不是一堆文件,查询效率高。更可以实现你、近实时回放功能,即迅速回放查询刚刚发生的几分钟内的报警信息,提高报警处理效率。

　　系统还应支持根据报警、摄像头描述等各种信息模糊查询历史图像。

　　2. 录像回放功能

　　录像设备对辖区所有摄像机摄取的视频信号进行实时不间断录像,当空间用完时,系统可以循环覆盖最先写入的视频数据文件。图像能在中心进行回放,能按录像的时间、摄像机位置进行分类检索图像;系统提供正常速度、快进、快退、慢进、慢退、暂停等回放功能,回放速度可调。

同时,系统提供具有可扩展的实时视频分析应用,如物品遗失、穿越禁区报警等智能应用软件接口功能。

3. 媒体分发

视频监控系统在视频媒体的分发方面普遍处理得比较简单,一般采用用户直接对网络摄像机进行访问,或通过视频服务器进行简单的媒体转发处理,而面对越来越庞大的用户群,这种媒体传送方式将会成为图像传输的瓶颈。是否具备高效的媒体分发机制将成为判断视频监控系统优劣的一项重要指标。

实际上,媒体分发是任何一个视频业务在发展到一定规模后必将面临的问题,视频监控可以与其他视频业务,比如 IPTV,来共同研究视频分发的问题。未来的视频监控系统将会基于一个比较完善的媒体分发平台来传输实时视频信息与录像视频信息。

4. 备份检索

支持对存放在 IPSAN 备份区域中的数据进行查询,查询的条件包括摄像头、时间日期、报警事件,支持基于备案信息的模糊查询。

5. 业务融合

未来的视频监控系统将和多个其他业务系统交叉调用,不同系统之间的多层互通和资源共享是必须考虑的问题。

第五节　独立磁盘冗余阵列存储技术

视频监控具有摄像采集点位多、监控时间长、写入多、读出少等特点,对存储技术的要求具有独特性。特别是在存储容量、数据安全性、存储稳定性等方面,有不同于其他存储场景的特点。存储系统的基础部件——硬盘,是比较容易损坏的器件,由于视频监控读写的频繁程度高,极易造成硬盘损坏或故障导致数据丢失。多种磁盘组织技术统称为磁盘冗余阵列(Redundant Array of Independent Disks,RAID)技术,有"数块独立磁盘构成具有冗余能力的阵列"之意,通常用于处理性能与可靠性问题,可以为视频数据安全性提供有效的保障。

一、RAID 技术基本原理

RAID 技术的基本思想是将多个容量较小、相对廉价的磁盘进行有机组合,从而以较低的成本获得与昂贵的大容量磁盘相当的容量、性能、可靠性。简单地说,RAID 技术是一类多磁盘管理技术,通过建立多个独立的高性能磁盘驱动器组合而成的磁盘子系统,部分物理存储空间用来记录保存在剩余空间上的用户数据的冗余信息,当其中某一个磁盘或访问路径发生故障时,冗余信息可用来重建用户数据。

RAID 的初衷是为大型服务器提供高端的存储功能和冗余的数据安全。在整个系统中,RAID 被看作是由两个或更多磁盘组成的存储空间,通过并发地在多个磁盘上读写数据来提高存储系统的 I/O 性能。大多数 RAID 等级具有完备的数据校验、纠正措施，从而提高系统的容错性甚至镜像方式，大大增强系统的可靠性。

RAID 的两个关键目标是提高数据可靠性和 I/O 性能。磁盘阵列中，数据分散在多个磁盘中，但对于整个系统来说，就像一个单独的磁盘。通过把相同数据同时写入多块磁盘（典型的如镜像），或者将计算的校验数据写入阵列中来获得冗余能力，当单块磁盘出现故障时可以保证不会导致数据丢失。有些 RAID 等级允许更多的磁盘同时发生故障，比如 RAID6，可以是两块磁盘同时损坏。在这样的冗余机制下，可以用新磁盘替换故障磁盘，RAID 会自动根据剩余磁盘中的数据和校验数据重建丢失的数据，保证数据一致性和完整性。数据分散保存在 RAID 中的多个不同磁盘上，并发数据读写要大大优于单个磁盘，因此可以获得更高的聚合 I/O 带宽。当然，磁盘阵列会减少全体磁盘的总可用存储空间，牺牲空间换取更高的可靠性和性能。比如，RAID1 存储空间利用率仅有 50%，RAID5 会损失其中一个磁盘的存储容量，空间利用率为 $(n-1)/n$。

磁盘阵列可以在部分磁盘（单块或多块，根据实现而论）损坏的情况下，仍能保证系统不中断地连续运行。在重建故障磁盘数据至新磁盘的过程中，系统可以继续正常运行，但是性能方面会有一定程度上的降低。某些磁盘阵列在添加或删除磁盘时必须停机，而有些则支持热交换（Hot Swapping），允许不停机下替换磁盘驱动器。这种高端磁盘阵列主要用于要求高可能性的应用系统，系统不能停机或尽可能地少停机。一般来说，RAID 不可作为数据备份的替代方案，它对非磁盘故障等造成的数据丢失无能为力，比如病毒、人为破坏、意外删除等情形。此时的数据丢失是相对操作系统、文件系统、卷管理器或者应用系统来说的，对于 RAID 系统来身，数据都是完好的，没有发生丢失。所以，数据备份、灾备等数据保护措施是非常必要的，与 RAID 相辅相成，以保护数据在不同层次的安全性，防止发生数据丢失。

二、关键技术

RAID 技术通过在多个磁盘上同时存储和读取数据来大幅提高存储系统的数据吞吐量，其关键技术主要包括数据条带、镜像和数据校验等，以获取高性能、可靠性、容错能力和扩展性。

（一）数据条带

磁盘存储的性能瓶颈在于磁头寻道定位，它是一种慢速机械运动，无法与高速的 CPU 匹配。再者，单个磁盘驱动器性能存在物理极限，I/O 性能非常有限。RAID 由多块磁盘组成，数据条带技术将数据以块的方式分布存储在多个磁盘中，从而可以对数据进行并发处理。这样写入和读取数据就可以在多个磁盘上同时进行，并发产生非常高的聚合 I/O，有效提高了整体 I/O 性能，而且具有良好的线性扩展性。这对大容量数据尤其显著，如果不分块，数据只能按顺序存储在磁盘阵列的磁盘上，需要时再按顺序读取。而通过条带技术可获得数倍与顺序访问的性能提升。

数据条带技术的分块大小选择非常关键。条带粒度可以是一个字节至几 Kb 大小，分块越小，并行处理能力就越强，数据存取速度就越高，但同时就会增加块存取的随机性和块寻址时间。实际应用中,要根据数据特征和需求来选择合适的分块大小,在数据存取随机性和并发处理能力之间进行平衡,以争取尽可能高的整体性能。

数据条带是基于提高 I/O 性能而提出的,也就是说它只关注性能,而对数据可靠性、可用性没有任何改善。实际上,其中任何一个数据条带损坏都会导致整个数据不可用,采用数据条带技术反而增加了数据发生丢失的概率。

(二) 镜像

镜像是一种冗余技术,为磁盘提供保护功能,防止磁盘发生故障而造成数据丢失。对于 RAID 而言,采用镜像技术将同时在阵列中产生两个完全相同的数据副本,分布在两个不同的磁盘驱动器组上。镜像提供了完全的数据冗余能力,当一个数据副本失效不可用时,外部系统仍可正常访问另一副本,不会对应用系统运行和性能产生影响。而且,镜像不需要额外的计算和校验,故障修复非常快,直接复制即可。镜像技术可以从多个副本进行并发读取数据,提供更高的读 I/O 性能,但不能并行写数据,写多个副本会导致一定的 I/O 性能降低。

镜像技术提供了非常高的数据安全性,其代价也是非常昂贵的,需要至少双倍的存储空间。高成本限制了镜像的广泛应用,主要应用于至关重要的数据保护,这种场合下数据丢失会造成巨大的损失。另外,镜像通过拆分能获得特定时间点上的数据快照,从而可以实现一种备份窗口几乎为零的数据备份技术。

(三) 数据校验

镜像具有高安全性、高读性能,但冗余开销太昂贵。数据条带通过并发性来大幅提高性能,然而对数据安全性、可靠性未作考虑。数据校验是一种冗余技术,它用校验数据来提供数据的安全,可以检测数据错误,并在能力允许的前提下进行数据重构。相对镜像,数据校验大幅缩减了冗余开销,用较小的代价换取了极佳的数据完整性和可靠性。数据条带技术提供高性能,数据校验提供数据安全性,RAID 不同等级往往同时结合使用这两种技术。

采用数据校验时,RAID 要在写入数据同时进行校验计算,并将得到的校验数据存储在 RAID 成员磁盘中。校验数据可以集中保存在某个磁盘或分散存储在多个不同磁盘中,甚至校验数据也可以分块,不同 RAID 等级实现各不相同。当其中一部分数据出错时,就可以对剩余数据和校验数据进行反校验计算以重建丢失的数据。校验技术相对于镜像技术的优势在于节省大量开销,但由于每次数据读写都要进行大量的校验运算,对计算机的运算速度要求很高,必须使用硬件 RAID 控制器。在数据重建恢复方面,检验技术比镜像技术复杂得多且慢得多。

海明校验码和异或校验是两种最为常用的数据校验算法。海明校验码是由理查德·海明提出的,不仅能检测错误,还能给出错误位置并自动纠正。海明校验的基本思想是将有效信息按照某种规律分成若干组,对每一个组做奇偶测试并安排一个校验位,从而提供多位检错信息,以定位错误点并纠正。可见海明校验实质上是一种多重奇偶校验。异或校验通过异或逻辑运算产生,将一个有效信息与一个给定的初始值进行异或运算,会得到校验信息。如果有效信息出现错误,通过校验信息与初始值的异或运算能还原正确的有效信息。

三、RAID 等级

根据运用或组合运用这三种技术的策略和架构,可以把 RAID 分为不同的等级,以满足不同数据应用的需求。目前业界公认的标准是 RAID0～RAID5,除 RAID2 外的五个等级被定为工业标准,在实际应用领域中使用最多的 RAID 等级是 RAID0、RAID1、RAID3、RAID5、RAID6 和 RAID10。RAID 每一个等级代表一种实现方法和技术,等级之间并无高低之分。在实际应用中,应当根据用户的数据应用特点综合考虑可用性、性能和成本来选择合适的 RAID 等级,以及具体的实现方式。

(一) RAID0

RAID0 是一种简单的、无数据校验的数据条带化技术。实际上不是一种真正的 RAID,因为它并不提供任何形式的冗余策略。RAID0 将所在磁盘条带化后组成大容量的存储空间,将数据分散存储在所有磁盘中,以独立访问方式实现多块磁盘的并读访问,如图 5-18 所示。由于可以并发执行 I/O 操作,总线带宽得到充分利用,再加上不需要进行数据校验,RAID0 的性能在所有 RAID 等级中是最高的。理论上讲,一个由 n 块磁盘组成的 RAID0,它的读写性能是单个磁盘性能的 n 倍,但由于总线带宽等多种因素的限制,实际的性能提升低于理论值。

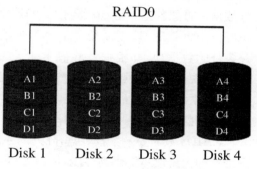

图 5-18　RAID0 无冗余的数据条带化

RAID0 具有低成本、高读写性能、100％的高存储空间利用率等优点,但是它不提供数据冗余保护,一旦数据损坏,将无法恢复。因此,RAID0 一般适用于对性能要求严格但对数据安全性和可靠性要求不高的应用,如视频、音频存储,临时数据缓存空间等。

(二) RAID1

RAID1 采用的是镜像技术,它将数据完全一致地分别写到工作磁盘和镜像磁盘,它的磁盘空间利用率为 50％。RAID1 在数据写入时,响应时间会有所影响,但是读数据的时候没有影响。RAID1 提供了最佳的数据保护,一旦工作磁盘发生故障,系统自动从镜像磁盘读取数据,不会影响用户工作。RAID1 的镜像原理如图 5-19 所示。

可见,RAID1 与 RAID0 刚好相反,是为了增强数据安全性使两块磁盘数据呈现完全镜像,以达到安全性好、技术简单、管理方便的目的。RAID1 拥有完全容错的能力,但实现成本高。RAID1 应用于对顺序读写性能要求高以及对数据保护极为重视的应用,比如对邮件系统的数据保护。

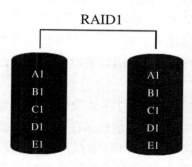

图 5-19　RAID1 无校验的数据镜像

（三）RAID3

RAID3 是使用专用校验盘的并行访问阵列，它采用一个专用的磁盘作为校验盘，其余磁盘作为数据盘，将数据以字节的方式交叉存储到各个数据盘中。RAID3 至少需要三块磁盘，不同磁盘上同一带区的数据作 XOR 校验，校验值写入校验盘中。RAID3 完好时读性能与 RAID0 完全一致，并行从多个磁盘条带读取数据，性能非常高，同时还提供了数据容错能力。向 RAID3 写入数据时，必须计算与所有同条带的校验值，并将新校验值写入校验盘中。一次写操作包含了写数据块、读取同条带的数据块、计算校验值、写入校验值等多个操作，系统开销非常大，性能较低。RAID3 如图 5-20 所示。

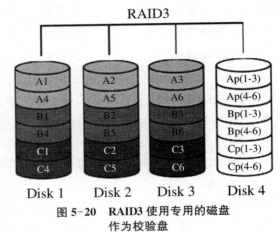

图 5-20　RAID3 使用专用的磁盘
作为校验盘

如果 RAID3 中某一磁盘出现故障，不会影响数据读取，可以借助校验数据和其他完好数据来重建数据。假如所要读取的数据块正好位于失效磁盘，则系统需要读取所有同一条带的数据块，并根据校验值重建丢失的数据，系统性能将受到影响。当故障磁盘被更换后，系统按相同的方式重建故障盘中的数据至新磁盘。

RAID3 只需要一个校验盘，阵列的存储空间利用率高，再加上并行访问的特征，能够为高带宽的大量读写提供高性能，适用大容量数据的顺序访问应用，如影像处理、流媒体服务等。目前，RAID5 算法不断改进，在大数据量读取时能够模拟 RAID3，而且 RAID3 在出现坏盘时性能会大幅下降，因此常使用 RAID5 替代 RAID3 来运行具有持续性、高带宽、大量读写特征的应用。

（四）RAID5

RAID5 应该是目前最常见的 RAID 等级，它的原理与 RAID4 相似，区别在于校验数据分布在阵列中的所有磁盘上，而没有采用专门的校验磁盘。对于数据和校验数据，它们的写操作可以同时发生在完全不同的磁盘上。因此，RAID5 不存在 RAID4 中并发写操作时的校验盘性能瓶颈问题。另外，RAID5 还具备很好的扩展性。当阵列磁盘数量增加时，并行操作量的能力也随之增长，可比 RAID4 支持更多的磁盘，从而拥有更高的容量以及更高的性能（图 5-21）。

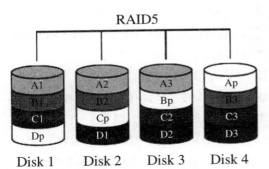

图 5-21　RAID5 将校验数据分布在
阵列中的所有磁盘上

RAID5 的磁盘上同时存储数据和校验数据，数据块和对应的校验信息保存在不同的磁盘上，当一个数据盘损坏时，系统可以根据同一条带的其他数据块和对应的校验数据来重建损坏的数据。与其他 RAID 等级一样，重建数据时,RAID5 的性能会受到较大的影响。

RAID5 兼顾存储性能、数据安全和存储成本等各方面因素,它可以理解为 RAID0 和 RAID1 的折中方案,是目前综合性能最佳的数据保护解决方案。RAID5 基本上可以满足大部分的存储应用需求,数据中心大多采用它作为应用数据的保护方案。

(五) RAID6

前面所述的各个 RAID 等级都只能保护因单个磁盘失效而造成的数据丢失。如果两个磁盘同时发生故障,数据将无法恢复。RAID6 引入双重校验的概念,它可以确保当阵列中同时出现两个磁盘失效时,阵列仍能够继续工作,不会发生数据丢失。RAID6 等级是在 RAID5 的基础上为了进一步增强数据保护而设计的一种 RAID 方式,它可以看作是一种扩展的 RAID5 等级,如图 5-22 所示。

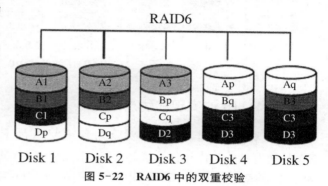

图 5-22　RAID6 中的双重校验

RAID6 不仅要支持数据的恢复,还要支持校验数据的恢复,因此实现代价很高,控制器的设计也比其他等级更复杂、更昂贵。RAID6 最常见的实现方式是采用两个独立的校验算法,校验数据可以分别存储在两个不同的校验盘上,或者分散存储在所有成员磁盘中。当两个磁盘同时失效时,可以重建两个磁盘上的数据。

RAID6 具有快速的读取性能、更高的容错能力。但是,它的成本要高于 RAID5 许多,写性能也较差,并且设计和实施非常复杂。因此,RAID6 很少得到实际应用,主要用于对数据安全等级要求非常高的场合。它一般是替代 RAID10 方案的经济性选择。

(六) RAID01 和 RAID10

标准 RAID 等级各有优势和不足。可以把多个 RAID 等级组合起来,实现优势互补,弥补相互的不足,从而达到在性能、数据安全性等指标上更高的 RAID 系统。目前在业界和学术研究中提到的 RAID 组合等级主要有 RAID00、RAID01、RAID10、RAID100、RAID30、RAID50、RAID53、RAID60,但实际得到较为广泛应用的只有 RAID01 和 RAID10 两个等级。

RAID01 是先做条带化再做镜像,本质是对物理磁盘实现镜像;而 RAID10 是先做镜像再做条带化,是对虚拟磁盘实现镜像。相同的配置下,通常 RAID01 比 RAID10 具有更好的容错能力。如图 5-23 所示。

RAID01 兼备了 RAID0 和 RAID1 的优点,它先用两块磁盘建立镜像,然后再在镜像内部做条带化。RAID01 的数据将同时写入两个磁盘阵列中,如果其中一个阵列损坏,另一个阵列仍可继续工作,保证数据安全性的同时又提高了性能。RAID01 和 RAID10 内部都含有 RAID1 模式,因此整体磁盘利用率均仅为 50%。

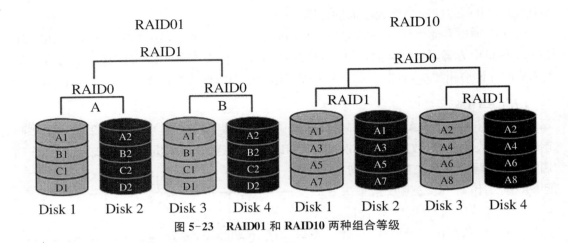

图 5-23 **RAID01** 和 **RAID10** 两种组合等级

四、**RAID** 的实现和优点

从实现角度看,RAID 主要分为软 RAID、硬 RAID 以及软硬混合 RAID 三种。软 RAID 所有功能均由操作系统和 CPU 来完成,没有独立的 RAID 控制/处理芯片和 I/O 处理芯片,效率最低。硬 RAID 配备了专门的 RAID 控制/处理芯片和 I/O 处理芯片以及阵列缓冲,不占用 CPU 资源,但成本高。软硬混合 RAID 具备 RAID 控制/处理芯片,但缺乏 I/O 处理芯片,需要 CPU 和驱动程序来完成,性能和成本在软 RAID 和硬 RAID 之间。

RAID 技术具有显著的特征和优势,基本可以满足大部分数据存储需求。主要优势有如下几点:

1. 大容量。RAID 扩大了磁盘的容量,由多个磁盘组成的 RAID 系统具有海量的存储空间。现在单个磁盘的容量就可以到 1TB 以上,RAID 的存储容量就可以达到 PB 级,大多数的存储需求都可以满足。一般来说,RAID 可用容量要小于所有成员磁盘的总容量。不同等级的 RAID 算法需要一定的冗余开销,具体容量开销与采用算法相关。如果已知 RAID 算法和容量,可以计算出 RAID 的可用容量。通常,RAID 容量利用率在50%～90%。

2. 高性能。受益于数据条带化技术。单个磁盘的I/O 性能受到接口、带宽等计算机技术的限制,性能往往很有限,容易成为系统性能的瓶颈。通过数据条带化,RAID 将数据I/O 分散到各个成员磁盘上,从而获得比单个磁盘成倍增长的聚合I/O 性能。

3. 可靠性。理论上,由多个磁盘组成的 RAID 系统在可靠性方面应该比单个磁盘要差。RAID 采用镜像和数据校验等数据冗余技术,确保单个磁盘故障不会导致整个 RAID 不可用,增强了其稳定性和可靠性。

4. 可管理性。RAID 使用虚拟化的方式,将多个物理磁盘驱动器虚拟成一个大容量的逻辑驱动器。对于外部系统来说,RAID 是一个单一的、快速可靠的大容量磁盘驱动器。从用户应用角度看,可以在这个虚拟驱动器上来组织和存储应用系统数据,简单易用,管理也很便利。同时,由于 RAID 内部完成了大量的存储管理工作,管理员只需管理单个虚拟驱动器,节省大量的管理工作。动态增减磁盘驱动器使得数据校验和数据重建可自动进行,大大简化了管理工作。

尽管 RAID 有许多优点,但实施 RAID 会带来建设成本的增加,磁盘资源也需要分出一部分来存储冗余和校验数据。当前的 RAID 技术也存在诸多不足,各种 RAID 模式都存在自身的缺陷,主要集中在读写性能、实现成本、恢复时间窗口、多磁盘损坏等方面。所以,在实际应用中,应当根据用户的数据应用特点和具体情况,综合考虑可用性、性能和成本来选择合适的 RAID 等级。

思考与练习

5-1. 简述什么是视频监控系统及其主要构成是什么?

5-2. 简述视频监控系统的主要功能和组成设备。

5-3. 简述视频监控技术分类及主要发展趋势。

5-4. 什么是时间同步? 影响因素有哪些?

5-5. 简述视频监控系统主要存储设备有哪些,各自特点是什么?

5-6. 简述视频监控系统前端摄像机技术原理及技术特点。

5-7. 简述摄像机核心部件 CCD 的工作原理及评价指标。

5-8. 简述监控系统视频处理设备有哪些?

5-9. 简述 RAID 技术的基本原理和各个等级的特点。

5-10. 什么是视扬角? 视扬角与景深有什么关系?

5-11. 简述视频监控中心平台的组成、各部分功能?

5-12. 解释数据条带、镜像,数据检验的概念。

第六章

安全防范工程技术

安全防范工程是以维护社会公共安全为目的,综合运用安全防范技术和其他科学技术,为建立具有防入侵、防盗窃、防抢劫、防破坏、防爆安全检查等功能(或其组合)的系统而实施的项目建设过程。它是人员、设备、技术、管理的综合产物,将专用设备及相关软件组合成一个有机整体,构成具有探测、延迟、反应综合功能的系统。

为了规范安全防范工程建设程序以及工程的设计、施工、监理、检验、验收、运行、维护和咨询服务,提高安全防范工程建设质量和系统运行、维护水平,保护人身安全和财产安全,维护社会安全稳定,2004年国家制修订了《安全防范工程技术规范》(GB 50348—2004),并于2018年重新修订,用于规范所有新建、改建和扩建的建筑物的安全防范工程的建设以及系统运行与维护。本章以《安全防范工程技术标准》(GB 50348—2018)为主要参考,全面介绍与安全防范工程规划、建设、施工、检验、验收等主要环节相关的规定与技术要求。

第一节　安全防范工程建设

一、总体要求

安全防范工程建设是构建社会治安防控体系的重要组成部分,它要服务于社会安全,更要服务于社会管理、国家治理体系和治理能力的现代化建设。全国各地的安全防范工程建设应纳入相关工程建设的总体规划,根据其使用功能、安全防范管理要求和建设投资等因素进行同步实施和独立验收。安全防范工程的建设必须符合国家有关法律、法规的规定。

任何一个安全防范系统在有限的资源和时空条件下只能针对特定风险达到有限防范的效果,无法做到万无一失。安全防范工程的建设应将人力防范(人防)、实体防范(物防)、电子防范(技防)等手段有机结合,通过科学合理的规划、设计、施工、运行及维护,构建满足安全防范管理要求、具有相应风险防范能力的综合防控体系。

安全防范系统均应具有安全性、可靠性、可维护性和可扩展性,做到技术先进、经济适用。当安全防范工程中选用先进技术和智能化设备时,应充分考虑设备自身存在安全隐患及其可能给安全防范系统带来的次生安全隐患,并采取措施加以避免。选择的专业设计、施工和服务机构(包括人员)也应安全可靠,避免信息失窃等隐患。

在涉及国家安全、国家秘密的特殊领域开展安全防范工程建设,应按照相关管理要求,严格安全准入机制,选用安全可控的产品设备和符合要求的专业设计、施工和服务队伍。对于保密工程,应遵循国家有关保密规定,包括不得公开招标;对工程建设的勘察、设计、施工和监理单位进行保密审查;建设单位应制定具体的保密管理措施和方案,并与工程的勘察、设计、施工和监理单位签订保密协议;建设单位应进行全过程的保密监督管理等。

二、基本规定

1. 安全防范工程建设与系统运行维护应进行全生命周期管理,统筹规划。应遵循工程建设程序与要求,确定各阶段目标,有计划、有步骤地开展工程建设、系统运行与维护。

2. 安全防范工程的建设应遵循下列原则:

1)人防、物防、技防相结合,探测、延迟、反应相协调;

2)保护对象的防护级别与风险等级相适应;

3)系统和设备的安全等级与防范对象及其攻击手段相适应;

4)满足防护的纵深性、均衡性、抗易损性要求;

5)满足系统的安全性、可靠性要求;

6)满足系统的电磁兼容性、环境适应性要求;

7)满足系统的实时性和原始完整性要求;

8)满足系统的兼容性、可扩展性、可维护性要求;

9)满足系统的经济性、适用性要求。

3. 安全防范工程建设应进行风险防范规划、系统架构规划和人力防范规划。应通过风险评估明确需要防范的风险,统筹考虑人力防范能力,合理选择物防和技防措施,构建安全可控、开放共享的安全防范系统。

4. 安全防范工程中使用的设备、材料必须符合国家法规和现行相关标准的要求,并经检测或认证合格。

5. 安全防范工程施工、初验与试运行等阶段宜聘请监理机构进行工程监理。

6. 高风险保护对象的安全防范工程应进行工程检验。工程检验应由具有安全防范工程检验资质且检验能力在资质能力授权范围内的检验机构实施。

7. 安全防范工程竣工后,应进行独立验收或专项验收。

8. 安全防范系统建设(使用)单位应建立系统运行与维护的保障体系和长效机制,保障安全防范系统正常运行,并持续发挥安全防范效能。

9. 安全防范系统运行过程中,建设(使用)单位宜结合安全防范需求和系统使用情况进行风险评估和系统效能评估。

10. 安全防范工程建设与系统运行维护全生命周期内宜引入专业咨询服务机制。

三、规划要求

(一)风险防范规划

1. 安全需求

安全防范工程建设应首先明确保护对象,对保护对象的安全需求进行深入分析。保护对象的确定应分别考虑保护单位、保护部位和区域、保护目标三个层次。保护目标分为需要保护的物品目标、人员目标，以及相关系统、设备和部件等。保护对象的安全需求应根据治安防范和反恐防范的需求进行分析和确定。具体要求如下所述：

1）对于保护单位的整体范围来说，安全需求通常包括防入侵、防盗窃、防抢劫、防破坏、防爆炸等。

2）对于保护部位和区域来说，安全需求通常包括防止对部位和区域的入侵或接近、窃听或窃视等。

3）对于物品目标来说，安全需求通常包括防止被接近、被触及、被移动、被盗窃、被破坏、被损毁等。

4）对于人员目标来说，安全需求通常包括防止被接近、被伤害等。

5）对于需要保护的系统、设备和部件来说，安全需求通常包括防止由于各种人为的破坏或攻击，导致系统、设备和部件出现故障、重要业务中断、出现影响安全的异常状态等。

2. 风险分析

安全防范工程建设应根据保护对象的安全需求和法律、政策、标准和专家经验等预先设定风险准则，对保护对象进行风险识别，通常应识别出保护对象可能面临的风险类型、风险来源与风险事件等，并进行风险评估。通过风险评估确定需要防范的具体风险，至少应包括下列内容：

1）应结合当前的内外部环境条件和安全防范能力，针对可能对保护对象安全构成威胁的各类风险进行识别；

2）应对识别出的各种风险发生的可能性和造成后果（包括损失和不良影响）的严重性进行分析；

3）应将风险分析结果与预先设定的风险准则相比较，进行风险评价，确定各种风险的等级；

4）应根据风险评价结果，结合安全防范工程建设（使用）单位对风险的承受度和容忍度对需要通过安全防范工程进行防范的风险进行确认。

一般来说，保护对象面临的风险类型主要包括窃听窃视、内部破坏、非法隐蔽进入、非法强行闯入、暴力袭击、汽车炸弹攻击、寄递炸弹攻击、投掷炸弹攻击、远射武器攻击、气体污染、水源污染等。风险来源与方式通常要考虑防范对象的人员数量及其个人能力，使用的攻击工具，如常规工具、便携式工具、暴力器具或武器等，以及攻击的方法，如交通工具、多人合作等方式。风险识别结果通常形成全面的风险列表。

风险发生的可能性和后果严重性通常按不同等级进行划分，可以通过风险矩阵将风险发生的可能性和后果进行组合，可根据风险的组合，结合风险准则，确定保护单位、部位或区域、目标的风险等级。例如风险发生可能性可分为几乎不可能、很小、偶尔、很可能、经常五个等级。风险后果严重性可分为很小、小、一般、严重、非常严重五个等级。

安全防范工程建设等单位可对部分风险进行忽略和容忍，对部分风险采取风险规避，如取消导致风险的活动，消除风险源或风险转移（如改变导致风险的活动场所）等措施，进而明确安全防范工程需要防范的具体风险。

3. 风险防范

针对需要防范的风险,按照纵深防护和均衡防护的原则,安全防范工程建设应统筹考虑人力防范能力,协调配置实体防护和电子防护设备、设施,对保护对象从单位、部位和区域、目标三个层面进行防护。针对人员密集、大流量的出入口、通道等场所,除应考虑安全防护措施外,还应考虑人员疏导和快速通行等措施。

1) 周界的防护应符合以下规定:

① 应根据现场环境和安全防范管理要求,合理选择实体防护、入侵探测、视频监控等防护措施;

② 应考虑不同的实体防护措施对不同风险的防御能力;

③ 应考虑不同的入侵探测设备对翻越、穿越、挖洞等不同入侵行为的探测能力以及入侵探测报警后的人防响应能力;

④ 应考虑视频监控设备对周界环境的监视效果,至少应能看清周界环境中人员的活动情况。

2) 出入口的防护应符合下列规定:

① 应根据现场环境和安全防范管理要求,合理选择实体防护、出入口控制、入侵探测、视频监控等防护措施;

② 应考虑不同的实体防护措施对不同风险的防御能力;

③ 应考虑出入口控制的不同识读技术类型及其防御非法入侵(强行闯入、尾随进入、技术开启等)的能力;

④ 应考虑不同的入侵探测设备对翻越、穿越等不同入侵行为的探测能力,以及入侵探测报警后的人防响应能力;

⑤ 应考虑视频监控设备对出入口的监视效果,通常应能清晰辨别出入人员的面部特征和出入车辆的号牌。

3) 通道和公共区域的防护应符合下列规定:

① 应选择视频监控,监视效果应能看清监控区域内人员、物品、车辆的通行状况,重要点位宜清晰辨别人员的面部特征和车辆的号牌;

② 高风险保护对象周边的通道和公共区域可选择入侵探测和实体防护措施。

4) 监控中心、财务室、水电气热设备机房等重要区域、部位的防护应符合下列规定:

① 应根据现场环境和安全防范管理要求,合理选择实体防护、出入口控制、入侵探测、视频监控等防护措施;

② 实体防护应选择防盗门、防盗窗,其他防护措施应考虑选择的设备类型及其防御非法入侵的能力、报警后的响应时间以及视频监控的监视效果。

5) 保护对象被确定为防范恐怖袭击重点目标时,应根据防范恐怖袭击的具体需求.强化防护措施,并应符合下列规定:

① 周界的防护应考虑实体防护装置和电子防护装置的联合设置;

② 出入口和通道的防护应考虑防爆安全检查设备、人行通道闸和车辆阻挡装置的设置以及设置安全缓冲或隔离区等;

③ 人员密集的公共区域防护应考虑视频监控的全覆盖、排爆设施和防御设施的配置；

④ 监控中心、水电气热设备机房等重要区域、部位防护应考虑实体防护装置和电子防护装置的联合设置；

⑤ 应考虑视频图像智能分析技术的应用和信息存储时间的特殊要求；

⑥ 应考虑对无人飞行器的防御和反制措施；

⑦ 应考虑对安全防范系统及其关键设备安全措施和冗余措施的加强。

6）保护目标的防护应符合下列规定：

① 应根据现场环境和安全防范管理要求，合理选择实体防护、区域入侵探测、位移探测、视频监控等防护措施；

② 应根据不同保护目标的具体情况和对抗的风险采取相应的实体防护措施；

③ 可采用区域入侵探测、位移探测等手段对固定目标被接近或被移动的情况实时探测报警，应考虑报警后的人防响应能力；

④ 采用视频监控进行防护时，应确保保护目标持续处于监控范围内，应考虑对保护目标及其所在区域的监视效果，且至少应能看清保护目标及其所在区域中人员的活动情况，当保护目标涉密或有隐私保护需求时，视频监控应满足保密和隐私保护的相关规定。

（二）系统架构规划

安全防范系统架构规划应按照安全可控、开放共享的原则，统筹考虑子系统组成、信息资源、集成/联网方式、传输网络、安全防范管理平台、信息共享应用模式、存储管理模式、系统供电、接口协议、智能应用、系统运行维护、系统安全等要素。

1. 系统组成

安全防范系统通常由实体防护系统和电子防护系统，以及对这些系统进行集成的安全防范管理平台构成。

安全防范系统的各子系统应根据现场勘察和风险防范规划以及前端布防情况确定，并应符合下列规定：

1）综合设计和选择配置实体防护系统、电子防护系统、安全防范管理平台；

2）根据现场自然条件、物理空间等情况，合理利用天然屏障，综合设计和选择配置人工屏障、防护器具（设备）等实体防护系统；

3）综合设计和选择配置入侵和紧急报警系统、视频监控系统、出入口控制系统、停车库（场）安全管理系统、防爆安全检查系统、电子巡查系统、楼寓对讲系统等电子防护子系统，以及各子系统的前端、传输、信息处理/控制/管理、显示/记录等单元。

2. 联网集成

传输网络依据传输技术的不同，可分为有线网络、无线网络及其混合网络。有线网络按照传输介质的不同，可分为光纤网络和电缆网络。安全防范系统宜采用专用传输网络，可采用专线方式或公共传输网络基础上的虚拟专网（VPN）方式。传输网络宜采用以监控中心为汇接/核心点（根节点）的星形/树形传输网络拓扑结构。系统传输的通信链路应满足系统的信息传输、交换和共享应用的需要。当有线传输不具备条件时，可采用具有相应安全措施的无线传输方式。

目前,安全防范系统的主干传输网络一般优先采用独立设置的光纤网络,常见的主干传输网络是专用的 IP 光纤网络。系统传输的通信链路指标包括传输衰耗、网络带宽、延时、延时抖动和丢包率等。集成或联网的各类信息资源应根据对安全防范各子系统集成管理的需要确定。同时,根据各类信息资源共享、交换的实际需要以及系统复杂程度的不同,合理选择系统集成联网方式。

1)通过不同子系统设备之间的信号驱动实现的简单联动方式;

2)通过不同子系统管理软件之间的通信实现的子系统联动方式;

3)通过安全防范管理平台实现对安全防范各子系统以及其他子系统集中控制与管理的集成方式;

4)通过对多级安全防范管理平台的互联,实现大范围、跨区域安全防范系统的级联方式;

5)根据安全防范管理的需要,安全防范系统还可与其他业务系统进行集成、联网的综合应用方式。

3. 子系统规划要求

实体防护系统通常由天然屏障和人工屏障和护器具(设备)等构成。即要充分利用天然屏障和建筑物主体,与附属工程进行综合设计;对保护对象范围的周界和具体防护目标进行针对性设计。天然屏障是指由天然而成的能够阻止进入、妨碍穿越、遮挡视线等功能的屏障,例如山谷、丘陵、河流、丛林、沙漠等自然地貌和地形以及植被。人工屏障包括建筑物主体及其附属设施(如配套的道路、景观等)以及针对周界和具体保护目标所设置的围墙、栅栏等防护设施。建筑物一般由建筑主体工程和附属工程构成。建筑主体一般指供人们进行生产、生活或其他活动的房屋或场所。建筑物的主体工程包括地基与基础分部工程、主体结构分部工程、屋面分部工程、楼地面分部工程、门窗分部工程、装饰装修分部工程六大部分。建筑工程的附属工程包括与建筑物配套的围墙,室外排水设施(排水沟、排水管、检查井),道路工程、绿化工程、景观工程(含景观灯饰、室外照明灯),挡土墙、室外土石方等,室外通道,楼梯,停车场、车棚、垃圾站等。

电子防护系统可由一个或多个子系统构成。电子防护系统的子系统通常包括入侵和紧急报警系统、视频监控系统、出入口控制系统、停车库(场)安全管理系统、防爆安全检查系统、电子巡查系统和楼寓对讲系统等。电子防护各子系统的基本配置包括前端、传输、信息处理/控制/管理/显示/记录等单元。不同的子系统,其各单元的具体设备构成有所不同。这些系统资源通常包括基于安全防范系统专用传输网络建设的安全防范各子系统和(或)其他子系统信息资源,也可以包括基于其他政府/行业/企事业单位等建设的专用网络,以及依托互联网建设的其他安防系统或其他业务系统的信息资源。

其他子系统是指与安全防范系统有密切关系的应急对讲系统、应急广播系统和应急照明系统等。一个具有横向集成和纵向级联功能的安全防范系统架构如图 6-1 所示。

图中的其他业务系统是指火灾报警系统、相关数据库等其他信息系统。图中的安全防范前端设备主要是指摄像机。比如在公共安全视频监控建设联网应用中,要将各行业领域自建的涉及公共区域的视频图像信息联网,有的行业涉及公共区域的摄像机很少,有可能

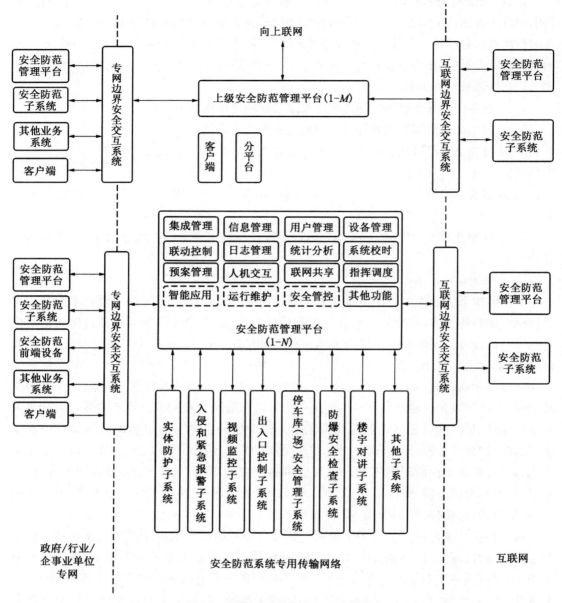

图 6-1 安全防范系统集成联网架构

采用这种接入方式联网。

4. 安全防范管理平台

安全防范工程建设应根据安全防范系统接入设备的规模及复杂程度,进行安全防范管理平台的运行维护模块设计,或在安全防范管理平台之外单独规划设计运行维护管理平台(系统),保障安全防范系统、设备以及网络的正常运行。安全防范管理平台实现对各安防子系统以及其他子系统的集成,也可以将一个或多个安全防范管理平台的信息向上级联网,形成多级联网,实现信息的汇聚与共享。

安全防范管理平台应根据用户对安全防范系统信息、数据深化应用的实际需求，进行智能化模块设计；或在安全防范管理平台之外单独规划设计智能化应用系统，包括视频智能分析系统、大数据分析系统等。智能化模块用于实现对视频图像中的人员、车辆、物品和事件等对象的外形特征、行为特征、数量等进行分析和结构化描述、检测和识别判断，还可实现视频图像的摘要和浓缩、增强与复原、智能检索等处理与深化应用。

安全防范系统应根据安全防范系统信息共享应用的实际需要设置客户端和分平台。客户端和分平台宜基于系统专用传输网络进行规划设计。安全防范管理平台也可通过边界安全隔离措施与基于其他网络环境建设的安全防范系统和其他业务系统实现信息的交换与共享。

运行维护管理平台（或系统）可实现对安全防范系统、设备、用户、网络、业务等进行综合维护管理的功能，以保障安全防范系统、设备以及网络的正常运行。运行维护功能一般包括设备信息及生命周期管理、设备/软件/链路监测、视频图像质量检测、用户和日志管理以及对设备接入率/在线率/完好率、故障排除率、系统链路可用率、运行维护日志完整率等指标进行统计分析等。

5. 控制协议

安防工程建设应根据安全防范系统、设备互联互通以及信息共享应用的具体要求，统筹规划设计系统的各类接口以及信息传输、交换、控制协议。控制协议通常包括各子系统前端设备与安全防范管理平台之间的接入协议，安全防范各级管理平台或分平台之间的信息传输、交换、控制协议，安全防范管理平台与其他业务系统之间的数据交换服务接口协议等。这些接口协议的统一是安全防范系统、设备互联互通以及信息共享应用的基础。

6. 数据存储

数据存储管理模式可分为分布存储分布管理、分布存储集中管理、传统集中存储集中管理、云存储管理等多种模式。分布存储分布管理模式是指各子系统独立存储自身数据，独立管理界面，各自授权。分布存储集中管理模式是指各子系统独立存储数据，独立管理，但可以提供统一的集成界面，集中管理所有数据。传统集中存储集中管理模式是指将各子系统的数据集中在一个地点存储，由统一的管理平台进行管理授权，各子系统可以直接控制各自所属的数据，但系统不可分割。

云存储是指通过集群应用、网格技术或分布式文件系统等方法，将网络中大量各种不同类型的存储设备通过应用软件集合起来协同工作，共同对外提供数据存储和业务访问功能的一个系统，可保证数据的安全性，并合理调配存储空间。

云存储管理模式是指通过云存储架构对各子系统的数据进行统一存储管理。物理上，这些数据的存储地点可以集中在一起，也可以分布在多地，但数据的完整性、一致性高，由统一的管理平台管理，具有更高的数据 I/O 能力，便于后续的大数据共享应用。各子系统可通过云存储专用接口对相关数据进行访问。

7. 供电系统

安全防范系统或设备供电的保障措施是从可靠性的角度提出，既可以用高可靠水平的可控的主电源单一供电，也可以在主电源的基础上配置自备的备用电源。主电源系统中往往可能具有自备发电机或 UPS,且可以由安全防范系统发出指令启动接入等。

安全防范系统或设备的供电可以来自市电网(这是大多数的情形),可以来自光伏装置,也可以是干电池等。安全防范系统的供电模式可以分为本地供电模式、集中供电模式和混合模式。

主电源和备用电源均可采用本地供电模式。主电源的本地供电模式可以是市电网本地供电模式,或独立供电模式,或其他类型。市电网本地供电模式可直接将安防系统各前端负载就近接入配电箱/柜,由供电线缆将电能输送给该部分安防负载设备。在集中供电模式下,主电源或备用电源由监控中心统一接入,通过配电箱/柜和供电线缆将电能输送给安防系统前端负载,根据需要可在各局部区域进行再分配。在独立供电模式下,通常由原电池等非市电网电源对安防负载一对一地供电。此类配置一般不再配置备用电源。

8. 安全策略

应按照信息安全相关要求,整体规划安全防范系统的安全策略,选择适宜的接入设备安全措施、数据安全措施、传输网络安全措施以及不同网络的边界安全隔离措施等。

安全防范系统的安全策略是整体策略,既包括传统意义上的传输网络和数据安全要求,又包括对接入设备的安全要求以及网络边界安全要求。要整体解决系统安全问题,需要采取多种管控措施,以实现安全防范系统的用户身份认证、设备接入认证、密钥管理、权限管理、加密解密、访问控制、审计、数据源可追溯、控制信令的完整性验证以及传输网络安全监测等功能。

边界安全交互系统是在安全防范系统专用传输网络的边界建立的网络间信息交互的安全隔离措施。安全防范系统专用传输网络与互联网之间进行信息交互时,应采用安全隔离、信令协议层安全控制,加上端口防攻击监测等措施来确保安全。安全防范系统专用传输网络与其他政府/行业/企事业单位专网进行信息交互时,考虑到政府/行业/企事业单位专网已经与互联网进行了逻辑隔离,则应采用信令协议层安全控制等措施。

(四) 人力防范

安全防范工程建设(使用)单位应根据人防、物防、技防相结合,探测、延迟、反应相协调的原则,综合考虑物防、技防能力以及系统正常运行、应急处置的需要,进行人力防范规划。根据 $T_{探测} + T_{反应} \leqslant T_{延迟}$ 和物防的延迟能力,合理配备和部署人力资源。人力资源的配备和部署应保障系统正常运行操作的需要以及应急反应和现场处置、对抗的需要。

人员、设备、设施和装备的数量及部署位置应满足安全防范系统运行、应急反应、现场处置和预期风险对抗能力的要求。应针对各类突发事件分别制定应急处置预案,并定期演练。应急处置预案至少包括针对的事件、人员及分工、处置的流程及措施、设备(设施或装备)的使用、目标保护和人员疏散方案等内容。

安全防范工程建设(使用)单位应合理配备保卫人员、系统值机操作和维护人员等人力资源以及必要的防护、防御和对抗性设备、设施和装备。应建立技术、技能培训机制,确保人员胜任工作岗位。应建立健全安全防范管理制度,并结合安全防范系统运行要求,优化业务流程。安全管理人员、系统操作人员和设备使用人员应定期和不定期接受各种必要的安全防范系统和设备操作的培训,不断提高能力和素质。对于日常运行和使用操作的活动,应能使有关人员达到完全熟练的程度。安全检查人员应具有良好的识别知识,能够快速在众多检查物品中及时准确地发现危险爆炸物或者其他可疑物品。

四、工程建设程序

一般来说,安全防范工程建设管理应按现行国家标准《建设工程项目管理规范》(GB/T 50326—2017)的有关规定执行。安全防范工程建设程序应划分项目立项、工程设计、工程初步验收与试运行、工程检验验收及移交、系统运行维护等主要阶段。

(一) 项目立项

安全防范工程项目立项时,应编制项目建议书。项目建议书应提出安全防范的实际需求和项目建设规划。

1. 项目建议书

项目建议书是建设单位或项目法人针对新建、改建、扩建安全防范工程向其主管部门申报的书面申请文件,为工程建设的立项提供依据。项目建议书应结合建设单位的安全防范现状,着重分析原有安全防范措施的差距和不足,提出安全防范的实际需求,突出安全防范工程建设的必要性、紧迫性。

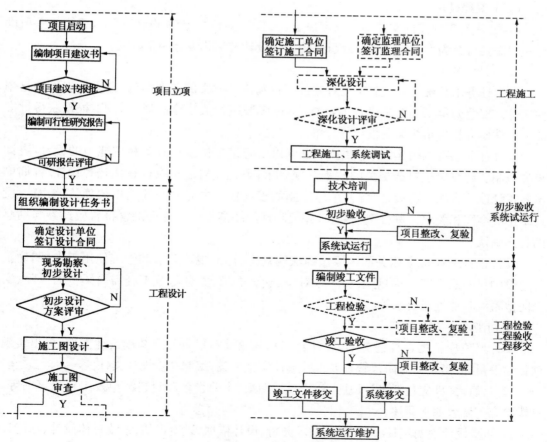

图 6-2　安全防范工程建设程序示意图

项目建议书应概括表达建设项目的主要内容,包括项目概况、安全防范现状描述、项目建设的必要性、需求分析、项目建设的条件、建设依据、建设方案综述、系统概要设计、项目机构和人员、项目建设进度安排、投资额度及资金筹措、效益与风险分析、结论和附件等。

项目建议书文本的形式可以是文字描述,也可以是文字结合图形描述。项目建议书编制深度参见现行行业标准《安全防范工程技术文件编制深度要求》GA/T 1185 的相关内容。

项目建议书经批准后,应编制可行性研究报告,可行性研究报告应对技术可行性与经济合理性进行分析、论证和综合评价,应能为安全防范工程建设提供投资决策依据。

2. 可行性研究

在安全防范工程建设项目投资决策前,通过安全管理需求分析、市场分析、技术分析和财务分析等,对安全防范工程建设项目的技术可行性与经济合理性进行分析、论证和综合评价。建设项目可行性研究的输出为可行性研究报告。

可行性研究报告应包含项目建设需求,建设方案和风险分析,以及项目建设规模、技术、工程、经济等方面,完成包括技术选型、系统建设、人员组织、项目周期、实施计划、投资与成本、效益及风险等的论证、计算和评价。对于复杂和特殊工程,应对影响安全防范系统功能或性能的技术路线、主要设备选型等内容进行必要的多方案比较。

(二) 工程设计

根据《建筑工程设计文件编制深度规定》(2016 年版)"5 专项设计"规定,智能化专项设计根据需要可分为方案设计、初步设计、施工图设计及深化设计四个阶段。

1. 设计任务书

设计任务书是确定安全防范工程建设项目和建设方案的基本文件,是设计工作的指令性文件。安全防范工程初步设计前,建设单位应按照相关法律法规的要求,根据获得批准的可行性研究报告组织编制设计任务书。

设计任务书可以由建设单位编制,也可以由建设单位委托具备相应能力的设计/咨询单位编制。建设单位根据相关的政策法规要求,委托或通过招投标择优选择设计/咨询单位并签订设计合同。由设计/咨询单位编制的设计任务书必须经建设单位确认、盖章。设计单位应会同相关单位进行现场勘察,并编制现场勘察报告。现场勘察报告应经参与勘察的各方确认。

设计任务书应根据相关的国家法律法规规定、标准规范要求和管理使用需求,明确工程建设的目的及内容、保护对象和防范对象、安全需求、安全防范工程需要防范的风险、安全防范系统功能性能要求等。

2. 初步设计方案

设计单位应根据设计任务书、设计合同和现场勘察报告开展初步设计工作,提出实现项目建设目标、满足安全防范管理要求的具体实施方案,编制初步设计文件。

初步设计文件应包括设计说明、初步设计图纸、主要设备和材料清单及工程概算书等。具体内容与要求如下所述。

1) 初步设计说明包括项目概况、需求分析、设计依据、风险评估、系统总体设计、功能设计、信息传输设计、供电设计、系统安全性设计、系统可靠性设计、系统电磁兼容性设计、系统/设备环境适应性设计、监控中心设计等。

2）初步设计图纸包括总平面图、系统图、设备器材平面布置图（安全防范专项设计适用）、系统干线路由平面图、监控中心/设备机房布局图等。

3）主要设备和材料清单包括系统拟采用的主要设备名称、规格、主要技术参数、数量等。

4）工程概算书中的费用构成、计价方式等按照国家相关规定执行。

安全防范工程初步设计完成后，项目管理机构应组织专家对初步设计方案进行评审，并出具评审意见。初步设计评审一般由一定数量的安防技术、经济等方面的专家组成评审专家组，对初步设计的适用性、合理性、先进性、实施计划、概算和预期效果等方面进行评审。初步设计评审的主要内容包括：

1）系统设计内容是否符合设计任务书和合同等要求；

2）现状和需求是否符合实际情况；

3）系统总体设计、结构设计是否合理准确；

4）系统功能性能设计是否满足需求；

5）系统设计内容与相关法律法规，现行国家标准、行业标准和地方标准及工程建设单位或其主管部门的有关管理规定等的符合性审查；

6）实施计划与工程现场的实际情况和建设单位的要求满足性审查；

7）初步设计文件质量、深度的符合性审查。

3. 施工图设计文件

安全防范工程初步设计方案评审通过并经项目管理机构确认后，设计单位应根据初步设计方案及评审意见进行施工图设计。

施工图设计文件应包括设计说明、施工图设计图纸、设备材料清单及工程预算书等。施工图设计图纸包括总平面图、系统图、设备器材平面布置图、传输管线图、监控中心/设备机房/竖井布置图、设备安装图、设备接线图、设施结构设计图（设备基础、杆件、管道、害井等）。设备材料清单包括设备材料的名称、规格、型号、数量、产地等。工程预算书中的费用构成、计价方式等按照国家相关规定执行。

施工图设计完成后，建设单位应根据政策法规要求将相关资料报建设行政主管部门审查。建设单位应向审查机构提供的资料包括作为勘察设计依据的政府有关部门的批准文件及附件、全套施工图、其他应当提交的材料等。

施工图设计文件应满足设备材料采购、非标准设备制作和施工的需要。

4. 施工图审查

施工图审查是施工图设计文件审查的简称，是指施工图审查机构按照有关法律、法规，对施工图涉及公共利益、公众安全和工程建设强制性标准的内容进行的审查。2013年4月27日，中华人民共和国住房和城乡建设部发布《房屋建筑和市政基础设施工程施工图设计文件审查管理办法》（住建部令第13号），第三条规定：国家实施施工图设计文件（含勘察文件，以下简称施工图）审查制度。施工图未经审查合格的，不得使用。

国务院建设行政主管部门负责全国的施工图审查管理工作。省、自治区、直辖市人民政府建设行政主管部门负责组织本行政区域内的施工图审查工作的具体实施和监督管理工作。

施工图审查是政府主管部门对建筑工程勘察设计质量监督管理的重要环节,是基本建设必不可少的程序,工程建设有关各方必须认真贯彻执行。《建设工程质量管理条例》第十一条规定:建设单位应当将施工图设计文件报县级以上人民政府建设行政主管部门或者其他有关部门审查。

5. 深化设计

深化设计应在审查通过的施工图设计文件基础上,对施工图设计的内容进行审查、核算和修订,量化、准确地表达设计内容及设备、材料、工艺要求等。对施工方、施工作业的特殊要求等进行详尽说明。

由于安全防范工程的建设规模、系统复杂程度差异性较大,并不是所有的工程都需要进行深化设计。若施工图设计能够满足工程施工需要时,可不进行深化设计,施工单位按照施工图设计文件直接施工即可。

施工图设计单位应配合深化设计单位了解系统的情况及要求,审核深化设计单位的设计图纸。深化设计完成后,应由项目管理机构组织评审。评审通过后,深化设计单位应提交全部深化设计文件。

(三) 工程施工

1. 工程招标

施工图审查通过后,建设单位应按照相关法律法规的要求,确定施工单位。建设单位可以根据相关的政策法规要求,委托或通过招投标择优选择施工单位并签订工程合同。

工程建设项目招标应符合《中华人民共和国招标投标法》《必须招标的工程项目规定》(发改委第16号令)的相关规定。但是,在涉及国家秘密的保密要害部门开展的安全防范工程建设,工程施工和监理不得进行公开招标。

工程合同包括工程名称和内容、双方责任与义务、技术和质量要求、进度要求、合同金额及付款方式、检验验收标准和方式、人员培训、售后服务、违约责任、合同生效及争议处理、合同终止、不可抗力等内容。合同附件包括设计方案、中标通知书、招标文件、投标文件、双方认定的其他文件等。

需要在工程施工阶段提供监理服务的工程,建设单位应按照相关法律法规的要求,委托或通过招投标择优选择监理单位并签订监理合同。

2. 设计交底

工程施工前,设计单位应对施工单位和监理单位进行设计交底。工程施工时,施工单位应按照深化设计文件中的技术指标订货,按照深化设计文件规定的建设内容和施工工艺组织施工。

设计交底是由项目管理机构组织施工单位、监理单位参加,由设计单位对施工图纸内容进行交底的一项技术活动,其目的是使施工单位和监理单位正确贯彻设计意图,加深对设计文件特点、难点、疑点的理解,掌握关键工程部位的质量要求,确保工程质量。设计交底通常分为图纸设计交底和施工设计交底。

图纸设计交底主要包括以下内容：施工现场的自然条件、工程地质及水文地质条件等；设计主导思想、建设要求、使用的标准规范；系统设计、设备选型及系统功能性能要求；管线施工、设备安装要求；工程中使用的设备材料的要求，对使用新材料、新技术、新工艺的要求；施工中应特别注意的事项；设计单位对监理单位和施工单位提出的施工图纸中的问题的答复等。

施工设计交底主要包括以下内容：施工范围、工程量、工作量和实验方法要求，施工图纸的解说，施工方案措施，施工工艺和质量、安全的保证措施，工艺质量标准和评定办法，技术检验和检查验收要求，技术记录内容和要求，其他施工注意事项等。

施工过程中发生的设计变更或工程洽商，应该经过项目管理机构、设计/监理单位及施工单位共同确认。安全防范工程的管线敷设、设备安装、系统调试等应按《安全防范工程技术标准》（GB 50348—2018）第 7 章要求执行。

（四）工程初步验收与试运行

1. 技术培训

施工单位应依据工程合同要求对相关人员进行技术培训。培训大纲、课程设置及培训方案应经项目管理机构评审、批准。技术培训的内容一般包括计算机技术基础、硬件安装、软件安装、操作使用、系统管理和维修维护等培训。

技术培训是安全防范系统建设的重要环节，也是系统使用、管理和运行维护的重要基础。技术培训的目的是使值机人员熟悉系统的功能性能和操作使用方法，使系统管理人员掌握系统的运行管理和维护技能，从而充分发挥系统的安全防护效能。

技术培训大纲由项目管理机构会同项目专家组、施工单位等，根据项目特点和系统使用、管理需求共同制定。培训大纲、课程设置及培训方案经评审、批准后，由施工单位按照培训计划对系统值机人员和管理人员进行技术培训。

2. 初步验收

有监理单位参与的工程，由监理单位组织项目管理机构、施工单位、设计单位等进行初步验收；没有监理单位参与的工程，由项目管理机构组织施工单位、设计单位等进行初步验收。

初步验收包括对工程施工资料进行检查评价、核对系统安装的设备型号和数量、对系统功能和性能进行检查评价、对系统施工质量进行检查评价等工作。工程质量及系统功能、性能经施工单位自检，满足工程合同和设计文件要求后，项目管理机构、设计单位及施工单位应共同对工程进行初步验收，形成初步验收报告。

3. 系统试运行

初步验收通过、项目整改及复验完成后，安全防范系统至少应试运行 30 天。系统试运行的目的是验证系统与建设目标的符合性、发现系统存在的问题、优化完善系统的功能性能等。

试运行期间，施工单位应配合项目管理机构建立系统的运行、操作和维护等管理制度。值机人员或系统管理员应详细记录系统运行情况。系统试运行记录应完整、详实，试运行期间发现的问题应及时处置。

系统经试运行达到合同和设计文件要求,项目管理机构应依据试运行期间系统的运行情况及试运行记录(表 6-1),出具试运行报告。试运行期间,值机人员、系统管理员等以建设(使用)单位的相关人员为主,由施工单位技术人员提供全天候的配合保障。

表 6-1 系统试运行记录表

工程名称					
建设(使用)单位					
设计单位					
施工单位					
监理单位					
序号	日期/时间	试运行内容	试运行情况	备注	值班人

注:(1) 系统试运行情况栏中,正常打"Y",每天至少填写一次;系统运行有异常情况时,在试运行情况栏中简要记录异常现象,并在备注栏中详细记录处置措施、实施人员、处置时间等。

(2) 系统有入侵和紧急报警部分的,报警试验每天进行一次。出现误报警、漏报警的在试运行情况和备注栏内如实填写。

(五) 工程检验、验收及移交

1. 工程检验

工程检验验收及移交阶段,建设单位可根据需要,委托具有安防工程检验资质且检验能力在资质能力授权范围内的检验机构对工程质量进行检验。

高风险保护对象以及按照相关法律法规、工程合同等要求需进行工程检验的安全防范工程,应在工程竣工验收前,由检验机构对工程质量进行检验并出具检验报告。

工程检验的依据、程序及检验项目、检验要求及方法等应按照《安全防范工程技术标准》(GB 50348—2018)第 9 章要求执行。

2. 竣工验收

工程检验完成、项目整改复验合格后,建设单位应组织竣工验收。竣工验收应包括施工验收、技术验收和资料审查。施工单位应根据深化设计图纸、图纸会审记录、设计变更、工程洽商等文件编制竣工文件。竣工文件是建设项目完成后形成的、真实反映项目建设全过程和项目真实面貌的文件集,是项目建成后系统运行使用、维护保养、改建与扩建等工作的基础资料。竣工文件应完整齐全、准确真实、签章完备,应与施工内容一致。

竣工文件包括建设项目立项审批文件、工程合同、设计文件、施工文件、验收证明文件、竣工报告、使用/维护手册、技术培训文件和竣工图纸等。

竣工报告的内容主要包括工程概况,安装的主要软硬件及其相应功能,是否延期、延期原因及延期处理结果,变更情况、变更处理结果,试运行情况,遗留问题及处理意见,自我评估等。

竣工图纸包括图纸目录、设计说明、图例、总平面图、系统图、设备器材平面布置图、系统布线图、监控中心/设备机房布置图、主控设备布置图、设备接线图、施工大样图等。

竣工验收的组织、验收内容和要求、验收结论等应按照《安全防范工程技术标准》(GB 50348—2018)第10章执行。安全防范工程竣工验收通过且项目整改复验完成后,施工单位应整理、编制、移交完整的工程竣工文件,并将安全防范系统移交建设单位正式投入使用。

(六) 系统运行与维护

安全防范工程施工单位应按照工程合同、工程质量保修书等的规定,完成工程保修、技术支持等售后服务工作。

建设(使用)单位应制定安全防范系统运行与维护规划,建立包括人员、经费、制度和技术支撑系统在内的运行维护保障体系。安全防范系统的运行与维护应按《安全防范工程技术标准》(GB 50348—2018)第11章执行。

第二节　安全防范工程设计

一、一般要求

《安全防范工程技术标准》(GB 50348—2018)明确指出:安全防范工程的设计应综合运用传感、通信、计算机、信息处理及其控制、生物特征识别、实体防护等技术,构成安全可靠、先进成熟、经济适用的安全防范系统。安全防范工程设计主要包括安全性设计、可靠性设计、电磁兼容性设计、环境适应性设计、系统集成设计等内容。安全防范工程主要设计理念或观点应具有创新性,既要包含电子信息系统、计算机网络工程设计的新要求,又能较好地适应科技发展的趋势,体现了安防标准化与时俱进的精神。

安全防范工程的设计应以结构化、规范化、模块化、集成化的方式实现,应能适应系统维护和技术发展的需要。同时遵循整体纵深防护和(或)局部纵深防护的理念,综合设置建筑物(群)和构筑物(群)周界防护、建筑物和构筑物内(外)区域或空间防护以及重点目标防护系统。

安全防范的内容主要包括社会治安防范和反恐防范。GB 50348—2018强制要求:当针对高风险保护对象或恐怖袭击进行安全防范系统设计时,除了要考虑安全防范系统传统的探测、延迟、反应能力外,还应重点提高人力防范能力,配备必要的个人防护装备、有效的防御设施以及与恐怖分子对抗的装备等。反恐防范的安全防范工程设计应体现威慑、探测、防御、制胜四个要素。

安全防范工程的设计除应满足系统的安全防范效能外,还应满足紧急情况下疏散通道人员疏散的需要。安全防范工程的建设是为了保护人身安全和财产安全,维护社会安全稳定,其中保护人的生命安全是第一重要的。当紧急情况发生时,如果人员疏散和逃生的需要与保护财产安全的安全防范效能发生矛盾时,系统设计应满足人员疏散通道疏散和逃生的需要。

二、现场勘察

安全防范工程设计前应进行现场勘察,并应做好现场勘察记录。现场勘察的内容一般包括地理环境、人文环境、物防设施、人防条件、气候(温度、湿度、降雨量、霜雾等)、雷电环境、电磁环境等。

首先,现场勘察应调查保护对象的基本情况,主要包括以下几点。一是保护对象的风险等级与防护级别;二是保护对象的人防组织管理、物防设施能力与技防系统建设情况;三是保护对象所涉及的建筑物、构筑物或其群体的基本情况;四是建筑平面、功能分配、通道、门窗、电(楼)梯分布、管道、供配电线路布局、建筑结构、墙体及周边情况,以及其他需要勘察的内容。

其次,现场勘察时应注重调查和了解保护对象所在地及周边的地理、气候、雷电灾害、电磁等自然环境和人文环境等情况,例如保护对象周围的地形地物、交通情况及房屋状况,以及当地的社情民风及社会治安状况。

第三,要详细调查和了解防护区域内与工程建设相关的情况,主要包括周界的形状、长度及已有的物防设施情况,周界出入口数量及分布情况,防护区域内防护部位、防护目标的分布,区域内各种管道、强弱电竖井分布及供电设施情况,监控中心/分控中心/专用设备间的数量、位置等,以及开放区域内人员、车辆的承载能力及活动路线等信息。

第四,重点调查和了解重点部位和重点目标的情况,例如枪支等武器、弹药、危险化学品、民用爆炸物品、核与放射物品、传染病病原体等物质所在的场所及其周边的情况,电信、广播电视、供水、排水、供电、供气、供热等公共设施所在的场所及其周边的情况等。

现场勘察结束后应编制现场勘察报告。现场勘察报告的内容应包括项目名称、勘察时间、参加单位及人员、项目概况、勘察内容、勘察记录等。

三、实体防护

实体防护是实现安全防范系统延迟和阻挡能力的主要手段。实体防护设计应遵循安全性、耐久性、联动性、模块化、标准化等原则,与建筑选址、建筑设计、景观设计进行统筹规划、同步设计;应根据保护对象的安全需求,针对防范对象及其威胁方式,按照纵深防护的原则,采取相应的防护措施延迟或阻止风险事件的发生。实体防护设计包括周界实体防护设计、建(构)筑物设计和实体装置设计。

(一)周界实体防护设计

周界实体防护设计是指针对保护对象外围周界所进行的实体防护设计,是安全防范纵深设计的第一道防线。应在建筑选址、建筑总平面规划设计时,利用天然屏障对保护对象进行防护。周界实体防护设计主要包括周界实体屏障、出入口实体防护、车辆实体屏障、安防照明与警示标志等设计内容。参照 GB 50348—2018 可知,周界实体防护设计应满足以下具体规定。

1. 周界实体屏障

周界实体屏障设计应根据场地条件合理规划周界实体屏障的位置,条件允许时,周界实体屏障宜独立设置,不采用建筑物作为周界实体屏障。其相关设计应符合下列规定:

1）周界实体屏障的防护面一侧的区域内不应有可供攀爬的物体或设施,如立杆、树木、建筑物、路灯杆、电线杆等;

2）有防爆安全要求的周界实体屏障,应根据爆炸冲击波对防护区域的破坏力和杀伤力,设置有效的安全距离;

3）根据安全防范管理要求,可按照分级、分区、纵深防护的原则,设置单层或多层周界实体屏障;多层周界实体屏障之间宜建立清除区;宜充分利用天然屏障进行综合设计,可多种类、多形式屏障组合应用;

4）有防攀越、防穿越、防拆卸、防破坏、防窥视、防投射物等防护功能的周界实体屏障,其材质、强度、高度、宽度、深度（地面以下）、厚度等应满足防护性能的要求;

5）穿越周界的河道、涵洞、管廊等孔洞,应采取相应的实体防护措施。

2. 安防照明与警示标志

安防照明与警示标志可起到威慑作用,可有效预防违法犯罪行为。据实际应用数据对比统计分析,以及犯罪心理学的研究表明,罪犯通常选择在黑暗场景中进行犯罪。随着环境光照度的上升,犯罪率明显下降。

安防照明与警示标志设计应符合下列规定:

1）根据安全防范管理要求,可选择连续照明、强光照明、警示照明、运动激活照明等安防照明措施,照射的区域和照度应满足安全防范要求;安防照明不应对保护目标造成伤害;安防照明宜与电子防护系统联动;

2）应在必要位置设置明显的警示标志,警示标志尺寸、颜色、文字、图像、标识应符合相关规定。

3. 对抗非法隐蔽进入

实体防护可选择设置周界围墙、金属铁丝网、栅栏等。防止单人徒手翻越的围墙高度至少应为 2.5 m;防止双人叠加翻越的围墙高度至少应为 4 m。金属铁丝网或栅栏应具有防攀爬措施且宜同步设置振动入侵探测装置。

入侵探测应针对所要探测的翻越、穿越、挖洞等不同行为,选择设置不同类型的产品,如主动红外入侵探测器、振动入侵探测器、光纤振动入侵探测器、甚低频感应入侵探测器、泄漏电缆等。根据需要,也可选择同时兼具实体防护和入侵探测功能的张力式电子围栏或脉冲式电子围栏。视频监控应对周界进行全覆盖,视频监视区域应避免树木等物体遮挡,监视效果应至少能看清周界范围内人员的活动情况。可选择采用具有视频图像智能分析功能的系统和设备,对地面上的人员入侵行为进行探测报警。

（二）出入口实体防护

1. 出入口实体防护

出入口实体防护设计需要考虑与保护对象的安全距离，综合考虑通道视野、坡度与方向、车辆进出转向等因素。尽量设置为车辆右转向进入，避免车辆长驱直入。出入口宽度尽量窄，宽度过大不利于安防人员的反应处置。设计应符合下列规定：

1）在满足通行能力的前提下，应减少周界出入口数量；

2）出入口应设置实体屏障，要远离重要保护目标；

3）人员、车辆出入口宜分开设置，可设置有人值守的警卫室或安全岗亭；

4）无人值守的出入口，其实体屏障的防护能力应与周界实体屏障相当；

5）车辆出入口及相关道路设计应考虑车辆限速措施，出入口设置车辆检查管理区；

6）可设置防车辆撞击和爆炸袭击的实体屏障；防车辆尾随时，应采用封闭式廊道、联动互锁门等方式，宜与电子防护系统联合设置；

7）出入口实体屏障宜具有防止穿越、攀越、拆卸、破坏、窥视、尾随等防护功能。

2. 车辆实体屏障设计

车辆实体屏障是指用于限制或阻挡车辆擅自进入以及防止车辆撞击的各类人工建造或加工制造的实体屏障，例如防撞墙、防撞柱、防撞标识、液压防冲撞翻板、液压防冲撞柱等。车辆实体屏障设计应符合下列规定：

1）根据安全防范管理要求，可在周界、出入口、建筑物外广场等区域或部位设置被动式车辆实体屏障和主动式车辆实体屏障，以限制、禁止、阻挡车辆进入，防范车辆撞击和车辆炸弹袭击对保护对象的伤害；

2）车辆实体屏障应具有减速、吸能、阻停等防护功能；应根据防范车辆的载重、速度及其撞击产生的动能，合理设计车辆实体屏障的高度、结构强度、固定方式和材质材料等，满足相应的防冲撞能力要求；

3）有防爆安全要求的车辆实体屏障，应设置有效的安全距离；

4）车辆实体屏障可多重组合应用，进行纵深防护布置。

（三）建筑物的实体防护

1. 建筑物的实体防护功能设计

建筑物的实体防护功能设计应包括平面与空间布局、结构和门窗等设计内容。建筑物本身为文物时，实体防护设计不应破坏建筑物本身，应采用施工简易、安装快速、新材料等结构形式的实体防护设计，要与电子防护（入侵探测、视频监控）联合设置。

建筑物平面与空间布局应符合下列规定：

1）根据安全防范管理要求，应合理设计建筑物场地道路的安全距离、线形和行进路线；应利用场地和景观形成缓冲区、隔离带、障碍等，发挥场地与景观的实体防护功能；

2）建筑物内部区域应进行公共区域、办公区域、重点区域的划分；重点区域宜设置独立出入口；通道设计宜避免人员隐匿或藏匿；重要保护目标所在部位或区域宜设计专用通道；公共停车场宜远离重要保护目标；报警响应人员的驻守位置应保障应急响应、现场处置的需要；

3) 具有易燃、易爆、有毒、放射性等特性的保护目标,其存放场所或独立建筑物应设置在隐蔽和远离人群的位置;

4) 建筑物的洞口、管沟、管廊、吊顶、风管、桥架、管道等空间尺寸能够容纳防范对象隐蔽进入时,应采用实体屏障或实体构件进行封闭和阻挡。

2. 建筑门窗设计与选型

建筑物门窗包括建筑物通道门、室内门、建筑外窗、建筑内窗、天窗等。选择防盗安全门和防盗窗等实体防护产品时,应根据保护目标的风险等级和安全防范管理要求,按照国家现行标准选用相应安全等级的产品。在现行国家标准《防盗安全门通用技术条件》GB17565 中规定了甲、乙、丙、丁四个安全级别。防盗窗目前没有国家标准和行业标准,但选用时也应考虑其防护能力与风险等级相适应,窗户加工采用的玻璃、金属框架材料应具备相应的防砸、防破坏能力。其设计与选型应符合下列规定:

1) 建筑物所有门窗的框架、固定方式、五金部件等应具有均衡的防撬、防砸、防拆卸等防护能力,并与墙体的防护能力相匹配;

2) 有防盗要求时,保护目标所在的部位或区域应按照国家现行标准采用相应安全级别的防盗安全门和相应防护能力的防盗窗;

3) 有防爆炸和(或)防弹和(或)防砸要求时,保护目标的门窗应采用具有相应防护能力的材料和结构;选用的防爆炸和(或)防弹和(或)防砸玻璃等材料应符合国家现行标准中相应安全级别的规定;

4) 金库等特殊保护目标库房的总库门应采用具有防破坏、防火、防水等相应能力的安全门。

3. 实体装置与选型

应根据保护目标的安全需求,合理配置具有防窥视、防砸、防撬、防弹、防爆炸等功能的实体装置;实体装置的安全等级应与其风险防护能力相适应;应合理选用防盗保险柜(箱)、物品展示柜、防护罩、保护套管等实体装置对重要物品、重要设施、重要线缆等保护目标进行实体防护。

例如,对小型固定目标,可考虑采用保险柜(箱)、防砸(弹)玻璃柜等措施。对移动目标,如重要人员,可考虑采用防弹衣、防刺服等措施;对移动物品可考虑采用保险柜(箱)等措施。人员密集、大流量的人员出入口、通道等处是容易发生拥挤、踩踏事故的区域,因此,要在这些部位和区域进行出入口控制和加固围挡物防设施。同时,采取人员疏导和快速通行措施,防止发生人员拥挤、踩踏等意外事件。

第三节　电子防护系统设计

一、安全防范管理平台

安全防范管理平台是安全防范系统集成与联网的核心,其设计应包括集成管理、信息管理、用户管理、设备管理、联动控制、日志管理、统计分析、系统校时、预案管理、人机交互、联网共享、指挥调度、智能应用、系统运维、安全管控等功能。

安全防范管理平台应满足以下设计要求：

1. 集成协同

平台应能对安全防范各子系统进行控制与管理，实现各子系统的高效协同工作。安全防范管理平台是系统集成的关键要素，其本身应遵循开放式协议，对视频、音频、报警等各种信息资源进行集成及处理，实现不同设备或/和系统间的信息交换，从而在平台内实现多系统的联动措施、应急预案和运行管理。

2. 信息管理

平台应能实现系统中报警、视频图像等各类信息的存储管理、检索与回放。信息存储管理包括存储设置和备份策略。存储设置是指系统支持对信息的存储位置、存储时间、备份策略、整理策略的设置。备份策略是指对系统的配置信息、用户信息、日志、报警记录等数据进行定期或不定期、单级或多级、本地或异地等方式的冗余存储。

检索是指从文字资料、事件信息等信息集合中查找自己需要的信息或资料的过程。为了进行检索，通常需要对资料进行索引。安全防范管理平台事件记录资料需要提取单位、时间、地点、类型或性质等作为索引，使其能成为检索点。常见的报警信息检索的检索条件包括报警源、报警级别、报警类别、开始时间、结束时间等。常见的视频检索的检索条件包括时间、地点、设备、报警信息等，用户可根据需要组合检索条件。

回放是指根据检索的结果可以按需要进行重复调阅或播放。具有存储功能的前端设备，其所存储的视、音频数据应能够支持以在线或离线的方式重复调阅或播放。

3. 用户管理

平台应能对系统用户进行创建、修改、删除和查询，对系统用户划分不同的操作和控制权限。用户权限分业务权限和管理权限。权限管理一般包括提供增加、修改、删除和查询用户权限等功能。系统可单独设置系统管理员，专门负责为每个合法用户分配相应的权限。任何用户不得擅自更改权限，不得将其权限转授给其他用户。系统管理员除完成授权功能外，不得浏览、修改、删除系统中的任何其他数据，高优先级用户可抢占低优先级用户所占的资源。

通过用户权限管理，可以保证授权用户对资源的利用，保障多用户并发访问时系统资源的可用性。

4. 设备管理

平台应具备对系统设备在线状态进行实时监测和统一编址、寻址、注册及认证等管理功能。对设备的注册和认证是保障系统安全的措施之一，目前条件下，安全防范管理平台能够实现对基于 IP 传输网络的设备进行统一编址、寻址、注册和认证。

一般来说，运行维护管理系统可以对实时在线设备的工作状态和网络链路性能等进行自动监测和故障报警；定时巡检可以对非在线设备进行监测。安全管控系统实现对系统、设备、数据和网络安全的全面管控。在系统集成设计过程中，可能会遇到不同时期、不同品牌、不同厂家之间的设备和子系统集成，难以做到统一编址。

5. 系统联动

平台应能实现相关子系统间的联动,并以声和(或)光和(或)文字图形方式显示联动信息。各子系统之间的联动是指实现集中的报警受理、报警联动、视音频调用、图像显示等。当子系统之间联动时,可在安全防范管理平台上产生联动信息,如当产生入侵报警时,弹出报警点位置并弹出视频图像等。

6. 日志管理

是指对用户操作、系统运行状态等信息进行记录、查询、显示。安全防范管理平台具有日志管理功能,便于记录和查询、显示任意用户的所有操作痕迹和系统运行状态。系统日志包括运行日志和操作日志。运行日志记录系统内设备启动、自检、异常、故障、恢复、关闭等状态信息及发生时间,操作日志记录操作人员进入、退出系统的时间和主要操作情况。

日志管理功能可以如实记录系统每天的运行情况,不仅可以为系统运行状态、故障分析等提供依据,而且可以为各种案件的侦破提供必要的线索。

7. 数据统计

平台应能对系统数据进行统计、分析,生成相关报表;对系统数据进行分类统计、分析,可定量与定性结合,生成相应报表。报表的形式应结合各行业安全管理需求,可多种多样,宜图文并茂,可采用趋势图等,易于比较分析。

8. 时间校对

平台应能对系统及设备的时钟进行自动校时,计时偏差应满足管理要求。校时功能是指对服务器和具有计时功能的设备按程序进行自动校对,或当系统内设备重新启动、应用软件恢复工作或网络中断后重新启动联通时,应能自动进行系统校时。

校时偏差包括两个方面:系统内的时间误差和系统与北京时间的误差。计时偏差应满足相关管理要求,一般情况下,系统内的时间误差应小于或等于 10 s。系统与北京时间误差小于或等于 30 s。

9. 警情处置

平台应能针对不同的报警或其他应急事件编制、执行不同的处置预案,并对处置过程进行记录。对报警信息的分类有利于快速判断是否有警情,对报警信息分级有利于及时处置。报警处置预案设计应流程化、具体化。发生入侵报警时,应自动同时显示入侵部位、图像和(或)声音,并显示可能的对策或处置措施。

报警处置预案设计应充分考虑探测时间、延迟时间、反应时间之间的关系,即延迟的时间应小于或等于探测时间与反应时间之和。报警处置预案应规定相关人员的责任,明确职责,严格纪律。对处置过程进行记录有助于事件倒查,同时可积累经验,丰富知识库,不断对预案进行优化。

10. 联网共享

平台应能支持安全防范系统各级管理平台或分平台之间以及与非安防系统之间的联网,实现信息交换与共享。信息传输、交换、控制协议应符合国家现行相关标准的规定。平台应能通过纵向级联、横向贯通等联网共享方式,实时掌控系统中的各类资源信息,如设备、装备、人员、车辆等,以便对资源进行统一调配和对应急事件进行快速处置。同时支持对视音频信息的结构化分析、大数据处理等智能化手段,实现对关注目标的自动识别、风险态势的综合研判与预警。

11. 运行维护

平台应支持对系统和设备的运行状态进行实时监控,对设备生命周期进行管理;及时发现故障,保障系统和设备的正常运行;应采取安全防控措施,保障系统、设备及传输网络的安全运行。宜支持对系统、设备及传输网络的安全监测与风险预警。

二、入侵和紧急报警

入侵报警系统通常由前端设备(包括探测器和紧急报警装置)、传输设备、处理/控制/管理设备和显示/记录设备部分构成。前端探测部分由各种探测器组成,是入侵报警系统的触觉部分,相当于人的眼睛、鼻子、耳朵、皮肤等,可感知现场的温度、湿度、气味、能量等各种物理量的变化,并将其按照一定的规律转换成适于传输的电信号。操作控制部分主要是报警控制器。监控中心负责接收、处理各子系统发来的报警信息、状态信息等,并将处理后的报警信息、监控指令分别发往报警接收中心和相关子系统。

入侵和紧急报警系统应对保护区域的非法隐蔽进入,强行闯入以及撬、挖、凿等破坏行为进行实时有效的探测与报警。应结合风险防范要求和现场环境条件等因素,选择适当类型的设备和安装位置,构成点、线、面、空间或其组合的综合防护系统。

入侵和紧急报警系统设计内容应包括安全等级、探测、防拆、防破坏及故障识别、设置、操作、指示、通告、传输、记录、响应、复核、独立运行、误报警与漏报警、报警信息分析等(图6-3)。

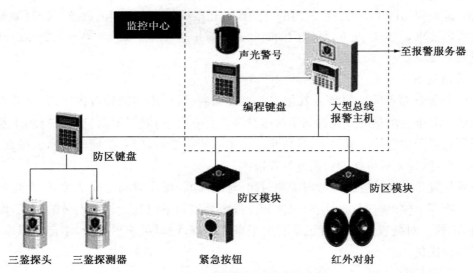

图6-3 入侵和紧急报警系统框架图

(一)安全等级设计

现行国家标准《入侵和紧急报警系统技术要求》(GB/T 32581—2016)中对入侵和紧急报警系统按其性能分为四个安全等级。其中1级为最低等级,4级为最高等级。等级1:低安全等级,入侵者或抢劫者基本不具备入侵和紧急报警系统知识,且仅使用常见、有限的工具;等级 2:中低安全等级,入侵者或抢劫者仅具备少量入侵和紧急报警系统知识,懂得使用常规工具和便携式工具(如万用表);等级 3:中高安全等级,入侵者或抢劫者熟悉入侵和紧急报警系统,可以使用复杂工具和便携式电子设备;等级 4:高安全等级,入侵者或抢劫者具备实施入侵或抢劫的详细计划和所需的能力或资源,具有所有可获得的设备,且懂得替换入侵和紧急报警系统部件的方法。

入侵和紧急报警系统中使用到的设备安全等级不应低于系统的安全等级。多个报警系统共享部件的安全等级应与各系统中最高的安全等级一致。

(二)报警功能设计

入侵和紧急报警系统必须能准确、及时地探测入侵行为或触发紧急报警装置,并发出入侵报警信号或紧急报警信号。

入侵探测的手段多种多样,其技术原理也各不相同,可应用于不同的场合,比如防越线(界)、撞击、撬、挖、凿、攀爬等。探测的手段不需要局限于某一种探测装置,可以是红外、微波、振动、激光、超声波、音频、视频、磁开关、压力开关等探测装置其中一种或几种的组合。

在实际应用设计中,根据现场情况和安全等级的要求不同,各类技术原理不同的探测装置可联合应用,即采用多传感器探测技术,互为补充,构成点、线、面、空间或其组合的综合防护,以达到相对合理的防范效果,实现紧急报警装置 24h 处于设防状态。

(三)防破坏、防拆卸功能设计

当报警信号传输线被断路/短路、探测器电源线被切断、系统设备出现故障时,控制指示设备应发出声、光报警信号。报警控制指示设备能识别哪条线路被破坏,同时还要能识别不能发出报警信息的设备故障。但是,现阶段大部分报警控制指示设备还不能识别探测设备内不影响报警输出的某部件的老化、故障,如传感器性能降低等。

当下列设备被替换或外壳被打开时,入侵和紧急报警系统应能发出防拆信号:

1. 控制指示设备、告警装置;
2. 安全等级 2、3、4 级的入侵探测器;
3. 安全等级 3、4 级的接线盒。

防拆功能不仅仅是系统功能的一部分,更是系统安全性的要求。如果安全防范系统的设备本身的安全都保证不了,这样的系统就是形同虚设,没有实际意义。系统中探测装置、接线盒(包括传输设备箱、分线箱)、报警控制设备或控制箱、告警装置等都是系统重要组成部分,要求具备防拆报警功能,就是针对系统自身安全提出的强制性要求。一旦设备被拆卸或植入其他物品时,系统将发出防拆警报信息。

在很多工程建设中,经常出现设备的防拆装置没有安装和连接,或连接方式不恰当,在撤防状态下,系统对探测器的拆改就不会响应,导致系统无法知道探测装置的状况。因此,为保证系统使用的有效性,对于探测装置、传输设备箱(包括分线箱)、报警控制设备或控制箱、告警装置等的防拆装置要设为独立防区,且为 24h 设防。

(四)防护区报警设计

系统设计时应按照不同的时间、区域和部位,根据不同的安全需求,将系统所有防护区域或部位划分为不同类型的防区，如瞬时防区、24 h 防区、延时防区等。每个区域内的探测装置、报警紧急装置、防拆装置等可分别设置为设防、撤防、旁路、传输、告警、胁迫报警等状态。

瞬时防区是指防区处于设防状态时，一旦触发该防区将立即报警，不提供延时，这是系统最常用的防区类型，通常用于出入口外的其他防区。

24 h 防区是指防区不论处于设防状态还是撤防状态，一旦触发该防区将立即报警，不提供延时，大多用于紧急报警类、火灾报警和设备防拆区应用，也可用于需要密切注意的安全等级较高的出入口防区。

延时防区是指防区处于设防状态时，一旦触发该防区将延时报警，即从触发探测器到引发报警之前有延时时间，延时的时间可以设定（一般为 1～300 s 可调），此时间足以让用户正常退出或进入而不报警，通常用于出入口防区设置。

旁路是指报警系统的部分报警状态不能被通告的状态，此状态会一直保持到手动复位，即操作人员执行了旁路指令后，所指定的防区就会被旁路掉（失效），而不能进入工作状态。在一个报警系统中，可以将其中一个防区单独旁路，也可以将多个同时旁路（又称群旁路）。

（五）控制部件访问设计

系统应能根据用户权限类别不同，按时间、区域、部位对全部或部分探测防区进行自动或手动设防、撤防、旁路等操作，并应能实现胁迫报警操作。为尽最大可能保护人身安全，系统要有胁迫报警功能，即当权限类别为 1、2 或 3 的用户使用胁迫钥匙撤防时，控制指示设备要能正常撤防，同时发送远程胁迫报警信号（或）信息，且不发出本地报警声响。

现行国家标准《入侵和紧急报警系统技术要求》（GB/T 32581—2016）中，入侵和紧急报警系统的用户访问系统部件和控制功能有下列四种权限类别：

类别 1：操作访问无任何权限限制。该类别指任何人均可访问，但只能进行简单的设防操作，一般通过按钮（开关）对部分或局部入侵和紧急报警系统进行设防。

类别 2：在不改变入侵和紧急报警系统配置情况下，操作访问能影响系统运行状态的功能。操作访问应受密钥、编码开关、锁或者其他等同方法限制，其密钥或编码不能访问权限类别 3 或 4。该类别通常适用于可通行相应防护区域的使用人、操作人和系统管理员。

类别 3：在不更改系统设备设计的情况下，操作访问能影响入侵和紧急报警系统配置的所有功能。操作访问应受密钥、编码开关、锁或者其他等同方法限制。其密钥或编码不能访问权限类别 4。如需访问权限类别 2，需获得权限类别 2 用户的许可，并在本地访问。该类别通常适用于专业安装、维修人员。

类别 4：操作访问部件会改变设备的设计。操作访问应受密钥、编码开关、锁或者其他等效方法限制，除非经过授权，否则其密钥或编码也不能访问权限类别 2 和 3。该类别通常适用于设备制造商或代理商。

（六）系统指示与通告设计

系统应能对入侵、紧急、防拆、故障等报警信号来源、控制指示设备以及远程信息传输工作状态有明显清晰的指示，或根据不同需要在现场和监控中心发出声、光报警通告。

指示是由入侵和紧急报警系统产生的可听、可视或者其他可感知形式的信息。通过指示,用户可以了解系统是否设防、撤防、旁路等工作状态,了解系统各防区工作、传输是否正常。进行系统设计时必须明确实现该功能。

通告是指将报警、防拆或故障状态传递给告警装置或报警传输系统的过程,是用户了解入侵和紧急报警系统出现报警、防拆或故障等状况的另一个媒介,通过声、光报警通告,能够起到警告、威慑入侵或抢劫者,提醒用户,向外求援,向相关人员和或机构报告等作用。

(七) 系统传输设计

按照系统传输的方式不同来分,入侵和紧急报警系统可分为分线制、总线制、无线制和网络制四种模式,这四种模式可以单独使用,也可以组合使用,可单级使用,也可多级使用。系统传输设计必须能实时传递各类报警信号/信息、控制指示设备各类运行状态信息和事件信息。当传输链路受到来自防护区域外部的影响时,安全等级4级的系统应采取特殊措施以确保信号或信息不被延迟、修改、替换或丢失。

按系统的组成方式不同,入侵和紧急报警系统又可分为单一控制指示设备模式(简称单控制器模式)、多控制指示设备本地联网模式(简称本地联网模式)、远程联网模式和集成模式。其中单控制器模式的传输(探测器与控制器之间)大多为分线制、总线制和无线制,本地联网模式的传输(控制器与控制器之间)大多采用总线制、无线制和网络制,远程联网模式的传输(控制器—报警接收中心或监控中心—报警接收中心之间)大多采用网络制。报警系统的远程传输网络目前大多采用 PSTN、IP 网络(公网、专网)、GPRS(4G,5G)等方式。

(八) 存储与记录功能设计

系统应能对系统操作、报警和有关警情处理等事件进行记录和存储,且不可更改。安全等级2、3和4级还应具有记录等待传输事件的功能,记录事件发生的时间和日期。安全等级3、4级应具有记录永久保存事件的设备。

系统报警响应时间应满足相关现行国家标准的要求。在重要区域和重要部位发出报警的同时,应能对报警现场进行声音和图像复核。入侵和紧急报警系统不得有漏报,误报率应符合设计任务书和(或)工程合同书的要求。

(九) 系统独立性设计

安全防范系统的其他子系统和安全管理系统的故障宜不影响入侵和紧急报警系统的运行,入侵和紧急报警系统的故障宜不影响安全防范系统其他子系统的运行。当用于高风险保护对象时,安全防范系统的其他子系统和安全防范管理平台的故障均应不影响入侵和紧急报警系统的运行,入侵和紧急报警系统的故障应不影响安全防范系统其他子系统的运行。

三、视频监控系统

视频是以人的视觉感知为基础设计生成的具有时间连续感和空间、颜色分布感(仅在可见光和伪彩色条件下)的信号,具有可感知现场场景的一维时间和二维空间(三维投影)特征的能力。按照视频信息流的应用观点,视频监控系统由视频采集、视频传输、视频处理、视频存储、视频显示和相应控制管理等部分构成。视频监控系统应对监控区域和目标进行实时、有效的视频采集和监视，对视频采集设备及其信息进行控制，对视频信息进行记录与回放，监视效果应满足实际应用需求。

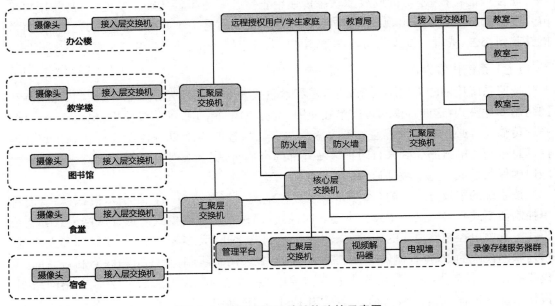

图 6-4　视频监控系统结构连接示意图

视频监控系统设计内容应包括视频/音频采集、传输、切换调度、远程控制、视频显示和声音展示、存储/回放/检索、视频/音频分析、多摄像机协同、系统管理、独立运行、集成与联网等。

（一）前端设备设计

视频采集设备的监控范围应有效覆盖被保护部位、区域或目标，监视效果应满足场景和目标特征识别的不同需求。应结合现场具体情况选择适当的位置角度，选用适当性能的摄像机和镜头，最大可能地及时获取监控区域和监控目标的实时信息。

一般地，针对相对固定的范围进行宏观观察时，宜选用固定安装的有广角镜头的摄像机；针对固定区域的特定目标进行观察，通常采用固定安装的焦距较大的定焦镜头摄像机；对于具有较大活动范围的目标，可考虑选用多个固定安装的定焦摄像机接力观察范围的方式进行观察；对于既要对同一监控区域的宏观状况进行观察，又要对其中的特定范围进行特征观察（如人的步态、人脸、车牌和车型等）的情形，可考虑选择具有 PTZ 功能的摄像机。所谓 PTZ 是指可对云台的水平 Pan 和垂直 Tilt 进行转动控制、对镜头的变焦 Zoom 进行控制，用户或终端设备可以对前端的遥控摄像机的云台和镜头进行左/右/上/下转动和放大或缩小等实时操作。

视频采集设备的灵敏度和动态范围应满足现场图像采集的要求。非可见光成像设备的使用为恶劣光照条件下的目标发现提供了条件。视频采集设备具体安装位置的选择应符合风险规划的需求。

电梯轿厢内的摄像机一般用于观察乘员的面部特征和在轿厢内的活动情况,安装在轿厢顶部轿门的左侧或右侧,也有的认为应包括乘员进入轿厢的人员面部特征和人员操作轿厢控制面板的情况,建议安装在轿厢顶部远离轿门的左侧或右侧。采用可见光或近红外光成像的摄像机,宜考虑从背对光源的方向或者顺着光线的方向观察目标。当需要逆光观察目标时,应考虑摄像机具有光照度宽动态响应的能力。视频采集设备可同时具有音频直接采集功能,或具有音频采集的接口。

(二) 传输装置设计

系统的传输装置应从传输信道的衰耗、带宽、信噪比、误码率、时延、时延抖动等方面,确保视频图像信息和其他相关信息在前端采集设备到显示设备、存储设备等各设备之间的安全有效及时传递。传输信道的衰耗、带宽、信噪比、误码率、时延、时延抖动等指标是通信网络的基本内容。其中,模拟信道更多体现为衰耗、带宽、信噪比、群时延等指标,数字信道则除了前述的指标外,更多体现为误码率、时延和时延抖动等指标。

视频传输应具有对同一视频资源的信号分配或数据分发的能力,以确保多个设备或用户对同一视频源的访问。模拟视频信号通常采用信号分配的方式,数字视频信号特别是 IP 视频信号一般采用视频数据分发的方式。传输信道编码和加密/加扰策略是加强信号传输抗干扰和防窃听的常用方法。音频信号与此相似。

视频的传输和信号分配/分发构成了视频系统传输网络的主要部分。在确保信息数据完整可靠的前提下,对系统内的各种信息源进行管理整合使用是视频系统建设追求的目标,这些功能对于实战指挥研判系统来说至关重要。

(三) 控制能力设计

系统应具备按照授权实时切换调度指定视频信号到指定终端的能力,以及按照授权对选定的前端视频采集设备进行 PTZ 实时控制和工作参数调整的能力。系统应能根据授权,实现用户或终端对系统内的任意视频源进行调取、切换等操作,一般地,本地实时视频源切换显示响应时间不大于 1 s。为了实现对现场目标的搜索和跟踪,系统应具备 PTZ 实时远程控制功能,这是实战指挥系统不可或缺的内容。视频采集设备的工作参数调整包括编码方式(如全电视信号、视频音频的数字压缩编码方案、HI-SDI、HDMI 等)、码流、帧率调整、是否加密传输等内容。PTZ 的控制延时和视频的编码、解码延时的总和应满足摄像机的实时跟踪目标的要求。

(四) 显示能力设计

系统应能实时显示系统内的所有视频图像,系统图像质量应满足安全管理要求。声音的展示应满足辨识需要。显示的图像和展示的声音应具有原始完整性。

系统显示功能可以实时显示系统内前端实时采集的视频图像,也可以实时播放已存储的视频图像。系统的显示设备具体显示内容取决于当前用户的操作权限。显示的效果取决于为指定用户设定的显示模式。显示的方式可以是单屏幕单路画面,可以是单屏幕多画面,也可以是组合屏幕综合显示。

系统图像是指一个完整的视频系统从采集、传输、存储到显示等环节中能最终展示的最低图像质量的图像(采用现行行业标准《安全防范高清视频监控系统技术要求》GA/T

1211—2014 中的描述）。

图像质量包括图像的信噪比、图像的空间（静态和动态）和时间分辨力、灰度级别、几何特征和颜色特征、原始完整性等内容。对于非可见光的成像图像质量内容则不包括颜色特征的内容。

原始完整性是指视频、音频设备或系统获得的数据表述的场景和目标特征与原始现场的投影特征保持（物理意义和逻辑意义）一致性的程度。原始现场的投影特征主要是指现场和目标的时空特征：在特定光谱条件下投影（投射）空间中的比邻关系、几何及纹理特征、投影颜色（仅一定照度的可见光条件下）、灰度层次、观察区域内的事件变化的连续性和后继顺序、音频频谱特征等。评价方法目前主要采用客观化的主观评价方法，这是视频音频数据作为司法证据和查找案件线索的关键前提。

（五）数据管理能力设计

1. 存储设备应能完整记录指定的视频图像信息，其容量设计应综合考虑记录视频的路数、存储格式、存储周期长度、数据更新等因素，确保存储的视频图像信息质量满足安全管理要求。

视频存储格式通常指图像格式，以亮度信号的像素矩阵表示，如 1920×1080、1280×720、720×576、704×576 等。存储时通常还需考虑选择适当的视频音频编码压缩方案，如 SVAC（指符合现行国家标准《公共安全视频监控数字视音频编解码技术要求》GB/T 25724 的视音频编解码）、H.264、H.265、G.711 等，还需考虑选择适当的视频图像记录的帧率，例如 15/20/25/30/50/60 b/s 等。

存储周期长度经常被称作存储时间，或者保存时间，有时还被强调为连续存储时间。它是对视频数据存储的一种特定表达方式，指设备或系统能够在不间断的时间段内持续对既有和新生数据进行保存的能力，而且这种能力被反复使用，进行数据更新，使得设备或系统中存储的数据始终为不短于最新时刻前的周期长度。在档案管理中，保存时间是指特定的数据或者物件保持原有状态的持续时间，例如某档案保存时间十年，是指该档案被妥善保管，在十年内内容不可被篡改或销毁。

数据更新则主要指在循环存储视频、音频数据时的更新策略，如更新的最小间隔为 30 s 的视频数据的新旧交叉，保存为文件的最小打包时间长度为 0.5 h 等。

2. 视频存储设备应具有足够的能力支持视频图像信息的及时保存、连续回放、多用户实时检索和数据导出等。

视频存储设备要不断记录视频数据，同时，又可被其他用户或设备访问检索读出，前者对应了设备的写动作，后者对应了设备的读动作。一台好的视频存储设备，其读写能力（又叫 I/O 能力）需要足够大的缓冲和带宽。

存储视频的回放主要用于人机交互中的事后分析研判。存储视频的检索是事后分析研判中进行数据调取的基础，科学的、高效的检索方法将大大提升存储视频的应用效能。

3. 视频图像信息宜与相关音频信息同步记录、同步回放。音频数据的存储根据与现场视频的关联紧密程度可以单独或伴随视频数据同步存储。

（六）存储周期要求

防范恐怖袭击重点目标的视频图像信息保存期限不应少于 90 天,其他目标的视频图像信息保存期限不应少于 30 天。

根据《中华人民共和国反恐怖主义法》第三十二条的规定:防范恐怖袭击重点目标的管理单位应当建立公共安全视频图像信息系统值班监看、信息保存使用、运行维护等管理制度,保障相关系统正常运行。采集的视频图像信息保存期限不得少于 90 天。根据国家有关治安管理规定,其他目标的视频图像信息保存期限不应少于 30 天。这里所说的"保存期限"是指视频图像信息在系统中的连续存储时间,而不是指档案生成后的保存期限。有些重要的视频图像信息作为档案保存时,保存期限可能要求为几年、几十年甚至永久保存。

（七）智能处理要求

视频监控系统具有场景分析、目标识别、行为识别等视频智能分析功能。系统可具有对异常声音分析报警的功能。

1. 智能分析设备技术要求

在现行国家标准《安防监控视频实时智能分析设备技术要求》(GB/T 30147—2013)中,视频智能分析方法有运动目标检测、遗留物检测、物体移除检测、绊线检测、入侵检测、逆行检测、徘徊检测、流量统计、密度检测、目标分类等。目前正在大规模应用的视频智能分析方法有人脸识别、车牌识别等。

2. 图像质量分析要求

图像质量分析作为视频智能分析的重要应用正成为系统运维的重要工具。视频音频的场景分析、目标识别或行为分析的前提是系统图像质量至少满足如下基本要求:

1) 模拟视频、音频的信噪比应不低于 38 dB。数字视频音频的信噪比应具有不劣于上述指标的测量方法。可参照现行国家标准《民用闭路监视电视系统工程技术规范》(GB/T 50198—2011)的相关内容。

2) 视频图像的静态和动态空间分辨力满足系统记录现场和识别目标的要求,并宜具有不低于 300TVl 的水平和垂直方向的分辨力。

3) 视频的时间分辨力不高于 40 ms。

4) 视频的灰度鉴别等级不少于 8 级。

5) 对于具有可见光彩色采集的场景,视频色彩分辨能力满足目标识别的要求,并在显示时与现场场景保持一致。

6) 视频图像的几何特征与现场欧氏几何变换结果一致,即几何投影应是欧氏线性的。若存在几何畸变,应有相应的措施进行校正或者说明。几何畸变严重的情形不宜用于高度依赖几何线性比例方式的目标识别场合。

7) 视频音频应具有原始完整性,并宜具有适当的验证措施。

（八）系统联动与集成

视频监控系统内部可根据需要设置多台摄像机之间协同工作,实现对活动目标进行连续实时的跟踪监控。由此,提供一种面向跨摄像机接力跟踪监控目标的能力。比如近几年刚刚兴起的三维视频融合技术。视频监控系统可以依托安防管理平台或独具设计管理模块,使系统拥有用户权限管理、操作与运行日志管理、设备管理和自我诊断等功能。

视频监控系统应具有与其他子系统集成或进行多级联网的能力。安全防范系统的其他子系统和安全防范管理平台的故障均应不影响视频监控系统的运行,视频监控系统的故障应不影响安全防范系统其他子系统的运行。

四、出入口控制系统

(一)系统基本功能

1. 基本结构与组成

出入口控制系统 Access Control System(ACS)利用自定义符识别或/和模式识别技术对出入口目标进行识别并控制出入口执行机构启闭的电子系统或网络。出入口控制系统主要由识读部分、传输部分、管理/控制部分和执行部分以及相应的系统软件组成,见图6-5。

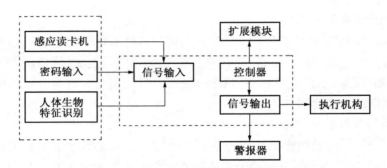

图 6-5 出入口控制系统的基本组成

2. 系统类型

出入口控制系统是采用现代电子设备与软件信息技术,在出入口对人或物的进/出行为进行放行、拒绝、记录和报警等操作的控制系统,系统同时对出入人员编号、出入时间、出入门编号等情况进行登录与存储,是确保区域安全、实现智能化管理的有效措施。出入口控制系统有多种构建模式。

1)按其出入口控制系统的硬件构成模式划分,可分为一体型和分体型。一体型,其各个组成部分通过内部连接、组合或集成在一起,实现出入口控制的所有功能。分体型,其各个组成部分在结构上有分开的部分,也有通过不同方式组合的部分。分开部分与组合部分之间通过电子、机电等手段连成一个系统,实现出入口控制的所有功能(图6-6)。

2)按其管理/控制方式划分,可分为独立控制型、联网控制型和数据载体传输控制型。独立控制型出入口控制系统,其管理/控制部分的全部显示/编程/管理/控制等功能均在一个设备(出入口控制器)内完成。联网控制型出入口控制系统,其管理/控制部分的全部显示/编程/管理/控制功能不在一个设备(出入口控制器)内完成。其中,显示/编程功能由另外的设备完成。设备之间的数据传输通过有线和/或无线数据通道及网络设备实现。数据载体传输控制型与联网型出入口控制系统的区别仅在于数据传输的方式不同。其管理/控

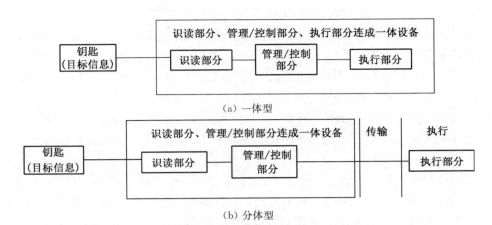

图 6-6 出入口控制系统的硬件构成模式

制部分的全部显示/编程/管理/控制等功能不是在一个设备（出入口控制器）内完成。其中,显示/编程工作在另外的设备完成。设备之间的数据传输通过对可移动的、可读写的数据载体的输入/导出操作完成。

3. 系统功能

出入口控制系统应根据不同的通行对象进出各受控区的安全管理要求,在出入口处对其所持有的凭证进行识别查验,对其进出实施授权、实时控制与管理,满足实际应用需求。

出入口控制系统功能设计包括与各出入口防护能力相适应的系统和设备的安全等级、受控区的划分、目标的识别方式、出入控制方式、出入授权、出入口状态监测、登录信息安全、自我保护措施、现场指示/通告、信息记录、人员应急疏散、独立运行、一卡通用等。

（二）系统设计

1. 安全等级

1）安全等级划分。出入口控制系统/设备分为四个安全等级,1 级为最低等级,4 级为最高等级。安全等级对应到每个出入口控制点。出入口控制系统设计应根据对保护对象防护能力差异化的要求,选择相应的系统和设备的安全等级。设备/部件的安全等级应与出入口控制点的防护能力相适应。共享设备/部件的安全等级应不低于与之相关联设备/部件的最高安全等级。

2）受控区域划分。具有相同出入权限的多个受控区互为同权限受控区。具有比某受控区的出入权限更为严格的其他受控区,是相对于该受控区的高权限受控区。系统设计应注意防范对手在非同权限受控区、低权限受控区接触系统设备而导致相应出入口开启的情况发生。进行系统设计时,应根据安全管理要求及各受控区的出入权限要求确定各个受控区,明确同权限受控区和高权限受控区,并以此作为系统设备的选型、安装位置设置的重要依据。

3）信息凭证与特征识读。出入口控制系统应采用编码识读和特征识读方式对目标进行识别。编码识别应有防泄露、抗扫描、防复制的能力。特征识别应在确保满足一定的拒认率的管理要求基础上降低误识率,满足安全等级的相应要求。系统应根据每个出入口控制点所对应的安全等级要求选择适合的设备。

受控区安全等级为3、4级时,目标识别不应只采用识读PIN(个人识别密码)码的识别方式,而应采用编码载体信息凭证识别方式,或由编码载体信息凭证、模式特征信息凭证与PIN编码组合的复合识别方式。

只采用PIN识别的系统,其可分配的PIN总数和用户的最大数量之间的最小比率应至少为1 000:1。安全等级1级时至少为4位数字密码,安全等级2级时至少为5位数字密码,安全等级3级时至少为包含字母的6位密码,安全等级为4级时至少为包含字符的8位密码。安全等级3、4级时,PIN信息不允许顺序升序或降序,也不允许相同字符连续使用大于两次。

2. 控制方式

系统应能对出入口执行装置的启/闭状态进行实时监测,支持对进入受控区的单向识读出入控制功能,对不同目标出入各受控区的时间、出入控制方式等权限进行配置。系统应根据安全管理要求,对各受控区设定不同的安全等级,如安全等级为2、3、4级的出入口控制点,应支持对进入及离开受控区的双向识读出入控制功能;安全等级为3、4级的出入口控制点,应支持对出入目标的防重入功能、复合识别、多重识别、异地核准、防胁迫及防尾随等控制功能。

防重入是指能够限制经正常操作已通过某出入口(或进入/离开某受控区)的目标,未经正常通行轨迹而再次操作又通过该出入口(或进入/离开某受控区)的一种系统功能。

复合识别是指系统对某目标的出入行为采用两种或两种以上的凭证识别方式,并进行逻辑相与判断的一种组合识别方式。

多重识别是指同时或在约定时间内对两个或两个以上目标进行识别后才能完成对某一出入口实施控制的一种组合识别方式。

异地核准是指系统操作人员(管理人员)采用非现场监控的方式,经对在某出入口的识读现场已通过系统识别的授权目标进行再次确认,才能对此目标远程关闭或开启该出入口的一种系统功能。

防胁迫是指目标在进行识读操作时,除能发出正常出入请求外,还能引发被胁迫警示信号的一种系统功能。

防尾随是指防止和检测企图在单次操作下使用单目标凭证,同向通过两个或多个目标的一种系统功能。

3. 系统自我保护

出入口控制系统应根据安全等级的要求,采用相应自我保护措施和配置。设计时应考虑对手可能通过攻击系统达到入侵的目的。位于对应受控区、同权限受控区或高权限受控区域以外的部件应具有防篡改/防撬/防拆保护措施。应特别注意受控区域及其级别,以及现场设备安装位置和连接线缆的防护措施等因素对安全的影响。

1) 受控区和线缆保护。出入口控制等技防系统在某种意义上来说,好比设置了一个技术迷宫,它增加了非法入侵者的作案难度,延迟作案时间,并能提早报警以便及时处置。但在实际应用中,非法入侵者在初步了解技防系统后,并不会直接解开迷宫通路而是寻找系统的薄弱点进行攻击从而达到犯罪目的。在出入口控制系统中,执行部分的输入线缆及其连接端就是一个易被攻击的薄弱点。

举例来说,一个管理了从A~G共7个受控区域的出入口控制系统(比如某个公司的多个办公室),如图6-7所示。其中,A、B、E三个区域为同权限受控区,即它们对目标的授权

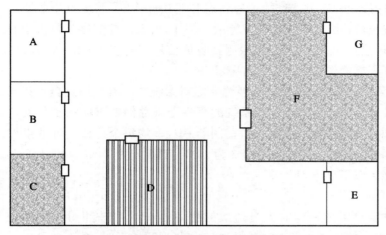

图 6-7　七个受控区域的出入口控制系统（某个公司的多个办公室）

是一致的，能进入 A 区的目标也可进入 B、E 区，能进入 B、E 区的目标也同样能进入 A 区。G 区是相对于 F 区的高权限受控区，即能进入 G 区的目标一定能进入 F 区，而能进入 F 区的目标不一定能进入 G 区。C 区和 D 区分别是相对于其他受控区的非同权限受控区，即能进入该区的目标不一定能进入其他区，而能进入其他区的目标也不一定能进入该区。若能进入 G 区的目标也能进入其他任何区的话，那么 G 区就是该出入口控制系统的最高权限受控区。

如图 6-8 所示，当电控锁的连接线必须离开本受控区、同权限受控区、高权限受控区敷设时，有可能成为被实施攻击的薄弱点，必须严格防护。

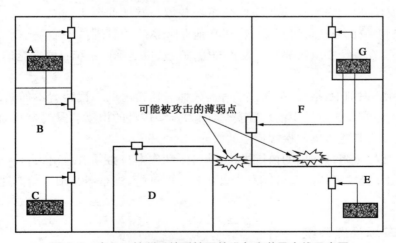

图 6-8　出入口控制系统受控区的设备安装及布线示意图

因此，在多出入口系统中要想提高安全性和可靠性，减少工程施工带来的安全隐患，建议尽量采用联网控制的单出入口控制器。若必须采用多出入口控制器，则应安装在高级别防区内并做好对执行部分输入线缆的防护。

2）现场指示。出入口控制系统应能对目标的识读结果提供现场指示。当出现违规识读、出入口被非授权开启、故障、胁迫等状态和非法操作时，系统应能根据不同需要在现场或监控中心发出可视或可听的通告或警示。例如，出入口控制器与监控中心通信中断应有警示，出入口被强行开启应有警示，探测到防拆信号应有警示，出入口开放超时应有警示，使用胁迫凭证识读操作监控中心应有警示等。

3）信息保存。系统的信息处理装置应能对系统中的有关信息自动记录、存储，并有防篡改和防销毁等措施。出入口控制系统的事件记录存储要求应满足各安全等级规定的相关要求。例如，现场控制设备（出入口控制器）中，平均每个识读装置的事件记录能力的最小数等级 1 为 32，等级 2 为 500，等级 3 为 1 000，等级 4 为 1 000；出入口控制的管理端保存的事件记录能力应不小于 180 天。

4. 系统联动

系统必须满足紧急逃生时人员疏散的相关要求，不应禁止由其他紧急系统（如火灾等）授权自由出入的功能。当通向疏散通道方向为防护面时，系统必须与火灾报警系统及其他紧急疏散系统联动，当发生火灾或需紧急疏散时，人员应能不用进行凭证识读操作即可安全通过。

安全防范系统的其他子系统和安全防范管理平台的故障均应不影响出入口控制系统的运行，出入口控制系统的故障应不影响安全防范系统其他子系统的运行。

当系统与其他业务系统共用的凭证或其介质构成"一卡通"的应用模式时，出入口控制系统应独立设置与管理。出入口控制系统常用"卡"作为编码凭证供系统识读使用，这张"卡"也可能同时用于食堂消费等其他应用系统中，这给使用者带来很多便利。但是，由于安防系统必须独立运行，其凭证等重要数据信息，不应放置在其他业务系统中。比如，不能将门禁数据库服务器开放给财务等其他非安保业务部门；同样地，消费充值等其他业务信息也不宜由安保部门管理，而应当将门禁系统数据与其他业务系统隔离。一个单位里，管理出入口控制系统的系统管理员，与管理其他业务系统的管理员不应是一个人，他们有各自的管理责任，在系统中就需要独立设置与管理。这也是确保系统自身安全的重要措施。

5. 其他

在生物特征识别中，指纹、掌形识别等需人体直接接触的识读装置不如面部、眼虹膜识别这类不需人体直接接触的识读装置安全，因为直接接触的识读装置的接触面若不能及时清洁，就可能成为某些传染性疾病传播的媒介。

另外，直接担负阻挡作用的执行机构，其启闭动作本身必须考虑出入目标的安全，如电动门的关闭动作必须等待出入目标安全离开时方可进行，挡车器必须等待车辆离开方可落下挡车臂等。

五、停车场管理系统

（一）系统功能与组成

停车场管理系统是通过计算机、网络设备、车道管理设备搭建的一套对停车场车辆出入、场内车流引导、收取停车费进行管理的网络系统。它通过采集记录车辆出入记录、场内位置，实现车辆出入和场内车辆的动态和静态的综合管理。前期系统一般以射频感应卡为载体，目前使用广泛的光学数字镜头车牌识别方式代替传统射频卡计费，通过感应卡记录车辆进出信息,通过管理软件完成收费策略实现、收费账务管理、车道设备控制等功能。停车场管理系统配置包括车道控制设备、自动吐卡机、远程遥控、远距离卡读感器、感应卡(有源卡和无源卡)、通信适配器、摄像机、传输设备、停车场系统管理软件等(图 6-9)。

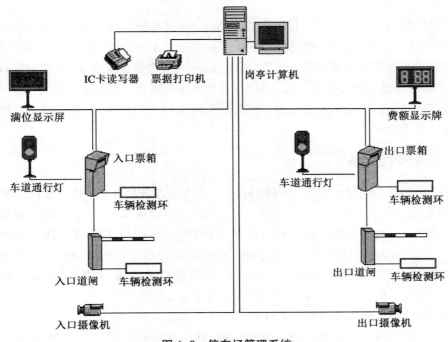

图 6-9　停车场管理系统

车道控制设备是停车场系统的关键设备,主要包括控制器、自动道闸、车辆感应器、地感线圈等,是车辆与系统之间数据交互的界面,也是实现友好用户体验的关键设备。所以很多人就直接把"车道控制设备"理解成"停车场系统",很多专业设备提供商也在介绍材料中把两者混淆。实际上,车道管理设备只是停车场管理系统的一个模块单元,二者之间有本质区别。

停车场系统集感应式智能卡技术、计算机网络、视频监控、图像识别与处理及自动控制技术于一体,对停车场内的车辆进行自动化管理,包括车辆身份判断、出入控制、车牌自动识别、车位检索、车位引导、会车提醒、图像显示、车型校对、时间计算、费用收取及核查、语音对讲、自动取(收)卡等系列科学、有效的操作。

(二) 系统设计要求

停车场安全管理系统设计内容应包括出入口车辆识别、挡车/阻车、行车疏导(车位引导)、车辆保护(防砸车)、场内部安全管理、指示/通告、管理集成等,并应符合下列规定:

1. 停车场安全管理系统应根据安全技术防范管理的需要,采用编码凭证和(或)车牌识别方式对出入车辆进行识别;高风险目标区域的车辆出入口可复合采用人员识别、车底检查等功能的系统;

2. 停车场安全管理系统设置的电动栏杆机等挡车指示设备应满足通行流量、通行车型

（大小）的要求；电控阻车设备应满足高风险目标区域的阻车能力要求；

3. 应根据停车场的规模和形态设计行车疏导（车位引导）功能；

4. 系统挡车/阻车设备应有对正常通行车辆的保护措施，宜与地感线圈探测等设备配合使用；

5. 系统应能对车辆的识读过程提供现场指示；当停车场出入口处于被非授权开启、故障等状态时，系统应能根据不同需要向现场、监控中心发出可视和（或）可听的通告或警示；

6. 系统可与停车收费系统联合设置，提供自动计费、收费金额显示、收费的统计与管理功能；系统也可与出入口控制系统联合设置，与其他安全防范子系统集成；

7. 应在停车场内部设置紧急报警、视频监控、电子巡查等设施，封闭式地下车库等部位应有足够的照明设施。

六、防爆安检系统

防爆安全检查系统应由具有专业能力的安全检查人员操作，在专门设置的安全检查区，通过安全检查设备的探测、识别，配合人工专业检查，实现探测、发现并阻止禁限带物品进入保护单位或区域的目的。保护单位或区域是根据反恐怖工作和安全防范管理工作的需要而确定的，一般包括防范恐怖袭击的重点目标（如大型活动场所、机场、火车站、码头、城市轨道交通车站、公路长途客运站、口岸等）、特殊单位或区域（如核电站、重要物资存储地、监狱等）以及人员密集公共场所（如科技馆、图书馆、影剧院等）。

防爆安全检查系统设计应符合下列规定：

1. 系统应能对进入保护单位或区域的人员、物品或车辆进行安全检查，对规定的爆炸物、武器和其他违禁品进行实时、有效的探测、显示、记录和报警。

安全检查检测的违禁品主要包括武器类（枪支、管制刀具等）、爆炸类（弹药、爆破器材、烟火制品等）、易燃易爆物品类（氢气、天然气等压缩气体和液化石油气、氧气、水煤气等液化气体）、毒害品类仁氰化物、汞（水银）、剧毒农药等剧毒化学品、腐蚀性物品类（盐酸、氢氧化钠、氢氧化钾、硫酸、硝酸等）以及放射性材料、化学毒气等。

2. 系统所用安全检查设备应符合相关产品标准的规定。系统的探测率，误报率及人员、物品和车辆的通过率（检查速度）应满足国家现行相关标准的要求。当下，主要的安全检查设备标准如下：

1)《手持式金属探测器通用技术规范》GB 12899—2018；

2)《微剂量 X 射线安全检查设备第 1 部分通用技术要求》GB 15208.1—2005；

3)《通过式金属探测门通用技术规范》GB 15210—2018；

4)《基于离子迁移谱技术的痕量毒品/炸药探测仪通用技术要求》GA/T 841—2009；

5)《基于荧光聚合物传感技术的痕量炸药探测仪通用技术要求》GA/T 1323—2016；

6)《基于拉曼光谱技术的液态物品安全检查设备通用技术要求》GA/T 1067—2013。

3. 系统探测时产生的辐射剂量不应对被检人员和物品造成伤害，不应引起爆炸物起爆。系统探测时泄漏的辐射剂量不应对非被检人员和环境造成伤害。微剂量 X 射线安全检查设备的泄漏射线剂量率要求在单位时间内穿过辐射屏蔽防护，泄漏到设备外部的电离辐射强度要小于一定的限值，以保障设备正常使用时不对周围人员产生辐射伤害。如通道式 X 射线安全检查设备是微剂量 X 射线检查设备,其单次检查剂量要小于 5 μGy,运行时不应干扰周边其他设备设施的正常运转。

4. 成像式人体安全检查设备的显示图像应具有人体隐私保护功能。随着安全检查技术的发展,成像式人体安全检查设备开始在有些安全检查场所使用,包括毫米波技术、太赫兹技术的人体安全检查设备,但要求被检人体显示图像要通过图像处理技术保护被检人员隐私,不显示清晰人体图像,以卡通人体图像或标准人体模板图像显示,突出显示违禁品图像。

5. 安全检查信息存储时间应大于或等于 90 天。安全检查信息包括安全检查设备报警信息、安全检查图片信息、图像信息、安全检查区域视频图像信息等。根据《中华人民共和国反恐怖主义法》(2015 年中华人民共和国主席令第三十六号)第三十二条"采集的视频图像信息保存期限不得少于九十日"的规定,安全检查信息存储时间要大于或等于 90 天。安全检查信息可以在设备上存储,也可以拷贝到其他介质上存储。

6. 安全检查区应设置在保护区域的入口,安全检查区内设置的安全检查通道数量、配备的安全检查设施和人员应与被检人员、物品和车流量相适应。在安全检查系统设计时应考虑安全检查区位置设置,评估流量,合理配置安全检查通道数量,并根据流量高峰、平峰、低峰情况动态调整安全检查人员。

7. 根据安全防范管理要求,选择在安全检查区内配置(包括但不限于)以下安全检查设备、设施:

1) 手持式金属探测器;

2) 通过式金属探测门或成像式人体安全检查设备;

3) 微剂量 X 射线安全检查设备;

4) 痕量炸药探测仪;

5) 危险液体检查仪;

6) 车底成像安全检查设备等。

8. 人员密集的大流量出入口和通道宜选用高效、安全的快速通过式安全检查设备或系统。应配备防爆处置、防护设施。防护设施应安全受控,便于取用。同时在安全检查区设置视频监控装置,实时监视安全检查现场情况,监视和回放图像应能清晰显示安全检查区人员聚集情况、清晰辨别被检人员的面部特征、清晰显示放置和拿取被检物品等活动情况。举办临时性大型活动的场所,应根据实际需要设置临时性防爆安全检查系统。

七、楼寓对讲系统

楼寓对讲系统也称访客对讲系统,具有可视功能的系统通常称为可视对讲系统。楼寓对讲系统应能使被访人员通过(可视)对讲方式确认访客身份,控制开启出入口门锁,实现建筑物(群)出入口的访客控制与管理。系统通常由访客呼叫机、用户接收机、管理机、电源及辅助设备组成。用于居民住宅小区的楼寓对讲系统应用构成示意图如图 6-10 所示。系统组成设备可以根据系统规模和实际需求进行增减,系统至少应包含一台访客呼叫机和一台用户接收机,管理机和辅助设备为可选设备,根据系统需求加以选配。

楼寓对讲系统设计内容应包括对讲、可视、开锁、防窃听、告警、系统管理、报警控制及

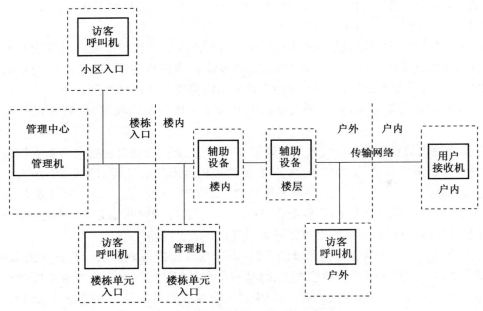

图 6-10　楼寓对讲系统应用构成示意图

管理、无线扩展终端、系统安全等,并应符合下列规定:

1. 访客呼叫机与用户接收机之间、多台管理机之间、管理机与访客呼叫机之间、管理机与用户接收机之间应具有双向对讲功能,系统应限制通话时长以避免信道被长时间占用;

2. 具有可视功能的用户接收机应能显示由访客呼叫机采集的视频图像,视频采集装置应具有自动补光功能;

3. 应能通过用户接收机手动控制开启受控门体的电锁,应能通过访客呼叫机让有权限的用户直接开锁,应根据安全管理的实际需要选择是否允许通过管理机控制开启电锁;

4. 系统在通话过程中,语音不应被其他非授权用户窃听;

5. 当系统受控门开启时间超过预设时长、访客呼叫机防拆开关被触发时,应有现场告警提示信息;具有高安全需求的系统还应向管理中心发送告警信息;

6. 管理机应具有设备管理和权限管理功能,宜具有通行事件管理、数据备份及恢复、信息发布等功能;

7. 具有报警控制及管理功能的系统,报警控制和管理功能应满足国家现行有关标准的要求;

8. 用户接收机可外接无线扩展终端(如手机、平板电脑等),实现与用户接收机/访客呼叫机等设备的对讲、视频图像显示、接收报警信息等功能;除已采取了可靠的安全管控措施外,不应利用无线扩展终端控制开启入户门锁以及进行报警控制管理。

楼寓对讲系统的重要功能就是通过关闭的受控门将用户和访客进行隔离,通过用户对访客的甄别,由用户选择是否开启受控门。因此,确保受控门的正常关闭非常重要。当受控门开启时间超过预设时长时,意味着系统处于不安全状态;当访客呼叫机防拆开关被触发时,意味着可能有人破坏访客呼叫机,尝试非法开启受控门。

楼寓对讲系统管理机应具有设备管理功能,能对安装的系统设备进行添加、配置、删除等管理操作;具有权限管理功能,能根据设置权限对管理人员的操作权限加以控制与管理,并具有信息发布、数据备份及恢复和通行事件管理功能等。在现行公共安全行业标准《楼寓对讲系统安全技术要求》(GA 1210—2014)的附录 A 中,对报警控制及管理功能提出了规范性要求。

八、电子巡查系统

电子巡查系统是一种对巡查人员的巡查路线、方式及过程进行管理和控制的电子系统,分为在线式和离线式两种形态。在线式可以采用有线或无线方式,具有较强的实时性。系统可独立设置,也可与出入口控制系统等联合设置,即利用出入口控制设备实现电子巡查功能。

电子巡查系统应按照预先编制的人员巡查程序,通过信息识读器或其他方式对巡查人员的工作状态进行监督管理。

电子巡查系统设计内容应包括巡查线路设置、巡查报警设置、巡查状态监测、统计报表、联动等,并应符合下列规定:

1. 应能对巡查线路轨迹、时间、巡查人员进行设置,应能设置多条并发线路;
2. 应能设置巡查异常报警规则;
3. 应能在预先设定的在线巡查路线中,对人员的巡查活动状态进行监督和记录;应能在发生意外情况时及时报警;
4. 系统可对设置内容、巡查活动情况进行统计,形成报表。

第四节　其他相关设计与要求

一、集成与联网设计

安全防范系统集成是指通过综合布线系统和计算机网络等技术,将各个分离的设备、功能、信息等集成到安全防范管理平台,使资源达到充分共享,实现集中、高效、便利的管理。系统集成应采用功能集成、网络集成、软件界面集成等多种集成技术。系统集成实现的关键在于统一接口和协议,以解决设备、子系统、安全防范管理平台等之间的互联、互操作问题。

安全防范系统的集成设计主要包括子系统的集成设计、总系统的集成设计,必要时还应考虑总系统与上一级管理系统的集成设计。安全防范系统可通过独立设置的安全防范管理平台进行集成,也可基于某一子系统的管理平台进行集成,可以根据用户工作的习惯性、操作控制的专业性、业务处理易用性和信息显示的直观性等因素支持多种客户端界面。

安全防范系统进行集成设计时,应根据安全防范管理业务需求、系统资源联网共享、事件快速处置响应和系统运行安全可控等要求,选择系统集成与联网方式,确定系统架构。对设备或系统进行互联时,应优化网络性能和任务调度策略,采用适宜的接口方法和通信协议,保证信息的快速传递、有效响应、及时提取送达。应根据信息安全的相关要求合理规划系统内外安全边界及安全管控措施，合理规划系统中各类、各级用户和设备的控制管理权限，选择安全可控的硬件或软件产品。

1. 入侵和紧急报警系统集成

入侵和紧急报警系统的集成联网设计应能通过统一的管理平台实现设备和信息的集中管控，支持系统配置连接多种客户端界面。可有下列方式：

1）专用传输网络条件下的多级联网方式；

2）通过公共通信网络的多级联网方式；

3）通过公共通信网络的云平台联网方式；

4）安全防范管理平台收到报警信息而未在规定时间内处置的，应自动向上级管理平台转报，并通过电话、短信、邮件等方式通知到相关负责人；

5）高风险保护对象防护现场的控制指示设备与接警中心管理平台之间应采用两条或以上独立的通信网络传输报警信号。

2. 视频监控系统集成

视频监控系统联网设计应能通过管理平台实现设备的集中管理和资源共享，可有下列方式：

1）模拟视频多级汇聚方式。各级监控中心管理平台之间采用专线级联，本地监控中心管理平台实现本级视频资源的视频切换、存储、显示等，上级管理平台可对本级和下级的实时和历史视频进行查阅。

2）数字视频逐级汇聚方式。应充分考虑应用需求，可采用视频信号逐层汇聚，实现下级监控中心的本地管理，上级监控中心的资源共享调用模式；也可采用视频信号接入统一的监控中心集中管理，授权多级客户端调用模式。

3）基于云平台的视频统一管理方式，通过云存储架构对所有视频图像信息进行统一存储、管理和共享应用。

4）视频监控系统与公共安全视频监控联网系统集成联网时，其传输、交换、控制协议应符合现行国家标准《公共安全视频监控联网系统信息传输、交换、控制技术要求》GB/T 28181 的要求。

3. 出入口控制系统集成

出入口控制系统联网设计可有下列方式：

1）多级联网实时数据集中汇聚、本地授权管理方式，即各级出入口控制系统的现场数据信息实时上传到管理平台，在上级系统进行出入授权管理。

2）多级联网实时数据集中汇聚、集中授权管理方式，即各级出入口控制系统的现场数据信息实时上传到管理平台，由管理平台统一进行出入授权管理。

3）多级联网的系统中，各级安全防范管理平台和各子系统应能独立运行。当某一平台或子系统出现故障时不允许对联网系统中的其他系统/设施产生影响。

安全防范系统中承担数据库、信息分发、安全认证等重要功能的硬件或者软件应采用冗余设计，宜进行双机热备份。当系统发生故障时，冗余配置的部件介入并承担故障部件的工作，由此减少系统的故障时间。例如，服务器可采用双电源供电，数据存储可以采用磁盘镜像、磁盘阵列等方式实现存储空间的冗余设计。安全防范系统联网用的关键传输路由宜进行双路由配置等。当安全防范系统与其他电子信息系统集成联网时，其他电子信息系统的故障不应影响安全防范系统的正常运行。

二、安全性设计

安全防范系统所用设备、器材的安全性指标应符合现行国家标准《安全防范报警设备安全要求和试验方法》GB16796 和相关产品标准规定的安全性能要求。

1. 人身安全防护

安全防范系统的设计应防止造成对人员的伤害，并应符合下列规定：

1）系统所用设备及其安装部件的机械结构应有足够的强度，应能防止由于机械重心不稳、安装固定不牢、突出物和锐利边缘以及显示设备爆裂等造成对人员的伤害。

2）系统所用设备所产生的气体、X 射线、激光辐射和电磁辐射等应符合国家相关标准的要求，不能损害人体健康；现阶段主要的标准有现行国家标准《电离辐射防护与辐射源安全基本标准》（GB 18871—2002）。

3）系统和设备应有防人身触电、防火、防过热的保护措施。

4）监控中心（控制室）的面积、温度、湿度、噪声、采光及环保要求、自身防护能力、设备配置、安装、控制操作设计、人机界面设计等均应符合人机工程学原理。

5）具有特殊防御功能的实体防护装置，如脉冲式电子围栏、炫目灯光、滚刺网等，具有锐利边缘或触碰时对人体具有一定伤害的，应在安装区域显著位置设置警示标识。

2. 信息安全保护

安全防范系统具有信息系统的很多特征，在系统正常工作中，应从信息安全的角度做好防病毒和防网络入侵的防护措施。一般可以采用部署防火墙、入侵检测、安装防病毒软件、日志审计等进行入侵预防、检测、清除、追查。安全防范系统的设计应保证系统的信息安全性，并应符合下列规定：

1）系统宜采用专用传输网络，有线公网传输和无线传输宜有信息加密措施；

2）根据安全管理需要，系统可对重要数据进行加密存储；

3）应有防病毒和防网络入侵的措施；

4）系统宜对用户和设备进行身份认证，宜对用户和设备基本信息、属性信息以及身份标识信息等进行管理；

5）系统运行的密钥或编码不应是弱口令，用户名和操作密码组合应不同，应符合国家有关密码管理的规定；

6）当基于不同传输网络的系统和设备联网时，应采取相应的网络边界安全管理措施。

在系统内外网边界上配置防火墙，用于防止外网未经授权访问内网以及对内网的攻击，同时也能防止内网用户未经授权访问外网；入侵检测系统用于实时地应对来自内网已知的攻击；防病毒软件主要用于检测、识别、清除系统中的病毒；日志审计系统用于在事件发生时或事后发现安全问题，有利于追查责任、定位故障、恢复系统等；为了更加有效地防止网络攻击，一般要将入侵检测系统和防火墙等安全系统进行联动设置。

3. 系统安全防护

安全防范系统的设计应考虑系统的防破坏能力。系统的探测装置、传输设备（箱）、报警控制指示设备或控制箱等是系统重要设备、设施,应具备防拆报警功能,保证不能出现探测器、传输设备、控制设备等被遮挡、被篡改等现象,并应符合下列规定:

    1)入侵和紧急报警系统应具备防拆、断路、短路报警功能;

    2)系统传输线路的出入端线应隐蔽,并有保护措施;

    3)系统应提供恢复供电后自动恢复原有工作状态的功能,并能人工设定;

    4)系统宜有自检功能,对系统、设备、传输链路进行监测;

    5)系统宜对故障、欠压等异常状态进行报警;

    6)高风险保护对象的安全防范系统宜配置遭受意外电磁攻击的防护措施。

系统选用的设备以及设备的安装方式,不应引入安全隐患,不应对保护目标造成损害。在具有易燃易爆物质的特殊区域,安全防范系统应有防爆措施并满足其行业的有关规定。安全防范系统监控中心电场强度、磁场强度、磁感应强度、等效平面波功率密度的控制限值应符合现行国家标准《电磁环境控制限值》(GB 8702—2014)相关要求。

三、电磁兼容性设计

安全防范系统的电磁兼容性设计应综合考虑现场的电磁环境、系统电磁敏感度、电磁骚扰和周边其他系统的电磁敏感度等因素。

安全防范系统所用设备的静电放电抗扰度、电快速瞬变脉冲群抗扰度、浪涌(冲击)抗扰度应符合现行国家标准《安全防范报警设备电磁兼容抗扰度要求和试验方法》GB/T 30148 的相关规定。

安全技术防范系统设备设置和监控中心选址应远离大功率开关电源设备和工作频率相近的高频设备等强骚扰源,在无法避开时,应采取相应的抗干扰措施。

在传输线路的抗干扰设计方面,安全防范系统线缆宜单独管槽敷设,可与相同信号电压等级的其他线路合用管槽;220 VAC 以上的供电电缆与信号传输电缆宜分开敷设,当受条件限制必须并行靠近敷设时,应采取屏蔽或隔离措施;室内信号传输线缆、电梯安防专用电缆宜采取屏蔽措施。

在防电磁骚扰设计方面,系统配置的设备保护柜/箱外壳开口应尽可能小,开口数量应尽可能少;系统中的无线发射设备的电磁辐射频率、功率,非无线发射设备对外的杂散电磁辐射功率均应符合国家现行有关法规与技术标准的要求;电源线进入屏蔽空间时应设置电源滤波器,控制线和信号线进入屏蔽空间时应设置信号滤波器,滤波器性能参数应符合现行国家标准《电磁屏蔽室工程技术规范》GB/T 50719 的要求。

监控中心防静电环境等级、防静电地面面层的表面电阻值和接地电阻值应符合现行国家标准《建筑电气工程电磁兼容技术规范》GB 51204 的相关要求。

四、可靠性设计

所谓可靠性,是指产品(或系统)在规定条件下(使用条件、工作条件、环境条件)和规定时间内完成规定功能的能力。定量表示可靠性的数学特征量很多,最常用的特征量为平均无故障时间 MTBF(Mean Time Between Failures),是衡量产品(或系统)可靠性的技术指标。在进行系统功能设计时,需同时考虑系统的功能、性能指标与可靠性指标的相容问题,避免盲目追求过多的功能、过高的指标而牺牲系统可靠性。

系统的可靠性问题是一个十分复杂的问题，难以在短时间内用简单的方法进行定量测试。因此，进行系统设计时，应重点强调设备的可靠性和系统的可维修性与维修保障性。实践中，应根据系统规模的大小和用户对系统可靠性的总要求，将整个系统的可靠性指标进行分配。系统所有子系统的平均无故障工作时间（MTBF）不应小于其 MTBF 分配指标，系统所使用的所有设备、器材的平均无故障工作时间（MTBF）不应小于其 MTBF 分配指标。

采用降额设计时，应根据安全防范系统设计要求和关键环境因素或物理因素（应力、温度、功率等）的影响，使元器件、部件、设备在低于额定值的状态下工作。采用简化设计时，应在完成规定功能的前提下，采用尽可能简化的系统结构，尽可能少的部件、设备，尽可能短的路由，来完成系统的功能，以获得系统的最佳可靠性。采用冗余设计时，系统应采用储备冗余设计，系统的关键组件或关键设备应设置热（冷）备份；系统主动冗余设计宜采用总体并联式结构或串-并联混合式结构。

五、可维护性设计

在安全防范工程的产品选型、工程施工、备品备件和工程技术文档编制等环节应进行可维护性设计。

1.产品选型的可维护性设计

产品选型的可维护性设计应符合下列规定：

1）系统的前端设备宜采用标准化、规格化、通用化设备以便维修和更换；

2）系统主机结构应模块化；

3）系统前端设备、系统主机和安全管理等的软件应模块化；

4）系统前端设备和系统主机宜具有自检、故障报警、故障代码和日志功能；

5）系统前端设备、系统主机和安全管理软件宜采用标准化通信协议，满足在线监测、故障定位、隐患排查和维护保障的要求。

2. 工程施工的可维护性设计

工程施工的可维护性设计应符合下列规定：

1）系统线路接头应插件化，线端应做永久性标记；

2）设备安装或放置的位置应留有足够的维修空间；

3）传输线路应设置维修测试点；

4）关键线路或隐蔽线路应留有备份线；

5）系统所用设备、部件、材料等宜有足够的备件和维修保障能力，系统软件应有备份和维护保障能力。

3. 工程施工技术文档应符合下列规定：

1）应编制与安全防范工程现场一致的施工图；

2）应整理和归档与安全防范工程项目一致的系统的前端设备、系统主机和安全管理等的软硬件产品说明书、安装手册、维护手册等。

六、环境适应性设计

安全防范系统选用的设备和材料应满足其使用环境（如室内/外温度、湿度、大气压等）的要求，并应符合现行国家标准《安全防范报警设备环境适应性要求和试验方法》GB/T 15211 中相应环境类别的规定。

在海滨地区盐雾环境下工作的系统设备、部件、材料，应具有耐盐雾腐蚀的性能。在有腐蚀性气体和易燃易爆环境下工作的系统设备、部件、材料，应采取符合国家现行相关标准规定的保护措施。在有声、光、热、振动等干扰源环境中工作的系统设备、部件、材料，应采取相应的抗干扰或隔离措施。

设置在室外的设备、部件、材料，应根据现场环境要求做防晒、防淋、防冻、防尘、防浸泡等设计。其外壳防护等级宜不低于 IP54。地埋设备的外壳防护等级应不低于 IP66。

七、防雷与接地设计

建于山区、旷野的安全防范系统，或前端设备装于楼顶、塔顶，或电缆端高于附近建筑物的安全防范系统，应按现行国家标准《建筑物防雷设计规范》GB 50057 的要求设置防雷装置。建于建筑物内的安全防范系统，其防雷设计应采用等电位连接与共用接地系统的设计原则，并应满足现行国家标准《建筑物电子信息系统防雷技术规范》GB 50343 的要求。

安全防范系统的接地母线应采用铜导体，接地端子应有接地标识。采用共用接地装置时，共用接地装置电阻值应满足各种接地最小电阻值的要求。采用专用接地装置时，专用接地装置电阻值不应大于 4 Ω；安装在室外前端设备的接地电阻值不应大于 10 Ω；在高山岩石的土壤电阻率大于 2 000 Ω，其接地电阻值不应大于 20 Ω。

安全防范系统进出建筑物的电缆，在进出建筑物处应采取防雷电感应过电压、过电流的保护措施。监控中心内应设置接地汇集环或汇集排，汇集环或汇集排宜采用裸铜质导体，其截面积不应小于 35 mm²。

安全防范系统的重要设备应安装电涌保护器。电涌保护器接地端和防雷接地装置应做防雷等电位连接。防雷等电位连接带应采用铜导体，其截面积不应小于 16 mm²。架空电缆吊线的两端和架空电缆线路中的金属管道应接地。光缆金属加强芯、架空光缆金属接续护套应接地。

八、供电设计

安全防范系统供电设计应符合现行国家标准《安全防范系统供电技术要求》GB/T 15408 的有关规定。

工作现场供电状况调查和用电功耗测算应根据安全防范系统的建设和运行需要，调查安全防范设备所在区域的各类电源的质量条件和负荷等级；按照测算的安全防范系统和设备功耗等数据对主电源功率容量做出基本规划。

1. 主电源规划设计

应根据安全防范设备所在区域的市电网供电条件、安全防范系统各部分负载工作和空间分布的功耗特点、系统投资成本、控制现场安装条件和供电设备的可维修性等诸多因素，并结合安全防范系统所在区域的风险等级和防护级别,合理选择主电源形式及供电模式。高风险单位或部位宜按现行行业标准《民用建筑电气设计规范》(JGJ 16—2008)规定的一级中特别重要的负荷进行主电源配置。

市电网作主电源时,电源容量应不小于系统或所带组合负载满载功耗的 1.5 倍;当备用电源如蓄电池等需要主电源补充电能时,应将备用电源的吸收功率计入相应负载总功耗中;当电池作为主电源时,供电容量应满足安防系统或所带安防负载的使用要求。主电源来自市电网时,安防系统接入端的指标应符合下列规定:

1)稳态电压偏移不宜大于 10%;

2)稳态频率偏移不宜大于 0.2 Hz;

3)断电持续时间不宜大于 4 ms;

4)谐波电压和谐波电流的限值宜满足现行国家标准《电能质量公用电网谐波》GB/T 14549 的要求;

5)市电网供电制式宜为 TN-S 制,零线对地线的电压峰峰值不应高于 36 V_{p-p}。

2. 备用电源和供电保障规划设计

应根据安全防范系统负载的重要程度、使用条件和运行安全等级,确定负载的类型。应根据应急负载的功耗分布情况、主电源的供电质量和连续供电保障能力,确定系统或安全防范设备的供电保障方式、是否配置备用电源、备用电源形式及其供电模式。高风险等级单位或部位宜配置备用电源。

备用电源应急供电时间应符合下列规定:

1)安全防范系统的主电源断电后,备用电源应在规定的应急供电时间内保持系统状态,记录系统状态信息,并向安全防范系统特定设备发出报警信息;

2)应急供电时间应由防护目标的风险等级、防护级别和其他使用管理要求共同确定;

3)入侵和紧急报警系统的应急供电时间不宜小于 8 h;

4)视频监控系统关键设备的应急供电时间不宜小于 1 h;

5)安全等级 4 级的出入口控制点执行装置为断电开启的设备时,在满负荷状态下,备用电源应能确保该执行装置正常运行不应小于 72 h。

3. 供电传输及其路由设计

供电系统可配置适当的配电箱/柜和可靠的供电线缆。供电设备和供电线缆应有实体防护措施,并应按照强弱电分隔的原则合理布局。

安全防范系统的电能输送主要采用有线方式的供电线缆。按照路由最短、汇聚最简、传输消耗最小、可靠性高、代价最合理、无消防安全隐患等原则对供电的能量传输进行设计,确定合理的电压等级,选择适当类型的线缆,规划合理的路由。

4. 供电设备选型与供电管理设计

1)应做好安全防范系统供电设施的各类安装标识和运行标识,做好系统的能效管理和环保配置(如降低噪声等),应选择具有较高能效比和高功率因数的负载、变换器;

2)供电设备的供电能力应与所供电的安全防范子系统或设备的额定功率相适应;

3)应遵循安全、可靠、经济、适用、可管理、认证的原则进行选型配置供电设备。

九、信号传输设计

传输方式分为有线传输和无线传输两种方式,为保证信号传输的稳定、准确、安全、可靠,信号传输设计应根据系统规模、系统功能、现场环境和管理要求选择合适的传输方式。一般情况下,应优先选用有线传输方式,如报警主干线宜采用有线传输为主、无线传输为辅的双重报警传输方式;高风险保护对象的安全防范工程应采用专用传输网络(专线或虚拟专用网)。传输线缆的选择应符合下列规定:

1. 应结合传输信号特性、传输距离和使用环境等因素,选择适当类型的安防线缆。具体选择方法可按现行行业标准《安防线缆应用技术要求》(GA/T 1406—2017)有关规定执行。具体线缆选型可按现行行业标准《安防线缆》(GA/T 1297—2021)有关规定执行。

2. 传输线缆的衰减、弯曲、屏蔽、防潮等性能应满足深化设计要求。

3. 报警信号传输电缆的选择,耐压不应低于 AC250 V,应有足够的机械强度;铜芯绝缘导线、电缆芯线的最小截面积应满足信号传输的电气性能和传输距离要求;电缆芯数应根据系统防区类型、数量确定;

4. 复合视频信号传输电缆的选择,应根据图像信号采用基带传输或射频传输,选择同轴电缆或具有相同传输性能的视频电缆或射频电缆;电缆规格应依据电缆衰减特性、信号传输距离和系统设计要求确定;电梯轿厢的视频电缆应采用电梯安防专用电缆。

信号传输与布线系统设计应符合现行国家标准《综合布线系统工程设计规范》GB 50311 的有关规定。数字视频信号、模拟音频信号、控制信号、网络数据信号、开关量信号等传输电缆应根据电缆衰减特性、信号传输距离、传输功率等物理特性和系统要求确定。

监控中心的值守区与设备区为两个独立物理区域且不相邻时,两个区域之间的传输线缆应封闭保护,其保护结构的抗拉伸、抗弯折强度不应低于镀锌钢管。来自高风险区域的线缆路由经过低风险区域时,应采取必要的防护措施。出入口执行部分的输入线缆在该出入口的对应受控区、同权限受控区、高权限受控区以外的部分应封闭保护,其保护结构的抗拉伸、抗弯折强度不应低于镀锌钢管。

十、监控中心设计

监控中心的位置应远离产生粉尘、油烟、有害气体、强震源和强噪声源以及生产或贮存具有腐蚀性、易燃、易爆物品的场所,应避开发生火灾危险程度高的区域和电磁场干扰区域;监控中心的值守区与设备区宜分隔设置;监控中心的面积应与安防系统的规模相适应,应有保证值班人员正常工作的相应辅助设施。

1. 监控中心的自身防护设计

1)监控中心应有保证自身安全的防护措施和进行内外联络的通信手段,并应设置紧急报警装置和留有向上一级接处警中心报警的通信接口;

2)监控中心出入口应设置视频监控和出入口控制装置,监视效果应能清晰显示监控中心出入口外部区域的人员特征及活动情况;

3)监控中心内应设置视频监控装置,监视效果应能清晰显示监控中心内人员活动的情况;

4）应对设置在监控中心的出入口控制系统管理主机、网络接口设备、网络线缆等采取强化保护措施；

5）监控中心的供电、接地与雷电防护设计应符合 GB 50348 第 6.11 节、6.12 节的相关规定。

2. 监控中心的环境设计

1）监控中心的顶棚、壁板和隔断应采用不燃烧材料。室内环境污染的控制及装饰装修材料的选择应按现行国家标准的有关规定执行；

2）监控中心的疏散门应采用外开方式，且应自动关闭，并应保证在任何情况下均能从室内开启；

3）监控中心室内地面应防静电、光滑、平整、不起尘。门的宽度不应小于 0.9 m，高度不应小于 2.1 m；

4）监控中心内的温度宜为 16～30℃，相对湿度宜为 30％～75％，监控中心宜结合建筑条件采取适当的通风换气措施；

5）监控中心内应有良好的照明并设置应急照明装置，应采取措施减少作业面上的光幕反射和反射眩光；

6）监控中心不宜设置高噪声的设备，当必须设置时，应采取有效的隔声措施。

3. 监控中心管线敷设和设备布局

1）监控中心的布线，进出线端口的设置、安装等，应符合 GB 50348 第 6.13 节的相关规定；

2）室内的电缆、控制线的敷设宜设置地槽；当不设置地槽时，也可敷设在电缆架槽、墙上槽板内，或采用活动地板；

3）根据机架、机柜、控制台等设备的相应位置，应设置电缆槽和进线孔，槽的高度和宽度应满足敷设电缆的容量和电缆弯曲半径的要求；

4）室内设备的排列应便于维护与操作，满足人员安全、设备和物料运输、设备散热的要求，并应满足 GB 50348 第 6.6 节和消防安全有关规定；

5）控制台的装机数量应根据工程需要留有扩展余地，控制台的操作部分应方便、灵活、可靠；

6）控制台正面与墙的净距离不应小于 1.2 m，侧面与墙或其他设备的净距离在主要走道不应小于 1.5 m，在次要走道不应小于 0.8 m；

7）机架背面和侧面与墙的净距离不应小于 0.8 m。

思考与练习

6-1. 安全防范工程建设规划有哪些基本内容？

6-2. 简述安全防范工程建设的基本程序。

6-3. 决定被保护对象的风险等级的主要因素是什么？

6-4. 安全防范工程设计现场勘查主要有哪些勘察内容？

6-5. 实体防护设计的主要内容有哪些？

6-6. 安全防范工程电子防护系统有哪些主要子系统及其组成？

6-7. 简述安全防范管理平台在安全防范系统中的地位和作用,其有哪些主要功能?

6-8. 简述入侵和紧急报警系统设计的基本要求。

6-9. 简述视频监控系统设计的基本要求。

6-10. 简述出入口控制系统设计的基本要求。

6-11. 简述防爆安检系统设计的基本要求。

6-12. 简述安全防范工程集成与联网设计基本要求。

6-13. 简述安全防范工程电磁兼容设计基本要求。

6-14. 简述安全防范工程防雷与接地设计基本要求。

6-15. 简述安全防范工程供电设计基本要求。

6-16. 简述安全防范工程监控中心设计主要内容和基本要求。

第七章

安全防范工程管理

第一节 安全防范工程施工

安全防范工程施工是安全防范工程实施过程中的重要环节,施工质量与规范管理将直接影响安全防范工程的质量,施工单位、监理单位、建设单位应十分重视安防工程的施工、监督及其相关管理工作。

一、施工准备

安全防范工程施工单位应根据工程深化设计文件,编制施工组织方案,落实项目组成员并进行技术交底。施工单位应按照施工组织方案落实设备、器材、辅材的采购和进场。施工组织方案是用来指导施工项目全过程各项活动的技术、经济和组织的综合性文件,是施工技术与施工项目管理有机结合的产物。依照施工组织方案进行施工,能有效保证施工活动有序、高效、科学合理地进行,以及保障措施的安全性。

施工组织方案的内容要结合工程对象的实际特点、施工条件和技术水平进行综合考虑,一般包括管理组织机构、编制依据、工程概况、施工准备、施工部署、施工现场平面布置与管理、施工进度计划、资源需求计划、工程质量保证措施、安全生产保证措施、文明施工、环境保护保证措施、施工方法、注意事项等内容。

进场施工前应对施工现场进行检查,需要检查的内容主要包括:

1. 施工作业场地、用电等均应符合施工安全作业要求;

2. 施工现场管理需要的办公场地、设备设施存储保管场所、相关工程管理工具部署等均应符合施工管理要求;

3. 使用道路及占用道路(包括横跨道路)情况均应符合施工要求;

4. 允许同杆架设的杆路应符合施工要求;

5. 与项目相关的已施工的预留管道、预留孔洞、地槽及预埋件等均应符合设计和施工要求;

6. 敷设管道电缆和直埋电缆的路由状况应清楚,并已对各管道标出路由标志;

7. 设备、器材、辅材、工具、机械以及通信联络器材等应满足连续施工和阶段施工的要求。

进场施工前施工人员应熟悉施工图纸及有关资料,包括工程特点、施工方案、工艺要求、施工质量标准及验收标准等。进场施工前应对施工人员进行安全教育和文明施工教育。

二、工程施工

(一) 施工管理

安全防范工程施工过程环节多、操作复杂,施工细节十分琐碎繁杂。一般情况下,为了便于进行控制施工过程、监督施工质量,建设单位或监理单位会提供各种类型的工程信息登记表,要求施工单位真实完整地记录施工内容,从而提高施工过程管理的规范性,确保施工信息的完整性,同时也为工程验收提供有力的材料支撑。

1. 工程更改审核单

安全防范工程的施工应严格按照系统深化设计文件和施工图纸进行施工,不得随意更改。当工程需要变更时,工程施工单位应填写更改审核单,并提请工程设计单位、建设单位和监理单位等会签批准。更改审核单应包含更改内容、更改原因、更改情况(前后状态描述)、更改实施日期等内容。

2. 隐蔽工程随工验收单

隐蔽工程是指建筑物、构筑物、在施工期间将建筑材料或构配件埋于物体之中后被覆盖外表看不见的实物,如房屋基础、钢筋、水电构配件、设备基础等分部分项工程。房建工程的隐蔽工程包括排水工程、电气管线工程、地板基层、墙基层、吊顶基层、强弱电线缆等。由于隐蔽工程在隐蔽后如果发生质量问题还得重新覆盖和掩盖,会造成返工等非常大的损失,为了避免资源的浪费和当事人双方的损失,保证工程的质量和工程顺利完成,施工单位在隐蔽工程隐蔽以前,应当通知建设单位或监理单位进行检查,经检查合格的方可进行隐蔽工程。

工程施工中应做好隐蔽工程的随工验收,并填写隐蔽工程随工验收单,经会签后方可生效。隐蔽工程随工验收单应对隐蔽工程内容、检查结果等进行详细说明。隐蔽工程随工验收单概要记录隐蔽工程情况,包括隐蔽工程的检查内容、检查结果,并综合安装质量的检查结果,形成验收意见。涉及管线敷设的隐蔽工程随工验收单应包括管道排列、走向、弯曲处理、固定方式,管道搭铁、接地,管口安放护圈标识,接线盒及桥架加盖,线缆对管道及线间绝缘电阻,线缆接头处理等内容。

3. 线缆敷设

电缆敷设是指沿经勘查的路由布放、安装电缆以形成电缆线路的过程。根据使用场合,可分为架空、地下(管道和直埋)、水底、墙壁和隧道等几种敷设方式。合理选择电缆的敷设方式对保证线路的传输质量、可靠性和施工维护等都是十分重要的。市内主干电缆(中继和用户主干电缆)为保证其通信安全可靠、安装更换方便和市容美观等,一般采用管道敷设方式。市内配线电缆可采用架空和墙壁敷设方式,随着现代化城市建设的发展,也将逐步为管道敷设方式所取代。GB 50348 规定:安全防范工程线缆敷设应符合下列要求:

1) 线缆敷设前应就线缆进行导通测试。

2) 线缆敷设应符合 GB 50348 第 6.13 条的规定,线缆应自然平直布放。不应交叉缠绕、打圈,牵引力均衡。

3)线缆接续点和终端应进行统一编号、设置永久标识,线缆两端、检修孔等位置应设置标签。

4)同轴电缆应一线到位,中间无接头。

5)多芯电缆的弯曲半径应大于其外径的 6 倍,同轴电缆的弯曲半径应大于其外径的 15 倍,4 对型网络数据电缆的弯曲半径应大于其外径的 4 倍,光缆的弯曲半径应大于光缆外径的 10 倍。

光缆是为了满足光学、机械或环境的性能规范而制造的,它是利用置于包覆护套中的一根或多根光纤作为传输媒质并可以单独或成组使用的通信线缆组件。光缆敷设应符合下列规定:

1)敷设光缆前应对光纤进行检查,光纤应无断点,其衰耗值应满足设计要求;核对光缆长度,并应根据施工图的敷设长度来选配光缆;配盘时应使接头避开河沟、交通要道和其他障碍物;架空光缆的接头应设在杆旁 1 m 以内;

2)敷设时应对光缆的牵引端头做好技术处理,应合理控制牵引力和牵引速度;牵引力加在加强芯上,其牵引力不应大于 150 kg,牵引速度应为 10 m/min,一次牵引的直线长度不应大于 1 km,光纤接头的预留长度不应小于 8 m。

进行穿管(槽)线缆敷设施工时,穿管前应检查保护管是否畅通,管口应加护圈,防止穿管时损伤导线。导线在管内或线槽内不应有接头和扭结,导线接头应在接线盒内焊接或用端子连接。敷设线缆如遇到河流、沼泽、大型建筑物、文物保护单位等特殊施工环境时,应多采取做 S 弯、预留线缆长度、打固定桩、避免破坏文物体等操作。

4. 设备安装

设备安装是安全防范工程施工的重要环节,设备安装质量直接影响安全防范系统的功能和性能,以及安全防范工程的质量等。设备安装前应对设备进行规格型号检查和通电测试。设备安装应平稳、牢固,便于操作维护,避免人身伤害,并与周边环境相协调。建(构)筑物和土木结构类的实体防护屏障施工应符合设计施工图的要求,相关的人工屏障、设备、装置的安装等应满足国家、行业相关施工标准及产品说明书、安装工艺等要求;设备安装时应避免对既有建(构)筑物、管线、水电气热设备等造成破坏。

1)入侵和紧急报警设备安装。各类探测器的安装点(位置和高度)应符合所选产品的特性、警戒范围要求和环境影响等;确保对防护区域的有效覆盖,当多个探测器的探测范围有交叉覆盖时应避免相互干扰;周界入侵探测器的安装应能保证防区交叉,避免盲区。

2)视频监控设备安装。摄像机、拾音器等视频监控设备在安装时,其信号线和电源线应分别引入,外露部分应用软管保护,同时不能影响云台转动;安装具体地点、安装高度应满足监视目标视场范围要求,注意防破坏;电梯厢内摄像机的安装位置及方向应能满足对乘员有效监视的要求;摄像机辅助光源等的安装不应影响行人、车辆正常通行;云台的转动角度范围应满足监视范围的要求,运转灵活、运行平稳,转动时监视画面应无明显抖动。

3)出入口控制设备安装。各类识读装置的安装应便于识读操作;感应式识读装置在安装时应注意可感应范围,不得靠近高频、强磁场;受控区内出门按钮的安装应保证在受控区外不能通过识读装置的过线孔触及出门按钮的信号线;锁具安装应保证在防护面外无法拆卸。

4）停车库（场）管理设备安装。读卡机与挡车器的安装应平整,保持与水平面垂直、不得倾斜,应考虑防水及防撞措施。读卡机与挡车器中心间距应符合设计要求或产品使用要求,感应线圈埋设位置与埋设深度应符合设计要求或产品使用要求,线缆应采用金属管保护,并注意与环境相协调。智能摄像机安装的位置、角度应满足车辆号牌字符、号牌颜色、车身颜色、车辆特征、人员特征等相关信息采集的需要。车位状况信号指示器应安装在车道出入口的明显位置。车位引导显示器应安装在车道中央上方,便于识别与引导。

5）楼寓对讲设备安装。访客呼叫机、用户接收机的安装位置、高度应合理设置;访客呼叫机的安装位置和高度应符合设计要求、易于操作,注意防破坏。内置摄像机的方位和视角应调整到最佳位置。

6）防爆安全检查设备安装。X射线行李检查设备的安装场地地面应平整;承重和空间应能满足设备重量、尺寸、通道的要求;通过式金属探测门设备的安装应选择平整、坚实的场地,落地应平稳,机械连接和构件应牢固。

7）监控中心设备安装。控制、显示等设备屏幕应避免光线直射,当不可避免时,应采取避光措施;在控制台、机柜（架）、电视墙内安装的设备应有通风散热措施,内部接插件与设备连接应牢靠;控制台、机柜（架）、电视墙不应直接安装在活动地板上;设备金属外壳、机架、机柜、配线架、各类金属管道、金属线、建筑物金属结构等应进行等电位联结并接地;设备间设备安装应考虑设备安置面的承重能力,必要时应安装散力架;显示屏的拼接缝、平整度、拼接误差等应符合现行国家标准《视频显示系统工程技术规范》GB 50464 的有关规定;线缆的走线、绑扎、预留等应符合现行行业标准《安防线缆应用技术要求》GA/T 1406 的有关规定。

8）供电、防雷与接地施工。系统的供电设施应符合 GB 50348 第 6.12 节的规定;摄像机等设备宜采用集中供电,当供电线（低压供电）与控制线合用多芯线时,多芯线与视频线可一起敷设;系统防雷与接地设施的施工应按 GB 50348 第 6.11 节的相关要求进行;当接地电阻达不到要求时,应在接地极回填土中加入无腐蚀性长效降阻剂;当仍达不到要求时,应经过设计单位的同意,采取更换接地装置的措施;监控中心内接地汇集环或汇集排的安装应符合 GB 50348 第 6.11.5 条的规定,安装应平整,接地母线的安装应符合 GB 50348 第 6.11.3 条的规定,并用螺丝固定。

9）线缆接续连接。电缆与电气设备之间的连接,连接器件应与电气设备的性能相符,电缆外接部分不得外露,并留有适当余量;电缆连接和中间接续应符合现行行业标准《安防线缆应用技术要求》GA/T 1406 的有关规定,做到线序正确、连接可靠、密封良好;网络数据电缆连接应按国家现行标准《综合布线系统工程验收规范》GB 50312 和《安防线缆应用技术要求》GA/T 1406 的有关规定执行。

10）光缆接续连接。光缆敷设后,应检查光纤有无损伤,应采用熔接方式接续,但不得损伤光纤,纤序对应相接,应采用光功率计或其他仪器进行监视,使接续损耗达到最小;光缆加强芯在接头盒内必须固定牢固,光缆熔接处应加以保护和固定;光缆接续完成后,应测量通道的总损耗,宜测量接续点的损耗,并记录光纤通道全程波导衰减特性曲线。

三、系统调试

系统调试是指在安全防范系统设备与设施安装、系统连接等施工任务结束后,由工程施工单位对系统所有软件、布线、设备等进行全面检查与测试的过程。系统调试前,应根据设计文件、设计任务书、施工计划编制系统调试方案。系统调试方案是用来指导调试全过程的综合性文件。系统调试方案一般包括组织、计划、流程、功能/性能目标等内容。施工单位应依据深化设计文件、施工组织方案等资料,并根据现场情况、技术力量及装备情况等综合编制系统调试方案。施工单位应有效保证调试科学、有序、高效开展,系统调试过程中应及时、真实填写调试记录,并记录调试遗留问题。系统调试完毕后,应编写调试报告,系统主要功能、性能指标应满足设计要求。经调试人员、建设单位、施工单位和监理单位等会签确认后,系统进入试运行阶段。

系统调试前应检查工程的施工质量;对施工中出现的错线、虚焊、断路或短路等问题应予以解决,并有文字记录;按照深化设计文件查验已安装设备的规格、型号、数量、备品备件等;通电前检查供电设备的电压、极性、相位等;对各种有源设备逐个进行通电检查,工作正常后方可进行系统调试。系统调试人员应根据业务特点对网络、系统的配置进行合理规划,确保交换传输、安防管理系统的功能、性能符合设计要求,并可承载各项业务应用。

进行系统调试时,应对照系统调试方案,对各系统软硬件设备进行现场逐一设置、操作、调整、检查。

1. 实体防护系统调试

应包括活动式的人工屏障、设备、装置的动力电源输入、控制与信号传输、链接、闭锁、止停等。

2. 入侵和紧急报警系统调试

入侵和紧急报警系统调试应测试探测器的探测范围、灵敏度、报警后的恢复、防拆保护等功能,检查紧急按钮的报警与恢复,测试防区、布撤防、旁路、胁迫警、防破坏及故障识别、告警、用户权限等设置、操作、指示/通告、记录/存储、分析等,核验系统的报警响应时间、联动、复核、漏报警等。

3. 视频监控系统调试

视频监控系统调试应检查摄像机的监控覆盖范围,焦距、聚焦及设备参数等内容;摄像机的角度或云台、镜头遥控等,排除遥控延迟和机械冲击等不良现象;测试拾音器的探测范围及覆盖效果;验证监视、录像、打印、传输、信号分配/分发、控制管理等功能;验证视音频的切换/控制/调度/显示/展示/存储/回放/检索,字符叠加、时钟同步、智能分析、预案策略、系统管理等。

当系统具有报警联动功能时,应检查与调试自动开启摄像机电源、自动切换音视频到指定监视器、自动实时录像等;系统应叠加摄像时间、摄像机位置(含电梯楼层显示)的标识符,并显示稳定;当系统需要灯光联动时,应检查灯光打开后图像质量是否达到设计要求。

监视图像与回放图像的质量满足目标有效识别的要求。在正常工作照明环境条件下,分别就马赛克效应、边缘处理、颜色平滑度、画面真实性、快速运动图像处理、低照度环境图像质量处理进行主观评价,图像质量不应低于现行国家标准《民用闭路监视电视系统工程技术规范》GB 5018 五级损伤评分制所规定的四分要求。

4. 出入口控制系统调试

出入口控制系统调试应至少包括下列内容:

1) 识读装置、控制器、执行装置、管理设备等调试;

2) 各种识读装置在使用不同类型凭证时的系统开启、关闭、提示、记忆、统计、打印等判别与处理;

3) 各种生物识别技术装置的目标识别;

4) 系统出入授权/控制策略,受控区设置、单/双向识读控制、防重入、复合/多重识别、防尾随、异地核准等;

5) 与出入口控制系统共用凭证或其介质构成的一卡通系统设置与管理;

6) 出入口控制子系统与消防通道门和入侵报警、视频监控、电子巡查等子系统间的联动或集成;

7) 指示/通告、记录/存储等;

8) 出入口控制系统的其他功能。

5. 停车库(场)安全管理系统调试

停车库(场)安全管理系统调试应至少包括下列内容:

1) 读卡机、检测设备、指示牌、挡车/阻车器等;

2) 读卡机刷卡的有效性及其响应速度;

3) 线圈、摄像机、射频、雷达等检测设备的有效性及响应速度;

4) 挡车/阻车器的开放和关闭的动作时间;

5) 车辆进出、号牌/车型复核、指示/通告、车辆保护、行车疏导等;

6) 与停车库(场)安全管理系统相关联的停车收费系统设置、显示、统计与管理;

7) 停车库(场)安全管理系统的其他功能。

6. 楼寓对讲系统调试

应至少包括下列内容:

1) 访客呼叫机、用户接收机、管理机等;

2) 可视访客呼叫机摄像机的视角方向,保证监视区域图像有效采集;

3) 对讲、可视、开锁、防窃听、告警、系统联动、无线扩展等;

4) 警戒设置、警戒解除、报警和紧急求助等;

5) 设备管理、权限管理、事件管理、数据备份及恢复、信息发布等;

6) 楼寓对讲系统的其他功能。

7. 电子巡查系统调试

应至少包括下列内容:

1) 识读装置、采集装置、管理终端等;

2) 巡查轨迹、时间、巡查人员的巡查路线设置与一致性检查;

3）巡查异常规则的设置与报警验证；

4）巡查活动的状态监测及意外情况的及时报警；

5）数据采集、记录、统计、报表、打印等；

6）电子巡查系统的其他功能。

8. 防爆安全检查系统调试

应至少包括下列内容：

1）X射线安全检查设备的传送带速度（通过率）、手动急停（紧急控制）、图像处理显示、不穿透区域报警、计数或危险品图形识别、网络传送实时数据等；

2）通过式金属探测门的探测灵敏度、通行速度、分区报警方式、报警指示延续时间等；

3）炸药探测仪的开机时间、探测分析时间、声光报警、报警恢复时间等；

4）危险液体检查仪对玻璃、塑料、金属、陶瓷等各种常见包装材料中液态物品的非侵入式检测，以及连续探测、声光报警等；

5）车底成像安全检查系统的成像效果、监视范围、通行速度、报警响应等；

6）安全检查信息存储策略，检测数据存储时间应满足设计文件和国家相关规范要求；

7）防爆安全检查系统的其他功能。

9. 系统集成联网与安全防范管理平台功能调试

根据系统调试方案，开展系统功能、性能、安全性的调试、检查和验证，完善优化安全防范各系统和安全防范管理平台功能、性能。依据设计要求，对安全防范管理平台进行如下全部或部分的调试：

1）系统用户、设备等操作和控制权限；

2）系统间的联动控制；

3）报警、视频图像等各类信息的存储管理、检索与回放；

4）设备统一编址、寻址、注册和认证等管理；

5）用户操作、系统运行状态等的显示、记录、查询；

6）数据统计、分析、报表；

7）系统及设备时钟自动校时，计时偏差应满足相关管理要求；

8）报警或其他应急事件预案编制、预案执行、过程记录；

9）资源统一调配和应急事件快速处置；

10）各级安全防范管理平台或分平台之间以及与非安防系统之间联网，实现信息的交换共享、传递显示；

11）视音频信息结构化分析、大数据处理，目标自动识别、风险态势综合研判与预警；

12）系统和设备运行状态实时监控与故障发现；

13）系统、设备及传输网络的安全监测与风险预警；

14）系统集成联网设计要求的其他功能。

10. 供电、防雷与接地设施的检查

应至少包括下列内容：

1）检查系统的主电源和备用电源的容量；

2）分别用主电源和备用电源供电,检查电源自动转换和备用电源的自动充电功能;

3）当系统采用稳压电源时,检查其稳压特性;当采用 UPS 作为备用电源时,检查其自动切换的可靠性、切换电压值及容量;

4）检查配电箱的配出回路数量,零线对地的电压峰值;

5）检查防雷与接地装置的连接情况、系统设备的等电位连接情况,测试室外设备和监控中心的接地电阻。

第二节　安全防范工程监理

一、工程监理概述

(一) 基本概念

"监理"一词可理解为名词,也可理解为指一项具体行为的动词。其英文相应的名词是 supervision,动词是 supervise。由此可见,监理是一外来组合词,其在我国汉语辞书中尚无明确定义,如何完整准确地解释和理解其含义,下文将做进一步研究和探讨。

不妨拆开"监理"这两个字进行分析。"监"是监视、督察的意思。《诗·小雅·节南山》就有"何用不监"。"监"是一项目标性很明确的具体行为,进一步延伸的话,它有视察、检查、评价、控制等纠偏、督促实现目标之意。"理"可从几个方面进行理解。首先,是一个哲学概念,通常指条理、准则。如战国韩非子认为"理者,成物之文(指规律)也",其次,"理"通"吏",是一个官员或执行者。

以此引申"监理"的含义可表述为:以某项条理或准则为依据,对一项行为进行监视、督察、控制和评价。当然,这是由一个执行机构或是一执行者来实施的行为,这个机构或人也可以称作"监理"。

因此,综合上述几层意思,"监理"的含义可以更全面地表述为:一个执行机构或执行者,依据准则,对某一行为的有关主体进行督察、监控和评价,守"理"者按程序办事,违"理"者则必究;同时,这个执行机构或执行人还要采取组织、协调、控制措施完成任务,使主办人员更准确、更完整、更合理地达到预期目标。

1988 年建设部印发的《关于开展建设监理工作的通知》指出,建设监理是商品经济的产物,建立建设监理制度首先是为适应商品经济的发展和基本建设投资体制、设计与施工管理体制的改革新格局;其次,为了开拓国际建设市场,进入国际经济大循环,需要参照国际惯例实行建设监理制度,以便使我国的建设体制与国际建设市场相衔接。监理工程师与环境影响评价工程师、注册税务师、投资项目管理师、社会工作者、质量工程师、广告师资格考试合格证书于 2012 年 12 月 31 日开始发放。

(二) 监理的性质

1. 服务性

它不同于承建商的直接生产活动,也不同于建设单位的直接投资活动,它不向建设单位承包工程,不参与承包单位的利益分成,它获得的是技术服务性的报酬。工程建设监理的服务客体是建设单位的工程项目,服务对象是建设单位。这种服务性的活动是严格按照委托监理合同和其他有关工程建设合同来实施的,是受法律约束和保护的。

2. 科学性

监理的科学性体现为其工作的内涵是为工程管理与工程技术提供智力的服务。

3. 公平性

工程监理机构应以事实为依据,以法律和有关合同为准绳,在维护业主合法权益的情况下,不损害承包商的合法权益,这体现了工程监理的公平性。

4. 独立性

与建设单位、承建商之间的关系是一种平等主体关系,应当按照独立自主的原则开展监理活动。

(三) 工程监理

工程监理是指具有相关资质的监理单位受甲方的委托,依据国家批准的工程项目建设文件,有关工程建设的法律、法规和工程建设监理合同及其他工程建设合同,代表甲方对乙方的工程建设实施监控的一种专业化服务活动。工程监理是一种有偿的工程咨询服务,是受甲方委托进行的,监理的主要依据是法律、法规、技术标准、相关合同及文件,监理的准则是守法、诚信、公正和科学,监理的目的是确保工程建设质量和安全,提高工程建设水平,充分发挥投资效益。

建设工程监理单位受建设单位委托,根据法律法规、工程建设标准、勘察设计文件及合同,在施工阶段对建设工程质量、造价、进度进行控制,对合同、信息进行管理,对工程建设相关方的关系进行协调,并履行建设工程安全生产管理法定职责。工程监理单位应公平、独立、诚信、科学地开展建设工程监理与相关服务活动。

二、施工准备的监理

安全防范工程监理应包括安全防范工程的施工、工程初步验收与系统试运行等阶段进行的监理工作。其中施工阶段的监理应包括施工准备的监理、工程施工的监理和系统调试的监理。

监理单位应在现场派驻项目监理机构,并将监理机构组织形式、人员构成及监理机构负责人的任命书面通知项目管理机构。安全防范工程的监理应按照质量控制、进度控制、资金控制、合同管理、信息管理及组织协调的要求开展工作,同时还应履行安全生产管理职责。这里的组织协调是指协调工程建设相关方的关系,工程建设相关方包括建设单位、设计单位、施工单位等。

监理单位可根据建设单位的要求或者监理项目的规模设置总监理工程师代表,总监理工程师代表辅助总监理工程师履行对安全防范工程的监理职责。总监理工程师由取得注册监理工程师资格的人员担任,总监理工程师代表可由具有中级及以上专业技术职称,5年及以上安全防范工程实践经验,并经监理业务培训合格的监理人员担任;专业监理工程师可由具有中级及以上专业技术职称,3年及以上安全防范工程实践经验,并经监理业务培训合格的监理人员担任。

监理单位应依照现行国家标准《建设工程监理规范》GB/T 50319 的有关规定开展监理活动,制定监理规划和监理细则。项目监理机构在工程监理过程中发现不合格项时,应向施工单位下达整改通知,检查整改结果,并填写不合格项处置记录,报送项目管理机构备案。

项目监理机构应组织项目管理机构、设计单位、施工单位对深化设计文件、施工图纸、施工组织方案进行会审确认,对施工单位的资质及相关人员的资格进行审核。主要审核内容包括以下几点。一是施工单位资质的有效性。二是专职管理人员和特种作业人员、相关专业技术人员的资格证、上岗证是否符合国家相关规定,在工程实施过程中随时监督检查,发现问题及时签发"安全防范工程监理通知单"(参见表 7-1,7-2),并限期责令整改。三是特殊行业施工许可证的有效性。四是在国家行政许可管理范围内的工程项目是否具有政府有关部门已批准的施工许可证或设计方案报备手续。

表 7-1 安防防范工程监理通知单

监理项目文号:

工程名称:
致(施工单位): 事由:
内容:
项目监理机构及监理工程师(签章) 年　月　日
监理单位总监理工程师(签章) 年　月　日

注:发送相关单位各一份,并注明发送各单位名称。

表 7-2 安防防范工程不合格项处置记录

监理项目文号:

工程名称:
不合格项发生部位与原因: 致(施工单位): 由于以下情况,使你单位在　　　　　　　　　　　　　　　中发生, 严重□/一般□ 不合格,请及时采取措施予以整改,并在整改完成后,报予我方。 具体情况:
监理工程师(签字)　　　　　　　　　　　　　　　　　年　月　日

（续表）

不合格项整改措施：	
施工单位整改责任人（签字） 　　　年　月　日	施工单位项目经理（签字） 年　月　日
不合格项整改结果： 致（监理单位）： 　　根据你方要求，我方已经完成整改，请予以验收。 施工单位项目经理（签字） 年　月　日	
整改结论：　　　□同意验收　　　　□继续整改 项目监理机构（盖章）　　　　　　　　　　　　　监理工程师（签字） 年　月　日	

　　项目监理机构应在工程建设施工前组织项目管理机构、施工单位召开施工安全会议，监督落实施工安全措施。监督施工单位在施工前对施工人员进行安全培训，并做好培训记录和存档。需组织协调多方单位时，也可采用"安全防范工程监理工作联系单"（参见表7-3）。

表7-4　安防防范工程开工通知书

监理项目文号：

工程名称：
致（施工单位）： 　　　经审核，我方认为你方已经完成了工程施工前的各项准备工作，满足了开工条件，同意你方于　　年　月　日　时起开始进场施工，工程将按照建设单位批准的工程系统设计方案和施工组织设计执行。 并做好以下工作：
项目监理机构（盖章） 总监理工程师（签字） 签发日期：　　　　　　年　月　日

表7-3　安全防范工程监理工作联系单

监理项目文号：

工程名称：	
致（单位）： 事由：	
内容：	
发文单位及负责人（签章） 年　月　日	
收文单位及负责人（签章） 年　月　日	

在收到设备器材进场通知后,项目监理机构应在施工现场对进场设备器材进行核检,可根据要求进行见证取样。设备器材的核检主要包括:

1. 主要设备器材由具有相应资质能力的检测机构出具的有效检测合格报告;

2. 列入国家强制性产品认证目录的产品的有效证明文件;

3. 设备器材包装、说明书、产品出厂检验合格证、配件、质量保证书、安装使用维护说明书,进口产品还应提供产地证明、商检证明和安装使用维护中文说明书;

4. 设备器材的外包装信息与设备器材信息的一致性;

5. 进场安装的线缆及配线设备的型号、规格、数量、材质;

6. 线缆和配线设备的外观。

三、工程施工与调试的监理

(一) 工程施工监理

项目监理机构对施工准备工作进行监督检查后,达到开工条件的由总监理工程师签发"安全防范工程开工通知书"(参见表 7-4)。根据深化设计文件与实施过程的实际差异,项目监理机构应对工程变更进行监督检查。

项目监理机构应依据深化设计文件、监理细则和相关技术标准对隐蔽工程、关键节点和工序进行旁站监理(参见表 7-5),切实提高工程的实效,保证工程质量。旁站监理是指在项目施工过程中,监理人员在一旁守候监督施工操作的做法。旁站监理是法律赋予监理企业的重要职责,是监理企业进行质量控制的一个重要手段。

项目监理机构应根据深化设计文件、相关施工规范和 GB 50348 第 7 章工程施工的相关规定和要求,对管(槽)、沟、井、杆、机柜(箱)的施工工艺、施工质量等进行监督检查;对线缆敷设的施工工艺、施工质量等进行监督检查;对实体防护、入侵和紧急报警、视频监控、出入口控制、停车库(场)安全管理、楼寓对讲、电子巡查、防爆安全检查以及监控中心等设备的安装位置、安装工艺、安装质量等进行监督检查;对安全防范工程供电、防雷与接地的位置、施工工艺、施工质量等进行监督检查,并进行随工验收,签署验收意见。

表 7-5 安全防范工程旁站记录单

工程名称	
旁站监理部位或工序名称	
旁站监理时间	年 月 日 时 分 —— 年 月 日 时 分
施工情况:	
监理情况:	
发现问题:	

（续表）

处理措施及意见：	
备注：	
施工单位及项目经理(签章)：	年　月　日
项目监理机构及监理工程师(签章)	年　月　日

（二）工程调试监理

安全防范工程竣工后，应对施工项目进行调试。项目监理机构应组织项目管理机构、施工单位对系统调试方案进行确认。系统调试方案的确认主要包括设备综合参数的设置计划、系统功能性能的调试计划、业务操作流程的设计规划等，同时还要注重系统调试目标与系统设计目标的一致性，以及调试进度计划与项目总体进度计划的一致性。

项目监理机构应对全部的紧急报警功能、视频监控系统的联动功能（监视器图像显示联动、照明联动、报警声光/地图显示联动等）、出入口控制系统与所有消防通道门的应急疏散及联动功能的调试过程进行旁站监理，监督施工单位及时、真实地记录系统调试情况。

系统调试是一个动态过程，在调试过程中，会随着调试的效果对初始化数据进行动态调整。在系统调试后期，项目监理机构可组织项目管理机构、施工单位对系统的初始化数据需求进行确认，并按照需求对施工单位进行监督。调试完成后，项目监理机构应对系统的设置、切换、控制、管理、联动等主要功能进行检查。

（三）初步验收、试运行的监理

系统调试完成后，施工单位应联合建设单位组织开展系统试运行。总监理工程师应组织专业监理工程师审查施工单位报送的试运行计划，并签署审核意见，经项目管理机构批准后方可实施。系统试运行过程中，施工单位或项目管理机构应及时、真实、完整地记录系统试运行情况，编撰系统日常操作和应急处理手册，编制试运行报告（参见表7-6）。项目监理机构应对试运行记录的及时性、真实性、完整性进行监督检查，对试运行中发现的问题以监理通知单的形式告知施工单位进行整改，并对整改落实情况进行确认。项目监理机构应组织相关建设单位对相关人员进行系统操作和功能应用培训。项目监理机构应对施工单位提供的培训计划、培训资料以及最终培训效果进行监督检查。

项目监理机构应组织项目管理机构、设计单位、施工单位等成立初步验收小组，根据设计任务书或工程合同提出的设计、使用要求对工程进行初步验收，对初步验收中发现的问题,项目监理机构应以监理通知单的形式告知施工单位进行整改,对整改落实情况进行确认,并形成初步验收报告。系统试运行完成后,项目监理机构应对试运行记录、试运行报告及初验报告进行存档管理。工程竣工后,项目管理机构应编制工程项目管理总结报告,整理工程管理全部过程文件并移交项目管理机构。

表 7-6　安全防范工程系统初步验收报告

工程名称	
建设(使用)单位	
设计施工单位	
系统概述:	
系统功能、效果的主观评价:	
对安装设备的数量、型号进行核对的结果:	
对隐蔽工程随工验收单的复核结果:	
初步验收结论:	
监理单位公章:	
建设(使用)单位公章	
设计、施工单位公章	

第三节　安全防范工程检验与验收

安全防范工程的检验和验收是紧密相关的事,但又有差别。工程检验是企业行为,工程验收是社会行为,工程检验贯穿于整个工程建设的全过程,是保证工程最终交付验收的基础和前提。工程检验与工程验收相比项目要多、内容要更具体,是工程建设中的不可缺少的重要环节。

一、工程检验

(一) 基本概念

安全防范工程工程检验是在系统试运行后、竣工验收前对设备安装、施工质量、系统功能性能、系统安全性和电磁兼容等项目进行检验。安全防范工程的检验对象为施工验收前的新建、改建、扩建系统或已交付使用且在运行中的系统。

工程检验是按照程序对工程的一种和多种特性进行测量、检查、试验、度量，并将这些特性与规定进行对比以确定其符合性的活动，检验的基本要点包括检验对象、检验依据、检验手段、检验数据、检验结论等。在检验活动中必须对工程质量特性进行观察、测量、试验和判断。检验活动中用到的仪器仪表的准确性直接关系到检验数据的准确性和溯源性，因此，工程检验所使用的仪器仪表必须经检定或校准合格，符合国家有关法规的规定，且检定或校准数据范围应满足检验项目的范围和精度的要求。

安全防范工程竣工验收前，应由符合条件的检验机构对安全防范工程的系统架构、实体和电子防护的功能性能、系统安全性、电磁兼容性、防雷与接地、系统供电、信号传输、设备安装及监控中心等项目进行检验。

安全防范工程检验的依据是工程合同及相关的设计文件，前文已反复强调，这里主要是说明安全防范工程检验合格判定的依据。

1. 合同中规定的设计目标。
2. 系统选用设备（根据设备清单）的功能和所能达到的技术指标。
3. 安全技术防范系统有关的技术标准和要求。
4. 经批准的设计文件和图纸资料中对工程质量和工艺性的要求和规定。
5. 政府管理部门的有关管理性要求。

安全防范工程检验项目及要求见图7-1。

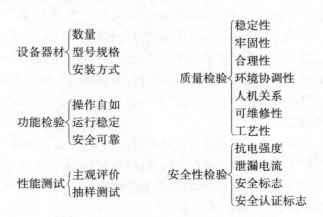

图7-1　安全防范工程检验项目及要求

(二) 检验程序

为了保证工程检验的质量和顺利实施，必须规范检验机构的检验实施程序，并编制

检验实施细则和检验方案。因此,GB 50348 要求安全防范工程检验程序应符合下列规定:

1. 受检单位应提出申请,并至少提交工程合同、深化设计文件、工程变更文件等资料;

2. 检验机构应在实施工程检验前,根据本标准和提交的资料确定检验范围,并制定检验方案和实施细则;

3. 检验人员应按照检验方案和实施细则进行现场检验;

4. 检验完成后应编制检验报告,并做出检验结论。

检验机构通过审查技术文件,可使检验人员对被检验系统的情况有较全面的了解(包括系统所涉及的范围,各子系统的结构、功能、运转情况等),便于检验实施细则和检验方案的制定。

受检单位提供的资料内容非常重要,是检验和判别的重要依据,通常包括工程合同、深化设计文件、工程合同设备清单、工程变更文件、隐蔽工程随工验收单、初步验收报告、试运行记录、主要设备的检验报告或认证证书等。

开展检验工作前应确定检验的范围,必要时需进行现场勘察,勘察的内容应包括工程建设情况(包括建设时间、系统构成、工程造价等)、检验路线、监控中心情况、供电情况、各子系统组成、涉及产品数量、检验中需要中断的子系统的防护措施等。

检验实施细则作为检验过程的指导性文件,通常会提出检验过程的主要检验依据、检验项目、使用仪器、抽样率、人员组成、检验步骤、检验周期等主要内容。系统的特性和存在的缺陷只有通过周密的检验方案才能反映出来。判定工程质量的合格性是工程检验活动的目的,在获取质量特性的数据之后,与规定的要求进行比较,确定是否合格。

(三) 电子防护系统检验

1. 安全防范管理平台检验

安全防范管理平台的检验项目主要包括集成管理、信息管理、用户管理、设备管理、日志管理、联动控制、统计分析、系统校时、预案管理、人机交互、联网共享、指挥调度等检测内容。系统集成管理功能应对安全防范各子系统进行控制与管理,实现各子系统的高效协同工作。授权用户通过平台对电子防护各子系统受控设备进行控制,检查各子系统设备运行状态、控制效果;通过平台应能实现对急预案进行添加、删除、编辑等操作。进行联动控制检查时主要观察触发联动条件时,能否通过平台核查声光、文字等形式的联动提示信息,并查看相关设备动作效果。

信息管理是指授权用户可以通过平台对报警、视频的历史记录分别以时间、地点、类型或性质等条件进行检索、例放,对记录存储位置、时间格式、溢出处理方式等参数进行设置。用户管理是指对不同的用户进行权限设置、增加和删除用户,对不同用户的操作权限、范围分别进行不同设置,采用设置的不同权限用户对设备进行控制、管理。设备管理是指授权用户通过平台查看设备的在线状态,现场选取设备进行断线、连接等操作。查看平台对其状态的显示,对系统内的设备进行编址、寻址、注册和认证等管理操作。

日志管理与统计分析是指系统能对用户的操作、系统运行状态等及时完整地进行记录、查询、显示;对系统数据进行统计、分析,生成相关报表;应能对系统及设备的时钟进行自动校时,计时偏差应满足安全管理要求。

2. 入侵与紧急报警系统检验

入侵和紧急报警系统检验内容主要包括安全等级、探测功能、防拆功能、防破坏和故障检测功能,以及系统的设置功能、操作功能、指示功能等项目。报警发生复位后,需要对设防、撤防状态是否正常进行确认。在很多工程中,入侵探测器的防拆报警信号线与报警信号线是并接的,在撤防状态下,系统对探测器的防拆信号不响应,这种设计或安装是不符合探测器防拆保护要求的,因此,检验系统的入侵探测器防拆报警功能时,应能在任意状态下进行。

一般情况下,进行系统检验时,应根据系统的安全等级核查设备的产品检测报告;对多个报警系统的共享部件,应根据安全等级最高的报警系统安全要求,核查共享部件的产品检测报告。进行探测功能检验时,应在系统设防状态下,通过人员现场模拟入侵探测区域,观察系统报警的范围、灵敏度等情况;在任意状态下,触发紧急报警装置,检验系统报警功能、报警信号、报警信息,对比实际触发情况。

用户权限检验。以不同权限的用户角色登录信息进行系统操作,检查权限设置情况。授权用户对系统分别按时间、区域、部位进行自动或手动设防、撤防、旁路操作,测试系统操作相关功能和工作状态;采用系统胁迫码操作时,检查系统报警和信息记录情况。对重要区域和重要部位发出的报警,应能对报警现场的声音或图像进行复核。

系统应能对入侵、紧急、防拆、故障等报警信号来源、控制指示设备以及远程信息传输工作状态有明显清晰的指示。系统进行功能检验时,应核验系统指示功能,检验系统能否准确指示入侵发生部位、报警信号性质等信息,并对系统状态保持功能进行检验。所谓状态保持是指系统报警指示持续期间,再发生其他报警信号输入时,查看相应的可见报警指示情况;当多个回路同时报警时,查看任一路的报警指示。除此之外,还应查看报警控制指示设备和远程传输的状态。

3. 视频监控系统检验

视频采集设备的监控范围应有效覆盖被保护部位、区域或目标,监视效果应满足场景和目标特征识别的不同需求。视频监控系统检验时,应首先检查视频采集设备的类型、数量、位置、角度,以及覆盖的部位、区域和目标。

视频采集设备的灵敏度和动态范围应满足现场图像采集的要求,具有音频采集功能时,检查采集音频的清晰可辨性、连续性和音视频的同步性。传输性能检验应分别测试前端采集设备到显示设备和存储设备等各设备之间的信道带宽、时延和时延抖动。可以同时使用多个客户终端,以不同的用户登录,对同一个视频图像和音频信号进行浏览、回放、控制操作,观察系统功能是否实现,是否出现图像卡顿或死机现象等。

进行图像质量主观评价的检验时,观看距离应为应荧光屏高度的 6 倍,室内应光线柔和,照度应满足监控室设计要求。系统图像的主观评价方法参照 GB 0198 规定进行,参加主观测试的评价人员应不少于 2 名。浏览系统全部画面显示图像,随机选取前端摄像机摄取的画面,根据图像的劣化程度,按五级损伤制进行评价打分(表 7-7),分数直接对应级数,统计所有的评价结果,与平均分数相差 2 以上的为无效评价,满分为 5 分。

表 7-7　图像质量主观评价五级损伤制

图像质量的主观评价	评分分数
图像上损伤或干扰极其严重,不能观看	扣 4 分
图像上操作或干扰比较严重,相当厌烦	扣 2 分
图像上有操作或干扰,令人感到厌烦	扣 2 分
图像上有可察觉的损伤或干扰,但不令人感到厌烦	扣 0.5—1 分
图像上察觉不到有操作或干扰	扣 0.1—0.5 分

视频存储设备应能完整记录指定的视频图像信息。存储的视频路数、存储格式、存储时间应符合竣工文件要求。视频存储设备应支持视频图像信息的及时保存、连续回放、多用户实时检索和数据导出等功能。不同防护要求的工程,其图像记录回放的效果、质量要求不同,因此,应根据该工程正式设计文件的要求进行检验。其他检验项目应按国家现行相关标准、工程合同、正式设计文件的要求检验。

4. 出入口控制系统检验

出入口控制系统检验应着重对系统中的同权限受控区和高权限受控区进行现场复核;检查不同受控区设备的设置和安装位置;检查采用的识读方式,核查相关产品的检测报告。当系统的安全等级为 4 级时,应检查系统采用的识读方式,分别验证只采用 PIN 识别及复合识别的有效性。

GB 50348 要求安全等级为 2、3、4 级的系统,应具有监测出入口启/闭状态的功能;安全等级为 3、4 级的系统应具有监测出入口控制点执行装置启/闭状态的功能。因此,系统检验时,应根据系统竣工文件和安全等级要求,检查出入口控制点执行装置的启/闭功能和系统的监测记录。系统不应禁止有其他应急系统(如火灾)授权自由出入的功能,进行系统检验时,应检查系统的应急开启方式,对设置的应急开启的开关或按键,验证操作后开启部分/全部出入口功能;与消防系统联动后,当触动消防报警时验证开启相应出入口功能。

(四) 安全性与电磁兼容性检验

1. 安全性检验

安全防范工程安全性检验是指对系统所用设备及其安装部件的机械强度(依据产品检测报告)进行检验,检验结果应符合国家相关标准与规定。主要控制设备的安全性检验应按现行国家标准《安全防范报警设备安全要求和试验方法》GB 16796 的有关规定执行,并重点检验下列项目:

1) 绝缘电阻检验:在正常大气条件下,控制设备的电源插头或电源引入端子与外壳裸露金属部件之间的绝缘电阻不应小于 20 MΩ。

2) 抗电强度检验:控制设备的电源插头或电源引入端子与外壳裸露金属部件之间应能承受 1.5 kV、50 Hz 交流电压的抗电强度试验,历时 1 min 应无击穿和飞弧现象。

3) 泄漏电流检验:控制设备泄漏电流应小于 5 mA。

2. 电磁兼容性检验

安全防范工程电磁兼容性检验是指对系统所用设备的抗电磁干扰能力和电磁骚扰状况，以及系统传输线路的设计与安装施工等情况进行检验，检验结果应符合国家相关规定和满足系统电磁兼容性要求。系统主要控制设备的电磁兼容性检验应重点检验下列项目：

1）静电放电抗扰度试验：应根据现行国家标准《电磁兼容试验和测量技术静电放电抗扰度试验》GB/T 17626.2 进行测试，严酷等级按设计文件的要求执行。

2）射频电磁场辐射抗扰度试验：应根据现行国家标准《电磁兼容试验和测量技术射频电磁场辐射抗扰度试验》GB/T 17626.3 进行测试，严酷等级按设计文件的要求执行。

3）电快速瞬变脉冲群抗扰度试验：应根据现行国家标准《电磁兼容试验和测量技术电快速瞬变脉冲群抗扰度试验》GB/T 17626.4 进行测试，严酷等级按设计文件的要求执行。

（五）监控中心检验

监控中心的检验项目和内容主要包括以下几个方面：

1. 监控中心是否独立设置，面积是否能保证系统正常工作和维修时所需的基本要求。

2. 监控中心设在门卫值班室内的，是否设有防盗安全门且与门卫值班室相隔离。

3. 监控中心是否配备有线、无线通信联络设备和消防设备。

4. 监控中心的入侵报警系统、视频安防监控系统、出入口控制系统等的终端接口及通信协议是否符合国家现行有关标准规定，可与上一级管理系统进行更高一级的集成或联网。

5. 监控中心内有无安装摄像机，能否实施对监控室操作人员的监控。

6. 周界报警模拟显示屏的安装位置是否便于操作员观看。

7. 有无按规定安装与区域报警中心或公安"110"指挥中心联网的紧急报警装置。

8. 系统的接地情况，包括设备与机架的连接、机架与接地的引线截面积是否符合接地要求。

9. 监控室静地板下方线缆的敷设，机柜内线缆的走线，线缆的扎和标识是否规范。

10. 各设备与线缆的连接处是否牢靠，有无松动，机架后面的线缆有无捆扎，是否整齐美观，编号或标签是否清晰，有无遗漏。

11. 所有的监视图像时间字符是否准确、同步，误差不应超过 30 s。

12. 监视图像的色彩、亮度是否统一。

13. 视频图像和录像回放图像是否清晰、连续、有效，图像的记录存储时间能否达到一个月时间的要求。

14. 图像的切换是否自如，系统间的联动是否正常。

二、工程验收

为了全面贯彻执行《行政许可法》，同时也考虑到安防行业的特殊性和我国安全防范工程管理的现状，安全防范工程验收一般由建设单位会同相关部门组织安排。这里所说的相关部门是泛指在行政许可框架下的行业主管部门，以及在行业主管部门监督指导下的社会中介组织。

（一）工程验收组

工程验收时，建设单位应根据项目的性质、特点和管理要求与相关部门协商确定验收组成员，并由验收组推荐组长。组长的职责通常包括合理分配工作任务、验收工作策划、主持验收会议、把握验收进度。验收组中技术专家的人数不应低于验收组总人数的 50%，不利于验收公正性的人员不得参加工程验收组。技术专家是指具有 5 年以上安防行业从业经历和中级及以上专业技术职称，且技术水平得到业内广泛认可的技术人员。所谓不利于验收公正的人员如：施工单位人员，工程主要设备生产、供货单位人员以及其他需要回避的人员等。

工程验收组可根据实际情况分别成立施工验收组、技术验收组和资料审查组等。当工程规模较小、系统相对简单时，验收组下设的"组"可以简化，可以兼任或合并。

验收组应以高度认真、负责的态度坚持标准、严格把关，对工程质量做出客观、公正的验收结论。验收中如有疑问或已暴露出重大质量问题，可视答辩情况决定验收是否继续进行。

验收不是目的而是手段，确保工程质量才是根本。验收通过的工程，如有质量问题仍需要落实整改；验收基本通过或不通过的工程，验收组必须明确指出存在的质量问题和整改要求。验收结论分为通过、基本通过、不通过。

（二）施工验收

施工验收应依据设计任务书、深化设计文件、工程合同等竣工文件及国家现行有关标准，按 GB 50348 中表 10.2.1 列出的检查项目进行现场检查，并做好记录。施工验收不负责审核变更内容，只负责审核变更手续的规范性。设计变更或工程洽商等需在实施过程中经建设/总包、设计、监理、施工单位四方确认。

隐蔽工程应由建设单位或监理单位随工验收，验收组应复核随工验收单或监理报告，根据检查记录情况，按照表 GB 50348 中 10.2.1 规定的计算方法统计合格率，给出施工质量验收通过、基本通过或不通过的结论。因此，隐蔽工程施工验收时，验收组只负责查验隐蔽工程随工验收单的规范性，不对隐蔽工程质量进行检查和评价。

（三）技术验收

技术验收应依据设计任务书、深化设计文件、工程合同等竣工文件和国家现行有关标准，按照 GB 50348 中的表 10.3.1 列出的检查项目，逐项进行现场检查或复核工程检验报告，并做好记录。

技术验收的内容主要包括以下几点：一是检查系统应达到的基本要求、主要功能与技术指标应符合设计任务书、工程合同相关标准以及现行管理规定等相关要求；二是检查工程实施结果，即工程配置，包括设备数量、型号及安装部位等是否符合深化设计文件；三是按各子系统的专业特点检查其功能要求和技术指标，同时检查监控中心。

1. 设备配置

包括设备数量、型号及安装部位的检查。主要安防产品质量证明的检查应包括产品检测报告、认证证书等文件的有效性。系统供电的检查应包括系统主电源形式及供电模式。当配置备用电源时，应检查备用电源的自动切换功能和应急供电时间。

2. 实体防护系统

1）应检查周界实体防护、建（构）筑物和实体装置的设置；

2）对于实体防护设备的外露部分，应查验现场实物与设计文件的一致性；对于隐蔽部分，应查验隐蔽工程随工验收单；

3）应检查出入口实体屏障、车辆实体屏障的限制、阻挡等功能；

4）应检查安防照明的覆盖范围和警示标志的设置。

3. 入侵和紧急报警系统

1）应检查系统的探测、防拆、设置、操作等功能，探测功能的检查应包括对入侵探测器的安装位置、角度、探测范围等；

2）应检查入侵探测器、紧急报警装置的报警响应时间；

3）当有声音和（或）图像复核要求时，应检查现场声音和（或）图像与报警事件的对应关系、采集范围和效果；

4）当有联动要求时，应检查预设的联动要求与联动执行情况。

4. 视频监控系统

1）应检查系统的采集、监视、远程控制、记录与回放功能；

2）应检查系统的图像质量、信息存储时间等；

3）当系统具有视频/音频智能分析功能时，应检查智能分析功能的实际效果；

4）应检查用户权限管理、操作与运行日志管理、设备管理等管理功能。

5. 出入口控制系统

1）应检查系统的识读方式、受控区划分、出入权限设置与执行机构的控制等功能；

2）应检查系统（包括相关部件或线缆）采取的自我保护措施和配置，并与系统的安全等级相适应；

3）应根据建筑物消防要求，现场模拟发生火警或需紧急疏散，检查系统的应急疏散功能。

6. 停车库（场）安全管理系统

1）应检查出入控制、车辆识别、行车疏导（车位引导）等功能；

2）应检查停车库（场）内部紧急报警、视频监控、电子巡查等安全防范措施。

7. 防爆安全检查系统

1）应检查防爆安全检查系统的功能和性能；

2）应检查防爆处置、防护设施的设置情况；

3）应检查安检区视频监控装置的监视和回放图像质量。

8. 集成与联网

1）应检查系统架构、集成联网方式、存储管理模式、边界安全管控措施等；

2）应检查重要软硬件及关键路由的冗余设置；

3）应检查安全防范管理平台软件功能。

9. 监控中心

1）应检查监控中心的选址、功能区划分和设备的布局；

2）应检查监控中心的通信手段、紧急报警、视频监控、出入口控制和实体防护等自身防护措施；

3）应检查监控中心的温湿度、照度、噪声、地面等环境情况。

（三）资料审查

图纸资料的准确性主要是指标记确切、文字清楚、数据准确、图文表一致，特别是要同工程实际施工结果一致。图纸资料的完整性主要是指所提供的资料内容要完整，成套资料要符合 GB 50348 中表 10.4.1 的要求（表 7-8）。

图纸资料的规范性主要是指图样的绘制应符合现行行业标准《安全防范系统通用图形符号》GA/T 74 等相关标准要求，图纸资料应按照工程建设的程序编制成套。

表 7-8 安全防范工程资料验收样表

工程名称：							工程地址：			
建设单位：							设计单位：			
施工单位：							监理单位：			
审查内容		审查情况								
		规范性			完整性			准确性		
		合格	基本合格	不合格	合格	基本合格	不合格	合格	基本合格	不合格
1	申请立项的文件									
2	批准立项的文件	/			/			/		
3	项目合同书	/			/			/		
4	设计任务书	/			/			/		
5	初步设计文件									
6	初步设计方案评审意见（含评审小组人员名单）	/			/					
7	通过初步设计评审的整改落实意见									
8	深化设计文件和相关图纸									
9	工程变更资料（或工程洽商资料）									

审查情况栏内分别根据规范性、完整性、准确性要求，选择符合实际情况的空格打√，并作为统计数。审查结果：K（合格率）＝（合格数＋基本合格数×0.6）/项目审查数。（项目审查数如不作为要求的，不计在内）。审查结论：K_z（合格率）≥0.8，判为合格；0.6≤K_z<0.8，判为基本合格；K_z<0.6，判为不合格。

（四）验收结论

安全防范工程的施工验收结果 K_s、技术验收结果 K_j、资料审查结果 K_z，均大于或等于 0.8 的，应判定为验收通过。

安全防范工程的施工验收结果 K_s、技术验收结果 K_j、资料审查结果 K_z，均大于或等于

0.6,且 K_s、K_j、K_z 中出现一项小于 0.8 的,应判定为验收基本通过。

安全防范工程的施工验收结果 K_s、技术验收结果 K_j、资料审查结果 K_z 中出现一项小于 0.6 的,应判定为验收不通过。

工程验收组应将验收通过、基本通过或不通过的验收结论填写于验收结论汇总表,并对验收中存在的主要问题提出建议与要求。

验收不通过的工程不得正式交付使用。施工单位、设计单位、建设(使用)单位等应根据验收组提出的意见与要求,落实整改措施后方可再次组织验收;工程复验时,对原不通过部分的抽样比例应加倍。

验收通过或基本通过的工程,施工单位、设计单位、建设(使用)单位等应根据验收组提出的建议与要求落实整改措施。施工单位、设计单位的整改落实后应提交书面报告并经建设(使用)单位确认。

三、系统运行与维护

安全防范工程竣工移交后,应开展安全防范系统的运行与维护工作。建设(使用)单位应根据安全防范管理要求、系统规模和竣工文件编制系统运行与维护的工作规划,建立系统运行与维护保障机制。系统运行与维护单位可以是建设(使用)单位,也可以是建设(使用)单位委托的第三方运维服务机构。系统运行与维护单位应建立安全防范系统设备台账,并对系统和设备的全生命周期进行管理;落实保密责任与措施;系统运行与维护人员应经培训和考核合格后上岗。第三方运维服务机构在退出系统运行与维护工作时应做好移交工作。

(一) 系统运行

系统运行单位应组建系统运行工作团队,制定日常管理、值机、现场处置、例会、安全保密、培训和考核等制度,统筹协调与系统运行有关的机构、人员等各项资源。

1. 运行环境确认

系统运行单位应确认系统运行环境,并符合下列规定:

1) 应确认入侵和紧急报警系统的探测点位、布撤防时间、报警信息记录与存储、与视频和(或)出入口控制系统联动规则、操作权限、运行日志和操作日志存储时间等系统配置和参数;

2) 应确认视频监控系统的监视点位,视频信息记录与存储,与入侵、紧急报警和(或)出入口控制系统联动规则,操作权限,运行日志和操作日志存储时间等系统配置和参数;

3) 应确认出入口控制系统的受控点,出入控制权限,人员出入信息记录与存储,与入侵、紧急报警和(或)视频监控系统联动规则,操作权限,运行日志和操作日志存储时间等系统配置和参数;

4) 应确认其他子系统前端设备点位、工作要求、联动规则、操作权限、运行日志和操作日志存储时间等系统配置和参数;

5) 应确认系统和设备的时钟偏差是否符合国家现行有关标准的规定。

2. 作业内容确认

系统运行单位应确认系统运行作业内容,并符合下列规定:

1) 应确认系统运行中需要管理的事件、报警信息类型清单等内容;

2) 应根据事件、报警信息类型清单,结合保护对象所在的周边、道路、人流密集区域、案(事)件多发地段等情况确认相应运行作业的报警和接收、监视和录像、授权和控制等要求。

3. 作业指导文件

系统运行单位应根据国家现行有关标准的规定,编制系统运行作业指导文件。作业指导文件应至少包括下列内容:

1) 值机员、现场处置员岗位职责;

2) 运行作业内容、要求与处置流程;

3) 突发事件应急预案;

4) 值机日志要求;

5) 值机交接班要求。

(二) 系统维护

系统维护包括日常维护、故障处理、特殊时期保障、维护评价等。日常维护中遇故障报修时,应优先按故障处理程序对故障进行处理。特殊时期保障应根据需要加强维护人员、备件的配置。

系统维护单位应组建系统维护工作团队,制定日常管理、岗位责任、培训、评价和考核等制度,建立工作程序,编制维护工作技术手册;完善保障系统和设备正常运行、数据安全的措施。系统维护单位应建立系统维护需要的针对维护对象的监测工具、专用工具和维护过程的电子信息化管理工具等。接入设备多、规模大的系统,可根据需要建设专门的运行维护管理平台。

1. 勘察报告

系统维护工作实施前,系统维护单位应做好系统勘察、系统维护方案编制、实施条件等的准备工作,并对系统进行勘察,编制勘察报告。勘察报告宜包括下列内容:

1) 系统建设状况;

2) 系统使用的物理环境情况;

3) 系统防护效能情况;

4) 原有系统的维护情况;

5) 监控中心(室)建设情况;

6) 系统的备品备件情况;

7) 系统维护的建议。

2. 维护方案

系统维护单位应根据勘察报告编制系统维护方案,系统维护方案应包括但不限于下列内容:

1) 需要维护的系统和设备、工作内容、要求;

2) 维护团队、管理制度、技术支撑系统和评价考核方法;

3) 备品备件管理、采购、替代方案;

4）系统维护工作的受理、响应、回访、用户满意度调查等服务机制；

5）突发事件处置预案；

6）满足系统维护要求的费用预算。

3. 资料准备

系统维护单位部署系统维护监测工具、专用工具和管理工具等，应取得建设（使用）单位的授权。系统维护单位应根据维护方案做好有关技术、文件等资料的准备工作，包括但不限于下列内容：

1）符合安全防范工程现状的图纸；

2）相关部门出具的法律文书；

3）系统设备台账；

4）产品说明书、系统操作手册和维护手册；

5）系统和设备的测试记录、运行与维护记录；

6）供应商通信录、集成商通信录及分包商通信录；

7）系统和设备的安装软件、备品备件和在市场上可替代品的采购资料。

4. 日常维护内容

系统日常维护工作应符合下列规定：

1）应按照现行行业标准《安全防范系统维护保养规范》GA 1081 的相关规定对入侵报警系统、视频监控系统、出入口控制系统、电子巡查系统、停车库（场）安全管理系统、安全防范管理平台和监控中心等进行维护保养；

2）对安全防范涉及的实体防护系统及其他系统，应根据维护工作的内容、要求等，制定相应的维护方案并实施维护保养；

3）应按照国家现行有关标准的规定，对系统涉及的弱电间、线缆与管道等进行维护；

4）应定期统计各子系统设备的在线率和完好率；

5）应对系统维护的过程进行详细记录，对出现问题或相关性能指标有偏差的系统和设备，应根据系统维护方案的要求进行处理和调整，并经相关方确认后存档；

6）系统和设备的维护周期应根据安全防范管理要求与各系统/设备的运行情况综合确定，不应超过六个月；

7）应编制日常维护报告。

5. 故障处理

系统故障处理应符合下列规定：

1）应根据安全防范管理要求和（或）服务合同确定故障处理响应时间，并应符合国家现行有关标准的规定；

2）应对系统和设备故障进行分级，并优先对高等级故障进行处理；

3）应对故障维修情况进行详细记录，并对故障设备后续运行情况进行跟踪；

4）应编制故障处理报告。

6. 特殊保障

特殊时期保障应符合下列规定：

1）应根据特殊时期保障的要求组建保障工作小组，确认保障的系统、工作程序、故障处理原则、应急预案等，配备仪器仪表、备品备件、应急通信设施等；

2）应进行系统现场勘察，对需要保障的系统进行资料整理、核查；

3）应对需要保障的系统进行预检、预修和调整；

4）应编制特殊时期保障工作报告。

系统维护单位应根据系统维护工作情况，优化管理制度和工作程序。宜向建设（使用）单位提出系统设备的优化、改造建议。建设（使用）单位应对系统维护工作进行评价，包括系统维护工作效果和维护人员的工作态度、工作效率、安全生产等。系统维护单位应根据评价意见进行相应的改进。

四、咨询服务

（一）一般规定

建设单位对咨询服务的具体需求包括咨询服务的内容、周期、方式及成果等。咨询团队须明确咨询负责人，咨询负责人须具有 5 年及以上的安全防范工程从业经验。

安全防范工程咨询可包括对工程的立项、设计、施工、工程初步验收与系统试运行、检验与验收以及系统的运行与维护等全生命周期的咨询服务工作。

咨询服务机构应根据建设（使用）单位对咨询服务的需求组建项目咨询团队，并将人员构成与角色分配、任务分工等书面通知建设单位。咨询信息的调查和采集应遵守国家有关法律、法规的规定。

（二）咨询服务内容

立项阶段的咨询服务包括协助建设单位确定安全需求，对保护对象进行风险评估等，针对项目建议书、可行性研究报告和设计任务书的编制等提供咨询服务。项目建议书、可行性研究报告和设计任务书的编制咨询工作应依据风险评估结果，在安全防范措施、系统设计要求、投资额度、效益分析等方面提出建议。

1. 设计阶段

设计阶段的咨询服务包括针对保护对象的风险防范措施、安全防范系统功能性能要求、投资总量概算、工程总量确定、工程建设周期的合理性等方面向建设单位提出建议；对设计单位的现场勘察报告及拟定的建设方案等提出意见和建议；对设计方案、施工图纸等的设计深度、与规范标准的符合性以及过度设计提出意见和建议；对工程量清单的编制规范性、完整性提出意见和建议；对由于设计缺陷等导致的剩余风险和次生风险进行识别、分析，并提出意见和建议。

2. 施工阶段

施工阶段的咨询服务包括针对工程变更事项的可行性、合理性向建设单位提出意见和建议。工程初步验收与系统试运行阶段的咨询服务包括针对初步验收、试运行方案和培训方案等提出意见和建议。

工程检验的咨询服务包括下列内容：

1）对工程施工质量以及系统的功能、性能与设计文件的符合性进行检查；

2）对符合性检查过程中的不合格项,指导施工单位整改落实;

3）对实施工程检验第三方检验机构的资质和能力进行了解,提出咨询意见和建议。

3. 验收阶段

工程验收的咨询服务包括下列内容:

1）协助建设单位对工程验收所需要的文件资料进行复核;

2）对验收通过或基本通过的安全防范工程,咨询机构应协助建设单位、施工单位落实整改意见;

3）对验收不通过的安全防范工程,咨询机构应协助建设单位、施工单位制定整改方案;

4）对竣工文件的规范性、完整性、准确性等进行检查和指导。

4. 系统运行与维护阶段

安全防范系统运行一段时期后,安全防范工程建设(或使用)单位根据安全防范管理的需要,可以委托咨询服务机构重新进行风险评估,对需要防范的风险重新进行确认。系统运行与维护阶段的咨询服务包括下列内容:

1）根据安全防范管理要求对保护对象进行风险评估;

2）对安全防范系统进行系统效能评估。

思考与练习

7-1. 简述安全防范工程施工准备工作的目的和作用。

7-2. 简述安全防范工程隐蔽工程施工注意事项。

7-3. 安全防范工程线缆敷设应符合的要求有哪些?

7-4. 入侵和紧急报警系统的设备安装有哪些注意事项?

7-5. 视频监控系统的设备安装有哪些注意事项?

7-6. 出入口控制系统的设备安装有哪些注意事项?

7-7. 防爆安检系统设备安装有哪些注意事项?

7-8. 停车场管理系统设备安装有哪些注意事项?

7-9. 监控中心设备安装有哪些注意事项?

7-10. 简述安全防范工程监理的作用和意义。

7-11. 简述安全防范工程检验的主要内容。

7-12. 简述安全防范工程验收的基本程序和基本内容。

第八章

现代安全防范新技术

随着"平安中国""雪亮工程"及"智慧城市"建设的稳步推进,我国安防行业不断实现产业多元化发展和规模稳步增长,行业应用得到进一步的拓展。特别是互联网、大数据、人工智能与安防产业的深度融合,不断创造了更多更强的新技术、新产品、新业态,为维护国家安全和社会稳定、预防和打击暴力恐怖犯罪、加强和创新社会治理、优化社会管理、服务民生提供更加安全可靠的技术保障,为决胜全面建成小康社会、实现中华民族伟大复兴的中国梦创造安全稳定的社会环境。本章旨在普及近年来在安防领域出现的物联网、人工智能、5G通信等新技术与新应用的基础知识。

第一节　AIoT 技术揭开安防新时代

在这个智能化时代,人们已经不仅仅满足于"万物互联"的概念,而是希望在互联的同时,将人工智能融入其中,使周边设备不只是可以被统一控制,还能主动提供更有价值的信息,这一概念便是一门新的融合学科——AIoT。AIoT,即 AI＋IoT,是将人工智能技术与物联网技术相结合,越来越多的行业已经将这一理念应用到实际当中。AI 技术目前的主要表现形式为对视频和音频的智能化处理,从中提取有效信息。而提到视频领域,对视频的 AI 应用最深最广的当属安防行业,所以 AIoT 的发展势必需要结合安防行业丰富的经验和应用,而 AIoT 技术也将为安防行业的发展指明方向。

一、什么是 AIoT 技术

AIoT,即 AI＋IoT,是人工智能技术与物联网在实际应用中的落地融合,是 AI 赋能物联网的简称。通过 AIoT,实现了人工智能逐渐向应用智能发展,进而实现 AI 赋能各行各业,甚至推进产业颠覆。在目前持续推进的智慧城市项目中,AIoT 在公共安全方面是最为直接的应用场景,在这些场景中既有大量的基础数据存在,也存在着巨大的市场刚需。

1956 年,"人工智能"概念在达特茅斯会议上被提出,在至今 66 年的时间中,人工智能展示了智慧生活图景,也给企业带来了新的风口。人工智能是全球公认的尖端领域和创新前沿,有着超乎想象的广阔应用前景。2016 年以来人工智能的快速发展,包括芯片及处理器的计算能力飞速提升,深度学习、神经网络、机器学习等算法的进步,尤其是最近语音识别、图像识别、自然语言处理的技术进步,使得家居控制和交互已经能够实现"智能化"升级。

物联网的终极目标是实现万物智联。目前的物联网仅仅实现了物物互联，只能实现统一控制以及数据共享。而最终需要的是服务，仅靠联网意义甚小，解决具体场景的实际应用，赋予物联网一个"大脑"才能够实现真正的万物智联，发挥物联网和人工智能更大的价值。在万物互联的过程中，最核心的部分便是数据。物联网虽然实现了数据共享，但是数据本身是没有任何价值的，人为分析不但效率低下，而且相比于庞大的数据量来讲，人工的投入实在是微不足道，所以数据只有互相碰撞才会有意义。通过不断的训练学习，让有用数据逐渐凸显出来，无用数据逐渐被淘汰，再通过分析数据之间的逻辑性，从而提取有效信息，并得出超出数据表面的结论。AI 技术可以满足这一需求，AI 通过对历史和实时数据的深度学习，能够更准确地判断用户习惯，使设备做出符合用户预期的行为，变得更加智能，从而提升产品用户体验。

二、城市安防系统现状

近年来，伴随着人工智能技术的发展，传统安防快速向智能安防转变，AI 技术不断地融入安防应用系统中，人脸识别、车辆识别已成为现代安防系统的标配。但因为设计的缺失与技术的不成熟，智能应用系统在实际城市安防系统落地过程中也涌现出许多问题。

1. 海量数据计算需求问题。目前，全国多数地区中心城市已基本完成视频安防集中建设。据统计，截至 2020 年底，国内安防市场规模达到 9 612.9 亿元，中国已安装的监控摄像头已经超过 1.76 亿个，其中由公安机关牵头建设的有 2000 万，中国已成为全世界最大的视频监控网络大国。同时，随着人工智能技术在城市安防项目的普及，庞大的前端视频监控控制点位与智能算力缺乏之间的矛盾日益突出。

2. 多源异构数据集成问题。城市安防系统项目中存在大量的视频、卡口监控、WiFi 探针、电子围栏、门禁等设备，在织密立体防控体系的同时，也产生了海量的非结构化、半结构化、结构化数据。面对日益复杂的数据海洋，如何实现多维异构数据的接入和治理成为一个新的挑战。

3. 多维数据的孤岛问题。虽然人工智能技术在城市安防应用系统中大量应用，但海量的安防系统数据缺乏多维数据碰撞分析的手段，使得城市安防系统之间业务烟囱现象突出，数据孤岛问题严重，从而无法通过安防系统实现深度业务应用。

三、AIoT 的典型架构及关键技术

（一）AIoT 在安防领域的典型架构

随着 AIoT 在安防领域的纵深发展，城市的各个行业、各个场景的安防应用将进入智慧时代，公安行业物联网的典型技术架构可以分成"感知、接入、计算服务、标准"四层两支撑架构。

1. 感知层。由分散在城市各个场景的视频类设备、人员感知类设备、车辆感知类设备、环境感知类设备及安防业务数据构成。

2. 接入层。通过边缘计算、接入网关实现对各个场景、各种网络环境下的各类前端采集的视频、图片、结构化数据进行初步数据接入、结构化分析和数据清洗，从而减轻中心端

数据分析处理的压力,同时通过多维数据接入平台进行统一汇聚和管理。

3. 计算服务层。视频图像云计算中心将对接入层接入、转发的视频图像数据进行计算分析,提取视频图像中的人员、车辆、物品等关注目标,并转发到大数据分析云中心,结合感知层接入的物联感知数据、安防业务数据进行数据治理、分析和挖掘。同时,通过微服务的方式向上层业务应用提供标签服务、关系分析服务、行为分析服务、模型分析服务、知识图谱和业务管理等。

4. 应用层。面向公安各警种提供各类服务应用,包括人车管控、智能布控、治安防控、刑事侦查、应急指挥等。

(二) AIoT 在安防领域的关键技术

1. 边缘计算

边缘计算是指靠近物或数据源头的一侧,采用网络、计算、存储、应用核心能力为一体的开放平台。网络边缘侧可以是从数据源到云计算中心之间的任意功能实体,这些实体搭载着融合网络、计算、存储、应用核心能力的边缘计算平台,为终端用户提供实时、动态和智能的服务计算。与云端中进行处理和算法决策不同,边缘计算是将智能和计算推向更接近实际的行动,而云计算需要在云端进行计算,从而具备处理时延小、网络流量压力低、保护数据安全、减少云端计算压力、实现多源异构数据接入等优势。

2. 多维异构数据接入

采用微服务架构,基于中间件、组件进程隔离技术,融合视频、图片、物联感知等结构化、非结构化数据,实现多维异构数据的统一采集、标准化清洗、数据分类入库和数据质量管理,打破单一对象烟囱式存储模式。接口方面通过 SDK、RTSP、HTTP、FTP、Kafka 等接口,实现不同种类不同格式数据的智能适配。在数据质量管理方面,基于定义好的数据定义与模型,实现对数据质量的管理和监控,包括数据规则检测、统一数据语义、数据项检测、数据质量报告等,实现数据资源目录管理和服务管理。

3. 机器识别

机器视觉技术在安防领域主要可实现视频图像的结构化分析,通过先进的深度学习、高性能运算及大数据技术,利用图像识别技术对人脸、人体、机动车、非机动车等用户关注目标的行为检测、识别和快速检索,满足多种场景下的实时预警、精准布控、分析研判等多种业务需求,主要包括目标检测、跟踪和分类、人脸特征识别、车辆特征识别、人体特征识别等部分。

4. 视频图像聚类治理技术

如图 8-1 所示,视频图像聚类治理技术基于分布式技术构建,将同一视频对象的识别特征信息进行聚合归档。在进行聚类计划过程中,首先对图像结构化的结果进行筛选,对质量分数符合要求的数据,根据图片的人脸特征、人体特征、时间和空间信息形成聚类中心,每个聚类中心代表一个视频对象的聚合,并在之后的计算中不断优化聚类中心。聚类归档形成的数据称为视频身份数据,每个视频身份数据将颁发一个系统唯一的身份编码。该技术可以为系统中重复出现的可提取特征的事物(非常相似的特征值)建立一个视频身份唯一标识,从而节省大量比对计算,并可为后续的查询服务提供准确快速的查询结果,并

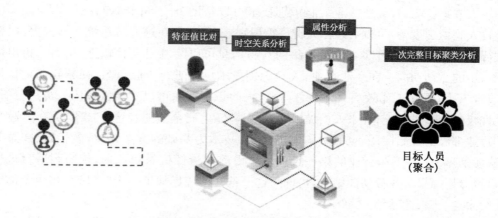

图 8-1　全新的视图聚类治理技术

且平台通过先进的大数据技术可实现千亿级数据快速响应,以数据服务于实战,体现数据的潜在价值,发挥视频大数据平台的作用。

5. 知识图谱技术

基于知识图谱技术的关系分析广泛用于公安情报研判和案件侦破工作,可对人员、车辆的人车画像、人脉关系、同行同伙关系、联系关系等进行图谱分析,为公安在海量的视图轨迹信息、物联感知信息中寻找潜在的线索提供智能化、可视化的分析手段,关系图谱对复杂的海量视图、物联感知数据进行有效的抽取、加工、处理、整合,转化为简单、清晰的"实体(Entity)-关系(Relationship)-实体(Entity)"的三元组。

四、AIoT 技术与安防行业融合

(一) AIoT 技术历程

安防行业经历了由模拟时代到数字时代,再到 AI 时代的过程。其产生的数据类型也经历了由最初的模拟视频流到数字化视频流到结构化数据。在模拟时代,由于其技术限制,只能通过同轴电缆传输数据。但此时人们对视频的要求并不高,需求也不是很强烈,只是"看得见"即可。随着数字时代的来临,所有的数据都要转化为数字信号传输,视频监控也不例外。此时虽然视频质量得到了质的飞跃,但传输的内容也只是视频,即"看得清"时代。再到后来,人们开始挖掘视频数据中隐含的信息,例如其中的人脸、人体属性等数据,希望能够"看得懂"视频。网络中传输的数据也由纯视频变成了"视频+结构化数据"。

进入 AI 时代以后,最早在安防行业得到应用的 AI 技术是人脸识别技术。人脸识别技术一经推出,便颠覆了传统的智能分析算法。由于其深度学习特性,识别的准确率大幅提升,达到了可以实战的标准。然而在初期人脸识别技术都是依附在单一产品上进行销售,只存在一些基本业务,如布控报警、黑名单报警、白名单报警,虽然准确率很高,但是对于用户使用来说意义并不大,因为没有真正解决用户的问题,所以无法普及。这便是只有 AI,没有 IoT,智能化数据只能停留在单点,所能解决的问题非常有限。随着时间的推移,各大安防厂家都开始将 AI 向场景化应用推动,利用场景中一切可利用的信息和组件形成一套完整的解决方案。比如,天地伟业人脸识别技术可以帮助公安部门布控在逃犯人,在关键场所布置人脸识别设备,可以对过往人群进行识别,一旦发现在逃人员系统立即报警,民警出警进行抓捕。此外,通过多个地区搜集的人脸信息可以绘制出人脸轨迹,从而分析出嫌疑人下一步的活动动向。在政法行业,人脸识别技术可以进行人脸点名、视频轨迹定位等应用,节省人力,提高工作效率。在教育行业,人脸识别技术可以对出入校园人员进行管控,只允许校内人员进入,对外来人员加以管控,保障学生安全。随着这一技术的普及,越来越多的行业都已经开始应用,也催生了很多以 AI 技术为基础的方案,如智慧社区、智慧养殖等,这便是 AIoT 在安防行业的第一批应用。由前端摄像机采集数据,传输到后台进行分析,再将分析结果与业务功能结合,仿佛为这一整套系统增加了一个"大脑",将思考的结果传递给用户,实现产品到方案的转换。

在场景化应用表现出显著效果后,安防厂家对视频数据的运用不再仅仅局限于人脸,而是通过不断丰富 AI 算法,发掘系统中更多有价值的信息。例如,对于一个路口场景来说,摄像机所采集到的同一个视频画面中既包含过往的行人,又包含了来往的车辆,还有穿行其中的非机动车,其中行人又蕴含着人脸、衣服颜色、性别等信息;车辆又可以提取出车身颜色、车辆品牌、车身颜色等信息,可谓是物尽其用,将这些信息全部提取,便出现了 AI 技术的第二大技术——视频结构化。通过将结构化数据进行大数据碰撞,可以衍生出技战法等更加高级的应用,将其应用在城市治理、交通疏导等领域都有着极其重要的价值。视频结构化出现后,AIoT 在安防行业的应用可以说是跨入了另一个时代。因为 AIoT 系统能产生多大的价值,很大程度上取决于数据量的大小。在一些细分行业还存在着一些其他的需求,例如在教育行业或金融行业,人们会对行为分析有需求。通过分析学生的课堂表现可以得知教师授课的吸引力,通过分析银行柜员的精神状态可以得知其对客户的服务态度。诸如此类的一系列应用正在引领 AIoT 走向新的时代。

(二)AIoT 芯片技术历程

算法技术的发展也催生了 AIoT 芯片的演变。早期的智能算法大多基于 GPU 方案或 FPGA 方案进行开发,虽然算法的准确率也能得到保障,但相对于安防系统来说,这是一套独立的系统。安防设备的核心业务是视频编码,其核心组件也是视频编解码芯片。而人脸识别属于图像处理,相当于同一安防设备中要同时存在编解码和图形处理两套系统。这样一来,不但成本无法控制,两套系统之间的通信也会增加开发的技术难度和工作量。若要促成 AIoT 的普及,就势必会催生出新一代的实现方案,使成本和价格达到民用标准,让普通人也有能力可以购买使用。于是,自带算力的 AI 芯片应运而生。以海思等传统安防芯片提供商为主,他们的产品线也经历了从普通到 AI 的转型。从最初的普通编解码芯片,到自身携带算力,可以在编解码同时分析图像数据的 AIoT 芯片产品正在经历着跨时代的转变。从当前的市场趋势来看,普通芯片产品所占份额会越来越少,而使用 AIoT 芯片的产品将会逐步吞并市场。为了满足逐步多样化的算法需求,AIoT 芯片的算力也在不断提升,目前摄像机的单芯片算力已经可以达到 4T,能够满足绝大多数的识别算法。

从产品角度来看,AIoT 技术经历了三个版本。V1.0 版本是通过前端摄像机进行视频采集,传输到后端服务器或硬盘录像机进行智能分析,从而得出结果。V2.0 版本则是通过前端摄像机进行初步的图像处理,即抓拍人脸图片,再将图片流传输给后端服务器或硬盘录像机进行分析。V3.0 是前端摄像机本身就可以进行人脸抓拍、图片截取,并在本地进行分析,将识别结果传给后端管理平台进行业务使用。这也恰恰体现出了从 AI 到 AIoT 进程的演变过程。这三个阶段与成本息息相关,也与 AIoT 芯片的发展密不可分。早期的识别算法比较占用资源,需要很高规格的硬件去运算,因此大多放在后端处理,整套系统的造价成本也比较高。到后来,为了分担后端算力的压力,部分算法开始前置,前端可以进行初步图像处理,这就意味着前端也需要一定的算力,此时智能芯片的需求呼之欲出。终于,第一批前端智能产品开始出现,整体的成本相比于原来有了些许下降,但对于中小型项目来说还是过高。再到后来,自带算力的视频编解码芯片面世,伴随着算法的优化,前端已经可以自行得出分析结论,后端只需管理利用即可。这样整套系统无论是算力成本还是存储成本都有了大幅下降,使这一技术真正做到普及。由此可见,需求催生市场,市场催生崭新的产品形态。

(三) AIoT 在安防中的典型应用

1. 赋能智能家居

作为典型的安防场景,智能家居同时也是物联网最大的细分市场。IDC 最新报告指出,预计到 2023 年,智能家居将成为物联网支出最高的领域。同时伴随着人工智能技术的广泛应用,在消费科技场景中,AI 技术、语音助手与 IoT 平台形成的智能生态体系将日益完善,为家庭生活注入变革,智能家居正在加速普及。

智能家居是通过各种感知技术接收探测信号并予以判断后,给出指令让家庭中各种与信息相关的通信设备、家用电器、家庭安防、照明等装置做出相应的动作,以便更加有效地服务用户且减少用户劳务量。在此基础上,综合利用计算机、网络通信、家电控制等技术,将家庭智能控制、信息交流及消费服务等家居生活有效地结合起来,保持这些家庭设施与住宅环境的和谐与协调,并创造出高效、舒适、安全、便捷的个性化家居生活。目前,我国智能家居设备行业的主要企业包括阿里巴巴、小米科技、华为、美的集团、海尔智家、欧瑞博和绿米联创等等。

2. 物信融合更加透彻

随着新基建的加快推进,5G 技术、云计算、人工智能、大数据、新一代地理信息系统等一系列关键技术将在实际应用中快速融合落地,这将打破传统智能的桎梏。除了电脑、智能手机、智能摄像头外,更多多样化的智能终端将得到规模化的部署和应用,如智能机器人、智能电表、智能井盖、智能模组等。视频图像数据、物联网感知数据、信息网业务数据横跨多网络、纵向多层汇聚的物信融合大数据平台必将实现"人""地""物""场""网"等多维度数据融合应用,形成覆盖全面、信息多维、来源广泛的物信融合大数据,为安防用户提供基于全域的人、车、场所多维数据分析应用。

3. 多技术协同智能分析

随着深度学习、机器视觉等技术的发展,除了典型的人脸识别技术应用,近年来非人脸识别的技术应用和需求越来越得到关注,基于 ReID 的人体特征识别,基于 3D 结构光、ToF

的物体特征识别技术,基于声纹的声音识别技术,基于姿态分析的步态识别技术等越来越成熟,受到了市场的广泛关注。这些技术的逐步成熟将丰富视频图像数据种类,助推安防行业智能分析中人员身份置信可靠性,产生更多的视图大数据共享和应用模式,推动 AIoT 在安防行业中进一步的深度应用。

4. 云边协同创新智慧安防

面对爆发性增长的多源异构数据,云边协同将是驾驭数据洪流的关键技术,也是 AIoT 未来发展的重要趋势。随着 AI 技术如火如荼地发展,需要通过物联网网关实现边缘端海量数据快速有效的提取和分析,这将大量减轻云端的计算压力,减少数据分析时延,同时,边缘计算数据通过在中心云端统一汇聚和大数据分析挖掘,沉淀为高价值的大数据知识体系,为各业务系统赋能。未来 AI 技术、云边协同技术和物联网将更加密切地进行融合发展,尤其在安防行业领域。

第二节　5G 技术在安防行业的应用

2019 年,三大运营商公布 5G 商用套餐,各大移动终端厂商陆续发布 5G 终端,逐步迈入 5G 时代。提到 5G,人们的第一印象都是用于手机的移动通信,因为这是可以直观感受到的 5G 技术带来的生活舒适度的提高。然而 5G 技术不止面向手机通信这一领域,在智慧医疗、无人驾驶、安防行业等领域都能看到 5G 技术带来的改变。安防行业作为一个数据量庞大的行业,以视频数据作为基础,可以提取出大量的有效信息用于数据分析。传统的安防行业受限于现有传输网络架构,只能基于现有网络布局做部署,且全部通过硬线连接完成通信。虽然 4G 网络的出现让安防行业有了部分新面貌,出现了大量无线传输的产品,但由于其速率、延时、稳定性等因素不能满足安防行业的需求,所以没有形成大规模的安防系统,只是民用偏多。5G 技术的出现解决了传统的技术难题,可以预期,这一技术将会为安防行业带来巨大的变革。

一、5G 的技术优势

(一) 什么是 5G 网络

第五代移动通信技术(简称 5G 或 5G 技术)是最新一代蜂窝移动通信技术,也是 4G、3G 和 2G 技术之后的延伸。5G 的性能目标主要是高数据速率、减少延迟、节省能源、降低成本、提高系统容量和大规模设备连接。5G 的这些新特性有效地解决了 4G 网络时代在速率、时延上无法满足人们对高清视频、全景直播、沉浸式游戏业务的极致体验。同时,随着我国物联网、人工智能、智慧城市、雪亮工程的快速发展和战略工程落地,多元化的应用场景、海量设备的连接、多维数据的汇聚对 4G 网络的速率、时延、连接密度等方面都带来了巨大挑战。5G 应运而生,作为通用目的技术,5G 将全面构筑经济社会数字化转型的关键基础设施,推动我国数字经济发展迈上新台阶。

5G 移动网络与早期的 2G、3G、4G 移动网络一样,也是数字蜂窝网络,它的性能目标是高数据速率、减少延迟、节省能源、降低成本、提高系统容量和大规模设备连接。5G网络中,供应商覆盖的服务区域被划分为许多被称为蜂窝的小地理区域,表示声音和图像的模拟信号在手机中被数字化,由模数转换器转换并作为比特流传输。蜂窝中的所有5G无线设备通过无线电波与蜂窝中的本地天线阵和低功率自动收发器(发射机和接收机)进行通信。5G网络的数据传输速率远远高于以前的4G网络,最高可达10 Gb/s,比当前的有线互联网还要快,比先前的4G蜂窝网络快100倍。另一个优点是较低的网络延迟,可低于1毫秒,而4G为30~70ms。由于数据传输更快,5G网络供应商不仅仅为手机通信提供服务,而且为家庭和办公网络提供服务,与有线网络供应商形成竞争。

(二) 与传统无线网络的区别

在传统网络架构中,有线网络由于其传输距离长、速率稳定、带宽较高等因素,一直是网络市场的主流。与有线网络配合出现的是WIFI技术,它将有线网络无线化,极大地提高了生活办公的效率,甚至影响了市场终端设备的发展方向。如今的PC等设备均已取消了传统的以太网接口,转而通过无线方式传输,在局域网络通信领域实现了真正的无线办公。唯一受限制点就是搭建局域无线网络的终端设备需要用户自己准备,且需要有有线网络的基础,而有线网络的建设取决于网络运营商的网络布局,涉及土木类施工,建设成本较高。

5G网络与之不同,其基础设施建设均由运营商完成,用户只需要使用5G移动终端,并支付一定的租金即可使用,一定程度上实现了网络的"云"化。对于一些需要快速组网,且对网络环境要求较高的场景来说,这是唯一的选择。例如在政法领域的远程提讯、远程办案,在公安领域中的重大活动临时布控、临时保障等等,都体现出5G网络的强大优势。

5G技术的发展将广泛应用于不同的行业领域。在4G时代下,安防行业的各种应用场景中的视频监控、智能可视门禁、警用终端、执法记录仪等安防产品取得了突破成就。随着安防智能化浪潮的兴起,5G时代将面向更多、更大规模用户的音频、视频、图像等业务急剧增长,5G技术与AI、大数据、云计算、区块链各种新型技术的融合应用会衍生出新的交互模式和场景,可广泛应用于智慧城市、智慧公安、智慧社区等需求领域。

二、5G给安防产业带来的变革与影响

5G技术将极大地拉动各下游产业的增长,5G与4G、3G、2G不同的是,5G并不是独立的、全新的无线接入技术,而是现有无线接入技术的演进,以及一些新增的补充性无线接入技术集成后解决方案的总称。相较于4G来说,5G的断代式特点表现在速率以及多种技术升级等方面。中国信通院《5G经济社会影响白皮书》预测,2030年各下游行业5G设备支出将超过5 200亿元,5G带动的直接产出和间接产出将分别达到6.3万亿和10.6万亿元。

5G就是为物联网而生,5G更能为AI的边缘计算算力提供大数据、高带宽、低延时的网络通信传输方案,落地到物联网上能够为智慧社区提供强大赋能。一直以来,受限于视频信号数据量大、带宽资源有限、实时性要求高等问题,4G对安防行业的推动作用并不是很明显。而5G改变的不仅是速度,更是实现了万物的互通互联。5G除了个人通信,还将加速目前的车联网、物联网、智慧城市、无人机网络等项目的落地。

(一)安防行业数据的特点

安防行业经历了由模拟时代到数字时代再到 AI 时代的过程,其产生的数据类型也经历了最初的模拟视频流到数字化视频流再到结构化数据。在模拟时代,由于技术限制,只能通过同轴电缆传输数据,但此时人们对视频的要求并不高,需求也不是很强烈,只是"看得见"即可。随着数字时代的来临,所有的数据都要转化为数字信号传输,视频监控也不例外,此时虽然视频质量得到了质的飞越,但传输的内容也只是视频,即"看得清"时代。再到后来,人们开始挖掘视频数据中隐含的信息,例如其中的人脸、人体属性等数据,希望能够"看得懂"视频,网络中传输的数据也由纯视频变成了"视频+结构化数据"。

从数据本身出发,视频数据多为连续成块数据,其对网络带宽要求较高。一些需要实时观看的场景对延时的要求也是异常严格。要知道,一路 1080P 信号用 H.265 编码方式进行压缩需要 2 Mb/s 的带宽,即使使用各个安防厂商的独有压缩算法,例如天地伟业 S+265 技术,也只能将其压缩至 1 Mb/s。与之相对应的,普通居民区的网络带宽多为百兆网络,在实际使用的时候分到每一个住户上能有 10 Mb/s 的下行速度已是极高,所以即使使用有线以太网,最多也只能同时传输不到 10 路视频信号,更不用说 4G 网络了,而且这里面还有一个隐藏的问题点就是网络流量成本。每秒 1 Mb 的传输速度意味着每天需要 10 GB 的流量数据,对于普通用户来说根本无法支付这么高昂的费用。此外,对于结构化数据,其特点是零散无规律,通常多为不连续的碎文件,这对网络稳定性的要求非常之高。结构化对带宽要求不高,但是不能有丢失,且对延时也有一定的要求,这也是传统 4G 网络无法达到的领域。民用领域尚且如此,更何况智慧城市这种大规模的安防系统,4G 更是无法满足其应用需求。所以 5G 网络在与安防真正结合之前必须解决技术和成本两大问题。而这两点随着 5G 网络的带宽资源大大提升,都会得到解决。

(二)5G 技术对安防领域的变革与影响

5G 时代的到来对于安防行业可以说是推动了安防行业的一次质变。首当其冲的是视频监控领域。5G 网络正式商用后,视频监控设备将进一步走进 8K 分辨率时代,这意味着清晰度更高的画面与更丰富的视频细节,这使得视频监控分析价值更高,市场机会更多。而从视频数据传输方面来看,5G 技术可以提升超高清监控视频资源的传输速度以及后端的智能数据处理能力,减少网络传输和多级转发带来的延迟损耗,视频监控将不再局限于固定网络。

在众多充满期待的应用场景中,以视频监控图像应用为核心的智能安防可能成为 5G 应用爆发的重要场景。从整个安防产业的角度来看,安防主要包括智能监控系统、防盗报警系统、智能门禁系统、红外周界报警系统、电子围栏系统、智能门锁等,这其中,视频监控在整个安防市场占据了半壁江山,占比达 49%。从体量上来看,视频监控是整个安防领域主要的一个组成部分。此外,由于视频监控系统涉及整个监控过程中的数据采集、传输、存储以及最终的控制以及显示,是整个安防系统的基础支撑,很多子系统都需要通过与其相结合才能发挥出自身的功能。

5G 技术作为下一代通信技术,首先保障的是通信传输的问题。而在整个智能安防环节中,以视频监控为主的监控系统环节涵盖了整个安防产业当中主要的数据传输环节,同时也是整个安防领域市场份额核心的一个环节,所以伴随着 5G 技术不断的深入融合到整个安防产业当中,先受到影响并被变革的一个领域必然是视频监控。一方面,区别于 4G 通信条件下监控视频传输速率低、画质效果差等问题,未来 5G 技术传输峰值超过 10 Gb/s 的高速传输速率将有效改善现有视频监控中存在的反应迟钝、监控效果差等问题,能够以更快的速度提供更加高清的监控数据。另一方面,5G 所具备的多连接的特性也更能促成安防监控范围的进一步扩大,获取更多维的监控数据,这将为智能安防云端决策中心提供更周全、更多维度的参考数据,有利于决策中心进一步分析判断并做出更有效的安全防范措施。伴随着 5G 的到来,视频监控整个系统将从前端设备、后端处理中心以及显示设备等各个领域发生变革。

(三) 5G 技术与智能安防应用

5G 的落地也将加速智能安防产业向商用、民用端全面渗透,例如智慧城市项目。智慧城市作为 5G 技术与智慧安防结合的典型应用场景将得到极大发展。届时,数据采集、分析速度达到微秒级别,从而打破困扰智慧城市项目的“信息孤岛”局面,使得万物互联得以真正实现。

5G 与安防行业具有天然的适应性,除了带来数据传输速率的提升与产品升级以外,更为物联网、云计算和大数据、人工智能等技术带来新变革,促进安防业务的开放与创新,促进安防与其他信息化系统的融合。这将深度改造整个安防产业链,推动行业迈入智能物联时代。

安防行业中,厂商已经开始着手布局 5G 产业。例如,海康威视与大华股份携手阿里巴巴、诺基亚贝尔等产业链合作伙伴共同成立了浙江 5G 产业联盟,共同探讨 5G 及物联网未来合作,构建合作共赢的 5G 生态圈。此外,大型赛事机器人安防巡检、智慧医疗远程急救、无人驾驶专用车船等各项应用也正在积极对接孵化中。由 5G 技术驱动的全球行业应用销售额将超过 12 万亿元,在 2020 至 2035 年期间,全球 5G 产业链投资金额预计将达约 3.5 万亿美元,中国市场约占 30%。

5G 让 AI 无处不在,任正非在接受美联社采访时曾表示,5G 只是一个工具,是将来支撑人工智能存在的工具。5G 具有增强移动宽带、高可靠低时延和广覆盖大连接的优势,使得 AI 能与物联网融为一体。5G 可以将物联网产生的海量数据上传到云端用于 AI 的学习与训练,AI 运算结果也会通过无处不在的 5G 网络作用于千行百业。中国移动研究院首席科学家冯俊兰认为,AI 和 5G 近 80% 的典型应用是重叠的,5G 能够支撑 AI 应用的大规模落地。总而言之,在 5G 高速、泛在的支持下,5G 与 AI 的碰撞并非只是昙花一现,而是会不断引发行业变革。

三、5G 与 AIoT 技术对安防产业发展的深远影响

5G + AIoT 是下一代超级互联网。伴随 5G 浪潮,一个新的行业共识是 AIoT 将成为未来二十年全球最重要的科技。AIoT 的英文全称是 Artificial Intelligence & Internet of Things,代表 AI 和 IoT 的结合,意思是人工智能技术与物联网在实际应用中的落地融合,是物物相连的互联网,既能实现物与物之间的信息交换,又能实现物与人之间的信息交流。

5G、AI 等新兴技术在 2019 年爆发,国内科技创业公司一片欣欣向荣,例如商汤科技、旷视科技、极链科技、依图科技等公司都在各自垂直领域深耕发芽,自动驾驶、城市大脑、AI 养老、医疗影像等越来越多的应用场景从"神坛"进入人们的生活。

5G 具有高速率、大容量、低时延的特性,为万物互联的 IoT 带来更高效的信息传输通道,在智能家居、车联网、无人驾驶、智慧城市、智慧医疗、智慧农村等领域都有广阔的前景。而 AI 技术的加持则为 IoT 提供更智慧的信息收集入口,以及更丰富的应用场景。通过 AI 能够将一个比较孤立的设备拉入场景化,可大大提升 IoT 的响应空间。在 AI 的加持下,城市将拥有"智慧大脑",最大化助力城市管理。5G＋AIoT 时代的智慧城市将高度智能化、自动化,各种服务可以根据使用者的喜好个性化定制,同时在出行等很多方面的协同化程度更高。AIoT 依托智能传感器、通信模组、数据处理平台等,以云平台、智能硬件和移动应用等为核心产品,将庞杂的城市管理系统降维成多个垂直模块,为人与城市基础设施、城市服务管理等建立起紧密联系。5G 网络将为智能城市的电网、动力、交通、安防等方面提供直接的处理计划,更好地帮助城市运转从感知到执行的全过程,为城市提供更安全和有韧性的保护。对于遍布城市各地的监控设备而言,5G 技术可以更快地传输更多超清监控数据,智能监控数据读取及共享能力将极大加强。

5G 与 AI 的结合将点燃智能家居市场的新一轮竞赛。智能家居不再局限于目前的单一设备智能化,而是逐渐过渡到设备之间互联,用网络连接万物,而 AIoT 则是在此基础上利用 AI 和大数据,集成全屋家电主动提供智能解决方案,实现真正意义上的万物互联。

智能家居系统实现对各个设备的控制管理,实际上是通过信息的传输和连接实现的,目前所有的智能家居设备都在低功率下运行,并且通过不同的方式相互交换信息,这样一来就增加了设备传输间的延时问题,直接影响了整个智能家居生活的体验。而 5G 网络每秒传输速度达 10 Gb,将有助于信息的检测和管理,使得整个系统更为稳定,传输速率更快。这样一来,智能设备之间的"感知"将更精确更迅速,有利于提高整个智能家居控制系统的智慧化程度。

5G 是万物互联的基石,AI 是实现万物智能的工具。而 5G＋AIoT 最有突破性、穿透力、经济效益的场景是以人为核心的城市级 AI 摄像机传感网络。基于人工智能技术提供智能水平高、算力高的智能终端设备采集数据,并通过 5G 等技术将数据传输到云端,云端包含有人脸识别、人体、行为识别、车辆等丰富的算法,继而为城市大脑、智慧安防、智慧交通、智慧社区等领域提供应用。比如在智慧社区领域,IoT 设备的低功耗与 5G 网络的大连接特点融合在一起,家用的电器设备以及水电煤等传感器可以通过 5G 直接进入互联网进行数据传输,这样可以在智慧社区云端通过对这些数据的分析来保障社区类关怀人群的起居生活。

5G 技术的快速发展会对 AI＋安防行业带来巨大的影响和变化。就目前而言,无论是使用视频流的人脸识别,还是通过抓拍机的人脸识别技术,都需要大量的带宽投入,这些带宽投入在整个安防建设当中,后期费用很高。另一方面,由于线路需要供电以及网络接入的限制,也限制了大量摄像头的部署推进。5G 天生支持超大规模的设备接入,就安防行业而言可以支持更多的相机等 IoT 设备接入。

四、5G 与 AIoT 趋势下安防产业发展的安全问题

5G、AIoT 的发展依然面临着算力、算法、平台兼容性、安全性等挑战。比如在算力方面，普通计算机的计算能力有限，利用其训练一个模型往往需要数周至数月的时间。密集和频繁地使用高速计算资源面临成本挑战。在算法方面，AI 的训练所需时间是非常长的，目前仅训练一些简单的识别尚需数周时间，面对未来丰富的应用场景，有必要在算法层面予以增强。并且基础算法非常复杂，应用的企业开发者能力不足。在平台兼容性方面，物联网本身产品碎片化，而各 AI 公司生态之间又缺乏协同，本地算力、网络连接能力、平台间的不兼容，使得要大规模地把框架里的算法部署到数量众多的物联网设备变得问题重重。在安全性方面，人工智能决策的正确性受 IoT 数据的精确度影响，AI 的分析结果还缺乏可解释性。AIoT 还存在被攻击而成为僵尸物联网的风险，AIoT 目前仅是起步阶段，有很大的发展空间，也面临重大挑战。未来 AIoT 的发展仍然需要推动标准化，也需要企业间合作提升兼容性，还需要威胁情报共享，增强安全保障能力。

（一）安全问题是 5G 面临的一个重要挑战

5G 采用的是通用硬件平台，这就带来了网络安全可靠性低的问题。5G 网络可提供对海量用户访问的支持，服务器端将接收到来自海量用户的安全认证需求，由海量用户加密方法、加密服务器性能、人工智能病毒攻击等所带来的网络安全问题随之而来。过去移动通信协议是专用的，不易招致外部的病毒和木马等攻击，但是 5G 的协议全面互联网化后被外部攻击的可能性明显增加。与现有相对封闭的移动通信系统相比，业务能力开放的平台使第三方可通过获得的网络操控能力对网络发起攻击，增加安全监管责任主体的划分难度和业务数据泄露的风险。网络切片能够很好地满足各类应用场景对于网络能力的特定需求，同时也给网络构建带来了一定的挑战。以业务切片的安全为例，需要考虑以下安全需求：切片授权与接入控制、切片间的资源冲突、切片间的安全隔离、切片用户的隐私保护、以切片方式隔离故障网元。传统的互联网没有控制面，仅有用户面，很多网络功能由管理面来支撑，即网管系统由人工配置。现在 5G 引入的 SDN/NFV 和网络切片需要利用控制面信令来动态配置，网络 OS 不仅要完成传统 OSS 功能，还要控制网元功能的变换和业务切片的管理，业务信道编排的计算量很大而且相应时间要求很严。

（二）安全认证机制是 5G 网络的防御重点

5G 网络具有对外开放业务的能力，需要对开放门户认证管理。同时，还需对来自第三方的 APP 实施安全认证。覆盖增强技术由密集异构组网构成，通过缩小覆盖半径，以频谱资源的空间复用提高频谱效率，从而提高 5G 覆盖度。在 5G 超密集异构网络中，利用宏站和低功率小型基站进行覆盖，通过增加站点密度减少节点间的距离，让网络节点距离终端更近，使频谱效率及系统容量大幅提升。采用毫米波通信能够有效缓解频谱资源紧缺问题，也可提升通信容量，毫米波具有波束集中、波束窄、能效高、方向性好等特点，具有很强的抗干扰能力。通过 MIMO 天线技术，在接收端及发送端使用多个天线进行接收和发送，大规模增加天线数量，在不增加频谱资源或总功率耗损的条件下提高信道容量、吞吐量及传送距离，从而改善通信质量。同时，利用 OFDM 新型传输波形，可使频谱利用率提升近

1 倍。而 NOMA 非正交多址接入技术则把功率域由传统的单用户改为多用户共享,并把无线接入能量提升 50%,从而满足每个用户不同的路径损耗,实现高效复用。可见光通信是物联网、移动通信等领域的新型技术,除具有高速率、宽频谱、低成本等特点外,还具有极强的保密性,在未来的 5G 通信中必将占有重要地位。

5G 具有三大特性,其中大连接特性带来的安全挑战更为突出。物联网终端数量多,且永远在线,易被劫持,数据易被窃取,或被木马入侵,成为 DDoS 攻击的跳板。如果每个设备的每条消息都需要单独认证,终端信令请求可能超过网络处理能力,会触发信令风暴。5G 物联网需要有群组认证机制,需要采用轻量化的安全机制,简单但不失强度的加密协议,保证物联网在安全方面不增加过多的能量消耗,也不致时延太大。与面向消费者的应用相比,面向企业的应用一旦发生信息安全事件,其影响更严重。

5G 可以用在企业外网或企业内网,后者又分为基于 5G 公网与 5G 专网两种。公网是针对人的应用,TDD 的下行较上行时隙多,而物联网则相反,因此用 5G 专网作为企业内网更合适,而且内网安全性优于外网。不论 5G 是作为企业外网还是内网,即便是 5G 专网,其安全防护都要特别重视。5G 实现了计算和通信的融合,基于大数据和人工智能的网络运维,减少了人为的差错,智能化的监控有利于提高网络的安全防御水平。原来运营商的协议是专用的,运营商的能力是封闭的,现在将其开放就容易产生网络安全问题。因而,如果将 4G 的安全能力再次沿用到 5G 上,那么 5G 网络将不再安全。因而需要提升 5G 的安全能力。

五、5G 与 AIoT 趋势下安防产业发展与未来

(一) 发展前景

5G 天然就是为 IoT 而生的,AI 的发展也呈现出边缘计算、终端化的趋势,IoT 成为 AI 的能力承载形式,而 5G 实现了 AI 和 IoT 的高带宽、大数据、低延时,解锁了很多未来安防产业发展的应用场景。

1. 速度场景:5G 将比 4G 快 10 到 100 倍,更快的速度也将提升网络的容量,可以容纳更多的用户在同一时间登录网络。

2. 全景视频场景:移动端也能实现。不少人一定会被体育馆内的巨屏所吸引,但如果你能在游戏或者智能手机中获得同样的实时画面呢? 你甚至可以切换镜头,即时重播,高分辨的 4K 视频会让你耳目一新。

3. 自动驾驶汽车场景:$1km^2$ 内可同时有 100 万个网络连接,4G 网络时代,端到端时延的极限是 50ms 左右,还很难实现远程实时控制,但如果在 5G 时代,端到端的时延只需要 1ms,足以满足智能交通乃至无人驾驶的要求;现在的 4G 网络并不支持这样海量的设备同时连接网络,它只支持数量不多的手机接入。而在 5G 时代,$1km^2$ 内甚至可以同时有 100 万个网络连接,它们大多都是各种设备,获知道路环境、提供行车信息、分析实时数据、智能预测路况……通过它们,驾驶员可以不受天气影响,真正 360 度无死角地了解自己与周边的车辆状况,遇到危险也可以提前预警,甚至实现无人驾驶。

4. 互联网机器人场景:实时反馈医生指令,对医生而言,机器人在手术方面将大有可

为。但是它们需要对医生发出的指令作出实时反馈。在执行复杂的命令时，正在工作的机器人更需要与医生实现无缝"沟通"。

5. 虚拟现实场景：各种体感需要极速网络传输。当戴上 VR 头盔后，便可进入一个虚拟世界。在这个世界，参与者可以与他人进行互动。有了 5G，用户之间的相互协作将迎来新的时代。相同物理位置的两人将可以实现相互合作，各种体感功能需要极速网络传输才能加强虚拟现实，网络天生就是管道。

此外，5G 时代还将给移动监控带来显著的应用优势。首先网络带宽将会进一步加大。4G 网络有一个明显的缺陷，一旦在人员密集聚集的场景，上网速度就会变得很慢，这是因为 4G 网络现有的带宽容量不足以支撑大量用户同时上网的并发量，而 5G 的到来将很好地解决带宽受限的问题。尤其在大型突发性事件现场的移动监控应用，5G 所带来的用户体验更好。其次是 5G 将进一步提升移动网络的稳定性，保障视频画面质量。移动监控因为多应用在移动执法办公的场景当中，比如车载执法监控、执法记录仪、移动警务终端或者无人机，而在移动场景下，视频在传输的过程中波动性就会比较明显，导致视频画面出现卡顿、马赛克等图像质量问题。而 5G 也将进一步改善这个问题，提供更稳定的移动网络，保障视频传输过程中图像质量的稳定性。

（二）发展趋势

5G 时代的到来，其本身最明显的发展方向就是进一步推进万物互联应用场景的形成，现在的物联网拓展的还主要是 RFID 近场通信的应用领域，随着 5G 技术的应用，带宽以及网络传输稳定性等方面逐渐强化，围绕着物联网的应用，5G 将助力更远距离传输的物联网应用场景的开发和崛起。在这样的技术趋势背景之下，可以想象，5G 所拥有的更卓越的无线网络性能优势，将助推移动监控走向更多元化的应用场景，激发移动监控更深层次的应用价值。

从当前阶段市场需求以及产业的技术发展情况来看，可以预估接下来的移动监控将迎来多个方面的升级与变革，包括产品形态和技术应用趋势。

首先是智能化。目前移动监控一系列产品都在往终端智能化的方向演进，包括移动警务终端、执法记录仪、4G 布控球、车载执法监控系统等，这主要得益于 AI 技术在终端设备的赋能和应用。

其次是小型化、便携化。移动监控相对于固定监控的首要优势在于其使用方便，可实现灵活部署。目前对于移动监控终端设备而言，更轻量化的产品形态将是其便携优势的进一步凸显。

第三是防抖应用。在目前的实际应用场景当中，移动监控如单兵设备、警务终端或执法记录仪等，通常是被执法人员随身携带，在执法人员现场执法记录的过程中，随着人员的身体运动，移动监控的画面很容易受到抖动影响。车载执法监控设备也会随着车辆运行而抖动，车载云台摄像机、光学变焦的应用环节，轻微的抖动都会极大地影响画面的稳定性，即使是无人机也要充分考虑因风力的影响造成的画面抖动问题。因此，对于移动监控的场景而言，防抖成为移动监控的重要课题。随着技术的发展，在人工智能的加持下，移动抓拍设备将会让城市交通变得更加"明亮"，对各类违法行为的抓拍也将从手动抓拍逐步向智能抓拍迭代。随着 5G 时代的到来,移动抓拍必会实现将视频、车辆、人员数据向云端传输、处理、解析,并结合业务进行比对、预警、布控、查处。同时网络化、智能化车载主机的部署为车路协同系统提供了硬件支撑,有望成为城市交通管理的治安良药。

第三节　SVAC 标准赋能智慧安防

"SVAC"标准是国家标准 GB/T 25724—2017《公共安全视频监控数字视音频编解码技术要求》(英文名称 Technical Specification of Surveillance Video and Audio Coding)的简称。该标准由公安部、工信部、国标委、科技部和发改委共同主导推行,是具有我国自主知识产权的音视频编解码标准,真正意义上实现了自主可控。标准主管部门为中华人民共和国公安部,标准归口单位为全国安全防范报警系统标准化技术委员会(SAC/TC100)。

一、SVAC 标准概述

全国视频监控系统和监控报警平台的建设,对公安机关维护国家安全和社会政治稳定,增强处置突发事件能力,促进公安机关的执法水平及快速破案起了积极作用。在 SVAC 标准研制前,国内外都没有专门针对安防视频监控应用的视音频编解码标准,大家采用的标准是针对广播电视应用的,不具有安全防范监控领域应用的技术特点,如视音频绝对时间嵌入、ROI 功能、安全及监控专用信息携带等等。因此,尽快制定符合安防视频监控特殊应用需求的视音频编解码标准,对视频监控联网、智能、安全应用以及建设统一高效的社会治安综合防控体系具有重要意义。此外,国家标准的研制也有助于摆脱国外相关标准的技术壁垒,在安防领域实施我国具有自主知识产权的技术标准,有利于我国视频监控市场的良性健康发展。

GB/T 25724—2017《公共安全视频监控数字视音频编解码技术要求》是在 2010 年版本的基础上逐步完善而推出的 SVAC 标准 2.0 版本,在数据安全方面有更大的保障,图像编码效率进一步提高,与 H.265 相当,信息安全措施也更严谨,同时 SVAC2.0 在数字信号处理算法、运行效率、稳定性等方面更加成熟。SVAC2.0 较 SVAC1.0 在视频编解码通用技术、安防监控特定需求的特定技术、视频监控安全、智能信息处理等方面都进行了技术创新,大大提高了压缩性能,增强了监控特定功能。

(一)制修订历程

2007 年 3 月,为解决针对广播电视应用发展起来的媒体编解码技术不能满足监控应用的特殊需求难题,公安部第一研究所和 SAC/TC100 梳理分析了市场需求和技术发展趋势,提出了编制安全防范监控数字视音频编解码技术标准。11 月,原公安部科技局和原信息产业部科技司共同明确了安全防范监控数字视音频编解码标准归口于 SAC/TC100,由两部委联合领导制定。2008 年,原公安部科技局、工业和信息化部科技司共同下达任务书,成立了 SVAC 标准联合工作组。此后,由公安部第一研究所、北京中星微公司牵头带领 40 余家科研机构、大学和企业的技术专家,经过艰苦攻关,于 2010 年完成了 SVAC 标准的编制。

2010 年 12 月,SVAC1.0 批准发布,2011 年 5 月 1 日起正式实施。

随着新技术、新算法的快速发展,用户需求的提升以及标准的推广实施,SVAC1.0 在压缩性能、数据安全保护等方面亟须补充和完善。为此,SAC/TC100 通过公安部科技信息化局向国家标准委提出了 SVAC 标准的修订计划,并经批准列入 2015 年国家标准制修订项目计划,立项名称为"安全防范监控数字视音频编解码技术要求"。2015 年,公安部第一研究所和北京中星微电子有限公司再次牵头,联合多家科研机构、大学和企业的技术专家共同开展 SVAC 标准的修订工作。经过 3 年时间,SVAC 标准修订工作组在 SVAC1.0 的基础上,在参编成员单位 50 多位技术人员的共同努力下,完成了 SVAC2.0 技术内容的修订工作,形成了 304 页 27 万字的标准报批稿,并将标准名称变更为《公共安全视频监控数字视音频编解码技术要求》。2017 年 3 月,SVAC2.0 批准发布,同年 6 月 1 日起正式实施。SVAC2.0 吸收了近年来不断发展起来的新技术和新算法,提升了压缩性能近一倍,完善和细化了 SVAC 标准所独有的视频监控信息携带和安全标识等专用功能,更加适用于公共安全领域监控视频的高效编码、智能分析和安全使用。

(二) SVAC2.0 技术特点

SVAC2.0 是在 SVAC1.0 的基础上逐步完善而推出的标准,规定了公共安全视频监控建设联网应用中数字视音频编码、解码过程的技术要求,包括视音频编解码通用技术内容以及满足公共安全视频监控特定需求的特定技术内容。适用于公共安全领域视频监控应用的视音频实时压缩、传输、播放和存储等业务,其他需要视音频编解码的领域也可参考采用。

SVAC2.0 的技术创新主要体现在规定监控专用信息携带的方式及具体内容、规定数据安全保护的技术实现细节、采用多种技术(如多参考帧、并行处理、ROI、空域 SVC、时域 SVC 等)提升压缩性能和编码效率等方面。在同等质量下,SVAC2.0 压缩性能较 SVAC1.0 提高约一倍,能更好地满足公共安全视频监控应用的需要。根据中国软件评测中心的测试评价,SVAC2.0 对于高清及超高清视频图像的压缩性能优于国外先进的 H.265 标准,符合我国公共安全视频监控的发展趋势。

SVAC 标准具有支持数据安全保护、支持视频智能分析专用信息等八大技术特点:

1. 支持高精度视频数据编码,适应宽动态范围,包括更多的图像细节,满足忠实于场景的要求,视频支持 8 比特~12 比特数据;

2. 支持多样化的帧内及帧间预测、变换量化、二进制算数编码等技术,获得更好的图像质量和更高的编码效率;

3. 支持感兴趣区域(ROI)变质量编码,在传输网络带宽或数据存储空间有限的情况下,优先保证 ROI 图像质量,节省非 ROI 的开销,提供更符合监控需要的高质量视频解码,提高监控系统整体性能;

4. 支持可伸缩性视频解码(SVC),对视频数据分层次编码,满足不同传输网络带宽和数据存储环境的需求;

5. 支持代数码书激励线性预测(ACELP)和变换音频解码(TAC)切换的双核音频解码,既保证对语音信号具有较好的编码效果,也保证环境(背景)声音的解码效果;

6. 支持声音识别特征参数的编码,避免编码失真对语音识别和声纹识别的影响;

7. 支持绝对时间参考信息、智能分析信息等监控专用信息,监控专用信息通过专门语法与视音频压缩编码数据一起传输和存储,规定了常用智能分析信息的携带方式,便于快速检索、分类查询、视音频同步和监控数据的综合应用;

8. 支持数据安全保护,采用具有我国自主知识产权的国密算法,规范了密钥及数字证书相关信息的携带定义,支持视频数据加密、认证功能。

二、产业化进程及标准推广

(一) SVAC 产业化进程

SVAC 标准由于其先进性和适用性,自标准发布实施以来得到了有关行业部门、地方以及企业的大力支持并被广泛采用。2012 年,公安部向全国印发了《全国公安机关视频图像信息整合与共享工作任务书》(公科信〔2012〕11 号),明确提出在全国公安机关视频图像信息共享平台建设中,要"坚持统一标准,科学推进的原则。要遵循国家和行业标准要求,以 GB/T 28181、GB/T 25724 等标准规范为依据开展工作,实现视频图像信息跨区域、跨部门、跨警种的高效、可靠传输及共享应用"。2013 年,国家标准委、公安部、工业和信息化部等部委成立了"SVAC 国家标准推进领导小组",指导推进 SVAC 标准的应用落地。

从首次 SVAC 产品亮相至今,依托 SVAC 标准已经初步形成了涵盖芯片、模组、设备、平台、系统等完整的产业链。据统计,目前已有几十个安防行业主流厂家推出了数百种符合 SVAC 标准的产品和系统,SVAC 各形态的产品逐渐丰富,SVAC 技术人才逐渐成熟。SVAC 标准已经从试点示范应用逐步进入大力推广普及阶段。截至目前,全国众多省市采用 SVAC 标准建设和正在启动建设的项目数百个,遍布山西、河北、广东、四川、新疆、甘肃、贵州、福建、河南、北京、天津等地,涉及平安城市、智能交通、监狱、教育、商业地产、园区监控等多个行业领域,有效解决或探索应用了公共安全视频监控联网共享应用系统建设中的技术难题,取得了良好的经济效益和社会效益,SVAC 产品生态圈已逐渐建立。

SVAC2.0 的颁布实施对其产业化进程起到了巨大的推动作用,将进一步促进业内厂家开发更多更先进的符合 SVAC 标准的专用芯片、优质产品和解决方案,切实解决公共安全视频监控联网共享应用系统建设和应用中面临的技术难题。

(二) SVAC 标准推广

1. SVAC2.0 标准作为 GB 35114—2017 和 GB 37300—2018 两项国家强制标准的技术标准支撑,全面支持 GB 35114 标准 B 级和 C 级的安全能力等级;同时,GB 37300 标准要求八个重点公共区域、十三个重点行业公共区域的视频图像信息采集部位须执行SVAC2.0标准。表明 SVAC2.0 标准的技术路线和技术方案被广泛认可,具备更强劲的推广实施需求。同时行业标准 GA/T 1356—2018《国家标准 GB/T 25724—2017 符合性测试规范》为支持SVAC2.0 标准产品的标准符合性检测提供了规范依据。

2. 开放式发展。SVAC 标准工作组和 SVAC 产业联盟秉承生态开放的理念,面向SVAC 产业联盟成员免费开放了 SVAC2.0 标准参考代码和解码 SDK,联盟成员可根据代码或直接使用 SDK 开发产品。芯片研发方面,目前已有多家芯片企业开发了支持 200 万、400 万、800 万像素等不同规格的 SVAC 专用芯片,安防行业主流厂商基于 SVAC 芯片展开了产品设计研发,充分证明了 SVAC2.0 标准的技术可行性和先进性,为 SVAC 产品进一步推广奠定了良好的芯片基础。SVAC2.0 标准支持人工智能和物联网融合的技术特性,使 SVAC 产品在融合发展人工智能和物联网技术领域取得了天然优势。SVAC 产品已全面支持包括商汤、旷视、地平线、深鉴、深晶等企业在内的国内主流人工智能厂商的算法。

3. GB 35114 强制标准推动了 SVAC 标准的推广。随着 GB 35114 强制标准的执行,在 SVAC 芯片基础上,中星技术提供 SVAC 模组、算法、SDK 等,并联合多家厂商开发了数十款符合 GB 35114 标准的摄像机、解码器、平台产品。

4. 为进一步促进 SVAC2.0 标准应用,中星技术积极推动 SVAC 相关产业、产品在各地应用示范。在山西太原,中星技术完成了 SVAC1.0 标准到 SVAC2.0 标准的升级改造;在大同等地,中星技术完成了 GB 35114 信息安全系统产品的试点示范,并通过了国家相关部门的测评;在云南、四川、吉林、湖南等地,中星技术全面推广 SVAC 示范,在智能化方面取得了很好的应用效果,以上充分证明了 SVAC 产品的可靠可用性。

5. SVAC 产业联盟。2017 年底,在各会员单位的有力支持下,SVAC 联盟历时半年编制并发布了《公共安全视频监控数字视音频编解码技术发展与产业化》(即 SVAC 联盟蓝皮书),从 SVAC 技术特点、SVAC 技术成果和产品转化、SVAC 项目成功案例、SVAC 项目建设经验等方面较为全面地展示了 SVAC 联盟及会员单位的实力。为推动 SVAC 技术的产业转化,SVAC 联盟开展了相关产品、SVAC 商标等信息化管理及应用工作。

1) SVAC 集群平台建设,开展免费集群服务器使用服务,实现资源共享。为会员单位提供具有高运算能力和高运行稳定性的服务集群,解决在 SVAC 产品实验验证阶段大数据大运算量的问题,提高工作效能,促进成员单位的产品尽快推向社会应用。未来联盟将依托测试集群开展 SVAC 编码、解码、SDK 等软件的计算试验,为研发工作的顺利进行提供了技术支撑;逐步引入公安常用系统和公共安全相关标准,开展系统接口联调符合性模拟试验。SVAC 集群平台建设将为 SVAC 技术创新、成果转化、技术服务、资源整合等方面作出积极贡献,将成为提升 SVAC 技术社会认知度的重要手段和对外宣传的技术窗口。

2) SVAC 标签安全平台建设,将 SVAC 产品标签与联盟网站数据关联。SVAC 产品标签具有基本的防伪、防揭能力,以一物一码的形式发放,标签中包含的可变二维码、产品流水号与产品相对应。用户通过扫描二维码或登录联盟网站输入产品流水号、产品名称等关键字即可实现 SVAC 产品的信息查询和检索,为核验合格产品提供依据,为保障联盟权益提供法律保护。

3) SVAC 联盟发布的《SVAC 解码 SDK 管理办法》规范了 SVAC 解码 SDK 的标准接口,将有效解决不同厂家 SVAC 解码库的兼容性问题,实现不同厂家 SVAC 标准产品无缝互编互解,可有效解决前几年在推广应用中遇到的厂家互不兼容等技术问题。

联盟为了更好地做好服务,近年来先后开发了《SVAC2.0 参考代码》《SDK 解码软件》《SVAC2.0 符合性检测软件》;制定了《SVAC2.0 检测标准》《SVAC 产品受理检测、产品授权流程》《标签使用的受理过程和规范》《SVAC 解码软件开发包发布及管理办法》《知识产权管理办法》《SDK 管理办法》等文件。经过几年的努力,初步建立了围绕 SVAC 标准形成的生态圈,进一步推进 SVAC 产品、产业化的健康有序发展,服务保障体系基本完善。

三、SVAC2.0 在智能摄像机中的应用

智能摄像机是能够获取监控场景高层次描述并且对其进行实时分析的嵌入式设备。智能摄像机能够对动态场景中的目标进行实时探测、跟踪和识别、行为分析和场景理解主要依赖于摄像机内部的三个模块：传感器单元、处理器单元和通信模块。在边缘实现视频图像目标的实时探测、跟踪和识别、行为分析和场景理解，把图像解析的大量计算压力从云端均匀分担到大规模的边缘计算资源上，仅把结构化智能分析结果数据上传云端处理。

图像传感器是传感器单元的核心，多图像传感器也经常出现在嵌入式智能摄像机的设计中，用来完成立体视觉和协作跟踪等特殊功能。嵌入式处理器是智能摄像机的"大脑"，它的处理能力直接决定了智能摄像机所能支持的智能分析功能，在这部分可以对视频进行数据压缩、视频分析、数据处理等，多核结构是智能摄像机的发展方向。网络通信模块实现了远程监控，智能摄像机将经过处理后的视频数据通过网络通信模块传递出来，用户可以通过客户端或者其他点播平台观看实时画面，查看实时智能分析数据。

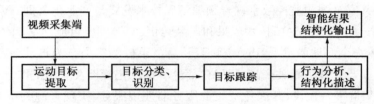

图 8-2 智能摄像机分析流程

目前智能摄像机的构成以及硬件技术已经相对稳定和成熟，要最终完成智能摄像机的监控任务和智能技术还需要软件功能的密切配合，高效的视频编解码技术以及有效的计算机视觉算法是智能摄像机的核心技术，为摄像机完成智能分析任务提供了重要的技术保障。由图 8-2 所示，从视频采集到智能结果结构化输出主要包括运动目标提取、运动目标跟踪、运动目标分类和运动目标行为分析以及结构化描述等步骤。

1. 运动目标提取。运动目标提取是智能分析的准备工作，基于此项工作摄像机可以从图像序列中将变化区域从背景区域中提取出来，运动目标的有效提取将大大减少后续过程的运算量，对于后期的目标识别和行为分析具有重要意义。目前较为主流的方法有背景减除法、时间差分法和光流法，最经典的全局光流场计算方法是 L-K(Lueas&Kanada)法和 H-S(Hom&Schunck)法。

2. 运动目标跟踪。运动目标的跟踪，即通过目标的有效表达，在图像序列中寻找与目标模板最相似候选目标区位置的过程。简单说，就是在序列图像中为目标定位。运动目标的有效表达除了对运动目标建模外，目标跟踪中常用到的目标特性表达主要包括视觉特征（图像边缘、轮廓、形状、纹理、区域）、统计特征（直方图、各种矩特征）、变换系数特征（傅立叶描绘子、自回归模型）、代数特征（图像矩阵的奇异值分解）等。除了使用单一特征外，也可通过融合多个特征来提高跟踪的可靠性，目前主流的方法有基于区域匹配跟踪算法、基于轮廓匹配跟踪算法、基于特征匹配跟踪算法。

3. 运动目标分类。从检测到的运动区域中将特定类型的物体提取出来，例如分类场景

中的人、机动车、人群等不同的目标。目前比较主流的方法有基于运动特性的分类和基于形状信息的分类。

4. 运动目标行为分析。行为分析是智能摄像机的关键目标之一，也是视频监控在维护公共安全中的重点难点问题。行为分析涉及计算机视觉、模式识别、人工智能等多个领域。它是在对视频图像序列进行低级处理的基础上，通过分析处理监控场景的图像、视频，获取监控场景的信息或场景中运动目标的信息，进一步研究图像中各目标的性质以及相互之间的联系，从而得出对客观场景的解释和高层次的语义描述，经常借助于神经网络和决策树来进行行为分析。

四、SVAC＋物联网应用系统

物联网应用系统的三大要素分别是各种传感器对信息的采集和生产数据、数据的传输以及对数据的加工应用。现在的物联网应用一般都是独立的系统，集采集、处理、传输等功能于一体。比如，环保数据监测采集排污扬尘等环境数据，独立传输给后台进行数据的呈现、预警；道路上的 RFID 读卡器读取的电动车信息，只能在地图上以图标、文字的方式标识电动车的位置和轨迹。这些单独的物联网信息如果能结合现场视频画面，将能更加直观和全面地反映真实情况。由图 8-3 所示，物联网系统为了将采集的数据传输到后台，一般采用移动通信公司提供的 4G 服务进行数据传输，4G 通信模块的安装成本和每月流量的使用成本较高。如果能利用视频监控系统已经建设好的网络传输系统，则可大大节省系统的建设成本和使用成本。

物联网传感器　　　4G网络等方式　　　专用平台

图 8-3　物联网系统

如图 8-4 所示，视频监控系统的摄像机也可被看作是一种物联网信息采集装置，用于采集监控现场的实时视频。视觉是为人类带来最丰富信息的一种感知途径。目前，监控摄像机已经大量升级为高清分辨率，其采集的实时视频数据量大，常采取光纤等方式进行传输，可以提供丰富的带宽，为视频监控系统与其他物联网系统的应用融合提供物理层面的基础。

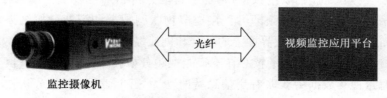

监控摄像机　　　光纤　　　视频监控应用平台

图 8-4　视频监控系统

如图 8-5 所示,如果视频监控系统采用的是 H.264、H.265 摄像机,虽然物联网系统可以与这些摄像机结合,并利用视频监控系统已有的光纤网络传输,但这种情况下视频数据和物联网数据只是简单地共享传输通路,传感器数据和视频数据分别传送到服务器,只能通过时间标志在两个系统之间查找和调阅,视频数据和物联网数据之间无法实现融合关联。

SVAC 标准中定义了监控专用扩展信息的载体格式,可以支持多种视音频数据之外的数据进行统一编码。如图 8-6 所示,利用 SVAC 国家标准的这一特点,视频监控系统与物联网系统的融合应用能更加深入。各类物联网装置将实时感知的物联网数据通过 RS485、LAN 等物理接口接入 SVAC 摄像机,摄像机通过 SVAC 监控扩展信息方式将这些物联网数据插入视频中一同编码,实现视频数据和物联网数据的高度关联与同步,然后传输给平台端进行应用。

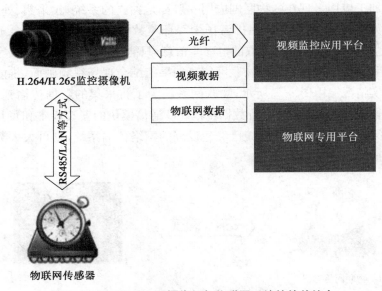

图 8-5　H.264、H.265 摄像机与物联网系统的简单结合

随着监控摄像机处理能力的提升,除了视频采集之外,越来越多的摄像机能对视频进行一些智能分析,大大缓解了平台端集中进行视频分析带来的运算压力。如图 8-6 所示,结合智能摄像头,SVAC 国家标准定义的监控扩展信息支持绝对时间、OSD 信息、地理位置、报警事件、视频智能分析结果,以及其他外部输入信息或用户自定义的视频结构化描述信息的格式化传输,可以有效支持前端智能化,以及强化监控前端与监控中心智能化应用的整合与应用。视频数据、物联网数据,再加上智能分析结果可以统一编码在 SVAC 码流中进行传输,平台端无需解码视频即可直接提取物联网数据和智能分析结果,这为平台端将视频监控与物联网应用在用户界面上的融合和创新提供了更多的便利。

大数据时代,视频监控系统的核心在于智能视频分析技术,视频信息量巨大,覆盖面广且复杂,要在海量视频数据中获取有用信息费时费力。随着智能视频分析技术的发展,智能分析前置化和规范化势在必行,如图 8-7 所示。SVAC2.0 标准充分考虑了公共安全视频

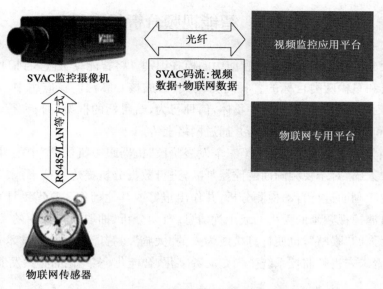

图 8-6 SVAC 摄像机与物联网系统的充分融合

监控联网与应用建设的要求,切实解决公共安全视频监控联网共享应用系统建设和应用中面临的各类技术难题,全面规范了边缘计算智能信息结构化的描述,规定了前端常用实时智能分析信息的结构化数据的描述方式和携带方式,将智能分析分布式处理,缓解中心运算压力,极大地推进了视频监控智能化的进程。

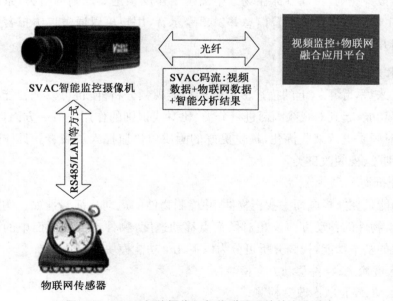

图 8-7 SVAC 智能摄像机与物联网系统的充分融合

第四节 智能视频分析与应用

智能视频分析技术领域是人工智能中的模式识别。将智能算法嵌入到 DSP 中,通过分析和提炼人员和车辆两类目标的各种行为模式,形成核心算法。在应用中,通过比较和比对,辨识采集到的视频图像属于何种物体,何种行为,给目标的框架周长和行动轨迹打上标签,作出预警和实时报警,触发录像,并通过网络上传。

智能视频分析技术是监控技术第三个发展阶段"机器眼十机器脑"中的"机器脑"部分,利用机器,将"人脑"对于视频画面的监控判断,进行数据分析提炼特征形成算法植入机器,"机器脑"对视频画面进行自动检测分析,并作出报警或其他动作。它借助计算机强大的数据处理能力过滤掉视频画面无用的或干扰信息,自动分析、抽取视频源中的关键有用信息,使摄像机成为人的"眼睛",也使计算机成为人的"大脑"。智能视频监控技术是最前沿的应用之一,体现着未来视频监控系统全面走向数字化、智能化、多元化的必然发展趋势。

一、智能视频概述

(一) 基本概念

智能视频,英文叫 IVS(Intelligent Video System),也有叫 CA(Content analyse)。视频分析技术就是使用计算机图像视觉分析技术,通过将场景中的背景和目标分离进而分析并追踪在摄像机场景内出现的目标。用户可以根据视频内容分析功能在不同摄像机的场景中预设不同的报警规则,一旦目标在场景中出现了违反预定义规则的行为,系统会自动发出报警,监控工作站自动弹出报警信息并发出警示音,用户可以通过点击报警信息实现报警的场景重组并采取相关措施。

(二) 技术分类

从广义上来说,除了以上的描述被定性为智能视频分析外,也可以把智能视频分析定性为所有运算功能,起到对视频画面进行分类、比对或识别的作用。另一方面,它可以对画面进行分析,对画质进行某些优化,提供更好的画质以供监控人员观看。具体包括视频分析类、视频识别类、视频改良类。

1. 视频分析类

其主要功能是在监控画面中找出物件,并检测物件的运动特征属性如。例如物件相对的像素点位置,物件的移动方向及相对像素点移动速度,物件本身在画面中的形状及其改变。根据以上的基本功能,视频分析可分为以下几个功能模块:

1)周界入侵检测、物件移动方向检测;

2)物件运动、停止状态改变检测;

3)物件出现与消失检测;

4)流量统计(包括人流量、车流量统计);

5)PTZ 自动追踪系统;

6）摄像机智能自检功能。

2. 视频识别类

视频识别类包括人脸识别及车牌识别，其主要的技术在于在视频画面中找出局部一些画面的共性。例如人脸必然有两个眼睛，如果可以找到双目的位置，那么就可以定性人脸的位置及尺寸。不过，以现有的技术来说，人脸识别系统必须在双目可视的情况下才可进行人脸比对。视频识别类主要包括：

1）人脸识别系统；

2）车牌识别系统；

3）照片比对系统；

4）工业自动化上的机器视觉系统。

3. 视频改良类

视频改良的主要功能是对以前不可视、模糊不清，或者是振动的画面进行一些优化处理，以增加视频的可监控性能。具体包括：

1）夜视图像增强处理；

2）图像画面稳定系统；

3）车牌识别影像增强系统。

（三）应用领域

传统的视频监控由人工进行视频监测发现安全隐患或异常状态，或者用于事后分析，这种应用具有其固有的缺点，难以实现实时的安全监控和检测管理。带有智能分析功能的监控系统可以通过区分监控对象的外形、动作等特征，做到主动收集、分析数据，并根据预设条件执行报警、记录、分析等动作。智能监控系统可以运行于服务器，也可以运行在基于DSP的嵌入式系统上，而后者已逐渐成为主流。当下，智能视频的应用大体上可以分安防、异常行为检测和智能交通等三个主要方面的应用。

1. 安防领域

安防应用被广泛认为是最具潜力的市场，它包括以下几个应用类别：入侵检测，可以自动检测出视频画面中的运动行为特征；物品移除检测，可以自动检测物品搬移事件，当防区内某特定位置的物品被拿走或搬走时发出报警；遗留物检测，可以对遗弃物进行自动检测，当物品在某个防区内被放置或遗弃的时候自动报警；智能跟踪，可以使摄像机对自身的云台和变焦镜头进行自主PTZ驱动。人体行为检测应用智能交通应用包括对非法停留的交通工具进行检测，当交通工具在防区内非法停留时发出报警；车辆逆行检测，及时辨别逆行车辆。

随着准确率和可靠性逐步提高及产品成本的下降，智能视频在越来越多的场合得到了应用，它能够替代部分安防设备，降低安保人员的工作强度，提高工作效率，减少管理成本。事实上，智能视频的应用具有巨大的潜力。随着技术日趋成熟，智能视频技术的应用领域正在迅速扩展，这些应用主要包括上述的安防、交通以及零售、服务等行业，如人数统计、人脸识别、人群控制、注意力控制和交通流量控制等。

2. 异常行为检测

异常行为检测技术也称人体行为检测技术是指采用计算机视觉分析监控录像,包括脱岗检测(可以实现自动检测岗哨人员就位情况)、徘徊检测(对重要区域人体徘徊检测)。目前,异常活动一直是公共安全领域的一个重要问题,对其进行准确检测具有广泛的应用空间,工作人员可在第一时间发现异常,并采取相应的行动和措施以确保相关对象的安全性。由于异常活动的种类众多,很难一概而论,因此对异常行为的定义也需要兼顾周围环境才能确定,例如公共场合发生打架事件、行人践踏草坪、呈一定规律性运动的人群中出现打破规律运动的人等等。

通常异常活动会伴随着正常活动一起进行,因此对正常和异常活动进行分类就显得很重要,也逐渐成了计算机视觉领域的研究热点。随着计算机视觉技术的发展,许多研究者提出不同的模型进行异常事件检测,以获得更准确的检测。

3. 智能交通

交通涉及两大领域,即高速公路和城市交通。无论是发达国家,还是发展中国家,都毫不例外地承受着不断恶化的交通的困扰。智能交通系统旨在通过人、车、路的密切配合提高交通运输效率,缓解交通阻塞,提高路网通过能力,减少交通事故,降低能源消耗,减轻环境污染。

所谓智能交通系统(Intelligent Traffic Systems,ITS),是将先进的科学技术(信息技术、计算机技术、数据通信技术、传感器技术、电子控制技术、自动控制理论、运筹学、人工智能等)有效地综合运用于交通运输、服务控制和车辆制造,加强车辆、道路、使用者三者之间的联系,从而形成一种保障安全、提高效率、改善环境、节约能源的综合运输系统。智能交通系统应用范围主要包括机场、车站客流疏导系统,城市交通智能调度系统,高速公路智能调度系统,运营车辆调度管理系统,机动车自动控制系统等。

二、IVS 的主要功能特点

智能分析技术支持各种智能应用及扩展,可实现区域警戒、人口密度、图像异常、车辆人员流量统计、车辆比对、人脸检测甚至面部识别比对等功能,通过结合公安业务标准量化,对信息进行分析处理,为防控工作提供情报信息分析服务。

(一) 主要功能

1. 目标移动轨迹跟踪:即对监控区域内移动目标的移动轨迹进行跟踪,是目标监控最基本的应用,也是其他事件监测的基础。能够根据目标的形状对目标进行分类,如行人、车辆等。

2. 目标移动范围监测:当具有一定特性的移动目标的运动超过设定范围时即产生告警,也就是常说的越界检测与禁区检测报警,是事件监测中应用最广的方式之一,特别适合于像军事禁区、监狱、重要物资仓库、博物馆等对入侵行为需要重点防范的场合。这项技术目前已经进入实用化阶段。

3. 目标移动方向监测:对违反设定方向的移动目标进行告警,应用于道路监控中,可对违章逆向行驶的车辆进行监测告警；也可用于某些特定的单方向人员流动区域，对以规定方向反向运动的人进行监测。

4. 静止物体监测：在监控区域内发现突然停止的物体后进行目标的自动设定和跟踪，当停留超过一定时间后即进行告警，主要对隧道监控、禁止停车区域的违章停车事件进行监测告警，或者对地铁、车站、码头等公共区域危险遗留物进行监测告警。

5. 特殊人体行为的监测：当人体目标在某个区域长时间逗留徘徊，或在某个区域人员聚集到一定密度，或突然发生人体动作的剧烈变化（如异常奔跑、打架斗殴等特殊行为）时及时告警，适合于城市治安监控、银行门口、监狱等场合，对一些可能危及他人生命财产安全的行为进行监测并及时告警。

6. 特殊车辆行为监测：当高速公路或城市路段中发现有车辆突然停车的行为，或监测到车辆遗撒大件货物、车祸等情况时发出告警。其主要通过关注异常的交通事件来最大化实现交通管理效益，规范行车秩序。

7. 数量统计：对经过某个设定区域的特定目标的数量进行计数和统计，可以对人、车辆进行计数，可以应用于博物馆、商场的人流统计，或对车流量的统计。

8. 人脸识别：属于生物识别的一种，通过对抓拍的人脸图像进行分析，和已有的人脸数据库比对，按照一定的相似度来判定和识别人的身份。主要用于银行金库、监狱、看守所等场所，与 RFID 技术相结合，提高安全性。

9. 视频图像质量诊断：通过对每一路视频图像的信号质量进行监测，对视频图像出现的视频丢失、雪花、滚屏、模糊等常见摄像头故障做出判断并发出报警，同时自动记录所有监测结果，生成多种实用的统计报表。

（二）IVS 技术优点

主要体现在以下 4 方面。

1. 全天候可靠监控。彻底改变以往完全由安防人员对监控画面进行监控和分析的模式，通过嵌入在前端处理设备中的智能视频模块自动分析监控画面。

2. 显著提高报警精确度。前端设备集成了强大的图像处理能力，并运用高级智能算法，用户可精确定义安全威胁的特征，有效避免误报、漏报现象，减少无用数据量。

3. 显著提高响应速度。将一般监控系统的事后分析变成"事中分析"和"预警"，能自动识别可疑活动，在安全威胁发生前提醒安防人员。还能使用户更确切地定义特定安全威胁出现时应采取的动作，并由监控系统本身来确保危机处理步骤按预定计划精确执行，有效防止混乱中人为因素造成的延误。

4. 有效利用和扩展视频资源的用途。事件和画面经过智能分析、过滤，仅保留、记录了有用的信息，使得对事件的分析更为有效和直接，同时可利用这些视频资源在非安全领域进行更高层次的分析，如智能视频系统可以帮助零售店的老板统计当天光顾的客户数量，用以分析销售情况等。

（三）分析过程

视频分析是利用计算机视觉技术对画面进行分析、处理、应用的过程。包括背景学习、移动目标提取与跟踪、目标识别与行为分析、视频分析、触发报警等。

1. 背景学习。视频分析系统首先进行背景学习，根据背景实际"热闹程度"选取 3～5 min 的学习时间，期间系统自动建立背景模型，这是背景减除法的关键。建模完成后，随着时间变化，背景可能有变化，系统应具有"背景维护"能力，将后来融入背景的图像如白云、蓝天等自动添加为背景。

2. 移动目标提取与跟踪。完成背景学习后，系统开始提取与跟踪目标。目标提取是基于背景建模后，如果设置的监控区域出现移动目标且目标大小满足设置要求，系统将对该目标进行提取、跟踪。视频分析过程需要了解目标出现及运动的时间、位置、速度、方向等要素，这些要素主要通过目标跟踪得到。目标跟踪算法有多种，有的基于目标的颜色位置、有的基于运动方程，目的就是获取目标一段时间内的运动状态，为此后的分析提供保障。

3. 目标识别与行为分析。目标识别是系统对所提取并跟踪的目标进行识别、辨识。为此，需利用已知的目标特征，如车辆、人员、动物等对系统进行训练，系统在大量已知的样本信息基础上，了解、学习不同目标的特征，如大小、颜色、速度、行为方式等。当系统发现某个目标时，将自动与已建立的模型进行比对、匹配，对目标进行识别、分类。

4. 视频分析。这是系统的关键，利用上述结果，根据目标出现的时间、位置、速度、大小等，并结合设置的行为规则分析视频并得出结论，如入侵、丢包、越界等。分析过程中，如果背景出现雨雪、云层、波浪、摄像机抖动、现场光线变化等，系统将启动预处理功能，过滤掉这些动态背景，并更新背景。

5. 触发报警。根据规则追踪目标的活动，判断是否违反预定义规则，如违反则根据预定义通知指定用户。

（四）实现方式

一般智能视频的技术实现方式包括前端嵌入式实现或者后端 PC 分析实现两种方法。

前端嵌入式方式实现是采用 DSP 或类似嵌入式系统，在监控前端对视频进行分析，并进行相应的处理和联动。它的优点是视频无需远程传输、兼容性好、系统工作稳定等；它的缺点是系统处理资源有限，无法完成复杂的视频分析工作，而且功能升级潜力有限，适用于一些相对简单的视频分析功能。

后端 PC 分析实现是将视频传送至后端的 PC/服务器或者工控机上进行算法实现。它的优点是功能定义灵活，可实现复杂的分析算法；缺点是需保障视频的传输，对网络要求高，后端的硬件投资巨大。

智能视频分析技术最早以纯软件形式出现，当下，其主要发展趋势是不断向前端迁移。可配置在摄像机前端及后端，前端以嵌入式分析为主，将具有视频分析功能的芯片直接嵌入摄像机内，实现对采集的视频流进行实时分析，分析结果回传数据中心。在人脸识别、客流统计等简单成熟的视频分析技术上还是推荐采用前端视频分析的方式。

三、IVS 用于异常行为检测

IVS技术源自计算机视觉技术,是在图像及图像描述之间建立关系,使计算机能够通过数字图像处理和分析来理解视频画面中的内容,达到自动分析和抽取视频源中关键信息的目的。作为强化视频监控系统应用的一门主要技术,智能视频分析技术近几年一直受到业界的广泛关注,其通过对视频内容的分析,将客户所关注的目标从监控背景中分离出来,按照目标的移动方向、速度、时间等参数和某些行为特征进行关联,从而达到主动监控防御的目的。

1. 技术原理

可看作是一个高层次的图像理解操作,从输入的图像序列中提取逻辑信息并进行行为建模。通常建模的思路有两种:一种是首先学习正常行为的模型并以此为基础检测异常,另一种是通过批量或在线观察数据的统计特性自动学习正常和异常模型。

异常检测技术的性能直接与两个方面有关,分别是行为特征表示方法和异常识别模型,其中异常识别实质为一个二分类问题,而行为特征表示用于表示时间和构建行为模型的抽象,一直是计算机视觉中一个活跃的研究领域,同时由于特殊特征的上下文繁多,因此需要寻找更为健壮的特征描述性方法,以提取具有高度描述性和区别性的特征。

行为特征表示分为两种。一种是基于对象的方法。这种方法主要关注造成异常事件的单个对象的运动特征,例如对象的大小、形状、轨迹和运动速度等。另一种是基于整体的方法,此方法将运动的所有对象看作一个完整的部分,基于像素级对物体和人的运动和方向进行描述,例如梯度、颜色、纹理、运动历史图像等。

图 8-8　异常行为检测技术原理

异常行为检测技术(如图 8-8 所示)可被分为四个阶段:

1) 视频帧序列化阶段:负责将视频转化成帧或片段。

2) 预处理阶段:完成数据的清理工作。

3) 特征提取阶段:从视频中提取对象的运动特征。

4) 检测分类阶段:使用分类器对数据进行异常检测。

2. 分析方法

1) 背景减除方法。利用当前图像和背景图像的差分检测运动区域,可以提供较完整的运动目标特征数据,精确度、灵敏度较高。其中,背景建模是背景减除法的关键。

2) 时间差分方法。又称相邻帧差法,利用视频图像特征从连续视频流中提取所需动态目标信息,实质是利用相邻帧图像相减来提取前景目标移动信息,智能检测出目标边缘。

3) 光流法(Optical Flow or Optic Flow)是关于视域中的物体运动检测中的概念。用来描述相对于观察者的运动所造成的观测目标、表面或边缘的运动。光流法在样型识别、计算机视觉以及其他影像处理领域中非常有用,可用于运动检测、物件切割、碰撞时间与物体膨胀的计算、运动补偿编码,或者通过物体表面与边缘进行立体的测量等等。

4）视频数据集法。异常检测算法中常用的公共数据集以及各数据集有很多，例如 UCF101 动作识别数据集（如图 8-9），是从 Youtube 收集而得，共包含 101 类动作。其中每类动作由 25 个人做动作，每人做 4～7 组，共 13 320 个视频，分辨率为 320×240，共 6.5 GB。UCF101 在动作的采集上具有非常大的多样性，包括相机运行、外观变化、姿态变化、物体比例变化、背景变化、光纤变化等。101 类动作可以分为 5 类：人与物体互动、人体动作、人与人互动、乐器演奏、体育运动。

UMN（University of Minnesotal）数据集，是明尼苏达州大学创建的一个数据集。此数据集由 11 个视频段组成，分别有三个场景：草坪、室内和广场，共有 7700 帧。每个视频都包含正常行为和异常行为，异常行为主要表现为人群向单方向跑动、人群向四周散开等。

图 8-9 UCF101 动作识别数据集

除上述之外，还有很多经典的视频分类公开数据集，目前主要的数据集如列表 8-1 所示。

表 8-1 视频分类公开数据集列表

数据集	视频数	分类数	发布年	背景
KTH	600	6	2004	干净 静态
Weizmann	81	9	2005	干净 静态

（续表）

数据集	视频数	分类数	发布年	背景
Kodak	1 358	25	2007	动态
Hollywood	430	8	2008	动态
Hollywood2	1 787	12	2009	动态
Olympic Sports	800	16	2010	动态
HMDB51	6 766	51	2011	动态
CCV	9 317	20	2011	动态
UCF101	13 320	101	2012	动态
THUMOS—2014	18 394	101	2014	动态
MED—2014	约 31 000	20	2014	动态
Sports-1M	1 133 158	487	2014	动态
MPII Human Pose	20 943	410	2014	动态
ActivityNet	27 901	203	2015	动态
EventNet	95 321	500	2015	动态
FCVID	91 223	239	2015	动态
YouTube-8M	8 264 650	4 800	2016	动态

四、IVS 与智能交通系统

随着城市人口快速增长，经济高速发展，我国的车辆拥有量及道路交通量急剧增加，随之而来的是城市中交通拥挤，堵塞路段、路口逐年增多，交通秩序日趋恶化，交通事故率逐年上升。作为整个智能交通系统的重要技术支撑，视频智能化分析技术已得到大规模的应用。基于视频分析技术的道路综合违法监测系统可以实时对道路中的车辆进行检测分析。一方面可以对车辆违法行为进行抓拍，起到规范驾驶员驾驶行为与缓解交通拥堵问题的作用。另一方面也可以得到实时的交通流量信息，供城市交通管理部门进行参考，这将在最大程度上起到合理建设道路网络体系、及时进行交通疏导等作用。

同时智能视频分析系统在高速公路事件监测、事故监测、车流量检测、拥堵监测中也有广泛应用。

1. 不按车道行驶检测：检测直行车道左右拐、右拐车道直行与左拐、左拐车道直行与右拐等违法行为。

2. 不按车道行驶检测：系统可以对路口过往车辆进行实时统计，得到的数据实时发送交通控制信号机，信号机可以根据实时的车辆信息对红绿灯进行合理控制（见图 8-10）。

3. 压实线检测：系统可对监控摄像机里面的车辆进行压实线监测，当监测到车辆压实线时，自动保存一张报警截图（见图 8-11）。

4. 车辆逆行检测：系统可对监控摄像机里面的车辆进行逆行监测，当监测到车辆逆行时，自动保存一张报警截图，并触发告警（见图 8-12）。

图 8-10 不按车道行驶检测

图 8-11 压实线检测

图 8-12 车辆逆行检测

5. 占用应急车道检测：系统可对监控摄像机里面的车辆进行占用应急车道监测，当发现有车辆驶入应急车道时实时监测并触发报警。

6. **隧道异常停车检测**：当检测到车辆在隧道停车、逗留时，立即触发告警，通知管理人员处理。

智能视频分析技术在"智慧交通"建设中的应用已经有十几年了，可以说已经走出了"雾里看花，摸索前进"的阶段。从"数字交通"到"平安交通"再到如今的"智慧交通"，以"绿色、智能、安全"为主题的"智慧交通"建设正如火如荼地进行，迅速在中国大地遍地开花。智能视频分析技术在帮助各级政府完善公共交通网络，治理交通拥堵等突出问题，改善人们交通出行环境等方面，起到了至关重要的作用。

表 8-2　中国 ITS 体系框架(第二版)用户服务列

用户服务领域	用户服务		用户服务领域	用户服务	
1　交通管理	1.1	交通动态信息监测	6　运营管理	6.1	运政管理
	1.2	交通执法		6.2	公交规划
	1.3	交通控制		6.3	公交运营管理
	1.4	需求管理		6.4	长途客运运营管理
	1.5	交通事件管理		6.5	轨道交通运营管理
	1.6	交通环境状况监测与控制		6.6	出租车运营管理
	1.7	勤务管理		6.7	一般货物运输管理
	1.8	停车管理		6.8	特种运输管理
	1.9	非机动车、行人通行管理	7　综合运输	7.1	客货运联运管理
2　电子收费	2.1	电子收费		7.2	旅客联运服务
3　交通信息服务	3.1	出行前信息服务		7.3	货物联运服务
	3.2	行驶中驾驶员信息服务	8　交通基础设施管理	8.1	交通基础设施维护
	3.3	途中公共交通信息服务		8.2	路政管理
	3.4	途中出行者其他信息服务		8.3	施工区管理
	3.5	路径诱导及导航	9　ITS 数据管理	9.1	数据接入与存储
	3.6	个性化信息服务		9.2	数据融合与处理
4　智能公路与安全辅助驾驶	4.1	智能公路与车辆信息收集		9.3	数据交换与共享
	4.2	安全辅助驾驶		9.4	数据应用支持
	4.3	自动驾驶		9.5	数据安全
	4.4	车队自动运行			
5　交通运输安全	5.1	紧急事件救援管理			
	5.2	运输安全管理			
	5.3	非机动车及行人安全管理			
	5.4	交叉口安全管理			

五、IVS 与智慧安防系统

近年来，国内知名厂商积极推出智慧安防系统解决方案，不管是科达大力推广的感知摄像机（Intelligent IPC），还是海康公司的 Smart IPC，或者 NICE 公司的 Suspect Search 系统，其本质都是智能视觉分析技术与"大数据"的结合应用。但是，基本都停留在理念表面，描绘的是一个美好的前景，至于如何实施，或者到底能不能实施，很多人还是疑惑很大。

计算机视觉技术属于人工智能领域。其核心问题是如何让计算机能够像人眼一样去"看"，识别物体的类别、特征、位置，推断事物的结构逻辑关系、动作和轨迹等。Google 等公司一直研究的"计算机视觉"及"图片搜索"，侧重于静态图片的识别，而安防监控领域增加了时间域概念，或者说是针对一系列的图片序列识别。

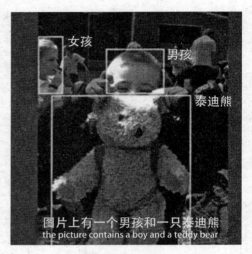

图 8-13　视频图像结构化理解示意

安防视频监控领域的需求很明确：对前端摄像机采集的视频内容进行分析，提取出画面中关键的、感兴趣的、有效的信息，以便进行实时处理或者事后处理。核心就是所谓的"视频数据的语义描述过程"，摄像机相当于人的眼睛，而视频分析算法相当于大脑，借助于前后端芯片或者处理器数据处理功能，对海量数据进行高速分析，形成结构化的数据便于进一步处理，如图 8-13 所示。

目前，智能视觉在实际应用中比较成功的是车辆卡口摄像机及部分条件下的人员卡口摄像机。

车辆卡口摄像机不仅能够准确抓拍和识别车牌信息，还能准确识别车标、车型、车身颜色等更丰富的车辆特征。而且，无论是夜间还是白天逆光环境，它都能看清车内细节，并准确抓拍车内司乘人脸照片（见图 8-14）。

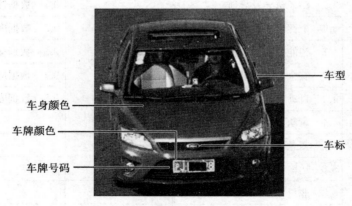

图 8-14　车辆卡口监控系统应用示意

人员卡口摄像机专门针对人,除了颜色、方向等基本特征信息,很多重点场所还需要准确识别和抓拍人脸照片,以便开展人脸识别等深度应用。人员卡口摄像机通过视野较小的断面视频准确抓拍最佳的人脸照片,而且还能抓拍人的整个轮廓,还可识别人员行进的方向、速度等特征(见图 8-15)。

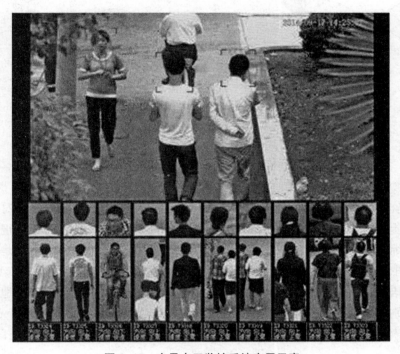

图 8-15　人员卡口监控系统应用示意

（一）视频监控数据中的元数据

提起视频监控的语义分析,不得不说元数据(Metadata),元数据通常用于对数据的自动检索和数据挖掘。视频监控系统中的元数据由两个层次组成,即基本属性信息以及描述场景内容的信息。基本层次的元数据(基本属性信息)无需经过智能视觉分析算法的输出即可得到,如录像时间、地点信息、摄像机的参数等;描述场景内容的信息元数据(场景内容信息)来自对场景视频进行实时分析的结果,按照其描述的范围分类,主要有局部场景内的元数据(来自智能前端设备的分析输出)和全局场景内的元数据(由分布式视频监控中心的上下文感知算法产生)。

图 8-16 中椭圆标记可分为两大类,一类为对象,一类为对象属性。对一个具体视频场景描述时先确定考察的对象,然后判断对象的"有/无",再根据对象的不同类别来描述对象的属性。图中元数据到任意一个终止符经过的路径都是对一个对象的元数据描述,如人｜有＞移动｜动,描述场景中"有人在动"。

（二）视频的语义分析过程

语义,即信息包含的概念或者意义。语义不仅要表述事物是什么,而且需要表述事物之间的相互关联、因果关系。视频语义(Video Semantic)是对视频所包含的事物的描述和

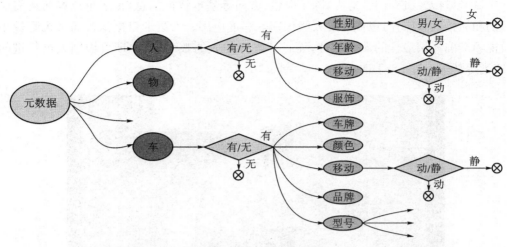

图 8-16　视频元数据示意图

逻辑表述,是涉及文字、声音和图像序列的信息综合体。视频语义分析就是对视频包含的语义信息的提取过程。视频语义分析是综合多学科的研究课题,首先需要对视频结构进行分析、分割,常见的方式是关键帧、镜头、场景等。视频语义分析最基本问题是对视频流中对象进行提取和识别,主要包括物体检测、物体识别、人体识别、人脸识别、动作识别等。

　　视频的语义分析过程可以理解成视频数据的结构化过程,实质就是自动地将视频序列中的特征识别出来之后,生成标签入库,以便日后快速查询及研判。这与 Google 等公司研发的图片搜索有所区别,图片搜索主要基于单幅图片,而视频则是持续一定时间的序列(见图 8-17)。

图 8-17　视频图像结构化描述示意

(三) 大数据视频分析模型

　　大数据的基础技术可以借鉴安防领域的如下技术。

1. 海量数据存储：通常使用分布式文件系统、基于列的 Non-SQL 数据库等方式来存储海量数据。

2. 分布式计算平台/框架：目前最流行的就是基于 Map-Reduce 或其变种的各类分布式计算平台/框架，通过将一个需要非常巨大的计算能力才能解决的问题分成许多小的部分，将任务分布到大量服务器上并发处理提高系统的实时响应速度。

3. 智能分析与识别：对于大量非结构化的数据，需要接近甚至超越人类能力的智能分析与识别技术，将采集到的非结构化数据转换为计算机能处理的半结构化和结构化数据。

4. 利用元数据服务器定位存储信息，全文检索引擎，负责对海量数据进行稳定、可靠、快速实时检索。

如前所述，视频分析算法将消耗大量的计算资源，计算机的性能瓶颈将严重制约其发展，如果检索对象是海量视频数据经过智能算法分析后输出的智能元数据（Meta Data），则检索及后期智能挖掘速度将大大提高，视频元数据的产生如图 8-19 所示。

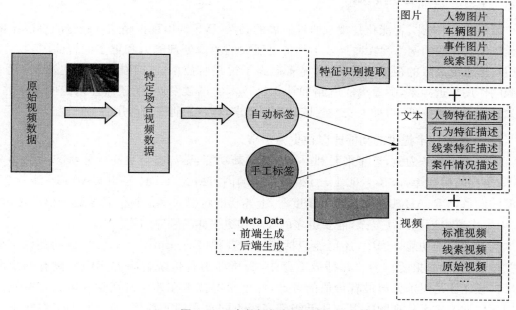

图 8-19 大数据视频分析模型

（四）安防行业对视频大数据的应用

带有视觉感知（视频分析）功能的摄像机相当于物联网中的一个一个视觉传感器，大量摄像机感知的海量信息进入大数据和云计算平台进行二次运算，使人们不仅能从单个摄像机中识别内容作出判断，还能从海量的监控数据中，做出深度分析和挖掘，从而让公共安全、社会管理、交通管理的方式得以改变。

语义搜索：抢劫案目击者提供车牌不明的犯罪车辆信息。直接输入"3 月 1 日""黑色""奥迪"，锁定目标车辆。

人脸搜索：越狱犯身藏何处？将罪犯人脸照片输入侦查系统，人脸搜索功能将自动查找人员踪迹。

实时布控：珠宝店盗窃案的犯罪车辆失踪。在系统中输入车牌信息，嫌疑车辆经过任何监控摄像头，系统自动告警。

以图搜图：犯罪分子利用套牌、假牌掩盖路径。以图搜图功能利用车身图片同样可查到车辆的通行数据。

多点碰撞：连环盗窃案。比对每个案发地点在案发时间的所有车辆信息，发现全都出现过某辆车，即锁定为嫌疑车辆。

人车关联：违法违规驾驶。人车关联智能比对驾驶员人脸与车辆信息，违法违规追责到具体人。

大数据技术应用在安防行业的主要困难点有如何准确地从非结构化数据中提取易于计算机处理的结构化、半结构化信息，如何将大数据与安防业务需求结合，创造出更多的数据利用模式，从而为数据的拥者和使用者创造出更多的价值。

六、IVS 技术应用趋势

数字化、网络化、智能化是视频监控发展的必然，IVS 的出现正是这一趋势的直接体现。IVS 技术比普通的网络视频监控技术具备更强大的图像处理能力和更多的智能因素，可以为用户提供更高级的视频分析功能，显著提高了视频监控系统的性能，更好地发挥了系统资源的作用。近年来，随着集成电路和计算机技术的迅猛发展，视频监控系统所要求的硬件设备成本显著降低，再加上安全领域的迫切需求，IVS 的研究与应用日益广泛。

（一）视频技术提供的功能比以往更为丰富

以长视频服务为例，近年来看到了一系列的新功能，譬如支持更高的分辨率，4 K、8 K、16 K；更高的帧速率，48 f/s、60 f/s、120 f/s；新的内容格式，HDR、Dolby Atmos；涉及全新类型的设备，VR、AR 头显。从技术角度看，上述功能将引入多达数倍乃至数十倍的编码任务，而工作流也远比以往复杂，需要更多的模块和更多样的顺序结构。

当前完整的功能列表中，还可能包括描述式音频（Descriptive Audio）、自动翻译字幕、镜头搜索、智能海报等内容。在播放链路中，分析能力是传统解决方案中所没有的维度。由于视频往往是娱乐公司最有价值的资产，深度学习技术在计算机视觉领域具有有效性，使用深度学习技术从视频中提取从低级到高级不同水平的元数据，能够有助于在转码、流媒体分发上实现深度优化，同时也能更为有效地支撑衍生的推荐、搜索和广告服务。

故而，在视频处理的领域中，现代化的处理方式需要考虑设计一个分层、灵活、高吞吐量、低延迟的基础架构，以实现与过往完全不同的工作流。

（二）编码技术的演进更为迅速，手段更为多样

编码技术始终是音视频技术的基石。AV1 自 2015 年被研发，于 2018 年初正式发布，H.266 亦开始了标准化过程，但 AV1 和 H.266 还都不是创新的全部。首先，基于内容的编码参数选择能够将视频分割为多个不同的段落，根据每个段落的视频内容选择最佳的编码参数集合。其次，通过前处理或后处理，例如超分辨率、去噪、着色等方式也能够提升视频质量。鉴于对视频内容的认知，预测用户关注的区域并予以资源倾斜，甚至利用 GAN 网络

进行像素和纹理的自动生成，能够给予用户主观上更好的体验，也是另一个主力的发展方向。

对所有编码任务而言，评估能力始终是其核心。VMAF 正在席卷工业界，越来越多的公司以之作为衡量编码质量的重要甚至唯一指标，然而其速度往往不尽如人意，运用受到限制。一些公司尝试利用硬件计算能力对其进行优化，还有一些公司则试图寻找质量相当但更为快速的替代品。此外，考虑到其开拓出的前景（特别针对移动设备的 VMAF 版本，考虑了用户距离和屏幕大小的影响），面向不同用户传输不同编码设置的视频流并非遥不可及。

（三）流媒体分发技术更加依赖算法和数据，适应性更强

从流媒体传输协议角度看，RTMP 和 Flash 已经基本落幕，DASH 和 HLS 由于使用HTTP 协议，其对浏览器和 CDN 的亲和性和对多码率、多轨视频的天然支持得到大量视频公司认可，不论 Youtube、Netflix 还是 Hulu 都在全力支援。另一种则是以 WebRTC 为基础的、面向实时传输的协议，利于交互式直播和会议等场景。二者在国内外均存在大量变种协议。

若站在标准化的角度思考，除非达到类似苹果公司级别的体量，能够推动自有技术标准化，否则与标准对立是不明智的。然而当前的标准或许不能完全满足近年来涌现出来的形形色色的业务需求，例如超快链接、广告插入、服务质量上报等，各家公司在此各显神通，构造出许多完全不同的解法。例如快手近来宣传的私有协议 KTP，动机类似早年 Real 公司 RBS 协议的旧事，是否能在未来大浪淘沙中得以屹立，尚待时间的检验。然而如果服务体量达标，能解一时之渴，或者也就值得致力于此。

大致上，过往基于服务端、基于会话的流媒体优化空间较小，而基于 HTTP 的协议，灵活性和优化空间都与以往不同，码率自适应算法、错误处理算法、并行下载、多协议切换、边缘节点选择、视角预测（VR）等算法由客户端驱动是较为自然的选择，也提供了更多的优化方向。

思考与练习

8-1. 什么是 AIoT 技术及其基本特点？

8-2. 什么是 5G 技术及其基本特点？

8-3. 未来，5G 与 AIoT 技术对安防技术应用和产业发展可能带来的影响有哪些？

8-4. 请简述我国制定和推广 SVAC 标准的意义。

8-5. SVAC2.0 标准的技术特点有哪些？

8-6. 请简述什么是智能视频分析技术，其有哪些技术特点和技术分类？

8-7. 智能视频分析技术的主要功能和特点是什么？

8-8. 智能视频分析技术有哪些主要应用场景？

附录1

安全防范系统通用图形符号（GA/T 74—2017）

1 范围

本标准规定了安全防范系统工程中常用的图形符号及应用要求。

本标准适用于安全防范系统设计、施工等技术文件中图形符号的绘制和标注,其他行业也可参照使用。

2 规范性引用文件

下列文件对于本文件的应用是必不可少的。凡是注日期的引用文件,仅注日期的版本适用于本文件。凡是不注日期的引用文件,其最新版本(包括所有的修改单)适用于本文件。

GB/T 4728.9—2008　电气简图用图形符号　第9部分:电信:交换和外围设备

GB/T 4728.10—2008　电气简图用图形符号　第10部分:电信:传输

GB/T 4728.11—2008　电气简图用图形符号　第11部分:建筑安装平面布置图

GB/T 5465.2—2008　电气设备用图形符号　第2部分:图形符号

GB/T 15565.1　图形符号　术语　第1部分:通用

GB/T 20063.15—2009　简图用图形符号　第15部分:安装图和网络图

GB/T 28424—2012　交通电视监控系统设备用图形符号及图例

GB/T 50786—2012　建筑电气制图标准

3 术语和定义

GB/T 15565.1　界定的术语和定义适用于本文件。

4 图形符号

4.1 防护区域边界图形符号

防护区域边界图形符号见表1。

表 1 防护区域边界图形符号

序号	名称	英语名称	图形符号	说明
4101	防护周界	protective perimeter	●——●——●——●	
4102	监视区边界	monitored zone	≡≡≡≡≡	
4103	防护区边界	protected zone	∨ ∨ ∨ ∨	
4104	禁区边界	forbidden zone	▭—▭—▭	

4.2 入侵和紧急报警系统设备图形符号

入侵和紧急报警系统设备图形符号见表 2。

表 2 入侵和紧急报警系统设备图形符号

序号	设备名称	英语名称	图形符号	说明
4201	主动红外入侵探测器	active infrared intrusion detector	Tx --IR-- Rx	Tx 代表发射机 Rx 代表接收机
4202	遮挡式微波入侵探测器	microwave interruption intrusion detector	Tx --M-- Rx	Tx 代表发射机 Rx 代表接收机
4203	激光对射入侵探测器	thru-beam laser intrusion detector	Tx --LD-- Rx	Tx 代表发射机 Rx 代表接收机
4204	光纤振动入侵探测器	optical fiber vibration intrusion detector	T/R --OF-- □	
4205	振动电缆入侵探测器	vibration cable intrusion detector	T/R --CV-- □	
4206	张力式电子围栏	taut electronic fence	T/R --TF-- □	
4207	脉冲电子围栏	pulse electronic fence	T/R --EF-- □	
4208	周界防范高压电网装置	perimeter protection high-voltage device	T/R --HV-- □	
4209	泄漏电缆入侵探测装置	leaky cable intrusion detecting device	T/R --LC-- □	
4210	甚低频感应入侵探测器	VLF inductive intrusion detector	T/R --VLF-- □	
4211	被动红外探测器	passive infrared detector	◁ IR	

（续表）

序号	设备名称	英语名称	图形符号	说明
4212	微波多普勒探测器	microwave Doppler detector		
4213	超声波多普勒探测器	ultrasonic Doppler detector		
4214	微波和被动红外复合入侵探测器	combined microwave and passive infrared intrusion detector		
4215	振动入侵探测器	vibration intrusion detector		
4216	声波探测器	acoustie detector (airborne vibration)		
4217	振动声波复合探测器	combined vibration and airborne detector		
4218	被动式玻璃破碎探测器	passive glass-break detector		
4219	压敏探测器	pressure-sensitive detector		
4220	商品防盗探测器	EAS detector		
4221	磁开关入侵探测器	magnetic switch intrusion detector		
4222	紧急按钮开关	panic button switch		

(续表)

序号	设备名称	英语名称	图形符号	说明
4223	钞票夹开关	money clip switch		
4224	紧急脚挑开关	emergency foot switch		
4225	压力垫开关	pressure pad switch		
4226	扬声器	loudspeaker		见 GB/T 4728.9 —2008 中的 S01059 (在此标准中的 序号,下同)
4227	报警灯	warning light		
4228	警号	siren		
4229	声光报警器	audible and visual alarm		
4230	警铃	bell		
4231	保安电话	security telephone		
4232	模拟显示屏	analog display panel		入侵和紧急报警 系统中用于报警 地图的模拟显示

（续表）

序号	设备名称	英语名称	图形符号	说明
4233	辅助控制设备	ancillary control equipment	ACE	入侵和紧急报警系统用
4234	防护区域收发器	supervised premises transceiver	SPT	入侵和紧急报警系统用
4235	报警控制键盘	alarm control keyboard	ACK	
4236	控制指示设备	control and indicating equipment	CIE	防盗报警控制器
4237	报警信息打印设备	alarm information printer		
4238	电话报警联网适配器	network adaptor for alarm by telephone		
4239	入侵和紧急报警系统控制计算机	computer for intrusion and hold-up alarm system control	I &HAS	

4.3 安全防范视频监控系统设备图形符号

安全防范视频监控系统设备图形符号见表3。

表3 安全防范视频监控系统设备图形符号

序号	设备名称	英语名称	图形符号	说明
4301	室内防护罩	indoor housing		
4302	室外防护罩	outdoor housing		

（续表）

序号	设备名称	英语名称	图形符号	说明
4303	云台	pan/tilt		
4304	黑白摄像机	camera		
4305	网络(数字)摄像机	network (digital) camera	IP	见 GB/T 50786—2012 中的表 4.1.3-5
4306	彩色摄像机	color camera		见 GB/T 28424—2012 中的 4102
4307	彩色转黑白摄像机	color to black and white camera		
4308	半球黑白摄像机	hemispherical camera		
4309	半球彩色摄像机	hemispherical color camera		
4310	云台黑白摄像机	PTZ camera		见 GB/T 28424—2012 中的 4103
4311	云台彩色摄像机	PTZ color camera		见 GB/T 28424—2012 中的 4104
4312	一体化球形黑白摄像机	integrated dome camera		见 GB/T 28424—2012 中的 4106
4313	一体化球形彩色摄像机	integrated color dome camera		见 GB/T 28424—2012 中的 4107

（续表）

序号	设备名称	英语名称	图形符号	说明
4314	180°全景摄像机	panoramic camera covering 180 degree visual angle		
4315	360°全景摄像机	panoramic camera covering 360 degree visual angle		
4316	云台解码器	receiver/driver	R/D	见 GB/T 28424—2012 中的 4109
4317	视频编码器	video encoder	VENC	
4318	辅助照明灯	ancillary lamp		见 GB/T 4728.11—2008 中的 S00483 如果需要指示照明灯的类型，则要在符号旁标出下列代码： IR——红外线的 LED——发光二极管 IN——白炽灯 FL——荧光的 Na——钠气 Ne——氖 Hg——汞 Xc——氙
4319	视频切换矩阵	video switching matrix		x代表视频输入路数 y代表视频输出路数
4320	视频分配放大器	video amplifier distributor		见 GB/T 28424—2012 中的 4202
4321	字符叠加器	VDM	VDM	见 GB/T 28424—2012 中的 4203

（续表）

序号	设备名称	英语名称	图形符号	说明
4322	画面分割器	screen division fixture	(n)	见 GB/T 28424—2012 中的 4204 n 代表画面数
4323	视频操作键盘	video operation keyboard		见 GB/T 28424—2012 中的 4205
4324	视频控制计算机	video control computer	VC	见 GB/T 28424—2012 中的 4206
4325	视频解码器	video decoder	VDEC	
4326	CRT 监视器	cathode ray tube TV display	(n) CRT	n 代表监视器规格
4327	液晶显示器	liquid crystal display	(n) LCD	n 代表显示器规格
4328	背投显示器	digital light processor	(n) DLP	n 代表显示器规格
4329	等离子显示器	plasma display panel	(n) PDP	n 代表显示器规格
4330	LED 显示器	LED monitor	(n) LED	n 代表显示器规格
4331	拼接显示屏	splicing display screen (digital information display)	m×n	m 代表拼接显示屏行数 n 代表拼接显示屏列数

（续表）

序号	设备名称	英语名称	图形符号	说明
4332	多屏幕拼接控制器	multi-screen splicing controller	MCC (x/y)	x代表视频输入路数 y代表拼接输出路数
4333	投影仪	video projection		见 GB/T 28424—2012 中的 4305
4334	投影屏幕	projection screen		见 GB/T 28424—2012 中的 4308
4335	数字硬盘录像机	digital hard disk video recorder	DVR	见 GB/T 28424—2012 中的 4401
4336	网络硬盘录像机	network hard disk video recorder	NVR	
4337	磁盘阵列	disk array		见 GB/T 28424—2012 中的 4403
4338	光盘刻录机	CD writer		见 GB/T 28424—2012 中的 4404

4.4 出入口控制系统设备图形符号

出入口控制系统设备图形符号见表 4。

表 4 出入口控制系统设备图形符号

序号	设备名称	英语名称	图形符号	说明
4401	读卡器	card reader		
4402	键盘读卡器	card reader with keypad	KP	

（续表）

序号	设备名称	英语名称	图形符号	说明
4403	指纹识别器	finger print identifier		
4404	指静脉识别器	finger vein identifier		
4405	掌纹识别器	palm print identifier		
4406	掌形识别器	hand identifier		
4407	人脸识别器	face identifier		
4408	虹膜识别器	iris identifier		
4409	声纹识别器	voiceprint identifier		
4410	电控锁	electronic control lock		
4411	卡控旋转栅门	turnstile		

（续表）

序号	设备名称	英语名称	图形符号	说明
4412	卡控旋转门	revolving door		
4413	卡控叉形转栏	rotary gate		
4414	电控通道闸	turnstile gate		
4415	开门按钮	open button		
4416	应急开启装置	emergency open device		
4417	出入口控制器	access control unit	ACU (n)	n 代表出入口控制点数量
4418	信息装置	message device		离线式电子巡查系统用
4419	信息转换装置	message conversion device		离线式电子巡查系统用
4420	识读装置	reading device		在线式电子巡查系统用
4421	电子巡查系统管理终端	management terminal for electronic patrol system	EPS	

（续表）

序号	设备名称	英语名称	图形符号	说明
4422	访客呼叫机	visitor call unit		
4423	访客接收机	user receiver unit		
4424	可视门口机	outdoor video unit		
4425	可视室内机	indoor video unit		
4426	辅助装置	auxiliary device	AD	楼寓对讲系统用
4427	管理机	management unit	MU	楼寓对讲系统用
4428	车辆信息识别装置(读卡器)	vehicle information identifying device (card reader)		停车场(库)安全管理系统用
4429	车辆信息识别装置(摄像机)	vehicle information identificating device (camera)		停车场(库)安全管理系统用
4430	车辆检测器	vehicle detector		停车场(库)安全管理系统用
4431	声光提示装置	audio and light indicating device		停车场(库)安全管理系统用
4432	车辆引导装置	vehicle guiding device		停车场(库)安全管理系统用
4433	车位信息显示装置	parking information display device		停车场(库)安全管理系统用

（续表）

序号	设备名称	英语名称	图形符号	说明
4434	车位探测器	parking lot detector		停车场(库)安全管理系统用
4435	自动出卡/出票、收卡/验票装置	automatic card/ticket device		停车场(库)安全管理系统用
4436	收费指示装置	charge indicating device	CASH	停车场(库)安全管理系统用
4437	升降式路障	automatic lifting roadblock		停车场(库)安全管理系统用
4438	翻板式路障	automatic brake roadblock		停车场(库)安全管理系统用
4439	挡车器	barrier gate		停车场(库)安全管理系统用
4440	中央管理单元	central management unit	CMU	停车场(库)安全管理系统用

4.5 防爆与安全检查系统设备图形符号

防爆与安全检查系统设备图形符号见表5。

表5 防爆与安全检查系统设备图形符号

序号	设备名称	英语名称	图形符号	说明
4501	X射线安全检查设备	X-ray security inspection equipment		
4502	中子射线安全设备	neutron ray security inspection equipment	N	

（续表）

序号	设备名称	英语名称	图形符号	说明
4503	通过式金属探测器	walk-through metal detector		
4504	通过式核辐射检测仪	walk-through nuclear radiation detector		
4505	信件炸弹检测器	letter bomb detector	LBC	
4506	炸药探测仪	explosive detector	ED	
4507	液体检查仪	liquid detector	LD	
4508	毒气探测器	gas detector	GD	
4509	人体检测仪	human body detector		
4510	防爆球	explosion proof ball	E-P	
4511	防爆毯	explosion proof blanket	E-P	
4512	防爆罐	explosion proof tank	E-P	

（续表）

序号	设备名称	英语名称	图形符号	说明
4513	防爆车	explosion-proof vehicle		
4514	排爆机器人	explosive-ordnance disposal robot		

4.6 实体防护系统设备图形符号

实体防护系统设备图形符号见表6。

表6 实体防护系统设备图形符号

序号	设备名称	英语名称	图形符号	说明
4601	防盗安全门	burglary-resistant safety door		X代表防盗安全级别,共分为4级。其中中文代号分别为"甲""乙""丙""丁",拼音字母代号分别为"J""Y""B""D"
4602	金库门	vault door		
4603	防尾随联动互锁安全门	anti-trailing interlock safety door		
4604	机械防盗锁	mechanical burglary-resistant lock		
4605	防砸复合玻璃	smashing-resistant composited glass		

（续表）

序号	设备名称	英语名称	图形符号	说明
4606	防弹复合玻璃	bullet-resistant composited glass	BR	
4607	防爆炸复合玻璃	blast-resistant composited glass	BC	
4608	防盗保险箱(柜)	burglary-resistant safe		

4.7 供配电系统设备图形符号

供配电系统设备图形符号见表7。

表7 供配电系统设备图形符号

序号	设备名称	英语名称	图形符号	说明
4701	变压器	transformer		见 GB/T 5465.2—2008 中的 5156
4702	电池	battery		见 GB/T 5465.2—2008 中的 5001A
4703	交流/直流变换器	AC/DC-converter		见 GB/T 5465.2—2008 中的 5003
4704	直流/交流变换器	DC/AC-converter		见 GB/T 5465.2—2008 中的 5194

（续表）

序号	设备名称	英语名称	图形符号	说明
4705	双电源切换电器	automatic transfer switching equipment	**TSE**	
4706	交流不间断电源	uninterrupted power supply	**UPS**	
4707	发电机	generator	**G**	

4.8 传输系统设备图形符号

传输系统设备图形符号见表8。

表8 传输系统设备图形符号

序号	设备名称	英语名称	图形符号	说明
4801	地下线路	underground line		见 GB/T 20063.15—2009 中的4.3.1
4802	水下线路	submarine line		见 GB/T 20063.15—2009 中的4.3.2
4803	架空线路	overhead line		见 GB/T 20063.15—2009 中的4.3.3
4804	套管线路	casing line		见 GB/T 20063.15—2009 中的4.3.4
4805	电缆梯架、托盘和槽盒线路	line of cable ladder, cable tray, cable trunking		见 GB/T 50786—2012 中的表4.1.2
4806	电缆沟线路	line of cable trench		见 GB/T 50786—2012 中的表4.1.2
4807	向上配线或布线	wiring up		见 GB/T 50786—2012 中的表4.1.2
4808	向下配线或布线	wiring down		见 GB/T 50786—2012 中的表4.1.2
4809	垂直通过配线或布线	wiring vertically		见 GB/T 50786—2012 中的表4.1.2

（续表）

序号	设备名称	英语名称	图形符号	说明
4810	由下引来配线或布线	wiring from the below		见 GB/T 50786—2012 中的表 4.1.2
4811	由上引来配线或布线	wiring from the above		见 GB/T 50786—2012 中的表 4.1.2
4812	视频线路	video line	—— V —— 或 —— V ——	
4813	信号线路	signal line	—— S —— 或 —— S ——	
4814	控制线路	control line	—— C —— 或 —— C ——	
4815	数据线路	date line	—— TD —— 或 —— TD ——	
4816	广播线路	broadcasting line	—— BC —— 或 —— BC ——	
4817	50 V 以下的电源线路	low voltage power line	—— D —— 或 —— D ——	
4818	直流电源线路	DC power line	—— DC —— 或 —— DC ——	
4819	接地线	carth line	—— E —— 或 —— E ——	
4820	光纤/光缆	optical fibre/optical fibre cable		
4821	光、电信号转换器	optical-electro conveerter		
4822	电、光信号转换器	electro-optical converter		

序号	设备名称	英语名称	图形符号	说明
4823	光发射机	optical transmitter		见 GB/T 4728.10—2008 中的 S01326
4824	光接收机	optical receiver		见 GB/T 4728.10—2008 中的 S01327
4825	模拟/数字变换器	A/D converter	A/D	
4826	数字/模拟变换器	D/A converter	D/A	
4827	电信发送装置	telecommunication transmitting device	T	见 GB/T 4728.9—2008 中的 S01029
4828	天线	antenna		见 GB/T 4728.10—2008 中的 S01102
4829	无线发送装置	radio transmitter	Tx	如果需要指示无线发送装置的应用系统，则要在符号的矩形框内标出下列代码： I&HAS——入侵和紧急报警系统 VSCS——安全防范视频监控系统 ACS——出入口控制系统 GTS——电子巡查系统 PLMS——停车库(场)管理系统 SIS——防爆安全检查系统

(续表)

序号	设备名称	英语名称	图形符号	说明
4830	无线接收装置	radio receiver	**Rx**	如果需要指示无线接收装置的应用系统,则要在符号的矩形框内标出下列代码: I&HAS——入侵和紧急报警系统 VSCS——安全防范视频监控系统 ACS——出入口控制系统 GTS——电子巡查系统 PLMS——停车库(场)管理系统 SIS——防爆安全检查系统
4831	总配线架(柜)	main distribution frame	**MDF**	见 GB/T 50786—2012 中的表 4.1.3 - 1
4832	光纤配线架(柜)	fiber distribution frame	**ODF**	见 GB/T 50786—2012 中的表 4.1.3 - 1
4833	中间配线架(柜)	intermediate distribution frame	**IDF**	见 GB/T 50786—2012 中的表 4.1.3 - 1
4834	建筑群配线架(柜)	campus distributor	CD 或 CD	
4835	建筑物配线架(柜)	building distributor	BD 或 BD	见 GB/T 50786—2012 中的表 4.1.3 - 1
4836	楼层配线架(柜)	floor distributor	FD 或 FD	见 GB/T 50786—2012 中的表 4.1.3 - 1

（续表）

序号	设备名称	英语名称	图形符号	说明
4837	集线器	hub	**HUB**	见 GB/T 50786—2012 中的表 4.1.3 - 1
4838	交换机	switchboard	**SW**	见 GB/T 50786—2012 中的表 4.1.3 - 1
4839	路由器	router	**Router**	
4840	光纤连接盘	line interface unit	**LIU**	见 GB/T 50786—2012 中的表 4.1.3 - 1
4841	集合点	consolidation point	**CP**	见 GB/T 50786—2012 中的表 4.1.3 - 1
4842	连接盒/接线盒	connection box/ junction box	⊙	见 GB/T 50786—2012 中的表 4.1.2
4843	手孔	hand hole for underground chamber	⊞	见 GB/T 50786—2012 中的表 4.1.2
4844	方形检查井	square manhole for underground chamber	□	见 GB/T 20063.15—2009 中的 5.1.6
4845	圆形检查井	round manhole for underground chamber	○	见 GB/T 20063.15—2009 中的 5.1.7

4.9　管线敷设部位、线缆敷设方式的标注符号

4.9.1　管线敷设部位的标注符号

管线敷设部位的标注符号见表9。

表9　管线敷设部位的标注符号

序号	名称	英语名称	标注文字符号	说明
4901	沿或跨梁(屋架)敷设	along or across beam	AB	
4902	沿或跨柱敷设	along or across column	AC	

（续表）

序号	名称	英语名称	标注文字符号	说明
4903	沿吊顶或顶板面敷设	along ceiling or slab surface	CE	
4904	吊顶内敷设	recessed in ceiling	SCE	
4905	沿墙面敷设	on wall surface	WS	
4906	沿屋面敷设	on roof surface	RS	
4907	暗敷设在顶板内	concealed in ceiling or slab	CC	
4908	暗敷设在梁内	concealed in beam	BC	
4909	暗敷设在柱内	concealed in column	CLC	
4910	暗敷设在墙内	concealed in wall	WC	
4911	暗敷设在地板或地面下	concealed under floor or ground	FC	

4.9.2　线缆敷设方式的标注符号

线缆敷设方式的标注符号见表 10。

表 10　线缆敷设方式的标注符号

序号	名称	英语名称	标注文字符号	说明
4912	穿低压流体输送用焊接钢管（钢导管）敷设	run in welded steel conduit	SC	
4913	穿普通碳素钢电线套管敷设	run in electrical metal tubing	MT	
4914	穿可挠金属电线保护套管敷设	run in flexible metal tubing	CP	
4915	穿硬塑料导管敷设	run in rigid PVC conduit	PC	
4916	穿阻燃半硬塑料导管敷设	run in flame retardant semiflexible PVC conduit	FPC	
4917	穿塑料波纹电线管敷设	run in corrugated PVC conduit	KPC	
4918	电缆托盘敷设	installed in cable tray	CT	
4919	电缆梯架敷设	installed in cable ladder	CL	

（续表）

序号	名称	英语名称	标注文字符号	说明
4920	金属槽盒敷设	installed in metal trunking	MR	
4921	塑料槽盒敷设	installed in PVC trunking	PR	
4922	钢索敷设	supported by messenger wire	M	
4923	直接埋设	direct burial	DB	
4924	电缆沟敷设	installed in cable trench	TC	
4925	电缆排管敷设	installed in concrete encasement	CE	

5　应用要求

5.1　图形符号比例的调整

本标准中规定的图形符号的比例为标准比例。在应用图形符号时，如果符号比例调整后仍能够传递与原符号相同的信息，则可根据需要调整符号的比例。

5.2　图形符号的组合

两个或多个图形符号可组合成一个新的图形符号，新组合成的图形符号的含义应与其各组成部分所表示的含义相协调。

5.3　图形符号的指向

具有指向性图形符号的指向应与其监视、防护方向相适应。

附录2

全国安全防范报警系统
标准化技术委员会现行标准目录

(共 237 项,其中:国标 67 项,行标 170 项)   截至 2021 年 2 月 20 日

序号	标准编号	名称	发布日期	实施日期
(一)基础通用标准(共 5 项,其中:国标 1 项,行标 4 项)				
1	GB/T 15408—2011	安全防范系统供电技术要求	2011 - 04 - 25	2011 - 12 - 01
2	GA/T 405—2002	安全技术防范产品分类与代码	2002 - 12 - 11	2003 - 01 - 01
3	GA/T 550—2005	安全技术防范管理信息代码	2005 - 09 - 08	2005 - 10 - 01
4	GA/T 551—2005	安全技术防范管理信息基本数据结构	2005 - 09 - 08	2005 - 10 - 01
5	GA/T 1730—2020	公共安全产品合格评定标志	2020 - 05 - 20	2020 - 11 - 01
(二)入侵和紧急报警系统(共 38 项,其中:国标 24 项,行标 14 项)				
1	GB 15407—2010	遮挡式微波入侵探测器技术要求	2010 - 11 - 10	2011 - 09 - 01
2	GB/T 15211—2013	安全防范报警设备 环境适应性要求和试验方法	2013 - 12 - 31	2015 - 03 - 01
3	GB 10408.1—2000	入侵探测器 第 1 部分:通用要求	2000 - 10 - 17	2001 - 06 - 01
4	GB 10408.2—2000	入侵探测器 第 2 部分:室内用超声波多普勒探测器	2000 - 10 - 17	2001 - 06 - 01
5	GB 10408.3—2000	入侵探测器 第 3 部分:室内用微波多普勒探测器	2000 - 10 - 17	2001 - 06 - 01
6	GB 10408.4—2000	入侵探测器 第 4 部分:主动红外入侵探测器	2000 - 10 - 17	2001 - 06 - 01
7	GB 10408.5—2000	入侵探测器 第 5 部分:室内用被动红外探测器	2000 - 10 - 17	2001 - 06 - 01
8	GB 10408.9—2001	入侵探测器 第 9 部分:室内用被动式玻璃破碎探测器	2001 - 11 - 16	2002 - 08 - 01
9	GB 12663—2019	入侵和紧急报警系统 控制指示设备	2019 - 10 - 14	2020 - 11 - 01
10	GB 15209—2006	磁开关入侵探测器	2006 - 04 - 30	2007 - 01 - 01
11	GB 20816—2006	车辆防盗报警系统 乘用车	2006 - 12 - 19	2008 - 01 - 01
12	GB/T 10408.8—2008	振动入侵探测器	2008 - 09 - 24	2009 - 08 - 01

序号	标准编号	名称	发布日期	实施日期
13	GB 10408.6—2009	微波和被动红外复合入侵探测器	2009 - 04 - 16	2010 - 01 - 01
14	GB/T 21564.1—2008	报警传输系统串行数据接口的信息格式和协议 第1部分:总则	2008 - 03 - 24	2008 - 11 - 01
15	GB/T 21564.2—2008	报警传输系统串行数据接口的信息格式和协议 第2部分:公用应用层协议	2008 - 03 - 24	2008 - 09 - 01
16	GB/T 21564.3—2008	报警传输系统串行数据接口的信息格式和协议 第3部分:公共数据链路层协议	2008 - 03 - 24	2008 - 09 - 01
17	GB/T 21564.4—2008	报警传输系统串行数据接口的信息格式和协议 第4部分:公用传输层协议	2008 - 03 - 24	2008 - 09 - 01
18	GB/T 21564.5—2008	报警传输系统串行数据接口的信息格式和协议 第5部分:数据接口	2008 - 03 - 24	2008 - 09 - 01
19	GB 16796—2009	安全防范报警设备 安全要求和试验方法	2009 - 09 - 30	2010 - 06 - 01
20	GB 25287—2010	周界防范高压电网装置	2010 - 11 - 10	2011 - 09 - 01
21	GB/T 30148—2013	安全防范报警设备 电磁兼容抗扰度要求和试验方法	2013 - 12 - 17	2014 - 08 - 01
22	GB/T 31132—2014	入侵报警系统 无线(射频)设备互联技术要求	2014 - 09 - 03	2015 - 02 - 01
23	GB/T 32581—2016	入侵和紧急报警系统技术要求	2016 - 04 - 25	2016 - 11 - 01
24	GB/T 36546—2018	入侵和紧急报警系统 告警装置技术要求	2018 - 07 - 13	2019 - 02 - 01
25	GA /T 553—2005	车辆反劫防盗联网报警系统通用技术要求	2005 - 09 - 07	2005 - 11 - 01
26	GA /T 600.1—2006	报警传输系统的要求 第1部分:系统的一般要求	2006 - 02 - 10	2006 - 05 - 01
27	GA /T 600.2—2006	报警传输系统的要求 第2部分:设备的一般要求	2006 - 02 - 10	2006 - 05 - 01
28	GA /T 600.3—2006	报警传输系统的要求 第3部分:利用专用报警传输通路的报警传输系统	2006 - 02 - 10	2006 - 05 - 01
29	GA /T 600.4—2006	报警传输系统的要求 第4部分:利用公共电话交换网络的数字通信机系统的要求	2006 - 02 - 10	2006 - 05 - 01
30	GA /T 600.5—2006	报警传输系统的要求 第5部分:利用公共电话交换网络的话音通信机系统的要求	2006 - 02 - 10	2006 - 05 - 01

序号	标准编号	名称	发布日期	实施日期
31	GA /T 1031—2012	泄漏电缆入侵探测装置通用技术要求	2012 - 12 - 24	2013 - 03 - 01
32	GA /T 1032—2013	张力式电子围栏通用技术要求	2013 - 01 - 09	2013 - 03 - 01
33	GA /T 1158—2014	激光对射入侵探测器技术要求	2014 - 05 - 03	2014 - 10 - 01
34	GA /T 1217—2015	光纤振动入侵探测器技术要求	2015 - 06 - 26	2015 - 10 - 01
35	GA /T 1372—2017	甚低频感应入侵探测器技术要求	2017 - 01 - 16	2017 - 03 - 01
36	GA /T 1589—2019	展示物品防盗装置通用技术要求	2019 - 09 - 20	2019 - 12 - 01
37	GA /T 1757—2020	入侵和紧急报警系统 紧急报警装置	2020 - 11 - 27	2021 - 05 - 01
38	GA /T 1758—2020	安防拾音器通用技术要求	2020 - 11 - 27	2021 - 05 - 01
（三）视频监控系统（共 49 项,其中:国标 8 项,行标 41 项）				
1	GB 20815—2006	视频安防监控数字录像设备	2006 - 12 - 19	2008 - 01 - 01
2	GB/T 25724—2017	公共安全视频监控数字视音频编解码技术要求	2017 - 03 - 09	2017 - 06 - 01
3	GB/T 28181—2016	公共安全视频监控联网系统信息传输、交换、控制技术要求	2016 - 07 - 12	2017 - 08 - 01
4	GB/T 30147—2013	安防监控视频实时智能分析设备技术要求	2013 - 12 - 17	2014 - 08 - 01
5	GB 35114—2017	公共安全视频监控联网信息安全技术要求	2017 - 11 - 01	2018 - 11 - 01
6	GB 37300—2018	公共安全重点区域视频图像信息采集规范	2018 - 12 - 28	2020 - 01 - 01
7	GB/T 39272—2020	公共安全视频监控联网技术测试规范	2020 - 11 - 19	2021 - 06 - 01
8	GB/T 39274—2020	公共安全视频监控数字视音频编解码技术测试规范	2020 - 11 - 19	2021 - 06 - 01
9	GA /T 367—2001	视频安防监控系统技术要求	2001 - 12 - 10	2002 - 06 - 01
10	GA /T 645—2014	安全防范监控变速球型摄像机	2014 - 09 - 09	2014 - 12 - 01
11	GA /T 646—2016	安全防范视频监控矩阵设备通用技术要求	2016 - 06 - 07	2016 - 06 - 07
12	GA /T 669.1—2008	城市监控报警联网系统 技术标准 第1部分:通用技术要求	2008 - 08 - 04	2008 - 08 - 04
13	GA /T 669.2—2008	城市监控报警联网系统 技术标准 第2部分:安全技术要求	2008 - 08 - 04	2008 - 08 - 04

（续表）

序号	标准编号	名称	发布日期	实施日期
14	GA /T 669.3—2008	城市监控报警联网系统 技术标准 第3部分:前端信息采集技术要求	2008－08－04	2008－08－04
15	GA /T 669.6—2008	城市监控报警联网系统 技术标准 第6部分:视音频显示、存储、播放技术要求	2008－08－04	2008－08－04
16	GA /T 669.7—2008	城市监控报警联网系统 技术标准 第7部分:管理平台技术要求	2008－08－04	2008－08－04
17	GA /T 669.9—2008	城市监控报警联网系统 技术标准 第9部分:卡口信息识别、比对、监测系统技术要求	2008－08－04	2008－08－04
18	GA /T 792.1—2008	城市监控报警联网系统 管理标准 第1部分:图像信息采集、接入、使用管理要求	2008－08－04	2008－08－04
19	GA 793.1—2008	城市监控报警联网系统 合格评定 第1部分:系统功能性能检验规范	2008－08－04	2008－08－04
20	GA 793.2—2008	城市监控报警联网系统 合格评定 第2部分:管理平台软件测试规范	2008－08－04	2008－08－04
21	GA /T 669.8—2009	城市监控报警联网系统 技术标准 第8部分:传输网络技术要求	2009－08－11	2009－09－01
22	GA /T 669.10—2009	城市监控报警联网系统 技术标准 第10部分:无线视音频监控系统技术要求	2009－08－11	2009－09－01
23	GA /T 1072—2013	基层公安机关社会治安视频监控中心（室）工作规范	2013－07－26	2013－10－01
24	GA /T 1127—2013	安全防范视频监控摄像机通用技术要求	2013－12－20	2014－01－01
25	GA /T 1128—2013	安全防范视频监控高清晰度摄像机测量方法	2013－12－20	2014－01－01
26	GA /Z 1164—2014	公安视频图像信息联网与应用标准体系表	2014－05－23	2014－05－23
27	GA /T 1178—2014	安全防范系统光端机技术要求	2014－08－12	2014－08－12
28	GA /T 1211—2014	安全防范高清视频监控系统技术要求	2014－12－16	2015－04－01
29	GA /T 1216—2015	安全防范监控网络视音频编解码设备	2015－01－29	2015－03－01
30	GA /T 1353—2018	视频监控摄像机防护罩通用技术要求	2018－02－23	2018－02－23

（续表）

序号	标准编号	名称	发布日期	实施日期
31	GA /T 1354—2018	安防视频监控车载数字录像设备技术要求	2018 - 02 - 23	2018 - 02 - 23
32	GA /T 1355—2018	国家标准 GB/T 28181—2016 符合性测试规范	2018 - 02 - 23	2018 - 02 - 23
33	GA /T 1356—2018	国家标准 GB/T 25724—2017 符合性测试规范	2018 - 02 - 22	2018 - 02 - 22
34	GA /T 1357—2018	公共安全视频监控硬盘分类及试验方法	2018 - 05 - 07	2018 - 05 - 07
35	GA /T 1399.1—2017	公安视频图像分析系统 第 1 部分:通用技术要求	2017 - 05 - 31	2017 - 05 - 31
36	GA /T 1399.2—2017	公安视频图像分析系统 第 2 部分:视频图像内容分析及描述技术要求	2017 - 05 - 31	2017 - 05 - 31
37	GA /T 1400.1—2017	公安视频图像信息应用系统 第 1 部分:通用技术要求	2017 - 05 - 31	2017 - 05 - 31
38	GA /T 1400.2—2017	公安视频图像信息应用系统 第 2 部分:应用平台技术要求	2017 - 05 - 31	2017 - 05 - 31
39	GA /T 1400.3—2017	公安视频图像信息应用系统 第 3 部分:数据库技术要求	2017 - 05 - 31	2017 - 05 - 31
40	GA /T 1400.3—2017	公安视频图像信息应用系统 第 4 部分:接口协议要求	2017 - 05 - 31	2017 - 05 - 31
41	GA /T 1352—2018	视频监控镜头	2018 - 08 - 06	2018 - 08 - 06
42	GA /T 1708—2020	安全防范视频监控红外热成像设备	2020 - 02 - 03	2020 - 05 - 01
43	GA /T 1711—2020	安防监控中心电磁环境控制限值和测量方法	2020 - 02 - 11	2020 - 08 - 01
44	GA /Z 1736—2020	基于目标位置映射的主从摄像机协同系统技术要求	2020 - 08 - 07	2021 - 01 - 01
45	GA /T 1741—2020	公安视频图像信息应用系统检验规范	2020 - 09 - 09	2021 - 02 - 01
46	GA /T 1756—2020	公安视频监控人像/人脸识别应用技术要求	2020 - 11 - 06	2021 - 05 - 01
47	GA /T 1764—2021	公安视频图像信息应用系统接口协议测试规范	2021 - 02 - 04	2021 - 07 - 01
48	GA /T 1765—2021	公安视频图像信息应用平台软件测试规范	2021 - 02 - 05	2021 - 07 - 01

序号	标准编号	名称	发布日期	实施日期
49	GA 1766—2021	公安视频图像信息系统验收规范(代替 GA 793.3—2008)	2021 - 02 - 05	2021 - 07 - 01
(四)出入口控制系统(共18项,其中:国标4项,行标14项)				
1	GB/T 31070.1—2014	楼寓对讲系统 第1部分:通用技术要求	2014 - 12 - 22	2015 - 06 - 01
2	GB/T 31070.2—2018	楼寓对讲系统 第2部分:全数字系统技术要求	2018 - 12 - 28	2019 - 07 - 01
3	GB/T 31070.4—2018	楼寓对讲系统 第4部分:应用指南	2018 - 12 - 28	2018 - 12 - 28
4	GB/T 37078—2018	出入口控制系统技术要求	2018 - 12 - 28	2019 - 07 - 01
5	GA 374—2019	电子防盗锁	2019 - 03 - 01	2019 - 04 - 01
6	GA /T 394—2002	出入口控制系统技术要求	2002 - 09 - 25	2002 - 12 - 31
7	GA /T 1738—2020	出入口控制系统 编码识读设备	2020 - 09 - 09	2021 - 02 - 01
8	GA /T 1739—2020	出入口控制系统 控制器	2020 - 09 - 09	2021 - 02 - 01
9	GA /T 72—2013	楼寓对讲电控安全门通用技术条件	2013 - 11 - 22	2014 - 01 - 01
10	GA /T 644—2006	电子巡查系统技术要求	2006 - 09 - 22	2006 - 11 - 01
11	GA 701—2007	指纹防盗锁通用技术条件	2007 - 05 - 17	2007 - 10 - 01
12	GA /T 678—2007	联网型可视对讲系统技术要求	2007 - 01 - 23	2007 - 03 - 01
13	GA /T 761—2008	停车库(场)安全管理系统技术要求	2008 - 04 - 07	2008 - 06 - 01
14	GA /T 992—2012	停车库(场)出入口控制设备技术要求	2012 - 07 - 19	2012 - 07 - 19
15	GA /T 1132—2014	车辆出入口电动栏杆机技术要求	2014 - 01 - 20	2014 - 04 - 01
16	GA 1210—2014	楼寓对讲系统安全技术要求	2014 - 12 - 23	2015 - 01 - 01
17	GA /T 1260—2016	人行出入口电控通道闸通用技术要求	2016 - 05 - 30	2016 - 07 - 01
18	GA /T 1742—2020	封闭式停车场安全防范要求	2020 - 09 - 28	2021 - 04 - 01
(五)防爆安全检查系统(共21项,其中:国标9项,行标12项)				
1	GB 12664—2003	便携式 X 射线安全检查设备通用规范	2003 - 06 - 24	2004 - 02 - 01
2	GB 12899—2018	手持式金属探测器通用技术规范(代替 GB 12899—2003)	2018 - 11 - 19	2019 - 12 - 01
3	GB 15208.2—2018	微剂量 X 射线安全检查设备 第1部分:通用技术要求	2018 - 11 - 19	2019 - 12 - 01

（续表）

序号	标准编号	名称	发布日期	实施日期
4	GB 15208.2—2018	微剂量 X 射线安全检查设备 第 2 部分:透射式行包安全检查设备	2018 - 11 - 19	2019 - 12 - 01
5	GB15208.3—2018	微剂量 X 射线安全检查设备 第 3 部分:透射式货物安全检查设备	2018 - 11 - 19	2019 - 12 - 01
6	GB15208.4—2018	微剂量 X 射线安全检查设备 第 4 部分:人体安全检查设备	2018 - 11 - 19	2019 - 12 - 01
7	GB 15208.5—2018	微剂量 X 射线安全检查设备 第 5 部分:背散射物品安全检查设备	2018 - 11 - 19	2019 - 12 - 01
8	GB 15210—2018	通过式金属探测门通用技术规范(代替 GB 15210—2003)	2018 - 11 - 19	2019 - 12 - 01
9	GB/T 37128—2018	X 射线计算机断层成像安全检查系统技术要求	2018 - 12 - 28	2019 - 07 - 01
10	GA /T 71—1994	机械钟控定时引爆装置探测器	1994 - 03 - 11	1994 - 07 - 01
11	GA /T 841—2009	基于离子迁移谱技术的痕量毒品/炸药探测仪通用技术要求	2009 - 07 - 20	2009 - 10 - 01
12	GA 921—2011	民用爆炸物品警示标识、登记标识通则	2011 - 01 - 13	2011 - 05 - 01
13	GA 926—2011	微剂量透射式 X 射线人体安全检查设备通用技术要求	2011 - 03 - 25	2011 - 07 - 01
14	GA /T 1060.1—2013	便携式放射性物质探测与核素识别设备通用技术要求 第 1 部分:Y 探测设备	2013 - 04 - 11	2013 - 08 - 01
15	GA /T 1060.2—2013	便携式放射性物质探测与核素识别设备通用技术要求 第 2 部分:识别设备	2013 - 04 - 11	2013 - 08 - 01
16	GA /T 1067—2013	基于拉曼光谱技术的液态物品安全检查设备通用技术要求	2013 - 05 - 22	2013 - 10 - 01
17	GA /T 1152—2014	安全防范 手持式视频检查仪通用技术要求	2014 - 04 - 28	2014 - 10 - 01
18	GA /T 1323—2016	基于荧光聚合物传感技术的痕量炸药探测仪通用技术要求	2016 - 08 - 15	2016 - 08 - 15
19	GA /T 1336—2016	车底成像安全检查系统通用技术要求	2016 - 11 - 07	2016 - 11 - 07
20	GA /T 1563—2019	鞋内安全检查仪技术要求	2019 - 05 - 05	2019 - 05 - 05
21	GA /T 1731—2020	乘用车辆 X 射线安全检查系统技术要求	2020 - 05 - 26	2020 - 11 - 01

（续表）

序号	标准编号	名称	发布日期	实施日期
（六）安全防范系统工程（共 56 项，其中：国标 11 项，行标 45 项）				
1	GB/T 16571—2012	博物馆和文物保护单位安全防范系统要求	2012 - 11 - 05	2013 - 02 - 01
2	GB/T 16676—2010	银行安全防范报警监控联网系统技术要求	2010 - 11 - 10	2011 - 05 - 01
3	GB 50348—2018	安全防范工程技术标准	2018 - 05 - 14	2018 - 12 - 01
4	GB 50394—2007	入侵报警系统工程设计规范	2007 - 03 - 21	2007 - 08 - 01
5	GB 50395—2007	视频安防监控系统工程设计规范	2007 - 03 - 21	2007 - 08 - 01
6	GB 50396—2007	出入口控制系统工程设计规范	2007 - 03 - 21	2007 - 08 - 01
7	GB/T 21741—2008	住宅小区安全防范系统通用技术要求	2008 - 05 - 20	2008 - 12 - 01
8	GB/T 29315—2012	中小学、幼儿园安全技术防范系统要求	2012 - 12 - 31	2013 - 06 - 01
9	GB/T 31068—2014	普通高等学校安全技术防范系统要求	2014 - 12 - 22	2015 - 06 - 01
10	GB/T 31458—2015	医院安全技术防范系统要求	2015 - 05 - 15	2015 - 12 - 01
11	GB/T 37845—2019	居家安防智能管理系统技术要求	2019 - 08 - 30	2019 - 03 - 01
12	GA /T 75—1994	安全防范工程程序与要求	1994 - 03 - 11	1994 - 07 - 01
13	GA /T 74—2017	安全防范系统通用图形符号	2016 - 06 - 23	2016 - 06 - 23
14	GA 308—2001	安全防范系统验收规则	2001 - 10 - 17	2001 - 12 - 01
15	GA 27—2005	文物系统博物馆风险等级和安全防护级别的规定	2002 - 03 - 25	2002 - 06 - 01
16	GA 38—2015	银行营业场所安全防范要求	2015 - 05 - 18	2015 - 06 - 01
17	GA /T 70—2014	安全防范工程建设与维护保养费用预算编制办法	2014 - 08 - 05	2014 - 10 - 01
18	GA 586—2020	广播电视重点单位重要部位安全防范要求	2020 - 06 - 23	2020 - 09 - 01
19	GA /T 670—2006	安全防范系统雷电浪涌防护技术要求	2006 - 12 - 14	2007 - 06 - 01
20	GA 745—2017	银行自助设备、自助银行安全防范要求	2017 - 02 - 20	2017 - 03 - 01
21	GA 837—2009	民用爆炸物品储存库治安防范要求	2009 - 06 - 29	2009 - 08 - 01
22	GA 838—2009	小型民用爆炸物品储存库安全规范	2009 - 06 - 29	2009 - 08 - 01

（续表）

序号	标准编号	名称	发布日期	实施日期
23	GA /T 848—2009	爆破作业单位民用爆炸物品储存库安全评价导则	2009 - 09 - 17	2009 - 12 - 01
24	GA 858—2010	银行业务库安全防范的要求	2010 - 02 - 09	2010 - 04 - 01
25	GA 837—2010	冶金钢铁企业治安保卫重要部位风险等级和安全防护要求	2010 - 06 - 07	2010 - 09 - 01
26	GA 1002—2012	剧毒化学品、放射源存放场所治安防范要求	2012 - 06 - 29	2012 - 09 - 01
27	GA 1003—2012	银行自助服务亭技术要求	2012 - 07 - 01	2012 - 09 - 01
28	GA 1015—2012	枪支去功能处理与展览枪支安全防范要求	2012 - 12 - 26	2012 - 12 - 26
29	GA 1016—2012	枪支(弹药)库室风险等级划分与安全防范要求	2012 - 12 - 26	2012 - 12 - 26
30	GA /T 1081—2020	安全防范系统维护保养规范	2020 - 05 - 26	2020 - 11 - 01
31	GA 1089—2013	电力设施治安风险等级和安全防护要求	2013 - 09 - 30	2013 - 11 - 01
32	GA 1166—2014	石油天然气管道系统治安风险等级和安全防范要求	2014 - 12 - 31	2015 - 02 - 01
33	GA /T 1185—2014	安全防范工程技术文件编制深度要求	2014 - 09 - 28	2014 - 10 - 01
34	GA 1257—2015	民用枪弹编号及包装识别要求	2015 - 04 - 30	2015 - 06 - 01
35	GA 1258—2015	民用枪支编号及包装识别要求	2015 - 04 - 30	2015 - 06 - 01
36	GA 1280—2015	自动柜员机安全性要求	2015 - 10 - 28	2016 - 01 - 01
37	GA /T 1297—2016	安防线缆	2016 - 07 - 08	2016 - 08 - 01
38	GA /T 1383—2017	报警运营服务规范	2017 - 02 - 22	2017 - 05 - 01
39	GA /T 1406—2017	安防线缆应用技术要求	2017 - 08 - 21	2017 - 08 - 21
40	GA /T 1351—2018	安防线缆接插件	2018 - 02 - 25	2018 - 02 - 25
41	GA 1467—2018	城市轨道交通安全防范要求	2018 - 03 - 26	2018 - 03 - 26
42	GA /T 1468—2018	寄递企业安全防范要求	2018 - 03 - 09	2018 - 03 - 09
43	GA /T 1469—2018	光纤振动入侵探测系统工程技术规范	2018 - 03 - 22	2018 - 03 - 22
44	GA 1511—2018	易制爆危险化学品储存场所治安防范要求	2018 - 08 - 13	2018 - 11 - 01

（续表）

序号	标准编号	名称	发布日期	实施日期
45	GA 1517—2018	金银珠宝营业场所安全防范要求	2018-09-10	2019-01-01
46	GA 1524—2018	射钉器公共安全要求	2018-10-22	2019-05-01
47	GA 1525—2018	射钉弹公共安全要求	2018-10-22	2019-05-01
48	GA 1531—2018	工业电子雷管信息管理通则	2018-10-22	2019-02-01
49	GA 1551.1—2019	石油石化系统治安反恐防范要求 第1部分:油气田企业	2019-03-28	2019-07-01
50	GA 1551.2—2019	石油石化系统治安反恐防范要求 第2部分:炼油与化工企业	2019-03-28	2019-07-01
51	GA 1551.3—2019	石油石化系统治安反恐防范要求 第3部分:成品油和天然气销售企业	2019-03-28	2019-07-01
52	GA 1551.4—2019	石油石化系统治安反恐防范要求 第4部分:工程技术服务企业	2019-03-28	2019-07-01
53	GA 1551.5—2019	石油石化系统治安反恐防范要求 第5部分:运输企业	2019-03-28	2019-07-01
54	GA /T 1710—2020	南水北调工程安全防范要求	2020-02-11	2020-05-01
55	GA /T 1740.1—2020	旅游景区安全防范要求 第1部分:山岳型	2020-09-09	2021-02-01
56	GA 1744—2020	城市公共汽电车及场站安全防范要求	2020-10-09	2021-04-01
（七)实体防护系统(共18项,其中:国标3项,行标15项)				
1	GB 17565—2007	防盗安全门通用技术条件	2007-09-15	2008-04-01
2	GB 10409—2019	防盗保险柜(箱)(代替 GB 10409—2001)	2019-04-04	2020-05-01
3	GB 37481—2019	金库门通用技术要求	2019-04-04	2020-05-01
4	GA /T 73—2015	机械防盗锁	2015-01-29	2015-03-01
5	GA /T 143—1996	金库门通用技术条件	1996-07-18	1996-10-01
6	GA 164—2018	专用运钞车防护技术要求(代替 GA 164—2005)	2018-09-03	2018-12-01
7	GA 165—2016	防弹透明材料	2016-10-08	2016-11-01
8	GA 166—2006	防盗保险箱	2006-02-10	2006-05-01
9	GA /T 501—2020	银行保管箱(代替 GA 501—2004)	2020-02-03	2020-08-01

（续表）

序号	标准编号	名称	发布日期	实施日期
10	GA 576—2018	防尾随联动互锁安全门通用技术条件（GA 576—2005）	2018-09-10	2019-01-01
11	GA 667—2020	防爆炸透明材料（代替 GA 667—2006）	2020-01-19	2020-08-01
12	GA /T 746—2020	提款箱（代替 GA 746—2008）	2020-11-09	2021-05-01
13	GA 844—2018	防砸透明材料（代替 GA 844—2009）	2018-08-06	2019-01-01
14	GA 1051—2013	枪支弹药专用保险柜	2013-03-11	2013-05-01
15	GA /T 1337—2016	银行自助设备防护舱安全性要求	2016-09-08	2016-10-01
16	GA /T 1499—2018	卷帘门安全性要求	2018-08-06	2019-01-01
17	GA /T 1707—2020	防爆安全门	2020-02-03	2020-08-01
18	GA /T 1709—2020	实体防护产品防弹性能分类及测试方法	2020-02-11	2020-08-01
（八）人体生物特征识别应用（共 32 项，其中：国标 7 项，行标 25 项）				
1	GB/T 31488—2015	安全防范视频监控人脸识别系统技术要求	2015-05-15	2015-12-01
2	GB/T 35676—2017	公共安全 指静脉识别应用 算法识别性能评测方法	2017-12-29	2018-07-01
3	GB/T 35678—2017	公共安全 人脸识别应用 图像技术要求	2017-12-29	2018-07-01
4	GB/T 35735—2017	公共安全 指纹识别应用 采集设备通用技术要求	2017-12-29	2018-07-01
5	GB/T 35736—2017	公共安全 指纹识别应用 图像技术要求	2017-12-29	2018-07-01
6	GB/T 35742—2017	公共安全 指静脉识别应用 图像技术要求	2017-12-29	2018-07-01
7	GB/T 38122—2019	公共安全指纹识别应用 验证算法性能评测方法	2019-10-18	2020-05-01
8	GA /T 893—2010	安防生物特征识别应用术语	2010-12-02	2010-12-02
9	GA /T 894.3—2010	安防指纹识别应用系统 第 3 部分：指纹图像质量	2010-12-02	2010-12-02
10	GA /T 894.3—2010	安防指纹识别应用系统 第 6 部分：指纹识别算法评测方法	2010-12-02	2010-12-02

（续表）

序号	标准编号	名称	发布日期	实施日期
11	GA /T 922.2—2011	安防人脸识别应用系统 第 2 部分:人脸图像数据	2011 - 01 - 13	2011 - 05 - 01
12	GA /T 894.7—2012	安防指纹识别应用系统 第 7 部分:指纹采集设备	2012 - 07 - 18	2012 - 07 - 18
13	GA /T 938—2011	安防指静脉识别应用系统设备通用技术要求	2012 - 12 - 26	2013 - 03 - 01
14	GA /T 939—2011	安防指静脉识别应用系统算法评测方法	2012 - 12 - 26	2013 - 03 - 01
15	GA /T 940—2011	安防指静脉识别应用系统图像技术要求	2012 - 12 - 26	2013 - 03 - 01
16	GA /T 1093—2013	出入口控制人脸识别系统技术要求	2013 - 12 - 26	2014 - 01 - 01
17	GA /T 1126—2013	近红外人脸识别设备技术要求	2013 - 12 - 17	2014 - 01 - 01
18	GA /T 1179—2014	安防声纹确认应用算法技术要去和测试方法	2014 - 08 - 18	2014 - 10 - 01
19	GA /T 1181—2014	安防指静脉识别应用 程序接口规范	2014 - 09 - 01	2014 - 10 - 01
20	GA /T 1208—2014	安防虹膜识别应用 算法评测方法	2014 - 12 - 22	2015 - 10 - 01
21	GA /T 1212—2014	安防人脸识别应用 防假体攻击测试方法	2014 - 12 - 12	2015 - 01 - 01
22	GA /T 1213—2014	安防指静脉识别应用 3D 数据技术要求	2014 - 12 - 12	2015 - 01 - 01
23	GA /T 1284—2015	安防指/掌纹识别应用 图像数据交换格式一致性测试方法	2015 - 12 - 22	2015 - 12 - 22
24	GA /T 1285—2015	安防指/掌纹识别应用 图像数据交换格式	2015 - 12 - 30	2015 - 12 - 30
25	GA /T 1286—2015	安防虹膜识别应用 图像数据交换格式	2015 - 12 - 30	2015 - 12 - 30
26	GA /T 1324—2017	安全防范 人脸识别应用 静态人脸图像采集规范	2017 - 10 - 08	2017 - 12 - 01
27	GA /T 1325—2017	安全防范 人脸识别应用 视频图像采集规范	2017 - 10 - 08	2017 - 12 - 01
28	GA /T 1326—2017	安全防范 人脸识别应用 程序接口规范	2017 - 10 - 08	2017 - 12 - 01

（续表）

序号	标准编号	名称	发布日期	实施日期
29	GA /T 1429—2017	安防虹膜识别应用 图像技术要求	2017 - 09 - 07	2017 - 11 - 01
30	GA /T 1470—2018	安全防范 人脸识别应用 分类	2018 - 03 - 12	2018 - 03 - 12
31	GA /T 1486—2018	安全防范 虹膜识别应用 程序接口规范	2018 - 05 - 07	2018 - 05 - 07
32	GA /T 1755—2020	安全防范 人脸识别应用 人证核验设备通用技术要求	2020 - 11 - 06	2021 - 05 - 01

主要参考书目

［1］董春利.安全防范工程技术.中国电力出版社,2019.

［2］徐伟红.我国安全技术防范立法体系研究［J］.中国安防,2008,No.20(07):100-104.

［3］殷德军.现代安全防范技术与工程系统.电子工业出版社,2008.

［4］余训锋.安全防范技术原理与实务.法律出版社,2015.

［5］张会芝.安全防范技术应用.中国人民公安大学出版社,2016.

［6］赵源.浅析安全技术防范的精细化管理［J］.中国公共安全(综合版),2010,No.176(06):155-157.

［7］中国安全防范产品行业协会.中国安全防范行业年鉴.中国人民公安大学出版案社,2018.

［8］张亮.现代安全防范技术与应用(第2版).电子工业出版社.2012.